DAIRYMAN 臨時増刊号

テレビ・ドクター4

よく分かる乳牛の病気100選

【監修】小岩　政照
田島　誉士

デーリィマン社

監修の言葉

わが国の酪農は近年、家族酪農と大規模な企業酪農に二極化するとともに飛躍的な育種改良による高泌乳化時代を迎えています。その結果、個体の免疫機能の低下に伴う病気の重症化と繁殖成績の低下ならびに大規模化により適正な個体管理が難しくなっていくことによって死廃率と更新率が上昇し、生涯飼養期間が短くなっています。出生子牛の死廃率も微増する傾向にあります。酪農現場において乳牛の価値を判断する際、個体より群を重視するようになり、それに伴い牛群を基準とした飼養管理と疾病予防対策が行われるようになっています。しかし時代がどのように変化しようとも、個体が牛群の最小単位であることに変わりはありません。最小単位の個体の健康をしっかりケアすることが、結果として牛群全体の疾病予防につながり、酪農家に収益をもたらします。

消費者に高品質で安全な乳生産物を提供するため、牛群の健康を維持することが、酪農現場における義務であり責任です。そのためには、酪農家の皆さんと私たち関係者が乳牛の病気を正しく理解し、牛群に発生する病気の原因を踏まえた予防対策を講じることが大切です。

乳牛の病気に対する治療は獣医師の仕事ですが、酪農家の皆さんが病気を正しく理解することも重要です。乳牛が異常を示すサインを皆さんが早期に発見し、応急処置を行うことによって、治癒率が高まり治療日数も短縮する病気が少なくないのです。

今回、「テレビ・ドクター（1982年）」「続 テレビ・ドクター（99年）」「テレビ・ドクター３（2007年）」のシリーズ４冊目として、「テレビ・ドクター 4 よく分かる乳牛の病気100選」を企画しました。「テレビ・ドクター４」では、近年問題になっている乳牛の疾病に関する５つの話題を詳しく紹介するとともに、酪農の現場で発生している内科、外科、繁殖関連の100の病気を取り上げています。執筆者は第一線で活躍されている臨床獣医師と研究者の方々で、それぞれの病気について、多くの写真と実例を交えて解説していただきました。

本書が、酪農現場における乳牛の病気の診断、治療、予防のハンドブックとして活用されることを願っています。

2017年9月　**小岩 政照**
田島 誉士

目 次

読者の皆様へ

2017年2月1日現在の酪農家戸数は1万6,400戸で、前年に比べ600戸減少しました。乳牛飼養頭数（雌）は2万2,000頭減の132万3,000頭で、03年以降15年連続の減少となりました。戸数減に伴う飼養頭数の減少は止まらず、生乳生産基盤の弱体化が指摘されています。一方、1戸当たり飼養頭数は80.7頭で1.6頭増加し、乳牛飼養の多頭化も進んでおり、適切な個体管理の実践が難しくなる状況に拍車が掛かっています。乳牛個体価格の高騰も続く中、搾乳後継牛を安定確保するという観点から、酪農家が病気の知識を深め、正しい予防管理と早期発見を実践し、乳牛の損失を最小減に抑える意義はますます高まっています。

本書は、近年特に問題となっている重大疾病と、代表的な100の病気を取り上げ、それぞれ「原因」「症状・特徴」「酪農家ができる手当て」「獣医師による治療」の項目に分けて解説しています。力強い酪農経営の実現に向け、本書をぜひご活用いただきたいと思います。

デーリィマン社編集部

執筆者一覧（50音順・敬称略）

監修　小岩　政照
田島　誉士

阿部　紀次　壱岐市家畜診療所獣医局長

安藤　貴朗　鹿児島大学共同獣医学部臨床獣医学講座准教授

安藤　達哉　みなみ北海道農業共済組合石狩支所南部家畜診療センター次長

石井三都夫　㈱石井獣医サポートサービス代表取締役

及川　伸　酪農学園大学獣医学群獣医学類ハードヘルス学ユニット教授

大塚　浩通　酪農学園大学獣医学群獣医学類生産動物内科学Ⅰユニット准教授

大脇　茂雄　オホーツク農業共済組合佐呂間家畜診療所

加藤　敏英　酪農学園大学獣医学群獣医学類獣医解剖学ユニット教授

茅先　秀司　北海道ひがし農業共済組合釧路中部事業センター弟子屈家畜診療所診療係長

河合　一洋　麻布大学獣医学部獣医学科衛生学第一研究室准教授

小岩　政照　酪農学園大学獣医学群獣医学類生産動物内科学Ⅱユニット教授

今内　覚　北海道大学大学院獣医学研究院病原制御学分野感染症学教室准教授

佐藤　綾乃　酪農学園大学獣医学群獣医学類生産動物医療学分野助手

髙橋　俊彦　酪農学園大学農食環境学群循環農学類畜産衛生学教授

田島　誉士　酪農学園大学獣医学群獣医学類生産動物内科学Ⅰユニット教授

堂地　修　酪農学園大学農食環境学群循環農学類家畜繁殖学教授

中田　健　酪農学園大学獣医学群獣医学類動物生殖学ユニット教授

畠中みどり　兵庫県農業共済組合連合会家畜部家畜課長

樋口　豪紀　酪農学園大学獣医学群獣医学類獣医衛生学ユニット教授

福田　茂夫　道総研畜産試験場基盤研究部家畜衛生グループ主査

福本真一郎　酪農学園大学獣医学群獣医学類獣医寄生虫病学教室教授

村田　亮　酪農学園大学獣医学群獣医学類獣医細菌学ユニット講師

山岸　則夫　帯広畜産大学獣医学研究部門（牛病学）教授

横澤　泉　オホーツク農業共済組合大空支所女満別家畜診療所診療課

近年の重大疾病と予防策

子牛(こうし)の免疫(めんえき)とワクチン管理(かんり)

子牛の免疫

若齢子牛では腸炎や気管支肺炎などの他、臍帯（さいたい）炎といった感染症が発生しやすくなっています。これは母牛に比べて子牛の免疫力が低いことによるとされています。

［初乳と免疫］

子牛は胎子期に母牛からの免疫物質の移行がない、すなわち免疫物質を母牛からもらわないまま出生するため免疫力が低いとしばしば説明されます。これを補うために子牛は生まれた後すぐに免疫物質を大量に含んでいる初乳を摂取して、免疫的なハンディを解消します。

初乳中にある代表的な免疫物質として免疫グロブリン（Ig）が挙げられます。Igには病原体を不活化する機能があるため、それを持たずに生まれてくる子牛にとっては、Igが大量に含まれる良質な初乳を最も吸収しやすいタイミングで摂取することが、その後の免疫力を高めるためにとても大事です。

Igには抗菌作用以外にとても大事な役割があります。微生物と結合したIgは微生物と複合体をつくり、速やかに白血球に取り込まれます。白血球に取り込まれた微生物は異物として白血球に免疫記憶され、同じ微生物が体内に侵入したときには、既に記憶した白血球は速やかに排除するよう反応します。Igの役割の中に、体内に侵入した微生物を白血球が取り込みやすくする作用があるので、体内のIgが多ければ多いほど免疫防御能が高いことになります。

このように初乳中に含まれる母牛のIgには抗菌作用だけでなく、子牛が自前のIgをつくれるようになる、といった免疫の成長を補助する役割があります。しかし自前のIgをつくれるようになるまでには、１～２カ月は必要で、初乳から摂取したIgは出生後どんどん消費されていくので、体内の濃度が低下し続けます。そのため３～４週後にはIgが低下してしまい、感染症の感染リスクが高い期間とも指摘されることがあります（**図**）。

初乳にはIg以外にもたくさんの免疫因子が含まれており、母牛の白血球は近年になって明らかにされた因子です。初乳中には常乳の100倍以上の白血球が含まれ、子牛が初乳を摂取した後、一部は腸管から子牛の体内に入り込みます。子牛の体内に入り込んだ母牛の白血球は、まだ目覚めていない子牛の白血球の活性を促すとともに、侵入してくる微生物から子牛を守る役割があると考えられています。

そのため、初乳をできるだけ多く摂取することによって子牛の免疫力は一層高まります。健康な子牛には、出生後２時間以内に最低でも２ℓの初乳を与えることが提唱されています。しかし特に２ℓにこだわる必要はなく、飲めることができる分だけ飲ませる

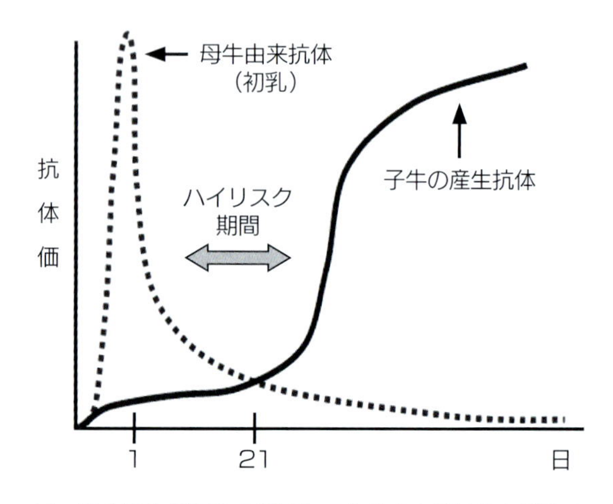

図　新生子牛が初乳を摂取してからの自前抗体を産生するまでの抗体価の変化（一部改訂）

http://www.das.psu.edu/dairynutrition/calves/rumen

ことが重要です。

また、ヨーネ菌や牛白血病ウイルスのような初乳を介して母牛から子牛に移る感染症の予防のため、加温するなどの加工初乳が利用されることもしばしばです。しかし初乳に含まれるIg以外の免疫物質の多くは加熱などの処理に弱く、失活してしまいます。このため子牛の免疫を高める目的で子牛に与える初乳は、加熱処理などを行わない方が効果が得られると考えられます。

［出生後の子牛の免疫の成熟］

初乳を摂取した子牛は消化器や呼吸器からの微生物にさらされて、微生物を異物として記憶・免疫していきます。特に消化管で増殖する大量の微生物は細菌叢（そう）をつくり、子牛の免疫を活性化させる刺激となります。

ミルクが適切に消化・吸収されていけば、下痢をすることもないので腸内の細菌叢は安定します。しかし子牛自身の消化能やミルクの成分によって腸内細菌叢に不具合が起こると、免疫の成長が遅くなります。

腸内細菌叢を安定させる方法としては、哺乳期に生菌剤や整腸作用のあるオリゴ糖などをミルクに混ぜることが有用です。哺乳期の栄養不足は子牛の免疫の成熟を遅らせる大変深刻な要因で、ミルクを飲む量が少ない牛では呼吸器病などの感染症を発症しやすくなります。従って出生後の子牛の免疫を高めるためには、①十分な初乳の摂取②哺乳期における十分な哺乳量の確保③離乳に向けた準備を万全にする④ストレスを避ける—などに留意します。

ワクチンとは

ワクチンは感染症の予防のために、あらかじめ毒力を弱めた病原体を牛に接種することで免疫を誘導しておき、その感染症にかかりにくい状態をつくることを目的にしています。現在、牛の感染症を起こす細菌またはウイルスに対するワクチンが市販されています（**表1**）。

ワクチンの種類

ワクチンはその特徴から、いくつかの種類に分類することができます。現在販売されているワクチンには生ワクチンと不活化ワクチンがあります。生ワクチンは、毒性を弱めた生きたウイルスを接種することによって感染

表1　ワクチンが市販されている牛の感染症

消化器病
- ウイルス
  - 牛コロナウイルス下痢症
  - 牛ロタウイルス下痢症
- 細菌
  - 牛大腸菌性下痢
  - 牛サルモネラ感染症

呼吸器病
- ウイルス
  - 牛伝染性鼻気管炎
  - 牛ウイルス性下痢・粘膜病
  - 牛 RS ウイルス感染症
  - 牛アデノウイルス感染症
  - 牛パラインフルエンザウイルス感染症
- 細菌
  - 牛ヘモフィルス・ソムナス感染症
  - マンヘミア・ヘモリティカ感染症
  - パスツレラ・マルトシダ感染症

吸血昆虫による感染症
- 牛流行熱
- イバラキ病
- アカバネ病
- チュウザン病
- アイノウイルス感染症

土壌病
- 炭疽（たんそ）
- 牛クロストリジウム感染症
- 破傷風

を起こします。その病気にかかった場合と同じような強い免疫を誘導でき、1度接種すると長く効果が得られます。まれに体内で毒性を弱めたウイルスが増殖し始めるため、牛によっては発熱や食欲低下などの症状が出ることがあります。

不活化ワクチンは、細菌やウイルスを殺し免疫をつくるために必要な成分を取り出して毒性を少なくして製造したものです。この場合、ワクチンを接種しても細菌やウイルスは増殖しないため免疫は弱く、数回接種することで強い免疫を誘導します。不活化ワクチンは免疫刺激が弱く、その弱点を補うためアジュバンドという免疫刺激物が混ぜられています。しかしアジュバンドの刺激が強過ぎて、接種した部位が腫れたり、発熱や食欲低下などの症状が出たりすることがあります。生ワクチンと不活化ワクチンをうまく組み合わせることによって安全に強い免疫がつくれます。

日本では接種部位と免疫方法の違いから、注射型ワクチンと鼻腔（びくう）投与型ワクチンの２種類が市販されています。注射型ワクチンは古くから使われているタイプで、注射によって体内にワクチンを接種することで強い免疫効果を得ることができます。多くの種類の感染に対するワクチンが市販されています。

一方、鼻腔投与型ワクチンは最近、国内で販売が開始された、特定のウイルスに対する新しいタイプのワクチンです。注射を打つのではなく粘膜組織である鼻腔内に投与して免疫をつくります。このワクチンを投与することで素早く免疫が刺激され、全身の免疫を高める効果があることが分かってきています。そのため、ストレスにより抵抗力が下がるような場面で、免疫力を高めるためにあらかじめ投与して感染症を防ぐ、といった使い方が多くなっているようです。

酪農経営の規模拡大が進む現代では、ワクチンの特徴をしっかり踏まえた上で効果的に接種して、計画的に感染症を予防することが期待されます。

接種方法

接種には、感染症を発症する可能性のある牛に直接接種する場合と、子牛の感染を防ぐ間接的な効果を期待して母牛に接種する場合があります。

呼吸器病などでは牛自身にワクチンを接種して免疫を高めますが、若齢ではワクチンの反応が悪いので複数回接種した方が効果は高まります。一方、母牛にワクチン接種するのは胎子期に感染するウイルス病や新生期の子牛の下痢症を予防するためです。このうち初乳を介して間接的なワクチンの免疫効果を得るには、適切な初乳の摂取がとても大事になります。そのため初乳の摂取方法や子牛自身の初乳の吸収能力を意識する必要があります。いずれにせよ、牛自身の健康状態がワクチンの効果を左右します。

健康でストレスのない状態で牛を飼養することによってワクチンの効果は高まります。

ワクチンは感染する病原体に対して免疫するものです。そのため細菌性気管支肺炎が散発している牧場であれば、ウイルスワクチンではなく細菌ワクチンを接種した方が予防効果は得られます。またワクチンを接種した牛に免疫効果が現れるまでに１カ月程度の期間が必要です。

そのため、例えば冬季のウイルス性呼吸器病の発生を軽減させるなら、病原体であるウイルスのまん延が本格的に始まる前、つまり秋頃には接種する必要があります。**表2**に示すように、牛の呼吸器疾患に対するワクチンだけでも数種類が市販されており、用途に合わせて商品を選ぶことが望ましいといえます。

これまで特に新生期の子牛に関しては、初乳から得た母牛からの移行抗体の影響でワクチン接種しても効果が得られないとされてきました。しかし近年の研究によって、生まれて１、２週間の新生子牛であっても、ワクチンの接種効果のあることが指摘されています。ワクチンは複数回接種した方が効果はあるため、離乳前後に呼吸器病が発生しやすい牛群であれば新生期から複数回ワクチン接種することが感染症の予防対策として有効です。

酪農家の理解

ワクチン接種で免疫を高めても、感染症の対策は万全ではありません。牛によっては副反応が現れ、ワクチンを接種したのに免疫効果が得られず感染症が発症することもあります。飼養管理上の問題があったり、もともと体質が虚弱な個体だったりする場合は、牛自身の免疫力が下がりやすく、いくらワクチンを接種しても病原体の感染を許してしまうことがよくあります。

感染症の発症の根源には飼養管理に問題があることが多く、その発症に悩む牛群であれば管理面の改善とワクチンプログラムの双方を検討する必要があります。

【大塚　浩通】

表2　国内で販売されている主な呼吸器病ワクチンとその区分

	生	不活化	細菌	ウイルス	体内(注射)	粘膜
キャトルウィン		○		○	○	
カーフウィン	○			○	○	
ボビエヌテクト5	○			○	○	
ストックガード		○		○	○	
ボビバック5		○		○	○	
TSV－2	○			○		○
キャトルバクト		○	○		○	
リスポバル		○	○		○	
ボビエヌテクト	○			○	○	

子牛(こうし)の死産(しざん)

乳用子牛の死産、いわゆる分娩に伴う子牛の事故死は子牛の死亡廃用事故の半分以上を占め、国内外で最も大きな死亡原因となっています。農業共済組合の保険上の病名としては、胎子死や新生子死として分類されています。例年、同じ事故が繰り返されるのは、既に死亡している状態で発見されるケースが多く、対処できないためではないでしょうか。対策としては、まず事故の本質を知るところから始まると考えます。死産の事故死体には、外貌や解剖所見に多くの情報が存在します。酪農家の稟告(りんこく＝申し出)と合わせれば、その個体がどのような経緯で娩出され死に至ったか、ある程度推測することが可能です。

原因

特定の原因はありませんが、死産が起こりやすい状況は分かっています。最終的に難産(224ページ参照)に結び付く場合が多い傾向にあります。

[母体側の要因]

初産牛は経産牛より死産しやすくなります。初産牛はまだ体が成長途中で、十分な産道の広さを確保できない場合、難産しやすくなります。母体の体調が影響する場合として、子宮内で胎子が病原体に感染することがあります。母体に感染した病原体が、血液や胎水を介し胎子に移行するためで、病原体の種類にもよりますが、多くは死産します。

また、死産の中には虚弱子牛症候群(WCS)の胎子も多く含まれていると考えられます。娩出時に筋力が弱く、うまく呼吸できないことが原因です。母牛の栄養状態が悪い場合に起こります(152ページ参照)。

[子牛側の要因]

双胎は早産となりやすく、予定にない分娩となるため、死産が多くなります。特に二子目(後に娩出される方)は、一子目より死産になりやすいのが特徴です。双胎の分娩は長時間に及ぶことから、二子目が娩出される時点で、生まれる適期を過ぎてしまうためです。ホルスタイン種はF_1種より死産しやすくなります(母体がホルスタイン種の場合)。和牛の精液を使うと胎子の体格が小さい傾向にあり、初産の安産のために利用されます。

[環境要因]

死産は冬季に多発します。寒冷期の胎子は大きく育つ傾向があり、難産しやすくなるためと考えられます。分娩施設としては、外気の影響を受けやすい場所ほど死産しやすく、北海道のような寒冷な地方では、介助が必要な虚弱な新生子に寒冷死するケースが見られます。

[人為的要因]

死産が起こりやすい時間帯は、深夜から早朝にかけてです。酪農家の目が行き届かない時間帯に当たり、難産や虚弱な新生子を見逃してしまいがちです。また、早過ぎる強引な胎子のけん引は胎子を弱らせてしまいます。

分娩予定日の勘違いもあります。多回授精の場合、どの授精日で受胎しているのか、胎子の大きさを考慮した妊娠鑑定が重要となります。

症状・特徴

[外貌]

事故死体の外貌は、胎子が娩出された胎位により違ってきます。胎位は、頭部が先に娩出される頭位と、尾部が先に娩出される尾位に大別されます。頭位の場合、その多くは子牛の頭部に痕跡が残ります。頭頸部が物理的に圧迫されるため、頭部がむくみやすくなります(**写真1、2**)。また、前歯(切歯)の歯茎が紫色に変色するのも特徴です(**写真2**)。

頭位の場合、前歯が産道と接触すると、歯茎の血管が損傷し内出血が起こります。逆にこれらの所見が見られない場合、尾位で娩出

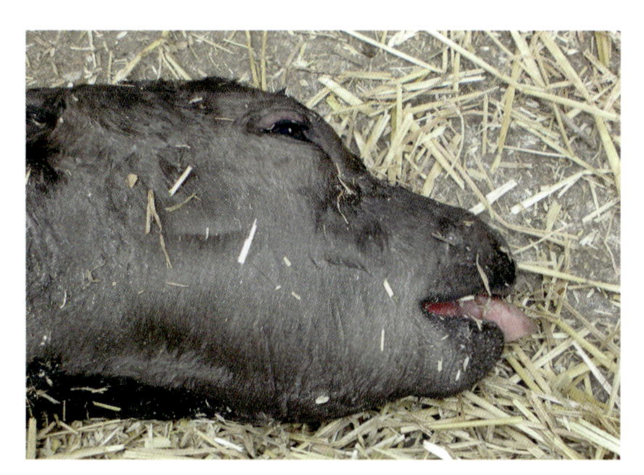
写真１　頭部のむくみ

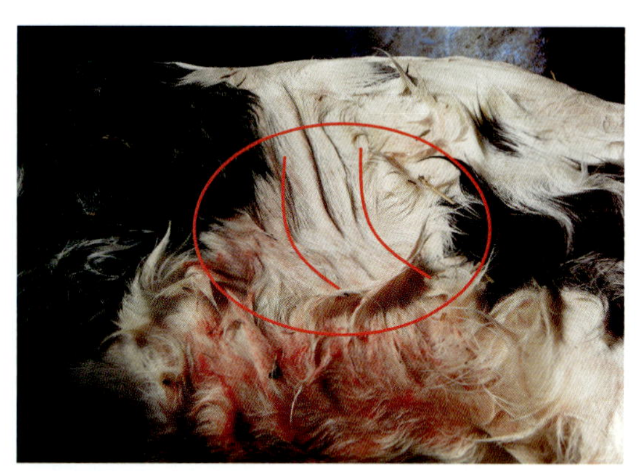
写真３　陥没した肋骨

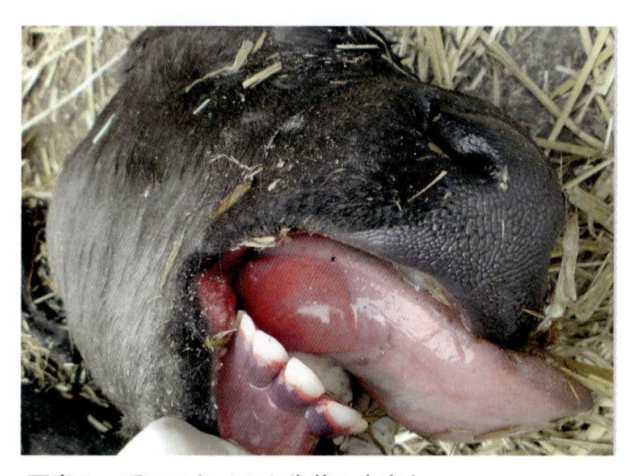
写真２　舌下のむくみと歯茎の内出血

された可能性があります。ただしこれら頭部の所見は、胎子が娩出される間際まで生存していた場合に見られる特徴です。子宮の中で死亡し娩出された場合には見られません。

事故死体の外貌から、尾位で娩出される個体が多いことが分かります。尾位での産道通過は胎子の体形が逆三角形となることや、被毛の向きと逆になることから、摩擦抵抗が大きくなります。加えて、臍帯（さいたい）の圧迫や断裂により胎子の窒息が起こりやすく、死産しやすい体位といえます。

［肋骨（ろっこつ）骨折］

事故死体には、骨折が多く観察されます。強引な分娩介助による肢の骨折に加え、母牛に踏まれた場合を除き、一般的に肋骨に骨折が起こります。肋骨は上部の肋硬骨と下部の肋軟骨に分かれています。骨折は肋硬骨と肋軟骨の移行部に起こり、左右どちらか一側方の肋骨が陥没します（**写真３**）。胎子が自分の体格より狭い産道を通過できるように、胎子の胸腔（きょうくう）の輪郭が変形するためです（**図**）。

肋骨の骨折は、母牛と胎子の大きさのバランスが取れていない場合に起こりやすくなります。例えば、体格の小さな初産牛が過大胎子を娩出する場合などです。人が胎子をけん引した場合や、摩擦の大きい尾位での娩出は、肋骨骨折が多い傾向にあります。肋骨の骨折は新生子の呼吸状態などに悪影響を及ぼすと

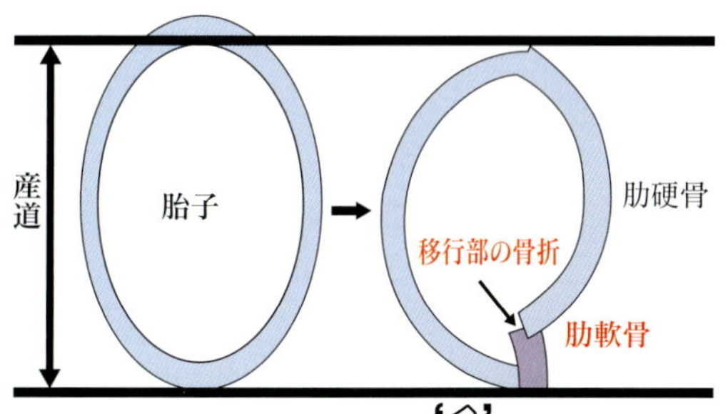

図　大きな胎子が産道を通過する過程（横断図）

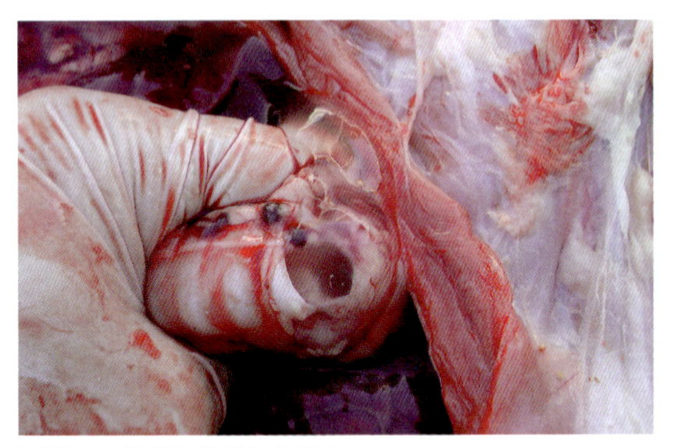

写真４　気管に流入した胎水

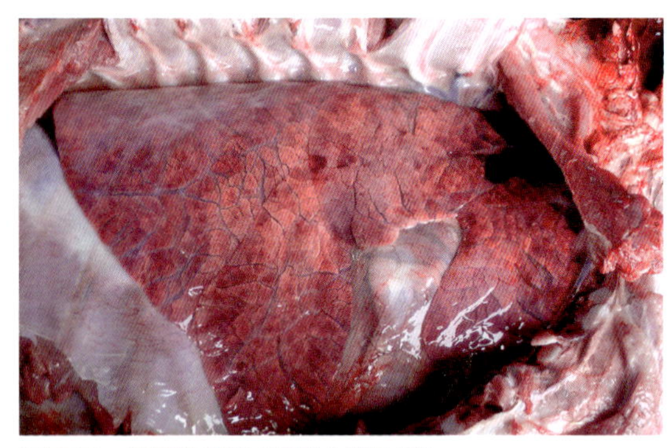

写真５　誤嚥性肺炎の肺（まだら状）

考えられます。

［気管と肺］

事故死体の気管の多くには胎水の流入が見られ（**写真４**）、最終的に肺に流入します。胎水とは子宮内の胎子の周りを取り囲んでいる液体で、羊水と尿膜水に分類されます。気管は本来、空気を肺に送るための通路で、ここに胎水が流入することはありません。気管への胎水の流入は、母体内で呼吸が始まったことを示しており、胎水の中で胎子が溺死した所見の１つです。溺死まで至らなくても、気管や肺に胎水が流入した状態で娩出されると、誤嚥（ごえん）性肺炎を発症します。泡状の液体が気管に存在し、炎症の起こったまだら状の肺が特徴です（**写真５**）。

肺の解剖所見からは、空気の入り具合により、胎子が娩出された後、自発的に呼吸したか否かを知ることができます。正常に自発呼吸した個体は、肺全面に空気が入り込み白い肺となります（**写真６**）。自発呼吸のない個体は肺に空気が入り込まないため、褐色の肺となります。（**写真７**）。肺の所見は季節により違いが見られ、冬季は夏季に比べ、自発呼吸した個体が多くなります。寒冷な地方では、自発呼吸のあった虚弱な新生子が、畜主が気付く前に寒冷死するケースが多いと考えられます。

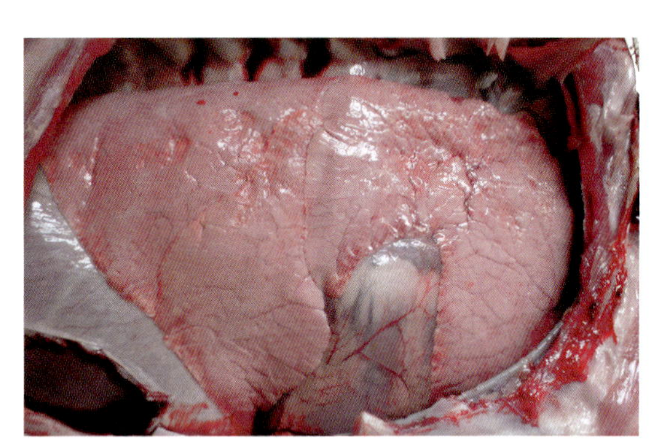

写真６　自発呼吸した肺

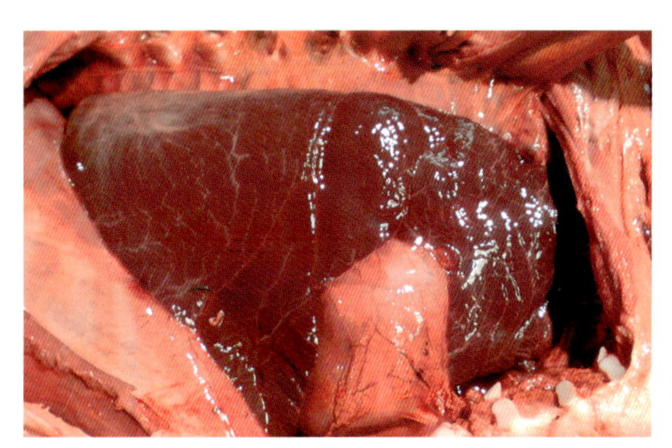

写真７　自発呼吸のない肺

酪農家ができる手当て

夜間の巡回やカメラ設置などにより、可能な限り全ての分娩を監視するのが最良の死産予防法といえます。難産を発見し獣医師に診療依頼することや虚弱な新生子を介助することで、助かる個体が出てきます。特に死産が多発する尾位での分娩は、酪農家にも容易に診断できます。

外陰部をよく拭いた後、直腸検査用の手袋を装着し、産道内に手を挿入します。前肢とは違った後肢の関節の曲がり方を良く理解しておく必要があります。頭部を触らないで尾を触るのも尾位の特徴です。産道を通過できる大きさであることを確認し、胎子をけん引してください。胎子のけん引は胎子肋骨の骨折のリスクを伴うため、尾位など死産のリスクが高い分娩を選び、実施する必要があります。

新生子の心肺蘇生には、ABC(Airway＝気道確保→Breath＝人工呼吸→Circulation＝心臓マッサージ)という手順があり、特にAの気道確保が全ての基本となり重要です。解剖所見からも分かる通り、気道に胎水が入り込まないように、しっかりと口腔(こうくう)や鼻腔に入った胎水を排出させ、呼吸を開始させる必要があります。新生子を短時間逆さ吊(づ)りすることや、市販の人工呼吸器の利用は有効です。

既に娩出された虚弱新生子を発見した場合の対処法を述べます。冬季に胎水でぬれたまま娩出されると、重度の寒さにさらされ、体温を維持するために多くのエネルギーを必要とし、急激に弱っていきます。このような環境を和らげる対策として、分娩用の施設は外気が入り込まない状態にしてやること、敷料は厚く入れることなどが挙げられます。

乾乳牛舎など予定外の場所で娩出され、冷たくなった新生子を発見した場合は、被毛の水分をよく拭き取り、素早く身体を温め体温を維持する必要があります。市販のカーフウオーマーを使えば、箱の中に子牛を入れ、温風で身体を乾かしながら温めることができます(**写真8**)。新生子のケアは、その後の発育にも大きく影響してきます。

写真8　温風で身体を温めることができるカーフウオーマー

獣医師による治療

難産を予想させる分娩は、獣医師に診療依頼します。その場合、難産整復のため、母牛を吊起(ちょうき)でき、胎子をけん引できる場所を必ず確保してください。

新生子の治療としては、酪農家が応急処置をした後の虚弱な個体が対象となります。症状としては、出生から数時間たつが、初乳を飲まない、起立しない、呼吸が荒いなど活気がない状態です。難産により低酸素状態が長く続く例や肺に胎水が流入した例が多く見られます。症状の程度により、輸液、抗生剤の投与などを実施します。　**【茅先　秀司】**

地方病型(流行型)牛白血病

原因

地方病型(流行型)牛白血病の発生原因は、牛白血病ウイルス(*Bovine leukemia virus*：BLV)の感染です。BLV感染牛の大部分は無症候感染（Aleukemia：AL）ですが、感染牛の約20～30%がポリクローナルなB細胞の異常増殖を呈する持続性リンパ球増多症（Persistent lymphocytosis：PL）を引き起こします(**図1、2**)。さらに感染牛のうち2～3%はB細胞性の白血病である地方病型牛白血病（Enzootic bovine leukemia：EBL）を発症し、リンパ節に悪性リンパ肉腫が形成され予後不良で死に至ります。

無症候感染から持続性リンパ球増多症を経ての白血病・悪性リンパ肉腫発症が一般的です。しかし無症候感染から前兆なく発症する症例も多く報告されています。これには栄養状態、免疫状態、分娩などの宿主要因が関与しているとされるものの、正確な機序(仕組み)は不明です。感染成立から地方病型牛白血病の発症までには5～10年の潜伏期間があるとされるにもかかわらず、近年は若齢での発症が日本各地で多く確認されています。

牛白血病は、1998年の家畜伝染病予防法の改正に伴い、新たに届出伝染病に指定された疾患です(届出義務は、感染牛でなく牛白血病発症牛)。2016年の牛白血病の全国発生数は3,125頭、うち557頭は北海道での発生です。これは北海道の飼養頭数の多さが背景にあり、BLVの感染率は北海道が一番低いという報告もあります。しかし、1998年で100頭に満たなかった全国の牛白血病発症牛数が、2016年には30倍以上にも急増しています(農林水産省 消費・安全局動物衛生課 監視伝染病発生年報：http://www.maff.go.jp/j/syouan/douei/kansi_densen/kansi_densen.html)。09年から11年の検体を用いて行われた農研機構動物衛生研究所の大規模全国調査(2万0,835頭)によると、国内の牛の約35%が既に牛白血病ウイルスに感染しているという報告があります(Murakami et al., J Vet Med Sci. 2013. 75(8):1123-6)。半数以上がBLV感染牛という農場も少なくなく、感染牛の淘汰は極めて困難な状況といえます。

症状・特徴

[腫瘍の発生]

発症牛の症状はさまざまで、体表のリンパ節の腫れが一番の特徴の他、削痩、元気消失、

牛白血病 (届出伝染病)

- 散発型 (Sporadic bovine leukosis：SBL)
- 地方病型 (Enzootic bovine leukosis：EBL)
  - 牛白血病ウイルス (Bovine leukemia virus：BLV) による腫瘍疾患 (B細胞性リンパ肉腫・白血病)

牛白血病ウイルス (Retroviridae, Orthoretrovirinae, Deltaretrovirus(RNA ウイルス)) は、HIV や HTLV などと同じレトロウイルス。

B 細胞に感染し宿主 DNA に組み込まれるプロウイルスとして存在し、長期間にわたり持続感染する。

本感染症は、感染 B リンパ球を含む血液を介して感染する。抗体が陽転してもウイルスは排除されない。

感染牛の 3 割が持続性リンパ球増多症(ポリクローナルなリンパ球増加)を示す。さらに病態が進行すると白血病(リンパ肉腫、リンパ腫)を発症し死の転帰をとる。

ワクチンおよび治療法はない。

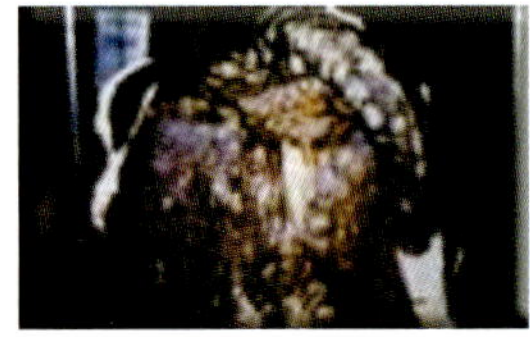

牛白血病発症牛
(動物の感染症から引用)

図1　牛白血病の種類と特徴

食欲不振、眼球突出、乳量減少、下痢、便秘などを示します（**写真1、2**）。しかし体表のリンパ節の腫れは必ず現れるとは限らず、体の中で腫瘍（心臓、脾＝ひ＝臓、消化管、子宮などで）を形成し、獣医師や授精師が繁殖検診や人工授精時の直腸検査で初めて気付く場合や、食肉衛生検査所での検査で初めて腫瘍が発見される場合も多くなっています。

なお、食肉衛生検査所において牛白血病が発見された場合は、と畜場法により全廃棄となり、生産者に対する直接的な経済的損失の原因となっています。臨床研究では、腫瘍ができる場所によって臨床症状が異なることが報告されています。すなわち腫瘍が消化器系に発生した場合は、劇的な食欲喪失や削痩が認められ、子宮付近に発生した場合は繁殖障害を及ぼすとされます。悪性リンパ肉腫の発生部位が可視しやすい体表だけでないこと、腫瘍発生部位により臨床症状が異なることが牛白血病発症牛の生前診断を困難にしている理由の1つになっています。

牛白血病発症牛の全廃棄や淘汰による直接的な損害の他、持続性リンパ球増多症を呈する感染牛や高いウイルス量を保有する感染牛の産乳量の低下、削痩による肉量低下、空胎日数の延長、他の感染性疾病や病傷の発生頻度の増加という疫学研究や臨床報告もあります。

［免疫への影響］

最近の報告では、病態が進んだ持続性リンパ球増多症を呈する感染牛は、抑制性のサイトカイン（TGF－β）を産生する制御性T細胞数が増加し、産生されたTGF－βは病原体の侵入を防ぐために重要なCD4⁺T細胞からの抗ウイルスサイトカインの産生およびナチュラルキラー（NK）細胞の細胞傷害活性を著しく低下させていることが明らかとなりました。

従って、BLVは制御性T細胞を介した細胞性免疫の抑制によって牛白血病の病態進行のみならず日和見感染症への感受性も高め、生産性に影響を及ぼしている可能性が示唆されたのです。このような生産性への影響の懸念に加え、牛白血病発生の農場に対する風評被害も確認されており、生産現場からは本病に対する早急な対策が求められています。

BLVは1969年、Millerらによって初めて分離されたウイルスです（Miller et al., J Natl Cancer Inst. 1969. 43(6):1297-305）。BLVはレトロウイルス科デルタレト

牛白血病ウイルス
CD5+B-cell
に感染
無症状キャリアー期
CD5+B-cell
持続性リンパ球増多症
（20～30%）
（3～10歳）
肉腫
白血病
リンパ肉腫
（2～3%）
ポリクローナルな
細胞増殖
モノクローナルな
細胞増殖

＊潜伏期間が非常に長い（発症までに長時間を要する）
＊発症率については産業動物で寿命がさまざまなため確定的ではない

図2　牛白血病ウイルス感染症の3つの病態進行

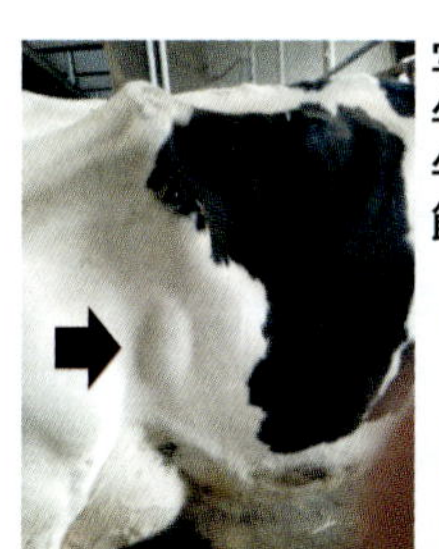

写真1
牛白血病ウイルス感染による発症牛。体表リンパ節（腸骨下リンパ節）の腫脹（肉腫）

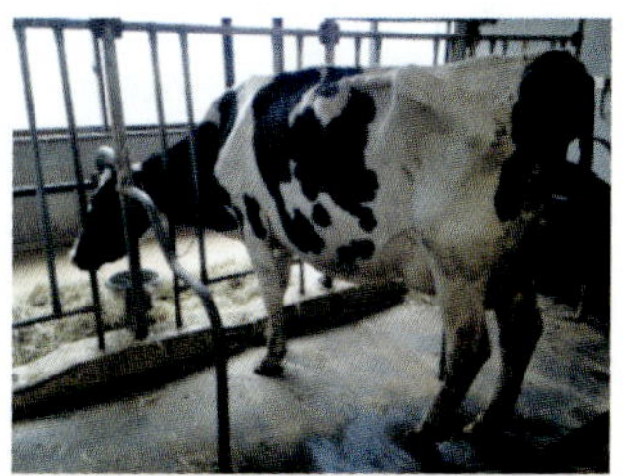

写真2　牛白血病ウイルス感染による発症牛。全身の体表リンパ節の腫脹と重度の削痩

ロウイルス属に属し、その遺伝子構造はヒトT細胞白血病ウイルス（HTLV－1）に最も近縁なウイルスです（Sagata et al., Proc Natl Acad Sci U S A. 1985. 82(3):677-8)。BLVは種々の末梢（まっしょう）単核球に感染し、宿主細胞の染色体にDNA（プロウイルス）として組み込まれ（Panei et al., BMC Vet Res. 2013. 9:95.)、感染牛は終生ウイルスを保持します。抗体によってウイルスは排除されません。T細胞の腫瘍化を引き起こすHTLV－1と異なり、B細胞を特異的に腫瘍化することが明らかになっています（Schwartz et al., J Virol. 1994. 68(7):4589-96.)。

感染経路と予防策

[垂直感染]

BLVは、同じくレトロウイルスであるヒト免疫不全ウイルス（HIV）やHTLV－Iと同様にウイルスを含む感染血液・乳汁によって伝播（でんぱ）されます。感染経路には垂直感染および水平感染が知られています（**図3**）。垂直感染には①BLV感染牛の母体内で子牛への感染が成立する子宮内感染②出産過程で子牛が感染する産道感染③出生後、感染牛のウイルスを含む乳汁を介して感染する経乳感染―があります。

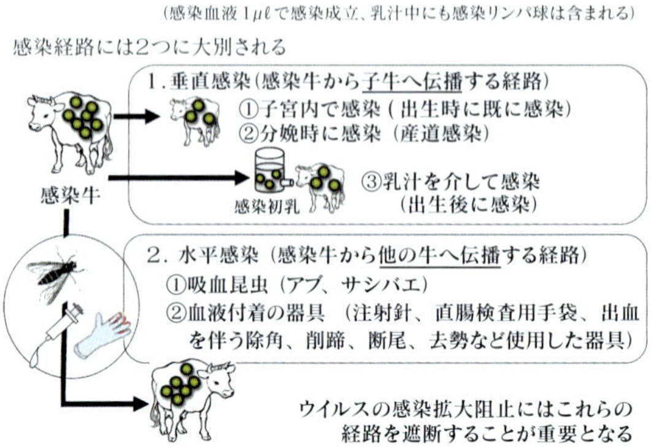

子牛の時期の感染は生産性上、重要な時期である成牛の発症の原因となることから感染防御は極めて重要です。乳汁中のBLVは、適切な凍結や加温によって死滅します。よって初乳などをしっかり凍結または加温（56℃で30分）した後、子牛に与えれば経乳感染は確実に断つことが可能です。なお、乳汁のパスチャライザによる加温処置は本来、ヨーネ菌、サルモネラ菌、大腸菌などの下痢を起こす細菌感染症対策を目的としたものであり、BLVの不活化のためではありません。凍結処理では、細菌は死滅せず細菌感染症の予防にはならないので注意が必要です。

[水平感染]

水平感染には①感染牛との接触感染（創傷感染）②同一注射針によるワクチンなどの連続接種や連続直腸検査による医原性感染③吸血昆虫による媒介―が挙げられます。②の医原性感染は他に、出血を伴う除角、削蹄、断尾、去勢、耳標の装着なども含むことから獣医師だけでなく、生産者、牛群へ入る削蹄師や人工授精師への牛白血病ウイルスの伝播リスクについての啓発活動も重要となります。

なお、受精卵移植や人工授精によるBLV感染伝播を示唆する報告もありますが、BLVは卵子および精子には感染（インテグレーション）しないので原因にならないといえます。受精卵移植で感染子牛が産出された場合は、レシピエントがBLV陽性牛で、前述した子宮内感染または産道感染による伝播です。一方、人工授精用精液による感染もないとされます（Monke et al., J Am Vet Med Assoc. 1986. 188(8):823-6)。

BLVは精子には感染しませんが、精液にはウイルスが含まれる場合があり、自然交配や交配行為（本交）による感染のリスクは、他

牛白血病ウイルスは血液、乳汁で伝播する
（感染血液1μℓで感染成立、乳汁中にも感染リンパ球は含まれる）
感染経路には2つに大別される
1. 垂直感染（感染牛から子牛へ伝播する経路）
①子宮内で感染（出生時に既に感染）
②分娩時に感染（産道感染）
感染牛
感染初乳
③乳汁を介して感染
（出生後に感染）
2. 水平感染（感染牛から他の牛へ伝播する経路）
①吸血昆虫（アブ、サシバエ）
②血液付着の器具（注射針、直腸検査用手袋、出血を伴う除角、削蹄、断尾、去勢など使用した器具）
ウイルスの感染拡大阻止にはこれらの経路を遮断することが重要となる

図3　牛白血病ウイルスの感染経路

のレトロウイルス（HIVやHTLV－1）と同様であると考えられます。

③の吸血昆虫による媒介とはアブやサシバエなどによるもので、マダニはベクター（媒介者）として機能しません。アブやサシバエなどによるBLVの媒介は生物学的伝播ではなく、機械的伝播です。よって感染牛を吸血した昆虫は一定の時間を経れば口器に付着した血液は凝固し、感染源となりません。昆虫が多く存在する夏の放牧地で、感染牛と陰性牛を隔離すると感染が広まらない理由はこのためです。北海道では、冬にはBLV感染の新規陽転率が低下するとの報告もあり、これらの知見からも吸血昆虫対策は重要と考えられます。近年、駆虫薬に加え、防虫ネットによる新規陽転率の低下も報告されています。

［ウイルス量に基づくリスク評価］

高いBLV感染率という現状の中、牛白血病対策は非常に困難ですが、ウイルス量別のリスク解析を基盤とした対策も実施され始めています（**図4**）。BLV感染牛の産子を調べた報告によると、ウイルス保有量が多い母牛（ハイリスク牛）の産子において、40％以上の垂直感染が確認されています（Mekata et al., Vet Rec. 2015. 176(10):254.）。高い率で垂直感染が認められた農場の過去の履歴を検索した結果、ハイリスクに陥った牛の母牛は全てBLVに感染しており、感染の連鎖が示唆された報告もあります。

また新規陽転牛のウイルス遺伝子解析結果から、ウイルス保有量が高い持続性リンパ球増多症牛（ハイリスク牛）は媒介昆虫による媒介の感染源になりやすいことも報告されています（Ooshiro et al., Vet Rec. 2013. 173(21):527）。このようなハイリスク牛は免疫も破綻し、高率で死亡廃用になっていることが多々報告されています。一方で、飼養形態が類似するハイリスク牛がいない牧場の年間陽転発生率は極めて低いことも確認されており、ハイリスク牛をコントロールすることの重要さが分かります。

ウイルス量が多いハイリスク牛は、発症リスクが高いことに加え、水平感染リスクの上昇、産子の胎盤感染および産道感染による垂直感染が多いこと、生産性が低下し病傷率や他の疾病による死亡廃用率が極めて高いことが確認されています。高い感染率の中、ウイルス量を基準とした総合的な判断による牛白血病対策が今後の一手になるといえます。

本研究調査ならびに検査実施の一部は、文部科学省科学研究費補助金、農林水産業・食品産業科学技術研究推進事業および国立研究開発法人農業・食品産業技術総合研究機構生物系特定産業技術研究支援センター革新的技術開発・緊急展開事業（うち地域戦略プロジェクト）によって実施されたものである。

【今内　覚】

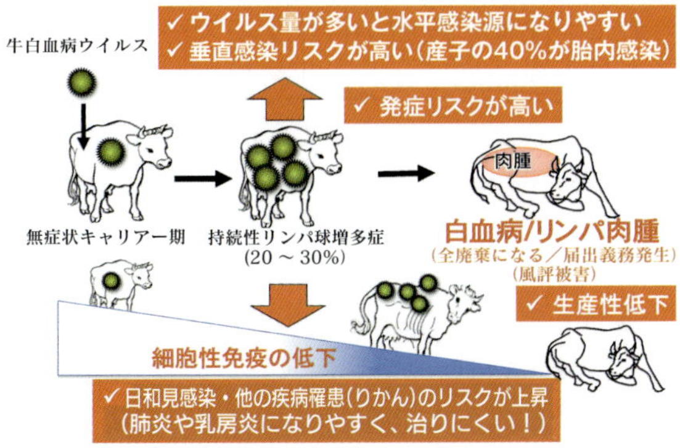

Ooshiro, Konnai et al., Vet. Rec., 2013, Mekata, Konnai et al., Vet. Rec., 2015,
Ohira, Konnai et al., Immun Inflamm Dis., 2016, Mekata, Konnai et al., in submission.

図4　感染ウイルス量によるリスク評価

牛ウイルス性下痢粘膜病

牛ウイルス性下痢粘膜病（BVD－MD）は牛ウイルス性下痢症ウイルス（BVDV）の感染によって生じる伝染病です。日本では届出伝染病に指定されており、３週間以上の間隔をおいてBVDVが検出された牛は届け出報告するよう義務付けられています。

病原ウイルスが初めて分離されたころ（1940年代）は、下痢と粘膜病は別々のウイルスによって引き起こされると考えられていました。その後、下痢と粘膜病は同じウイルスの感染によって生じることが証明され、BVD－MDを発症するのはBVDV持続感染牛（PI）だけであり、発症率は１～２％と非常に低いことが分かりました。病名に「下痢」「粘膜病」という病態名が含まれているもののその病態を呈する症例が少ないことから、BVDV感染牛がBVD－MDとして摘発されることは多くはありませんでした。

しかし、BVDV感染によって生じる病態は下痢と粘膜病だけではなく非常に多岐にわたることが現在では確認されており、病名やウイルス名に含まれている病態は、本症摘発の助けにはなっていません。また、何の症状も呈することなく牛群内に潜んでいるPIもたくさんいることが明らかとなっています。PIはウイルスを排出し続けて同居牛に感染を広め、牛群全体の生産性を低下させるさまざまな悪影響を及ぼすことが世界的に確認されており、日本でも同様の状況となっています。

原因

BVDVはウイルス遺伝子の塩基配列の違いによってBVDV１、BVDV２およびBVDV３の３タイプに分類されます。BVDV２は90年ごろに出血傾向を呈し急死した牛から分離され、それまで確認されていたウイルス（BVDV１）とは異なる抗原性を示したために、病原性の強いウイルスだとされてきました。抗原性の異なるBVDVが世界中でたくさん分離されていましたが、BVDV１と２の抗原性の違いはそれまでとは比較にならないほど大きかったので別々のウイルス名となりました。しかし、その後、世界中で自然感染した牛から分離されたウイルスのタイプと病態との比較によって、BVDV１もBVDV２も病原性に大きな差はないことが明らかになってきています。

21世紀になってから、さらに異なるタイプのBVDV３が発見されていますが、発生頻度は低く2017年現在、日本での発生は認められていません。

従って本稿では、BVD－MDの病原因子をまとめてBVDVと総称して記述します。BVDVには試験管の中で細胞変性効果（ウイルス感染によって細胞が壊されてしまう現象）を示すウイルス（CP）と示さないウイルス（NCP）とが存在し、これを生物型の異なるウイルスとして区別しています。生物型および抗原性は、発病の機序（仕組み）および予防対策において考慮すべき重要な点です。

BVDVは牛のあらゆる分泌物（涙、鼻汁、唾液、糞尿、乳汁など）中に排せつされます。牛の体内の多くの細胞はBVDVの受容体を有していますが、BVDVの伝播（でんぱ）は経口または経鼻感染によることが多いといわれています。皮膚からウイルスが侵入することは自然状態ではあまり起こりません。また、妊娠牛が感染すると子宮内の胎子も感染し、胎齢によって異なりますが、さまざまな影響を受けます。その感染胎子が出生した場合には、それが感染源となり同居子牛にも被害が及びます。

症状・特徴

感染様式および発症機序の違いによって持続感染、粘膜病、急性病、子宮内感染などに分類され、それぞれさまざまな症状を呈します。牛群としても大きな影響を受けます。

［持続感染］

胎齢約150日以下の時期に母体がNCPのBVDVに感染すると、胎子は発生過程においてウイルスを自分の体の一部であると認識して成長し出生してきます。すなわち、この子牛は自分の体内にBVDVが存在するにもかかわらずそのウイルスを排除しようというシステム（免疫系）が働かず、ウイルスと共存し多量のウイルスを生産し排出し続けます。

このように常にBVDV陽性でそれに対する抗体（ウイルスを殺すために体内でつくられる武器のようなもの）が陰性である牛を持続感染牛（PI）といいます。PIは、BVDV以外の感染因子に対しては免疫系を働かせることができますが、健康な子牛よりも免疫応答能が低下していることが多いので、肺炎や腸炎にかかりやすく治療に対する反応も悪い状態にあります。早くて数週齢、多くは1歳齢未満で肺炎や腸炎によって斃死（へいし）します。

中には目立った症状を呈することもなく成長し、分娩して泌乳を開始するPIもいます。PIは必ずPIを娩出します。PIに多く認められる症状として発育不良（**写真1、2**）、腹囲膨満（たいこ腹）、白血球数減少などが挙げられます。

その他の症状として糖尿病、中枢神経異常、骨格異常、繁殖障害、皮膚病、出血傾向、盲目などが認められることがあります。下痢も頻繁に見られますが、下痢の性状に特徴はありません。

［粘膜病］

PIの体内でウイルスの生物型がNCPからCPに変化することによって発症します。BVDVの生物型の変化は、持続感染しているウイルスの遺伝子変異によることが明らかとなっています。それまでPI体内で共存していたBVDVがPIに病原性を示し始め、PIには発熱、元気消失、食欲不振、脱水、さまざまな色調の水様や泥状の下痢、舌や歯肉あるいはその他の口腔（こうくう）粘膜のびらんあるいは潰瘍（24㌻**写真3、4**）などが認められます。これらの症状を呈している牛は数日から2～3週以内に死亡します。一般にBVD－MDと呼ばれる病気はこの病態のことです。

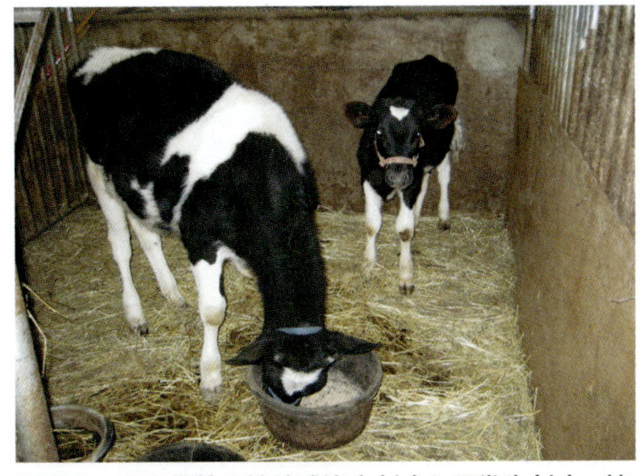

写真1　6カ月齢の持続感染牛（右）と正常牛（左）。持続感染牛は著しく発育不良であり腹囲膨満が認められる

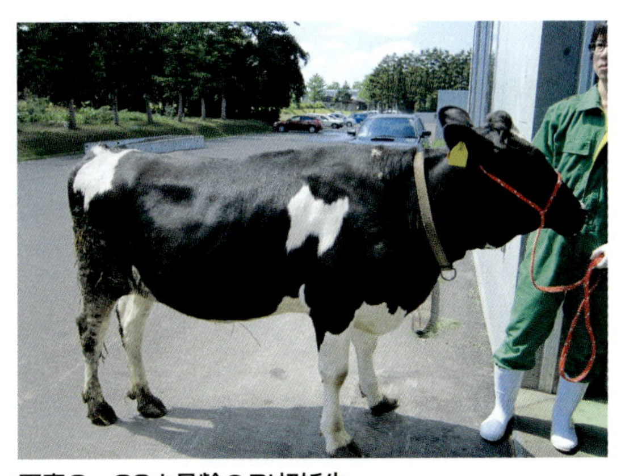

写真2　20カ月齢のPI初妊牛

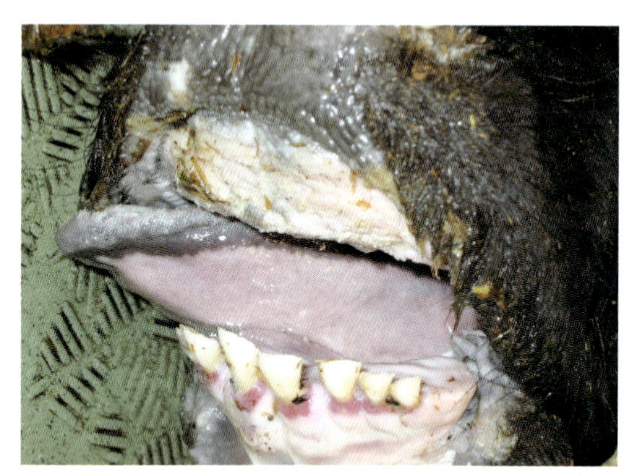

写真３　粘膜病発症牛の上顎に認められたびらん病変

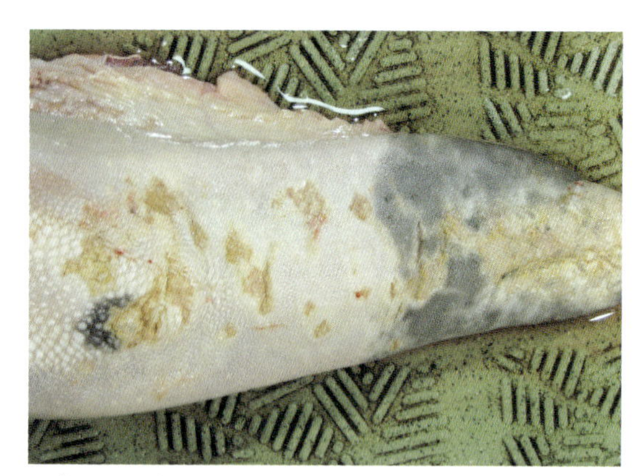

写真４　写真３と同じ牛の舌粘膜に広く認められた、びらんと潰瘍病変

［急性病］

ＢＶＤＶに対する抗体を持たない牛がBVDVに感染すると発熱、元気沈衰、食欲不振、下痢などの症状を一過性に呈します。これを急性BVDV感染症といいます。１週間ほどでBVDVに対する抗体が産生され、ウイルスは排除されて症状も消失します。それまでの間はBVDVの作用によって免疫応答能が低下するので、他の感染症にもかかりやすくなってしまいます。その被害を最小限に抑えるためにBVDVに対するワクチンが市販されています。野外で分離されるさまざまな抗原性のBVDV全てに対して有効なワクチンは開発されていないので、ワクチンを接種しているから大丈夫ということはありません。虚弱子牛やストレス負荷状態にある牛では、一過性の感染が持続して、長期間にわたりウイルスを排出し続ける、見掛け上のPIのようになる牛もいます。

［子宮内感染］

BVDVが妊娠牛に感染すると、妊娠牛の免疫系は容易にBVDVの侵入を察知し排除しようとします。これをすり抜けてBVDVが子宮内に侵入すると胎齢に応じて胚死、流産、奇形を起こすことがあります。

奇形としては小脳形成不全、盲目、水頭症などの中枢神経異常を引き起こすことが多く、まれに骨格異常を引き起こすこともあります。急性感染状態にある母牛は特徴的な臨床症状を呈することはありません。妊娠牛が十分量の抗体を有していれば、BVDVに感染した際にはウイルスが子宮へ侵入する以前にBVDVを排除することができます。今のところ、その十分量の抗体を付与できるワクチンは開発されていません。

［牛群汚染］

PIは何らかの異常を呈して死亡することが多いのですが、それまでの間ウイルスを排出し続けて牛群内の同居牛にウイルスを伝播（でんぱ）して急性病を引き起こします。何の異常を示すこともなく成長するPIもおり、臨床症状だけでPIを摘発するのは困難なので、ウイルスの確認検査をしなければなりません。

前述の通りPIはあらゆる分泌物中にウイルスを排出し、BVDVは牛の多くの細胞に感染し得るので、泌乳牛であれば乳汁体細胞を用いたウイルス検査が可能です。PIが排出するBVDVの量は非常に大量なので、バルクタンク乳を用いてPIの存否を検査できます。検査法によっては、1,500～2,000頭の搾乳牛中に１頭のPIがいても、それを

写真5　牛群に潜む妊娠PI（手前から４頭目）。手前側２頭の育成牛と同じくらいの大きさ

判定できます。

この方法により、BVDV対策を何も実施していない酪農地帯の全農家を検査してみると、地域によって差はありますが平均すると約３％の農家に泌乳しているPIがいました。これらの農家には泌乳しているPIが少なくとも１頭はいることになります。下痢や肺炎などの治療回数の多い農家では、子牛育成牛群にPIが多く潜んでいることが判明しました。これを統計学的に解析したところ、下痢や肺炎の治療回数の多い農家にはPI牛が潜んでいる危険性が約３倍高いことが明らかになりました。

海外の報告では、PIの摘発淘汰によってロタウイルス感染症、サルモネラ症、コクシジウム症などによる下痢症の発生率が著しく低下したとされています。これは、牛群内に潜んでいたPIがBVDV急性感染を同居子牛に引き起こし、一時的に免疫抵抗力を低下させたことによって下痢症を発生させていたことの影響と考えられます。

酪農家ができる手当て

PIは特徴的な臨床症状を呈することなく牛群内に存在し、大量のウイルスを含んだ体液（唾液、鼻汁、糞尿など）を分泌し続けています（**写真5**）。病気にかかりやすい牛が多い、あるいは流産や奇形子が多発する場合には牛群内にPIの存在が疑われます。早急にPIを摘発しなければなりません。PIが摘発された場合には、飼養中の牛が全てBVDV陰性であることを検査によって確認する必要があります。胎子が感染しているか否かを検査することが不可能なのでPI摘発後、少なくとも１年の間に出生してくる子牛も検査する必要があります。

いろいろな地域から多くの牛が集まる場所、すなわち公共牧場や預託牧場などに牛を預ける際には、ワクチンを接種するだけではなく、PIではないという確認検査をしてから移動させる必要があります。

獣医師による治療

BVD－MD発症牛およびPIは治療の対象にはなりません。PIは難治性の肺炎や下痢を呈することが多いものの、不必要な治療を継続することは無駄です。また、同居牛への感染拡大を防ぐことが第一です。そのためには、検査の必要な牛をいかに早く見付けるかが重要です。牛の移動、特に胎子感染状態の妊娠牛の移動によるウイルス拡散に十分配慮しなければなりません。

【田島　誉士】

マイコプラズマ性乳房炎

原因

マイコプラズマ性乳房炎はマイコプラズマ（**写真1**）によって引き起こされ、その感染経路から伝染性乳房炎に分類されます。乳房に感染するマイコプラズマは約10種類あり、そのうち乳房炎の原因菌として問題となりやすいのは4種類です（**図1**）。マイコプラズマ・ボビス（以下、ボビス）はその中で最も病原性が高く、さらに国内外において発生が多くなっています。マイコプラズマ性乳房炎の約70％はボビスによるものですが、マイコプラズマ・カリフォルニカム（以下、カリフォルニカム）、マイコプラズマ・ボビジェニタリウム（以下、ボビジェニタリウム）、マイコプラズマ・カナデンス（以下、カナデンス）も、乳房炎の原因菌としてしばしば問題となります。

マイコプラズマは感染乳汁に汚染された搾乳者の手指や搾乳器具を介して牛群に広がります。特にボビスは感染力が非常に強く、70個程度のごくわずかな菌が乳頭から侵入しても乳房炎が引き起こされます。臨床型のマイコプラズマ性乳房炎では、乳汁に10億個／mℓから100億個／mℓの菌が存在するため、少量の感染乳汁であっても感染源となります。乳頭口からの菌の侵入が農場における感染拡大の最大の原因となります。

もう1つの感染様式は血行感染です。子牛期に肺、関節、膣、中耳などに感染したマイコプラズマが血液によって乳房に運ばれることで乳房炎を引き起こします。この経路はマイコプラズマ性乳房炎の特徴の1つで、本病のコントロールをより困難なものにしています。血行感染は牛の移動もなく、また、マイコプラズマ性乳房炎の発生歴がない農場で、本病が突然、発生する理由の1つと考えられています。

発生率は一般的に大型農場で高いとされています。これは、外部導入頭数が多く、外から原因菌を持ち込む機会が増えるためです。感染の起点となる個体の多くは、初産牛（導入および自家産）であり、子牛期に肺などに侵入したマイコプラズマが、周産期の免疫力低下などに伴い、血行により乳房へ移行するためと考えられています。

この他、子牛の呼吸器感染症の発生率が高い農場でもマイコプラズマ性乳房炎の発生率は高い傾向にあります。

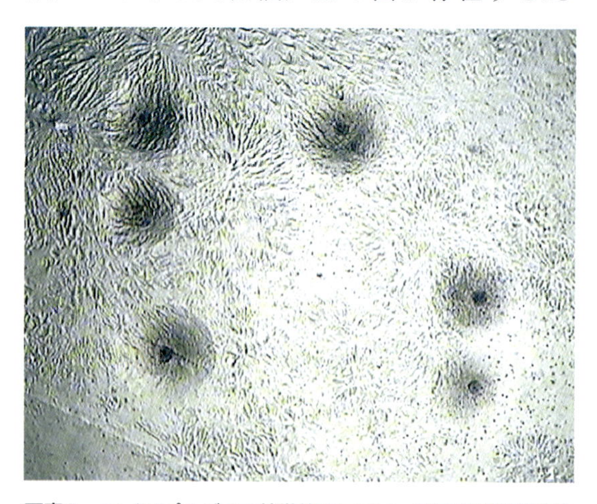

写真1　マイコプラズマの特徴的なコロニー所見（実体顕微鏡）。直径は約1mmと非常に小さく、目玉焼き状を示す

乳房炎を起こしやすい菌種

- ■マイコプラズマ・ボビス
- ■マイコプラズマ・カリフォルニカム
- ■マイコプラズマ・ボビジェニタリウム
- ■マイコプラズマ・カナデンス

乳房炎を起こしにくい菌種

- ■マイコプラズマ・アルカレセンス
- ■マイコプラズマ・ディスパー
- ■マイコプラズマ・ボビライニス

図1　ウシ乳房炎の原因となる主なマイコプラズマ種。乳房炎の症状は各菌種の病原性や感染菌数、さらに個体の免疫力などにも依存する

症状・特徴

感染初期（感染から１～３日）では明瞭な臨床症状は観察されません。その後、時間の経過とともにストリップカップや乳汁検査（CMT変法）において異常所見を示すようになりますが、一般細菌検査では陰性となるため、「菌なし乳房炎」として見過ごされることがあります。病勢の進行とともに、乳房は硬結し（**写真２**）、ピンポン球から野球ボール程度のしこりが確認されるようになります（**写真３**）。

その病変は罹患（りかん）分房全体に及ぶことが病理解剖の結果からも確認されます（**写真４**）。こうした症状を示す頃には泌乳量は著しく低下し、軽度の発熱を示すこともあります。その後、乳房は急激に退縮し泌乳停止に至る場合もあります。マイコプラズマによる泌乳停止は一般的に不可逆的であり、乾乳期を経ても回復する可能性はほとんどありません。また、マイコプラズマは血液によって体内を移動できるため、仮に感染分房を盲乳にしても、その後、別な乳房に感染が広がります。一般的には前後の分房に感染が広がり、その後、左右へ感染が拡大します。

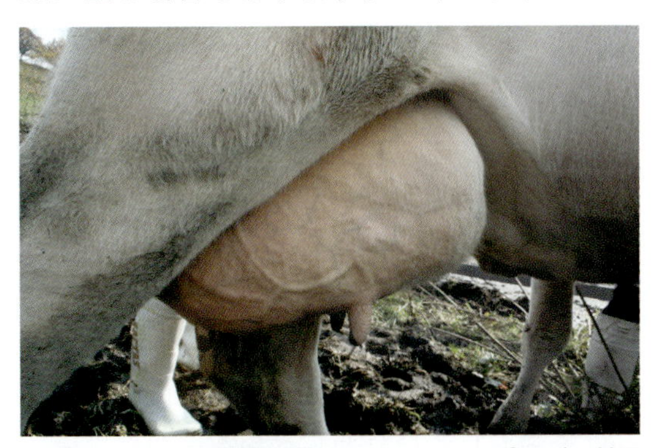

写真２　著しい硬結が確認されるマイコプラズマ性乳房炎の罹患乳房

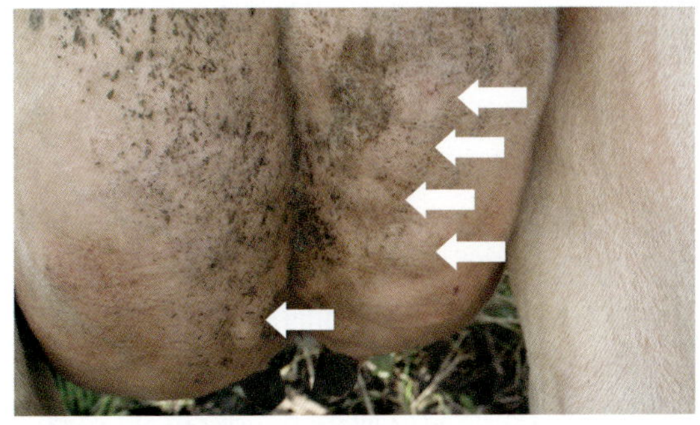

写真３　多数のしこり（矢印）が確認されるマイコプラズマ性乳房炎罹患乳房

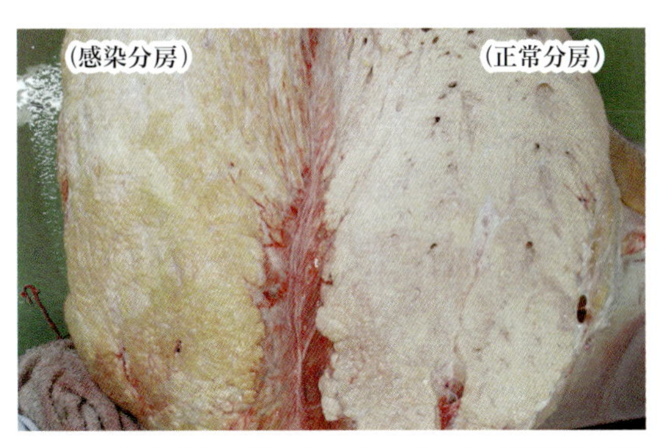

写真４　泌乳停止に至ったマイコプラズマ性乳房炎罹患分房（左）の病理所見。正常分房と比較し著しい黄変が確認される

本病を見つけ出すためには、①「菌なし乳房炎」が散見されるようになった②乳房を触るとピンポン球から野球ボール程度のしこりが確認される③他の分房への広がりが速い④乳量の急激な低下や泌乳停止を示す個体が増えてきた⑤乳房の硬結およびそれに続く急激な退縮が確認される―という５つのチェックポイントと、⑥これらに当てはまる牛が農場内で急に増加していないか―に留意する必要があります。特に大型農場や導入頭数の多い農場、または肺炎の治療頭数が多い農場ではこれらの変化に注意が必要です。小規模農場でも発生する可能性があるため日常的に観察しましょう。

乳汁からボビスが検出されているにもかかわらず、症状を全く示さず、乳の性状にも変化を認めない個体もいます。その理由は解明されていませんが、抗体などによってボビスへの免疫力を獲得した可能性も考えられます。しかしこれらの個体も別のボビス株への抵抗力は基本的に低く、また外部導入牛にとっては感染源ともなります。無症状の感染個体が他の農場に売却された場合も感染源となるため、その取り扱いについては十分に留意しなくてはなりません。

臨床症状の強さ（病原性）は菌の種類に依存し、一般的にはボビス＞カリフォルニカム＝ボビジェニタリウム＞カナデンスの順になります。臨床症状の強さは菌株の病原性、感染した菌数、個体の抵抗力に強く関連しますが、ボビスによる乳房炎は重症化しやすい傾向にあります。

酪農家ができる手当て

マイコプラズマは一般的な乳房炎の原因菌と異なり特殊な性質を持っているため、酪農家ができる具体的な手当てはありません。酪農場での最も重要な対応は、侵入防止と感染拡大の防止です。

侵入防止：マイコプラズマは人または牛によって農場内に持ち込まれます。人が持ち込む事例の多くは、子牛の鼻汁による手指や作業服の汚染によるものです。健康な子牛でも20～30％の個体で、鼻汁から乳房炎の原因となるマイコプラズマ（主としてボビス）が検出されます。子牛の管理には、プラスチックグローブおよび専用作業着の着用を徹底しなければなりません。牛が持ち込む事例の多くはマイコプラズマ性乳房炎罹患牛の導入によるものです。初産でも摘発される症例数が多いため、新たに牛群に加わる全てを対象に、分娩後検査を実施することが必要になります。

感染拡大の防止：摘発および隔離によって感染の拡大を防止します。感染初期で摘発した場合、感染個体において高い治療効果が期待できるとともに、適正な隔離によって、農場内での感染拡大を最小限に抑えることが可能となります。

摘発については、「特徴的な臨床症状」によって感染牛を見つけ出す方法と、バルクタンクスクリーニングによって潜在している感染牛を見つけ出す方法の２つがあります。特徴的な臨床症状を見つけ出すためには、「症状・特徴」で示した６つのポイントが重要になります。

該当する項目がある場合には、速やかに獣医師や関係機関に連絡して協議、乳汁のマイコプラズマ検査を実施します。組織的に対応するのは、検査結果が陽性だった場合、全頭検査の実施や陽性牛の隔離および治療などで関係機関の支援が必要となることが多いためです。

バルクタンクスクリーニングは、牛群に潜在しているマイコプラズマ性乳房炎罹患牛を摘発するため、１農場当たり年４～６回実施される、バルクタンク乳を用いた群レベルでの検査です。１バルク当たり300頭程度が限界として設定されています（**図2**）。

個体乳およびバルク乳は専門の検査機関に検査を依頼します。前述の通り、一般細菌検査では検出できないため、マイコプラズマ検査と指定した検査依頼が必要です。乳サンプルは滅菌容器に無菌的に２～３㎖採取し、直ちに冷蔵もしくは冷凍して検査機関に送付します。

現在のマイコプラズマ検査は２段階の遺伝子検査法（PCR法）を実施するのが一般的で、第一段階でマイコプラズマ属を広く網羅し、第二段階で菌種を調べます。菌種に関する情報は、感染個体の治療法や農場における具体的な衛生対策を検討する上で重要です。検査結果が判明するまでの期間は検査機関によって異なり、遺伝子検査を用いた場合、結果の確定まで４～７日必要です。また、ウシマイコプラズマの同定を目的としたPCR検出

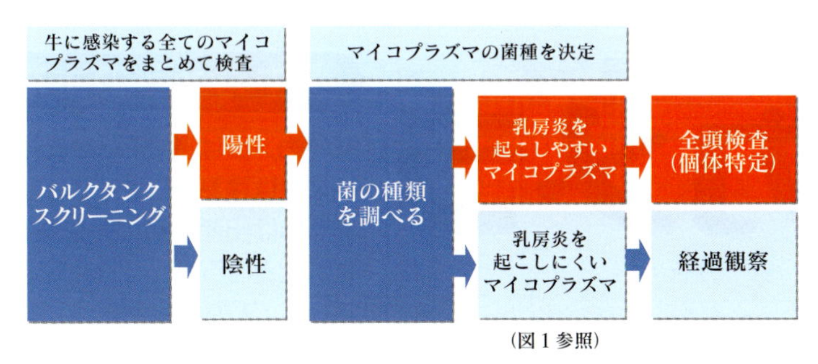

図2　バルクタンクスクリーニングの基本的な実施方法

キットも市販されており、一連の検査は多くの機関で容易に実施できるようになりました。

臨床症状を示した個体が検査によって陽性であることが判明した場合、またはバルクタンク乳が陽性だった場合、直ちに牛群の全頭検査を実施し、摘発された感染牛の隔離を行います。本病は伝染性乳房炎に分類されていますが、実際にはマイコプラズマに汚染された環境も感染源となるため、環境性乳房炎としての側面もあります。

罹患した個体は、乳汁のみならず呼吸器（鼻汁）からも菌が検出される場合があるため、正常牛と完全に隔離することが重要になります。水槽の共用や鼻の接触について十分留意するとともに、作業着、長靴、スコップなどの作業器具も専用のものにすることで、作業者の実質的な動線の切断が可能になります。

マイコプラズマは基本的に動物体内で積極的に増えるとされていますが、これまでの研究により数カ月単位で畜舎環境を汚染することが知られています。そのため、隔離施設では積極的な環境消毒が必要です。マイコプラズマには現在、畜産現場で用いられている、ほぼ全ての一般的な消毒剤（石灰やグルタルアルデヒド系薬剤など）が有効です。

獣医師による治療

罹患牛のうち、体細胞数の上昇が顕著である個体や、泌乳量の減少もしくは停止に至った個体については、十分な治療効果が望めないため、臨床獣医師の総合的な判断において淘汰対象とする場合があります。一方で、全頭スクリーンングなどで摘発された無症状の感染牛は、その多くが治療によって菌の消失を認めます。

一般的な治療法は抗生物質による全身および局所治療です。全身治療ではニューキノロン系の薬剤、乳房の局所治療ではオキシテトラサイクリン系、リンコマイシン系またはマクロライド系薬剤を使用します。連続した５日間の治療によって、症状の軽減や乳汁中菌数の低下が確認された場合は、同様の治療を繰り返すこともあります。２クールの治療で菌が消失しなかったり、臨床症状の十分な改善が認められなかったりした場合は、その時点をもって治療を終了します。

薬剤感受性（MIC）のデータによると、マイコプラズマではニューキノロンおよびリンコマイシンに高い感受性を示します。しかし子牛期に肺炎、関節炎、中耳炎の治療でこれらの薬剤が多用されていた場合、まれに耐性株が治療前の乳房炎乳から検出されることがあります。この場合、罹患牛の治療が非常に困難になるとともに、感染拡大を阻止することも難しくなります。治療前にMIC値を出すことは時間的に困難ですが、薬剤の効果が十分に認められない場合は、耐性株であると疑い、速やかに薬剤感受性試験を依頼することが必要となります。　**【樋口　豪紀】**

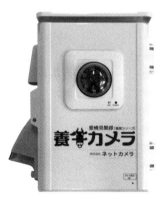

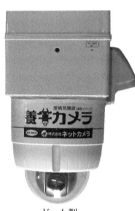

よく分かる乳牛の病気100選

出血性腸症候群

（しゅっけつせいちょうしょうこうぐん）

原因

出血性腸症候群は小腸の粘膜下で出血し、その血が固まることで腸管が閉塞もしくは狭窄（きょうさく）して発症します。出血の程度が大きい場合、病変部の腸管は全層壊死（えし）してしまいます。牛の疾病の中でも比較的新しい病気で、なぜ出血が起こるのか、原因は明らかにされていません。病変部ではクロストリジウム属の細菌が多量に検出されており、何らかの関係が疑われています。真菌によるカビ毒の関与の可能性を指摘する報告もあります。

症状・特徴

特徴的な症状は、ゼリー状の血の塊（血餅＝けっぺい）を含む暗赤色の血便です。突然の食欲廃絶、泌乳量の激減、低体温、皮温の低下、眼球陥没、腹囲膨満の他、腹を蹴り上げたり立ったり寝たりを繰り返すなどの腹痛症状も見られます。症状の進行は速く、数日のうちに起立不能に陥り死亡することがあります。ただ、腹痛症状がはっきりしないものや、血便ではなく粘液のみの便や、糞を全くしない症例もあります。泌乳最盛期の発症が多いとはいえ、どの泌乳ステージでも発症が見られます。

腸管の通過障害によって腸内容が貯留するため、膨満した右下腹部では拍水音が聴取されます。腸管内にガスがあるときには右けん部でピング音（金属音）が聴取されることもあります。直腸検査では、内容の貯留によって拡張した腸管を触ることがあります。血液検査では、消化管の通過障害の特徴である低クロール血症や低カリウム血症が認められ、疼痛（とうつう）のため血糖値の上昇も見られます。

超音波検査では拡張した腸管が確認できます。通過障害を起こしている病変部を特定できることもありますが、超音波が届かず見つからないこともあるので、基本的には開腹手術によって病変部を特定します。病変部は限局しており、病変部より前の腸管は内容が充満し、逆に後ろの腸管は空虚となっています。ひどいものでは病変部腸管が全層にわたり暗赤色を呈しています。軽症例では腸管壁のまだら状出血にとどまっているものもあります。

酪農家ができる手当て

頻発する疾病ではないものの、症状の進行が速く死亡率が高いので注意が必要です。症状は突然現れますので、異変を感じたら早期に獣医師に往診依頼をすることが重要です。クロストリジウムのワクチンがありますが、効果を実証するには至っていません。カビ毒の関与も疑われているため、飼料のカビ対策が予防につながる可能性があります。

獣医師による治療

治療は内科療法と開腹手術による外科療法に大別されます。内科療法としては、抗生物質の投与、脱水と電解質の補正のための輸液があります。外科療法には、病変部の血餅をもみほぐして（用手破砕）通過障害を解消する方法、腸管を切開して閉塞部内容を排除する方法、病変部腸管を切除する方法があります。一般的に腸管の切除を行っても、治癒率は著しく低く、ほとんどが死亡してしまいます。一方で、用手破砕で治癒する症例があることから、早期に診断し、内科療法と並行して病変部を用手破砕する外科療法を行うのがよいとする意見があります。

しかし、症例によっては腸管が壊死していたり、腹膜炎を継発していたり、手術中に脆弱（ぜいじゃく）化した腸管が破裂したりする場合もあり、治癒率は他の疾病に比較すると低いものになっています。

【大脇　茂雄】

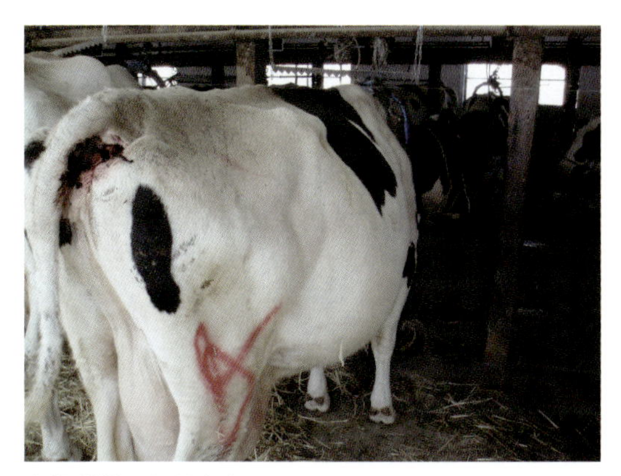

腹部膨満した発症牛

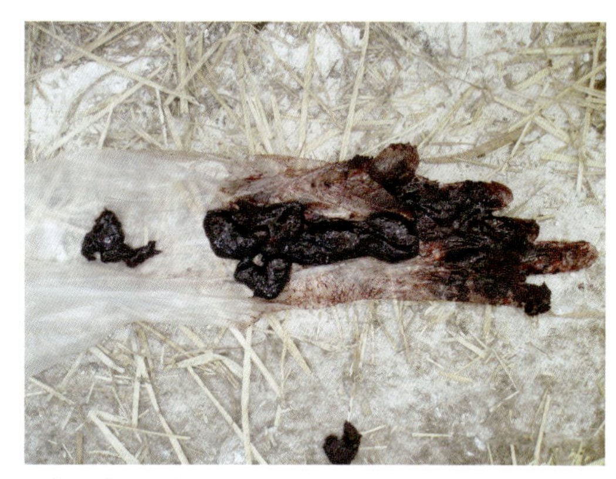

血餅を含む血便

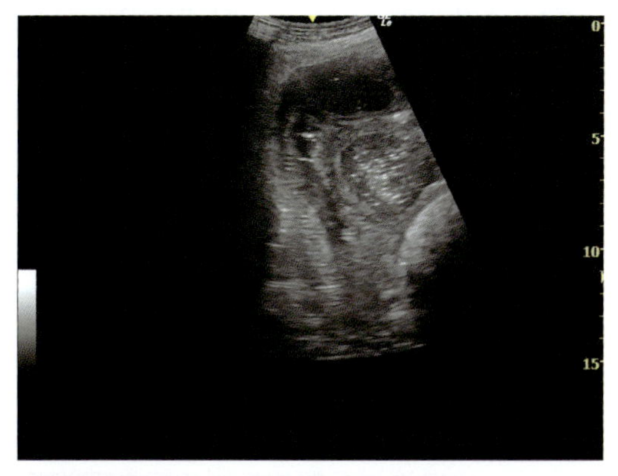

超音波診断装置により描出された病変部

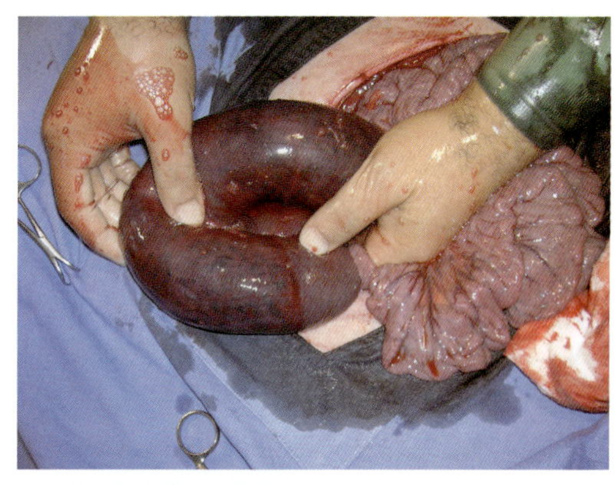

限局的な暗赤色の病変部

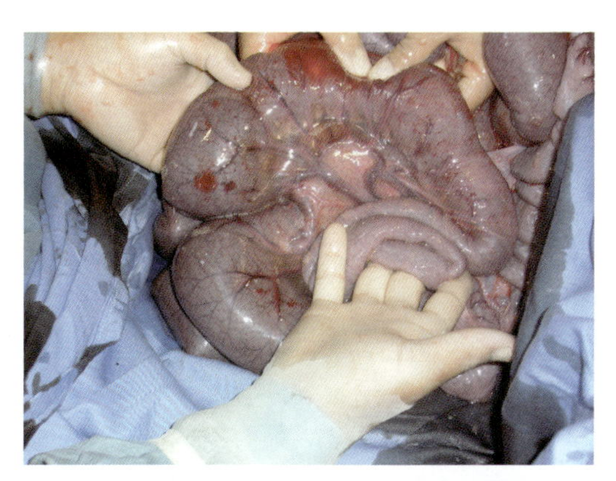

病変部を境に内容が充満した腸管と空虚な腸管

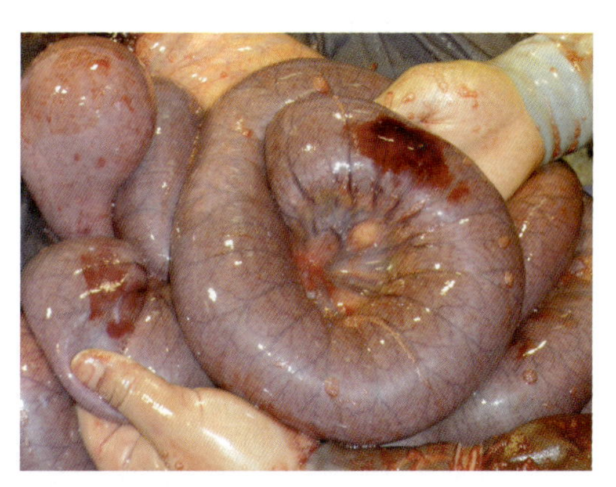

まだら状の出血

産褥性心筋症

（さん じょく せい しん きん しょう）

原因

産褥性心筋症は分娩後に血液中カルシウム濃度の著しい低下（低カルシウム血症）と心不全のような激しい症状を呈して急死する疾患で、６歳以上で体格が良い高泌乳牛に多く見られます。病気の完全な仕組みは解明されていませんが、次のことが分かってきました。

①発症牛の血液中のカルシウム濃度は健康牛の１／３程度、すなわち３～４mg／100㎖。血液中のカルシウムが少ないと、心臓の収縮は弱く血液を送り出せなくなるので血圧も低下する

②発症牛の心臓において心筋細胞が変性（細胞が傷害された状態）、壊死（えし）した小病巣が広い範囲で形成されるので、心臓機能に異常を生じて、死亡してしまう

③発症牛の心臓を電子顕微鏡で詳しく調べると、一見正常に見える心筋細胞にも、内部の筋原線維（一定方向に規則正しく配列する収縮構造）が不特定方向に配列する異常があり、これは発症牛の心臓機能が分娩前から低下していたことを示す

これらのことから、分娩前から心臓機能が低下していた乳牛に、分娩後、激しい低カルシウム血症が起こった結果、心臓に十分な血液と酸素が行き渡らなくなり、心筋細胞が変性・壊死して発病すると考えられます。

症状・特徴

分娩後１週間以内、特に分娩後１～２日での発生が多く見られます。分娩後に起立不能となって横臥（おうが）し、発作のようにうなり声を上げ（呻吟＝しんぎん）、苦悶（くもん）するのが特徴です。乳房炎などの炎症がないのに発熱（体温40℃以上）する個体も多くいます。

重症例では、よだれを出し（流涎＝りゅうぜん）、四肢をばたつかせ（遊泳運動）、眼もくぼみます（眼球陥凹）。また、発汗が見られ、頸、肩、胸、背、腰にかけての被毛がぬれます。心拍数は非常に多く１分間に120回を超え（頻脈）、不整脈を示す例も多くあります。しかし、心音は比較的弱く血圧も低下するので、尾根部での脈圧はほとんど感じられなくなります。呼吸数は著しく増加し、口を開けながら、浅く苦しそうな呼吸（開口呼吸）をします。

酪農家ができる手当て

生存例は少ないですが、発見から治療までの時間が短い場合は助かる可能性があります。分娩後の牛が起立不能で横臥し、呻吟し苦悶していれば、獣医師に早急の治療を要請します。スタンチョンあるいはタイストール牛舎では、頸を自由にして通路に出すなどして、体が傷つかないようにします。褥創予防のため十分な敷料を入れることも大切です。

発症牛は急死することが多いので、予防が大切です。全ての発症牛が著しい低カルシウム血症に陥るので、乳熱の予防に努めること（「乳熱」＝46㌻）が基本になります。

獣医師による治療

血液中カルシウム濃度を増加させるとともに、心臓への血流量の増加を図ることが治療の基本になります。すなわち、カルシウム製剤をリンゲルなどの一般的な輸液剤で希釈しながら点滴し、心臓への負担を低減するようにして血液中カルシウム濃度を増加させます。さらに、心臓内の血管を拡張させ血流を改善させるために、塩酸ドパミン製剤を生理食塩液に希釈してゆっくりと点滴します。

【山岸　則夫】

横臥し、泡状流涎を呈して苦悶する産褥性心筋症発症牛（小岩原図）

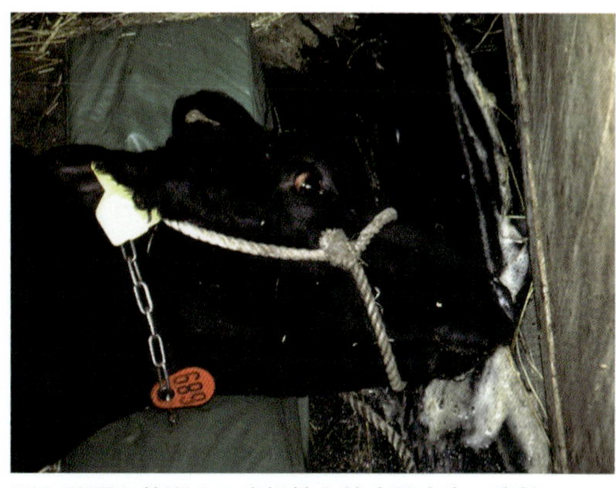

眼を見開き苦悶する産褥性心筋症発症牛の表情

開口呼吸を呈する産褥性心筋症の発症牛

全身の発汗で被毛がぬれ、体表から湯気が立ち上る産褥性心筋症の発症牛（小岩原図）

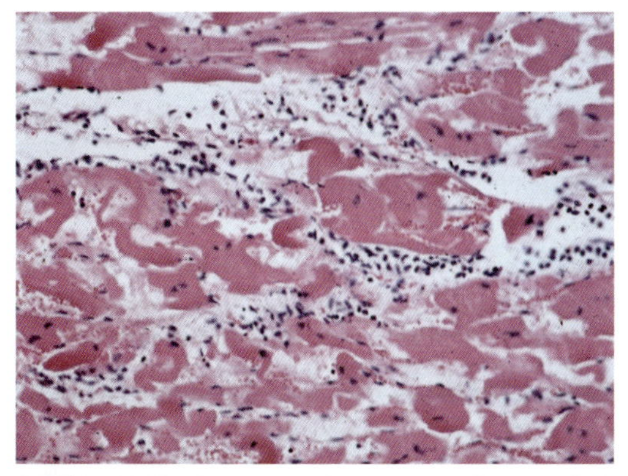
産褥性心筋症で急死した乳牛における心筋の光学顕微鏡写真。白血球の浸潤を伴う心筋細胞の壊死病巣が見られる

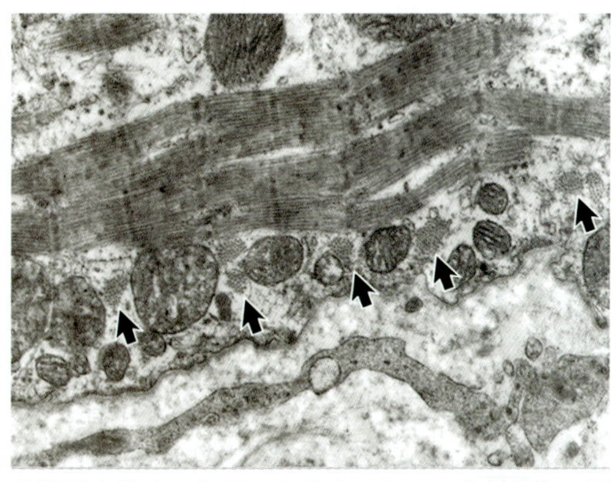
産褥性心筋症で急死した乳牛における心筋細胞の電子顕微鏡写真。左右に走行する筋原線維の縦断像とこれと交差して走行する筋原線維の横断像（矢印）が１つの心筋細胞内に混在する

気腫疽（きしゅそ）

原因

気腫疽は気腫疽菌（*Clostridium* =クロストリジウム=*chouvoei*）の感染によって起こる皮下気腫を主徴とする急性、熱性の感染症です。気腫疽菌は空気中では発育できない嫌気性菌で、グラム陽性の桿菌（かんきん）です。クロストリジウム属（破傷風菌、ボツリヌス菌など）やバチルス属（炭疽菌、セレウス菌など）に属する細菌は、劣悪な環境に置かれた場合に芽胞を形成します。硬い被膜に覆われた芽胞型の状態では、物理的・化学的抵抗性が非常に高くなります。例えば気腫疽菌の芽胞はたとえ100℃で30分間煮沸しても完全に殺すことはできません。芽胞は土壌中でも数年から数十年以上もの長期にわたって生残し、それが生体内に侵入すると再び一般の形態（栄養型）となって増殖し、疾病の原因となります。このように、ひとたび芽胞によって農場の土壌が汚染されると、家畜への感染機会も多くなり常在化する可能性が高くなってしまいます。

主な感染経路は経口および経皮感染です。気腫疽菌に汚染された飼料や水の摂取によって消化管粘膜の傷から侵入した芽胞は、血流に乗って筋組織に到達し、栄養型となって増殖します。有刺鉄線や外傷による皮膚の損傷部から、大腿（だいたい）部や肩前部などの筋組織に直接病巣をつくることもあります。発症率は低いのですが、いったん発症すると治癒することはなく、致死率は100%に達します。

本病は家畜伝染病予防法により届出伝染病に指定されています。発生した場合は届け出の義務があります。わが国では毎年数例～数十例の発生が報告されています。

症状・特徴

主に春から秋にかけて6カ月齢から3歳までの牛に多発します。突然の高熱（40～42℃）、食欲減退、反すうの廃絶、頸・肩あるいは臀部（でんぶ）の部分的振戦（震え）、運動機能障害による跛行（はこう）が見られ、末期には起立不能となります。筋肉の厚い部位および四肢には不正形の気腫性腫瘤（しゅりゅう）が見られます。腫脹（しゅちょう）部を圧すると特有の捻髪音（ブリブリ、プチプチ）を発するのが特徴です。経過は激烈で、発病後12～24時間で死亡します。死亡牛を解剖すると、罹患（りかん）部皮下組織に気腫が見られ、筋組織は暗赤色、体表リンパ節は充出血･腫大し、肝臓、腎臓、脾臓（ひぞう）にスポンジ状変化などが認められます。患部の筋肉、リンパ節、末梢（まっしょう）血を塗抹染色すると、芽胞を形成したスプーン状あるいはレモン状の桿菌が観察されます。

クロストリジウム属の菌はガスパック法などの嫌気培養法により酸素のない条件下で培養・分離します。周毛性鞭毛（べんもう）を持ち、運動性が活発なので培地上でスウォーミング（遊走）が観察されることがあります。

炭疽や同じクロストリジウム属菌の感染による悪性水腫やエンテロトキセミアとの類症鑑別が重要です。

酪農家ができる手当て

予防対策としてワクチン接種が最も有効です。気腫疽の発生経験がある牧場では、6カ月齢から3歳の全ての牛に春から夏に至る前にワクチン接種します。年2回行うのが効果的です。

獣医師による治療

いったん感染し発症すると、治療効果はほとんど期待できませんが、感染初期であれば抗菌剤の投与により効果が見られます。同居牛には予防的に抗菌剤を投与します。

【村田　亮】

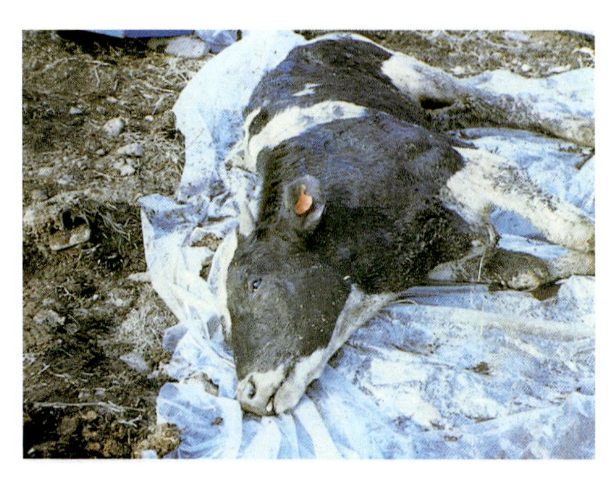
気腫疽で死亡した牛。肩部の腫脹が見られる（高橋原図）

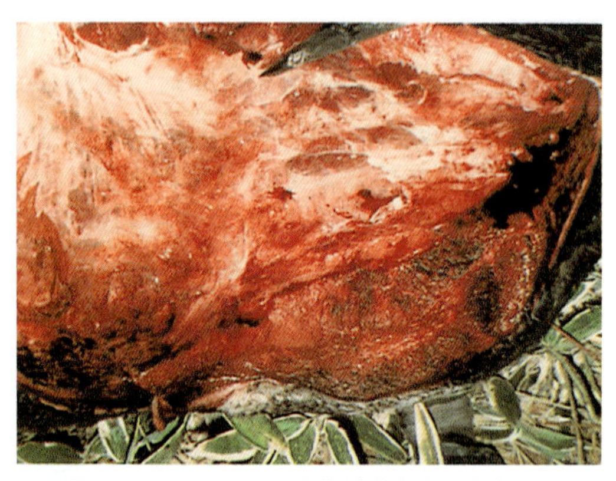
腫脹部を切開した所見。筋肉が暗赤色に変化している（高橋原図）

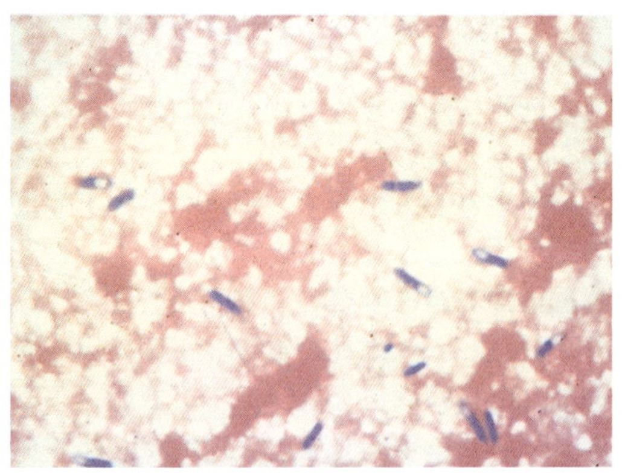
剖検した気腫の部分を塗抹して染色したもの。芽胞を形成した桿菌（スプーン状）が観察される（高橋原図）

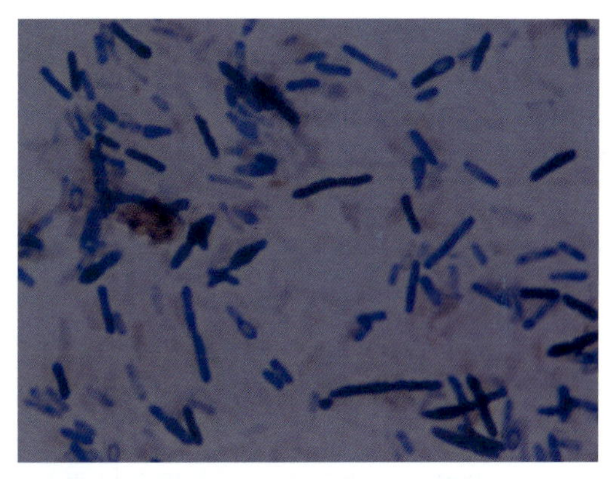
分離菌のグラム染色像。青く染まった桿菌の中に、芽胞が形成されつつある

炭疽（たんそ）

原因

炭疽を引き起こすのは炭疽菌(*Bacillus anthracis*)です。その感染によってさまざまな動物が突然死します。牛、馬、綿羊といった草食獣は特に感受性が高く、本病は豚や犬、そして人にも感染する人獣共通感染症のため社会的に重要視されています。炭疽菌は好気性～通性嫌気性、グラム陽性の大きな桿菌(かんきん)で、環境中で長く生残するための芽胞を形成することが特徴です。菌の増殖にとって好ましくない条件に置かれると、この芽胞に閉じこもり、土の中でも長期間にわたって生存できます。そして口や皮膚の傷から身体の中に侵入すると発芽して、再び増殖を始めます。さらに菌は血液に乗って全身に広がり、動物を死に至らしめます(敗血症死)。死亡率は100%にも達します。

現在の日本ではほとんど見られなくなり、発生は散発的ですが、一度発生があると芽胞による農場汚染に対応する必要があり、大きな損害につながります。最近では2000年に宮崎県で発生がありました。

本病は家畜伝染病予防法により法定伝染病に指定されています。発生した場合は直ちに都道府県知事(家畜保健衛生所)に届け出なければなりません。

症状・特徴

１～５日の潜伏期間の後、経過の早い例で24時間以内に死亡するため生前診断は困難です。突然の高熱(41～42℃)を主徴とし、発汗、心悸(しんき)亢進(こうしん)、呼吸困難、食欲廃絶、結膜充血などが見られます。死亡牛には口腔(こうくう)、鼻腔、肛門などの天然孔からタールのような暗赤色の血液の漏出が見られます。特徴的な病理所見は血液凝固不全と脾臓(ひぞう)の腫大(３～４倍)です。

炭疽が発生すると、発生農場はもとより周辺地域にも大きな影響を与えるので速やかに診断を下さなければなりません。まず初めに末梢(まっしょう)血などから血液塗抹標本を作製します。莢膜(きょうまく)染色を実施し、竹の節のような大桿菌に明瞭な莢膜が存在することを確認します。次に脾臓などの臓器乳剤を作製して次の試験を行います。

①パールテスト：乳剤を低濃度ペニシリン含有培地で培養すると細胞壁を失った炭疽菌は桿状にならずに真珠のように丸い形で鏡検される②ファージテスト：乳剤を培地に接種し、そこにγ－ファージと呼ばれる炭疽菌だけを溶菌するウイルスを滴下、菌の発育が阻止されることを確認する③アスコリーテスト：乳剤を煮沸して抽出した抗原と、炭疽抗毒素血清を接触させるとその部分に白色の沈降物が観察される

この方法を組み合わせ、総合的かつ迅速に診断します。

酪農家ができる手当て

牛が急死し、天然孔からタール様の出血を認めたときには炭疽を疑ってください。芽胞による汚染を広げてしまわないよう、死体との接触および移動は極力避けて速やかに獣医師に連絡し、指示に従いましょう。

獣医師による治療

炭疽を疑った場合、直ちに家畜保健衛生所に連絡し、指示を仰ぎます。血液には大量の菌体が含まれています。芽胞によって農場環境を汚染することのないよう、剖検は最小限にとどめるなど細心の注意を払ってください。菌体生前診断は難しいため、ペニシリンなどの大量投与で対応しますが、敗血症が進行した個体では効果は期待できません。同居牛に対しては、予防的措置として免疫血清や抗菌剤の大量投与を行います。予防には無莢膜弱毒変異株を用いた生ワクチンが使われています。

【村田　亮】

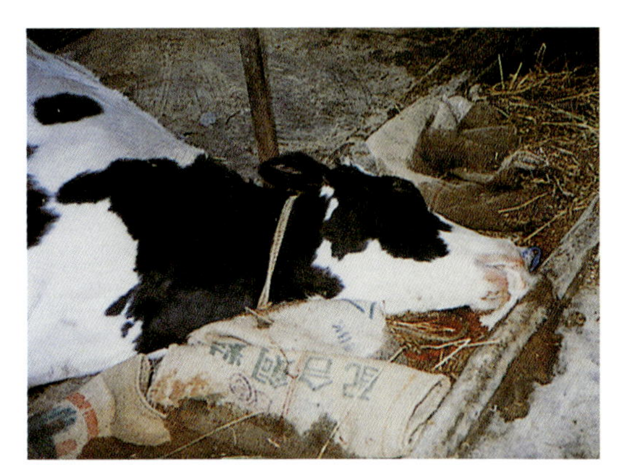

鼻腔からのタール様の出血

膣からのタール様の出血

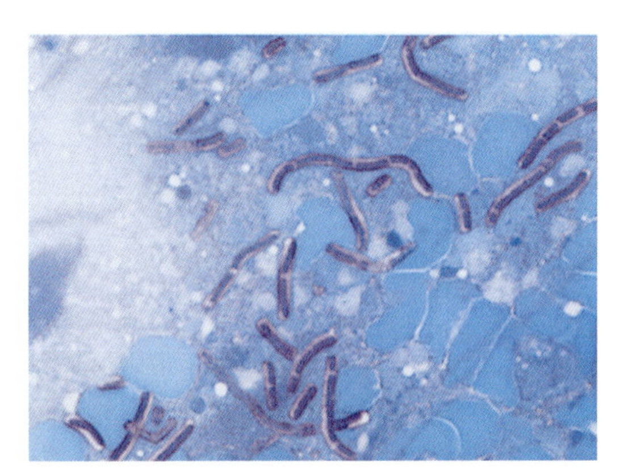

炭疽菌の莢膜染色像（メチレンブルー染色）菌体は青色、莢膜はピンク色に染まっている

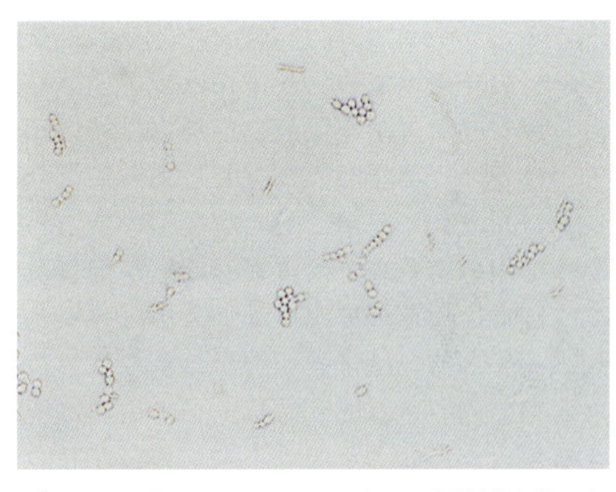

パールテスト。ペニシリンによって細胞壁を失った炭疽菌は、左の写真のような桿菌ではなく、真珠のように丸い連鎖した菌体として観察される

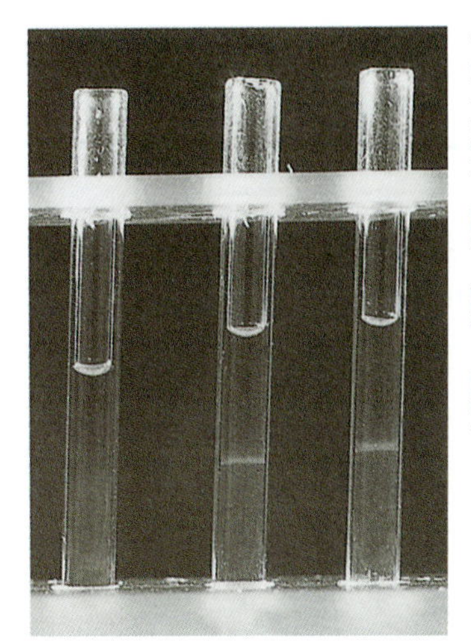

アスコリーテスト。毛細試験管内で、抗原液と抗血清を反応させると接触面に白色の沈降輪が形成される（左から陰性・陽性・陽性）

ファージテスト。γ－ファージを滴下した部分では炭疽菌は溶菌するためスポットが見られる（NO.7が陽性）

ボツリヌス症（しょう）

原因

ボツリヌス症はボツリヌス菌（*Clostridium botulinum*）が産生する毒素によって発生する食中毒の一種です。毒素にはA～Gの７種類があり、牛はB、C、D型毒素に感受性を持っています。C型毒素は牛以外にも馬、羊、ミンク、鳥などが感受性を示し、動物のボツリヌス症の主な原因毒素となります。日本ではCおよびD型毒素による牛の集団中毒が報告されていますが、人も感受性を示すB型毒素による発生は認められていません。

ボツリヌス菌は酸素がある環境下では発育増殖できません（絶対嫌気性菌）。牛の飼養環境でそういった条件を満たす場所は、サイレージの発酵場です。サイレージを仕込む際に、ボツリヌス菌を保菌した動物、特に鳥あるいはその一部を混入させてしまうと、サイレージ熟成時に完全に酸素がなくなることによって菌の増殖または毒素の産生が促されます。広大な牧草地でボツリヌス菌に感染した鳥の死体あるいは排せつ物が、刈り取り牧草とともに回収されてサイレージの原料に混入する場合が多いようです。バンカーサイロはタワーサイロより、野生動物や鳥が侵入する可能性が高くなるので、サイレージの品質管理に関して注意が必要です。

症状・特徴

ボツリヌス毒素は神経－筋接合部に作用して、神経刺激の伝達を阻止します。すなわち、筋肉を動かす神経からの指令を伝えられないようにしてしまいます。牛が一度に大量の毒素を摂取すると、この毒素の働きが呼吸するための筋肉の動きを阻止して、牛は呼吸困難により死亡します。症状は毒素の摂取量に依存しますが、菌体そのものを経口摂取してしまった場合には、体内で継続的に毒素が産生されるため症状の進行も早い場合が多いようです。初期に認められる症状は緩慢な動作と歩き方の異常、咀嚼（そしゃく）障害（ものがかみづらくなり食べこぼしが多くなる）、嚥下（えんげ）困難（飲み込みづらくなる）です。牛の舌を容易に口外に引き出すことができ、さらに舌が口外に垂れ下がったままの状態になる（自力で口内に収められない）こともあります。筋肉のまひは後躯（こうく）から出現することが多く、徐々に前方へとまひの範囲が拡大していきます。やがて起立は困難から不能になり、体位の変更も困難になってきます。最後には全身の筋肉が緩んでいって呼吸筋もまひし、呼吸不全で死亡します。

酪農家ができる手当て

すぐにサイレージの給与を中止し、異なる牧草地からの乾草給与に変更します。残ったサイレージは、確定診断のための採材後にすべて廃棄（焼却）した方がよいでしょう。咀嚼困難、嚥下困難になっている場合には、飼槽に顔を突っ込んでいても十分な摂食ができていません。水分などを経口補給する際には、経鼻胃カテーテルを使って確実に胃内に投与する必要があります。瓶などを用いて経口投与すると、誤嚥させてしまうかもしれないので、やってはいけません。

獣医師による治療

根治のためには早急に抗毒素を使用する必要がありますが、牛用の適切な抗毒素はありません。嫌気性菌に有効とされているメトロニダゾールは、ボツリヌス菌には効果がありません。

発症牛を回復させることは困難なので、牛群内の健康牛を発症させないように努力することが大切です。現在、ワクチンが市販されています。

【田島　誉士】

乾草を採食するが飲み込めない

空腹感はあるので何度も食べようとするが飲み込めず、十分咀嚼することもできないので、乾草は丸まって口外に出てきてしまう

筋肉の自由が利かず起立困難に陥っている

全身の筋肉が脱力し、崩れるように斃死（へいし）した牛。後肢は開脚し、頸部は不自然に曲がっている

亜硝酸中毒（あしょうさんちゅうどく）

原因

植物はアンモニア態窒素および硝酸態窒素を窒素源として利用します。牛では、第一胃内微生物の働きによって硝酸態窒素は亜硝酸態窒素に還元され、さらに尿素あるいはアンモニアになってアミノ酸（タンパク質のもと）の材料になります。窒素肥料が過剰に施用されたり、熟成不十分な堆肥が散布されたりした場合、硝酸態窒素が飼料畑の植物中に蓄積されます。そうした飼料を給与された牛は、第一胃内で処理し切れない亜硝酸態窒素を吸収してしまい、亜硝酸（硝酸塩）中毒を発症します。

亜硝酸には強力な酸化作用があり、血中に入ると赤血球中の血色素（ヘモグロビン）の鉄分子が酸化されてしまい、メトヘモグロビンになります。すなわち、ヘモグロビンを構成する酸素と結合できる鉄が、酸素と結合できない鉄になります。ヘモグロビンは酸素や二酸化炭素の運搬分子として生体内で重要な働きをしているのに対し、メトヘモグロビンには酸素運搬能力がありません。こうして牛は酸欠状態になります。

症状・特徴

赤血球内のヘモグロビンがメトヘモグロビンになると、血液は黒みがかった色になります。このため、眼結膜や膣（ちつ）粘膜などの可視粘膜も褐色化（チョコレート色）を呈します。二酸化炭素と結合したヘモグロビンの多い血液（組織から肺へ戻る血液、すなわち静脈血）は暗赤色で、メトヘモグロビンの量が増えると、静脈血も動脈血も黒みが増していきます。牛は酸素欠乏の状態に陥り、進行が早い場合（亜硝酸含量の多い草をたくさん食べた場合）、窒息死と同じ状況になり、著明な症状を示すことなく死亡します。

摂食量が少なかった場合には、元気消失、朦朧（もうろう）、運動失調ないし起立不能、呼吸速拍などを示しながら、粘膜が褐色（ミルクチョコレート色）化します。粘膜の変色の程度は摂取した亜硝酸の量に依存し、摂取量が多くメトヘモグロビン形成が多量であれば、褐色化の度合いは強くなります。

酪農家ができる手当て

多雨洪水による堆肥場からの流出物が、飼料あるいは飲み水に混入しないよう気を付けます。牧草地に流れ込んでしまった場合には、そこからの牧草を給与してはいけません。堆肥場周辺の草は常に窒素過剰状態になっており、亜硝酸が蓄積しています。牛が場内を移動するときなど、その草を採食させないよう注意する必要があります。

獣医師による治療

メトヘモグロビン血症の対処として、１％メチレンブルー生理食塩溶液を体重１kg当たり１mℓ静脈内に投与します。メチレンブルーには還元作用があるため、酸化した酸素結合能力のない鉄原子を酸素結合能力のある鉄原子に還元することができます。亜硝酸による中毒症状の発現が急激であるように、メチレンブルーによる回復作用も急速です。体組織が酸欠による不可逆的な傷害を受ける前に投与する必要があります。必要に応じて、輸血、鉄剤の投与も行います。粘膜は褐色から青変して、一見チアノーゼのようにもなりますが、それはメチレンブルーの色であり、色素はやがて尿中に排せつされます。

【田島　誉士】

亜硝酸含量の多い牧草地に放牧された牛の大量突然死（高橋原図）

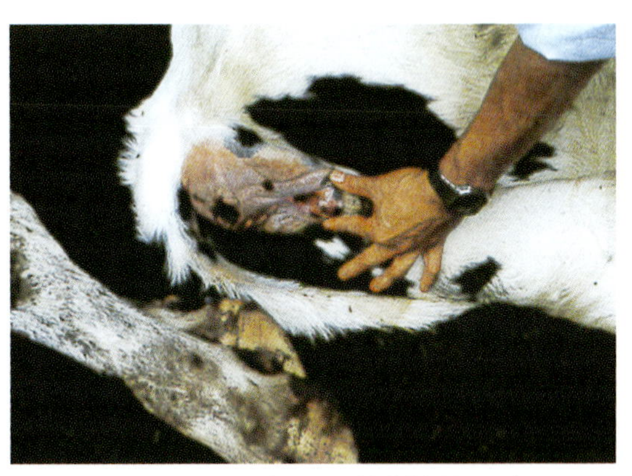

褐色化（チョコレート色）した膣粘膜（高橋原図）

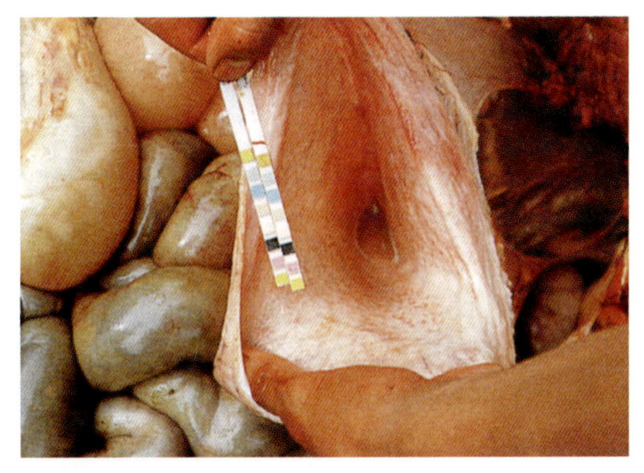

剖検時に膀胱（ぼうこう）内の尿に硝酸塩反応（下から２番目のピンク色）が見られた（高橋原図）

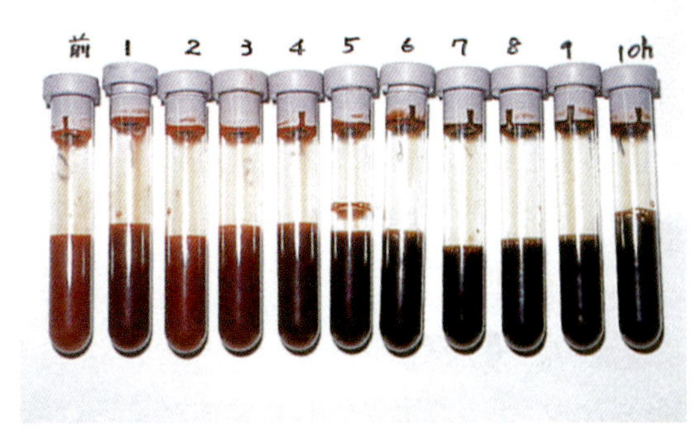

給与されていた乾草を健康牛に給与すると４時間後から血液が黒くなり始めた（高橋原図）

どんぐり中毒

原因

どんぐりとはコナラ属(クヌギ、カシワ、ナラ類、カシ類)、クリ属、シイ属、ブナ属などの木の実の総称です。日本には約20種類のどんぐりがあり、野生動物の重要な餌になっていることから、どんぐりが中毒を起こすとは思われていませんでした。

しかし2014年、北海道の公共牧場でミズナラのどんぐり中毒が起こり、発症牛28頭のうち15頭が死亡廃用になりました。中毒の原因はどんぐりの中のポリフェノール、一般的にタンニンと呼ばれる成分です。タンニンの含有量はどんぐりの種類によりかなり差があり、最も含有量の多いミズナラの危険性が高いといえます。

ミズナラは北海道から九州まで平地、山地、亜高山に自生しており、発生牧場はミズナラの森を開拓した山間地でした。発症牛の多くが入牧経験のある経産和牛で、初入牧のホルスタイン育成牛は7頭でした。発症には大量摂取が必要で、どんぐりの異常豊作と過去に採食経験のある牛が多数入牧した結果、大量発症につながったと考えられます。その牧場では数年に1度、原因不明の放牧死が秋に確認されていました。海外ではオークのどんぐりによる中毒が確認されています。

症状・特徴

病態は尿細管壊死(えし)による腎臓障害に起因するネフローゼで、血液検査では特徴的な高BUN(>100mg/100mℓ)、高クレアチニン、低カルシウム(軽症例では見られないこともある)を示します。消化管の出血を起こす例もあり、重症例ではタール便、血便になり、食欲廃絶、元気消失、全身の水腫、腹水と胸水の貯留、慢性例では尿からのタンパク質漏出のため急激な削痩が起こります。

尿検査では潜血、タンパク質、糖の反応が強く見られ、特に糖の反応は他の高BUNを示す病気では見られないことも多く、診断の助けになります。

初期症状は軽い元気消失程度で放牧地での発見は困難です。原因不明の放牧死として発見されることもあり、死亡牛の特徴は大量の腹水の貯留です。摂取から発症までの期間は不明ですが、慢性例では退牧後発症までに10日かかっている例もあり、診断が困難になります。直腸検査で腎臓周囲の出血による腫大を確認できることもあります。

酪農家ができる手当て

発生はどんぐりを飽食できるほどのミズナラが自生する放牧地に限られます。放牧地の脇にミズナラがあり少量のどんぐりを食べた所で発症はありませんでした。少々落ちていても、あまり神経質になる必要はありません。しかし、どんぐりの量は毎年かなり差があるので、豊作の時は注意しましょう。秋に原因不明の突然死や腎不全が過去に起きたり、放牧地に足の踏み場もないほどどんぐりが落ちていたりする場合は、直ちに放牧地を変えるか放牧をやめた方がいいでしょう。

獣医師による治療

どんぐり中毒の病態はネフローゼで、他はそれに追随する症状です。治療は消炎剤(ステロイド、NSAIDsなど)や抗生剤の投与と、輸液による電解質(カルシウム、ナトリウム、カリウムなど)の補正といった対症療法を行い、腎機能の回復を待ちます。

過度の静脈内輸液は水腫を助長し状態を悪化させるので注意します。重症例では治療は長期にわたり、多くは回復が難しく、軽症例では自然治癒もあります。

【横澤　泉】

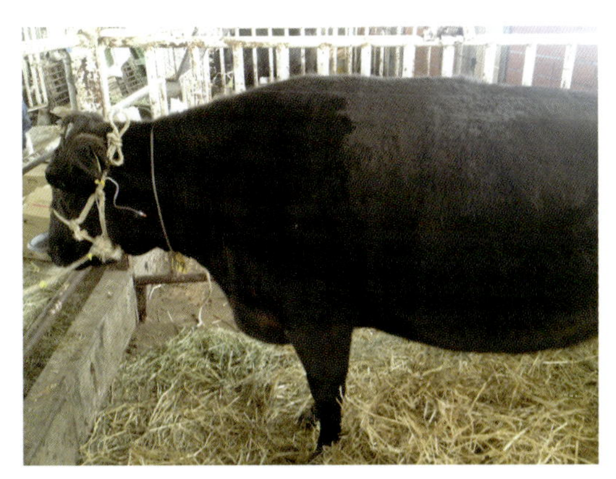

ネフローゼの進行により全身水腫でむくんだ状態の和牛

暗赤色のタール様下痢をして死亡した和牛

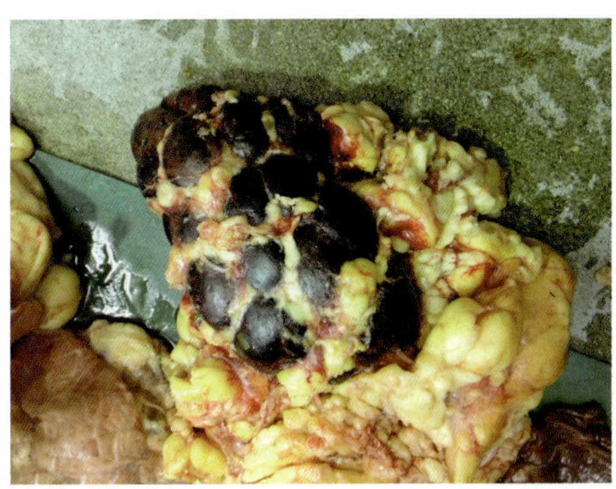

腎臓の出血は牛によりかなりの違いが見られる。この牛は広範囲の出血で暗赤色になっている。この例は排尿停止した

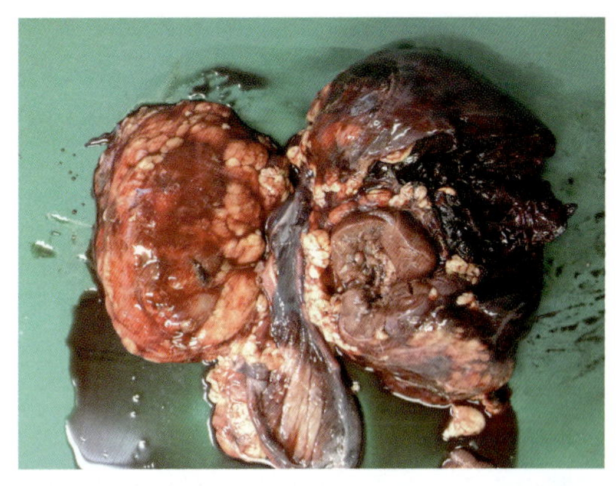

腎周囲の出血が血餅になり腫大している。腎門と腎表面に点状出血が認められた。この例は直腸検査で触知できる

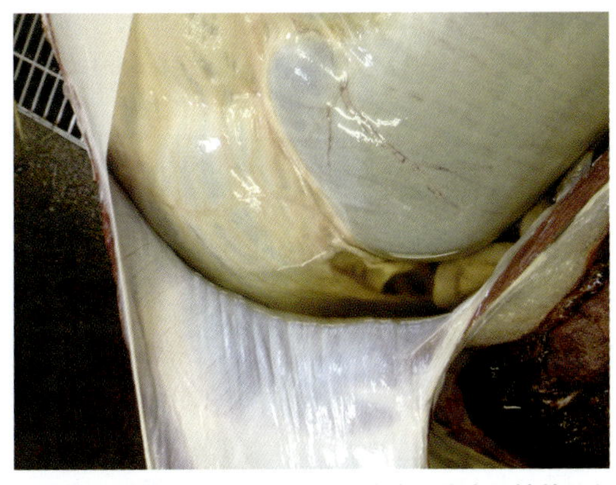

死亡牛の共通所見である大量の腹水。腹水の性状も血様腹水から黄色透明腹水まで多様

牛が全て退牧した晩秋でもまだミズナラどんぐりが大量に落ちている。この年は風がなくてもパラパラと落ちてくるほどの異常豊作だった。どんぐりの種類はかさと実の形状から分かる

乳熱（にゅうねつ）

原因

乳熱は分娩を機会に発生する代謝性疾患の1つで、低カルシウム血症(血液中のカルシウム濃度の低下)を特徴とします。泌乳能力が高い乳牛ほど罹患(りかん)しやすい傾向があります。分娩直後の乳牛は、泌乳開始に伴う急なカルシウムの乳汁への流出量に比べて、腸管からのカルシウムの吸収量は少なく、骨からの吸収も遅延するので、低カルシウム血症になりやすい状態にあります。この低下の程度が激しい場合、体温や皮温の低下、筋肉の弛緩(しかん)まひ、起立不能など乳熱に特有の症状が現れます。乳熱の発生率は年齢が高くなるにつれて増加しますが、これは加齢に伴って腸管と骨からのカルシウム吸収能力が低下するためです。

症状・特徴

典型的には、乳熱の症状は低カルシウム血症の程度によって段階的に進行します。軽度の低カルシウム血症(血液中カルシウム濃度が5.5～7.5mg／100mℓ)では歯ぎしり、食欲不振、興奮、四肢の筋肉の振せん(ふるえ)、後肢のふらつきなどの症状が見られます。中等度の低カルシウム血症(同3.5～6.5mg／100mℓ)では体温の低下、消化管運動の停止、呼吸数低下、四肢筋肉の弛緩まひなどの症状を示し、乳牛は起立不能となって伏臥(ふくが)または横臥(おうが)します。心拍数は増加しますが、心音は弱く、脈圧も低下します。重度の低カルシウム血症(同3.5mg／100mℓ以下)では、乳牛は脱力し昏睡(こんすい)状態になります。

乳熱の発症牛のほとんどは、カルシウム剤を主体とする治療で治癒します。しかし、発病から治療までの時間が長かったり、硬く滑りやすい牛床で長時間起立不能だったりするような場合は、治療によって低カルシウム血症が改善しても起立することなく予後不良になる牛がいます。このような牛はダウナー牛と呼ばれ、起立不能の持続によって体の下敷きになった側の後肢筋肉や神経(坐骨神経など)が自身の体重で圧迫されて虚血状態(血流がない状態)になっています。このような牛が、滑りやすい牛床などで起立を試みると、蹄を滑らせて後肢の筋肉や腱(けん)の断裂、股関節脱臼などをさらに引き起こしてしまいます。

酪農家ができる手当て

高齢・高泌乳の乳牛、乳熱病歴がある乳牛、寝起きが悪い乳牛、乾乳期の採食量が少ない乳牛は乳熱を発症しやすいので、敷料を多く入れて滑走を防止した分娩単房へ移動させるか、裏畳などを敷いたベッドで分娩させるようにします。分娩時の予防対策として、牛用混合飼料もしくは食品添加物として市販されている第二リン酸カルシウム、クエン酸加グルコン酸カルシウム、プロピオン酸カルシウムなどの製剤を飲ませます。

乾乳後期の飼料面からの予防対策としては、カルシウムとリンの含量を制限した飼料の給与や陰イオン－陽イオン含量を調節した飼料の給与があり、どちらも飼料分析をして飼料設計することが必要です。この他、分娩1週間前のビタミンD_3剤の筋肉注射や乾乳後期のオリゴ糖(DFA III)の飼料添加も知られています。

獣医師による治療

治療の中心は、カルシウム剤の輸液(点滴)です。通常、25％ボログルコン酸カルシウム溶液500mℓを点滴しますが、カルシウムは心臓に強い影響を与えるので10分以上かけてゆっくりと投与します。その他、症状や合併症に応じて、マグネシウム剤、リン剤、強肝剤などによる治療も併用します。

【山岸　則夫】

典型的な姿勢（頭頸部をけん部方向に屈曲して伏臥）の乳熱の発症牛

昏睡し四肢を伸展させて横臥する乳熱の発症牛

カルシウム剤の点滴中に伏臥した乳熱の発症牛（上段右写真と同一牛）

カルシウム剤の点滴後に起立可能になった乳熱の発症牛（上段右写真と同一牛）

後肢の運動器障害のため起立不能が継続した乳熱発症牛。吊起（ちょうき）により起立させている

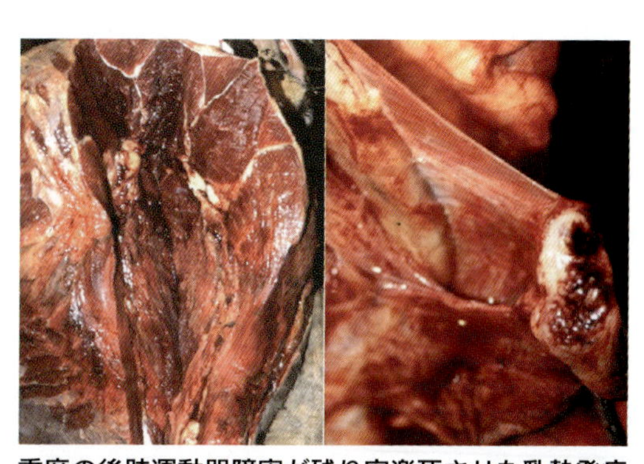

重度の後肢運動器障害が残り安楽死させた乳熱発症牛の後肢（太もも付近）の剖検写真。左は広範囲に及ぶ筋肉の出血と壊死（えし）病変、右は坐骨神経の出血性病変

伝達性海綿状脳症

（でん たつ せい かい めん じょう のう しょう）

原因

伝達性海綿状脳症は、牛の海綿状脳症（BSE）、羊のスクレイピー、鹿の慢性消耗症、人のクロイツフェルト・ヤコブ病などさまざまな動物種で確認されています。感染性タンパク粒子プリオンの感染によって起こることからプリオン病とも呼ばれています。中でもBSEは、人の変異型クロイツフェルト・ヤコブ病の原因であり、人獣共通感染症です。

BSEは1986年にイギリスで見つかり、ヨーロッパ諸国、北アメリカおよび日本などに広がりました。各国がBSE対策を実施した結果、世界のBSE発生頭数は大きく減少し、2015年は7頭、16年は2頭でした。わが国では01年に最初のBSE患畜が報告されましたが、その後の飼料規制などにより、09年3月の36例目の患畜を最後に確認されていません。また13年に国際獣疫事務局（OIE）のBSEリスクステータスで「無視できるBSEリスクの国」に承認されています。

しかし、これまでのBSE（定型BSE）とタイプの異なる非定型BSEが高齢牛でごくまれに見つかっています。非定型BSEは、「孤発性」であることが示唆され、飼料規制では発生を制御できない可能性もあることから、今後も注意が必要です。本病は家畜伝染病予防法で定める家畜伝染病（法定伝染病）の1つです。

症状・特徴

本病は中枢神経組織における異常型プリオンタンパク質の蓄積と、脳組織における空胞変性病変を特徴とする致死性の中枢神経疾患です。

一般に潜伏期が長く、定型BSEでは平均5、6歳で発症し、中枢神経症状を呈します。興奮しやすい、落ち着きがなくなる、攻撃的になるなどの性格の変化や、手をたたく音や金属音あるいはカメラのフラッシュに過剰に反応するなど行動の変化が見られることがあります。頭を低くする姿勢や歩調が乱れるといった歩行の異常も見られます。出現する症状は牛により差があります。

発症後は数週間から6カ月程度、進行性で経過します。病気の進行により泌乳量や採食量の低下、体重の減少が見られることがあります。最終的に起立不能に陥り、死を迎えます。非定型BSEの多くは8歳以上の高齢牛で見つかっています。

プリオンに感染しても発熱や抗体産生などの免疫反応は起こりません。BSEの診断には異常型プリオンタンパク質を検出することが必要であり、迅速診断法として延髄閂（かんぬき）部を用いたELISA法が用いられています。ELISA法で陽性であった場合には、専門機関でウエスタンブロット法や免疫組織化学検査、病理組織検査による診断が行われます。

酪農家ができる手当て

興奮しやすい、搾乳中に蹴るようになった、音・光・接触などに過剰に反応する、姿勢や歩き方が異常といった症状を進行性で示す牛を発見した場合は獣医師に相談しましょう。

獣医師による治療

治療法はなく、農場段階で確実に診断する方法もありません。臨床症状からはリステリア症、ヒストフィルス・ソムニ症や大脳皮質壊死（えし）症など中枢神経疾患との区別に注意が必要です。これらの疾病を疑う牛を含め、治療に反応せず進行性の中枢神経症状（特定臨床症状）を呈する牛を発見した場合には家畜保健衛生所に知らせます。

【福田　茂夫】

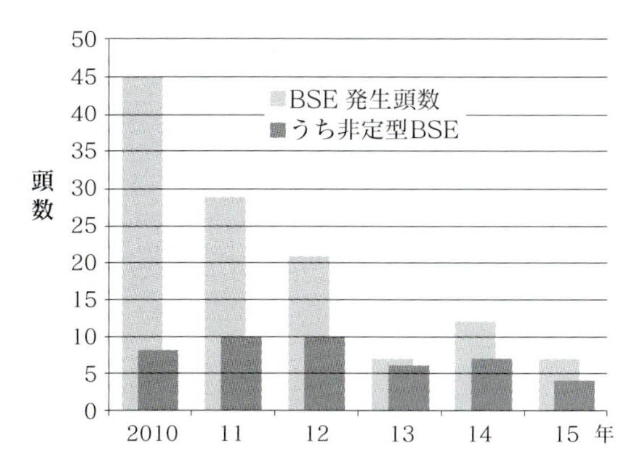

世界の BSE 発生頭数の推移

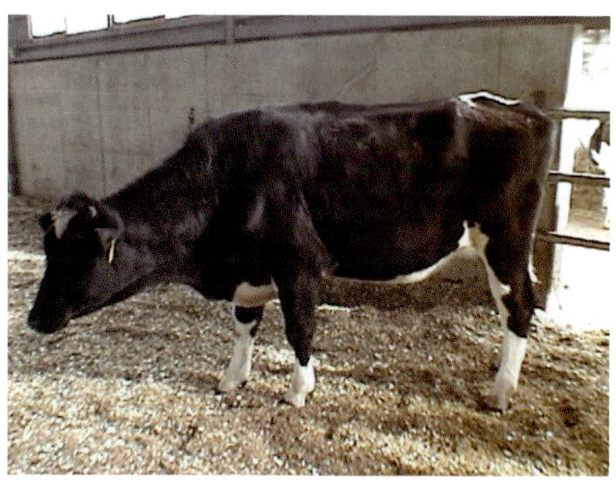

頭部を低くする異常姿勢を見せるBSE感染牛

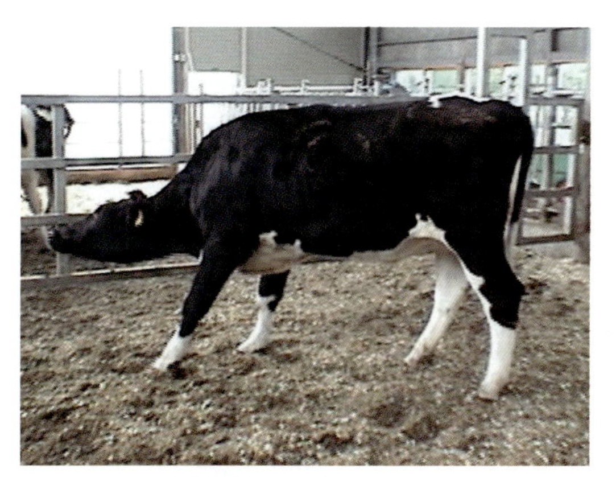

手をたたく音や金属音に頸を振って過剰な反応を示す

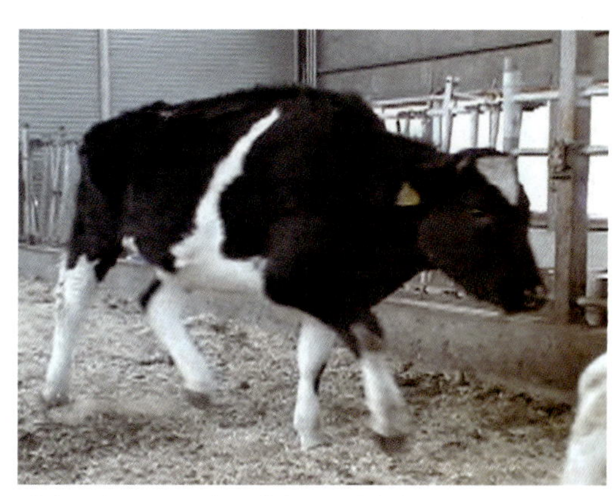

速歩の多用やリズムが乱れる異常歩行を示す

鼻腔（びくう)まで舌を入れて鼻をなめるのも異常行動の一例

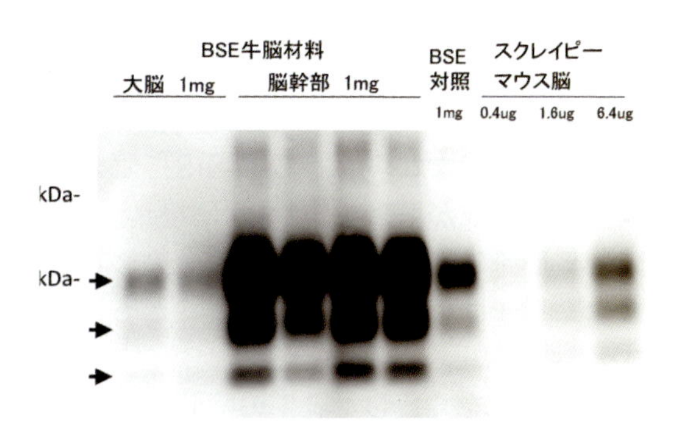

ウエスタンブロット法により異常型プリオンタンパク質は分子量の異なる3本のバンド（矢印）として検出される

ボルナ病（びょう）

原因

ボルナ病はドイツのボルナという町で発生し、馬に神経症状を示す風土病として認識され、現在では日本を含む世界各地で認められるウイルス感染症です。その原因であるボルナ病ウイルス（BDV）は馬、牛、羊、ウサギ、ダチョウや鹿に加え、ナマケモノやアルパカなど動物園の動物、そしてコンパニオンアニマル（伴侶動物）では犬、猫、鳥類と多くの動物に進行性の非化膿（かのう）性脳脊髄炎を引き起こします。さらに人にも感染することが知られています。

既に日本全国で抗体陽性牛が認められ、最近は発症に至る例も散見されています。ボルナ病ウイルスの抗体陽性率は乳牛で7.5～17.6%、肉牛で11～21%と報告されていますが、筆者の調査では60%を超える抗体陽性率に達する場合もあり、ボルナ病の牛群内濃厚感染が危惧される農場も確認されています。

症状・特徴

ボルナ病ウイルスの抗体が陽性であるからといって、全ての牛が発症するわけではありません。多くの抗体陽性牛が感染はしていながらも一生発症せず、産業動物としての役目を終えることになります。しかし、その乳牛の体調悪化や分娩など大きなストレスによって、ウイルスが体外へ排出されてしまうことがあります。このような場合には、感染牛の唾液・尿・便などによって農場内に感染が波及する危険性が増します（水平感染）。妊娠している感染牛においては、胎盤感染や初乳感染など母子間の感染が成立することもあります（垂直感染）。

ボルナ病を発症した乳牛の症状は、起立不能や運動器障害を伴う脳神経障害が主です。死に至る場合もありますが、これは病状がかなり進行した状態と考えられます。実際の臨床現場では、食欲減退、削痩、不安、興奮、斜頸、口腔（こうくう）片まひなど、「何となく他の牛と違うな」と感じられる症状から始まるケースが多く見られます。近年、乳牛の受胎性との関連性についても報告がありますので、次の項目に心当たりがある場合には、牛群の中にボルナ病の存在を疑う必要があると思います。

①分娩とあまり関連のない時期に起立不能症が散見される②淘汰更新の主原因に運動器や繁殖障害の割合が多い③突然起立不能となり、少し時間を置くと自分で起立している牛がいる④群から離れ、孤立する沈鬱（ちんうつ）状態の牛がいる⑤受胎率が思うようにコントロールできず授精回数が増えている

酪農家ができる手当て

残念ながら現在のところ、ボルナ病に感染した乳牛に対する有効な手立てはありません。牛群内の感染拡大を防止するために酪農家の皆さんが実施できることは、一般的な感染症対策と同様で、牛舎衛生の向上や作業動線の検討などが挙げられます。抗体陽性母牛からの垂直感染を防止するには、初乳の熱処理あるいは抗体陽性母牛からの初乳を新生子牛に給与しないことも有効です。

獣医師による治療

獣医師による治療についても現在、有効な方法は確立されていません。最も重要なのは、原因不明の起立不能症を放置せず、その農場のボルナ病感染の有無を把握しておくことです。

ボルナ病の診断法としては、血清中の抗体を検出する方法や、細胞内に潜伏したウイルスタンパク質およびウイルス遺伝子を検出する方法などがありますが、どれも一般的な施設での実施は困難です。その際には、専門機関にご相談ください。

【安藤　達哉】

沈鬱状態を示し、自己起立も寝返りもできないボルナ病発症牛

症状が進み、既に自分で座ることも不可能なボルナ病発症牛

脳炎症状が進み、四肢の遊泳運動が激しいボルナ病発症牛

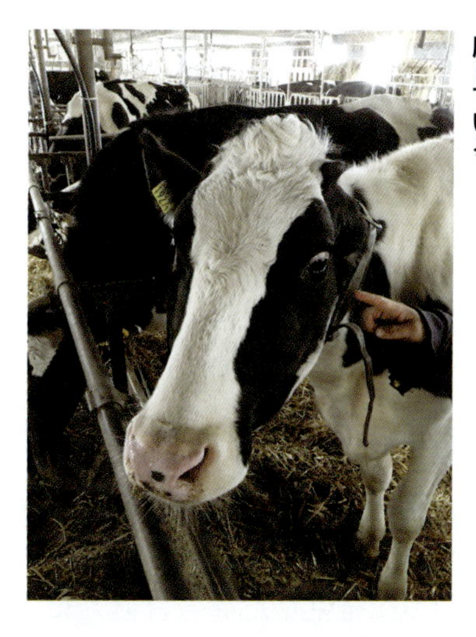
日によって興奮状態を示すボルナ病ウイルス抗体陽性牛。目をむき、音などの刺激に対し過剰に反応している

沈鬱状態を示すボルナ病ウイルス抗体陽性牛。音などの刺激に全く反応せず、ほとんど動こうとしない

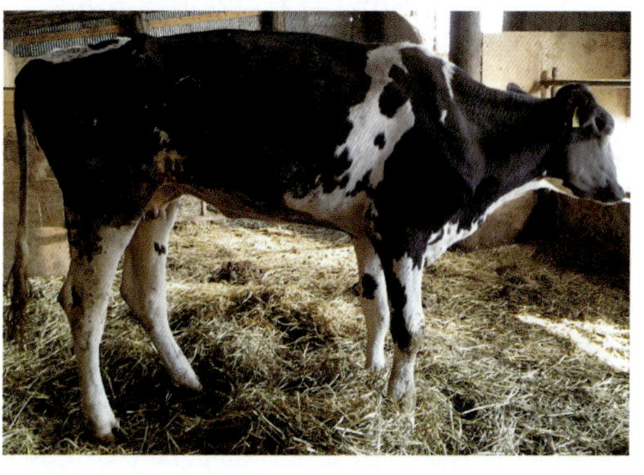
このウイルス抗体陽性牛は牛群の中で孤立し、ほとんど動かないことが多く、血液検査で抗体が確認された

ヨーネ病(びょう)

原因

ヨーネ病はヨーネ菌(*Mycobacterium avium subsp. paratuberculosis*)の感染によって起こる難治性の慢性下痢症です。ヨーネ菌は、結核菌やらい菌と共に抗酸菌と呼ばれるグループに属し、菌体にミコール酸というワックスを潤沢に含みます。このワックス成分がバリアとなり、さまざまな薬剤や環境、そして動物の免疫による攻撃に対しても抵抗性を示します。強固な菌体を持つ抗酸菌は、逆に周囲から栄養素を吸収することが苦手なようで、人工的に培養を試みても多くの菌種がゆっくりとしか発育しません。病態も同様に、ゆっくりと、しかし着実に悪化して慢性疾患となる例が多いのです。ヨーネ菌はマイコバクチンという特殊な栄養素を添加したハロルド培地によって分離培養することが可能ですが、37℃の好気環境下で明瞭なコロニーを認めるまでには6週から長いものでは16週間もの時間を要してしまいます。

牛、綿羊、ヤギ、水牛、鹿などの家畜に感染し、世界各地で流行が認められます。日本でも1990年代後半から急増傾向にあり、現在、年間800～1,000頭の発生が報告されています。本病は家畜伝染病予防法により法定伝染病に指定されており、発生した場合は直ちに都道府県知事に届け出なければなりません。

症状・特徴

若い子牛ほど感受性が高く、ヨーネ菌を保菌した母牛から糞便を介して新生子期に既に経口感染しています。1歳未満の発症はまれで、数カ月から3、4年の潜伏期を経てから、多くは3～5歳の成牛で発症します。妊娠・分娩をきっかけに発症するものが多く、発熱や出血のない水様性の下痢、2～3週間隔の間欠性の下痢が特徴です。症状はやがて持続性かつ難治性の下痢に進行し、急激な削痩、乳量低下、下顎(がく)部の浮腫を呈して、衰弱死します。

病理学的には、回腸下部とリンパ節から始まった肉芽腫様病変がやがて腸管全体に広がり特徴的なワラジ状・網の目状の腸管肥厚が見られます。ヨーネ菌は細胞内寄生菌で、類上皮細胞(マクロファージ)内に侵入して小さな肉芽腫を形成、リンパの流れをうっ滞させるため腸管粘膜のシワ状肥厚が生じます。

前述の通り、病原学的な診断のうち、菌分離には時間がかかり過ぎてしまいます。コロニーの発育を待つのではなく、糞便や腸粘膜の直接塗抹スライドを抗酸菌染色し、菌体の有無を確認します。PCRによる遺伝子検査は糞便材料中の阻害因子の多さが問題でしたが、現在は感度の高い方法も開発されています。ELISAやヨーニン反応などの免疫学的診断と共に、農場に汚染がないかのモニタリングが重要です。

酪農家ができる手当て

新生子牛の免疫には初乳の補給が重要ですが、ヨーネ菌は乳汁にも排出されるため、保菌母牛の乳汁は感染源になります。万が一、牛群内に陽性牛が含まれていた場合、初乳のプールは母子感染のリスクを高めます。日常的観察は早期発見につながります。陽性牛が見つかったときには獣医師や家畜保健衛生所の指導に従い、早期清浄化を目指しましょう。

獣医師による治療

ヨーネ病は撲滅対象疾病のため、ワクチンはなく治療も行いません。速やかな摘発と淘汰により農場内外への汚染拡大を最小限にとどめることが重要です。汚染牧場については家畜保健衛生所によって定期的な検査が実施され、動向を注視します。ヨーネ病清浄国を目指して現在も診断法の改良が進められています。現場の獣医師も担当地域の汚染状況や本症の病態についての正しい最新の知見を得るよう努めましょう。

【村田　亮】

シワ状に肥厚した回腸の粘膜面

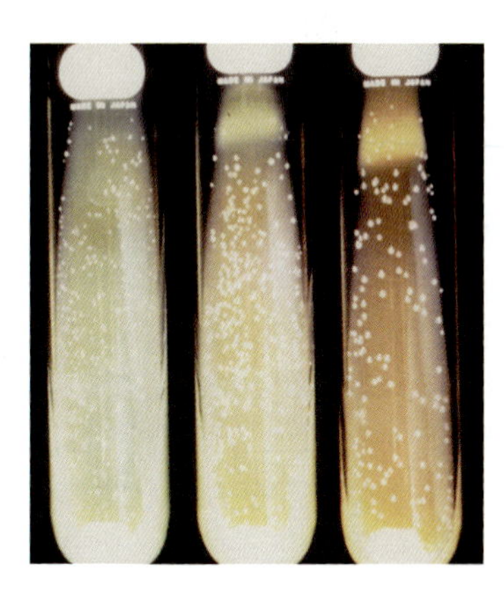

マイコバクチン添加ハロルド培地上に発育したヨーネ菌コロニー

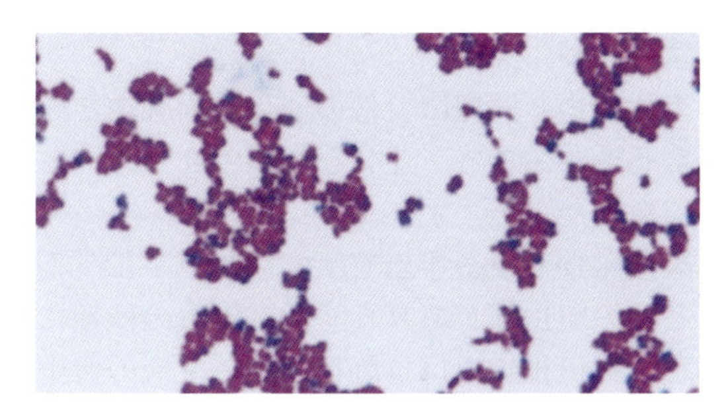

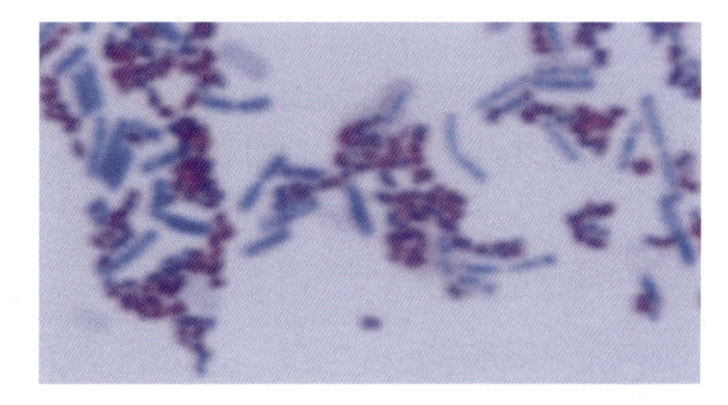

ツィール・ニールゼンの抗酸菌染色。抗酸菌は赤く、一般細菌は青く染まる

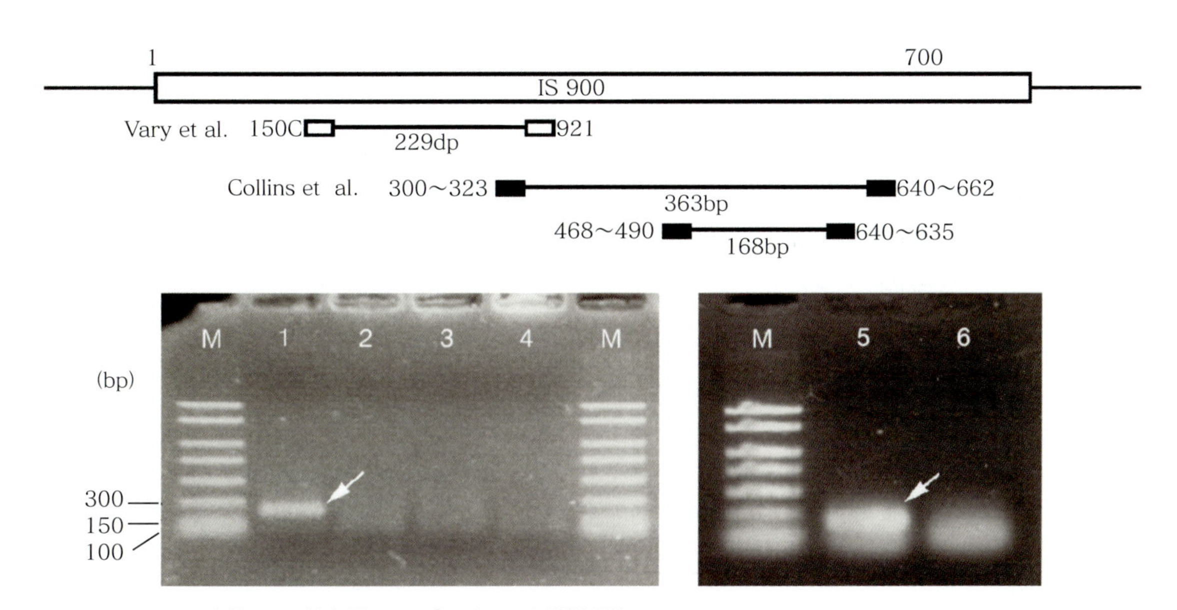

ヨーネ菌DNA検出用PCRプライマーと増幅産物

Varyらの方法によるヨーネ病菌IS900の検出例(電気泳動像)。
左レーンからM：DNAサイズマーカー、１：陽性、２～４：陰性、５：陽性、６：陰性

寄生虫性胃腸炎

原因

一言で寄生虫と言っても、その数は非常に多く、ほとんどは線虫、吸虫、条虫、鞭虫(べんちゅう)のことを指します。寄生虫性胃腸炎は、主に消化管内線虫の感染により起こる感染症です。2016年の北海道での消化管内線虫疫学調査では94.8%が陽性で、非常に高率で感染していることが報告されています。生産性に大きな弊害をもたらす消化管内線虫としては乳頭糞線虫、クーペリア、捻転胃虫、牛鞭虫、牛肺虫、オステルターグ胃虫が挙げられます。

症状・特徴

抗菌薬や生菌剤での治療に効果が見られず、駆虫をしていない牛で慢性的に軟便、泥状下痢を呈します。元気や食欲は正常でも発育が悪く毛艶が悪い牛は、寄生虫感染を疑います。

寄生虫性胃腸炎は慢性的に下痢を繰り返すことが多く、寄生虫により栄養分が取られるため体重が減少し、性成熟が遅れ繁殖成績が低下します。乳量も低下します。

線虫の種類と特徴は次の通りです。

[乳頭糞線虫]

濃厚感染による舎飼い牛の突然死(乳頭糞線虫症：心臓突然死)が起きます。公共牧場において入牧後に見られる下痢、舎飼いで見られる子牛の下痢についても、乳頭糞線虫とコクシジウムの混合感染が疑われます。

[クーペリア]

放牧牛および舎飼い牛の両方で、多くの場合検出されます。乳頭糞線虫と同様に、コクシジウムとの混合感染が入牧後の下痢、子牛の下痢を引き起こしていることが知られています。

[捻転胃虫]

第四胃に寄生し、幼虫および成虫は胃壁に食い込み、吸血するため牛の生産性に大きな弊害をもたらします。

[牛鞭虫]

濃厚感染したときの病害性が強いので、感染を確認した場合は、環境の清浄化を考慮した駆虫対策が重要です。

[オステルターグ胃虫]

牛の生産性に影響を及ぼす代表的な消化管内線虫です。

[毛様線虫]

公共牧野において他の消化管内線虫との混合感染があると、症状を増悪させ、生産性に弊害をもたらします。

[ネマトジルス]

毛様線虫と同様に、他の消化管内線虫との混合感染があると、症状を増悪させ生産性に弊害をもたらします。

酪農家ができる手当て

各種の駆虫薬があります。寄生虫の種類に応じて経口投与を行ったり、現在主流の背中にかけるだけで簡単に使えるタイプ(プアオン)を利用したりします。農場全体を対象にプログラムを組んで駆虫を行い、導入時にも実施することを勧めます。まずは農場内に寄生虫を入り込ませないことです。

獣医師による治療

公共牧場、舎飼いを問わず、感染状況を虫卵検査で確認し、効率の良い駆虫プログラムを実施することが重要です。確定診断をするには、糞便検査で寄生虫の虫卵を確認します。血液検査で好酸球が増えていることが多い傾向もあります。モニタリングを通して、その農場に合わせたプログラムを組み立てましょう。

【髙橋　俊彦】

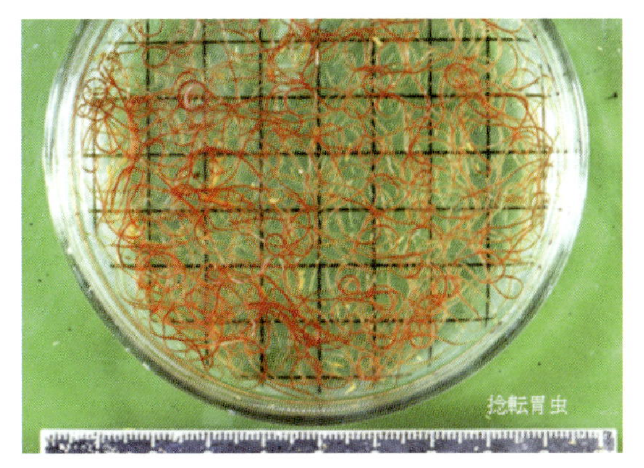

捻転胃虫（福本原図）

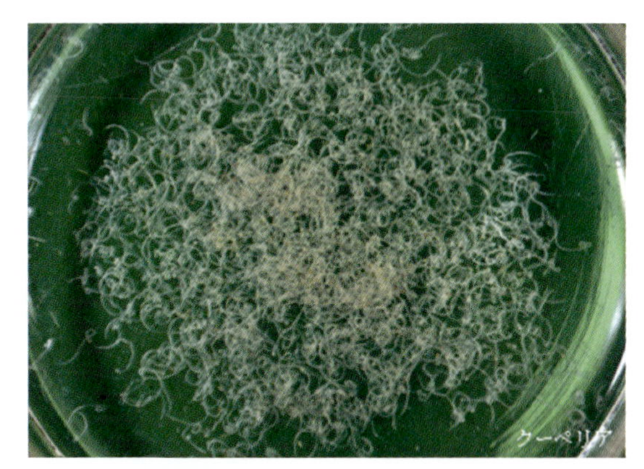

クーペリア（福本原図）

放牧場で感染することが多い

消化管内線虫の駆虫作業

マイコトキシン中毒（ちゅうどく）

原因

マイコトキシン（カビ毒）は、カビの二次代謝産物として生産される、人と動物に有害な化合物の総称で、現在までに300種類以上の飼料由来のマイコトキシンが確認されています。牛に悪影響を与える代表的なマイコトキシンとしては、アスペルギルス属カビが産生する肝臓毒（他に腎臓毒、免疫低下、発ガン性）のアフラトキシンB1（AFB1）、フザリウム属カビが産生する腸管毒のデオキシニバレノール（DON）とエストロゲン反応攪乱（かくらん）作用を呈する繁殖毒のゼアラレノン（ZEN）があります。

症状・特徴

牛への影響は、マイコトキシン汚染飼料の①汚染濃度②採食量③給与期間④種類（1種あるいは複数）⑤牛の健康（特に、ルーメンコンディション）—によって異なります。牛は第一胃内でマイコトキシンの40～60％が分解され、ルーメンコンディションの低下や各種のストレス下では、マイコトキシンへの感受性が増加します。

急性症状：急性症状は①下痢（腐敗臭）②下痢の低カルシウム血症に起因する食欲廃絶、低体温、皮温低下、第一胃運動減退③肛門・陰部・眼瞼（がんけん）の腫脹（しゅちょう）—が必ず見られ、流涎（りゅうぜん）と発汗も認められます。変敗した飼料を採食した際に見られる皮膚のじんましんは現れません。突然死する成乳牛の出血性腸症候群（HBS、32ページ）は、小腸粘膜に対するカビの直接的な作用あるいはマイコトキシン中毒との相互作用で発生するといわれています。

慢性症状：慢性症状は軟便、乳量不安定、繁殖性低下、被毛粗剛です。慢性的な泥状便、乳量低下、原因不明の流産や胚死滅によって繁殖性が低下する牛群では、慢性マイコトキシン中毒を疑う必要があります。

子牛への影響：摂取したAFB1の約2％が乳汁にアフラトキシン（AFM1）として移行します。子牛がAFM1を含んだミルクを飲むと、身体の末端部位に血行障害が生じて、四肢（特に後肢）や尾、耳介の末端が脱落することがあります。

血液変化：急性症状の場合、①白血球数の減少②カルシウム濃度の低下③肝臓障害を示す血清AST活性値とGGT活性値の上昇—という血液変化が見られます。

飼料中AFB1濃度と乳汁中AFM1濃度：毒性の強いAFB1は、第一胃内でその40～60％が分解されて無毒になり、残りのAFB1は肝臓で代謝されて20％が尿、2％がAFM1として乳汁に排せつされます。

酪農家ができる手当て

サイレージ調製と貯蔵の基本を厳守することが予防につながります。しかし飼料中におけるマイコトキシン生成を完全に防止するには限界があり、マイコトキシン吸着剤の飼料添加が推奨されます。吸着剤はマイコトキシンの汚染程度や飼養形態（分離給与、TMR）を考慮して選択すべきです。

獣医師による治療

急性マイコトキシン中毒の治療は、肝機能障害を伴う重度の低カルシウム血症、低クロール血症の電解質異常と低クロール性代謝性アルカローシスの病態の改善を目的に行います。また低カルシウム血症の改善と腸炎に対する治療のため、カルシウムサプリメント300～600gと健胃剤180g、整腸剤150g、生菌製剤150gを混合して経口投与します。重症例に対しては第一胃液移植（3ℓ／回）と、木酢炭素末300g、整腸剤150g、生菌製剤150g、塩化カリウム100～150gを混合して1日2回経口投与することが有効です。

【小岩　政照】

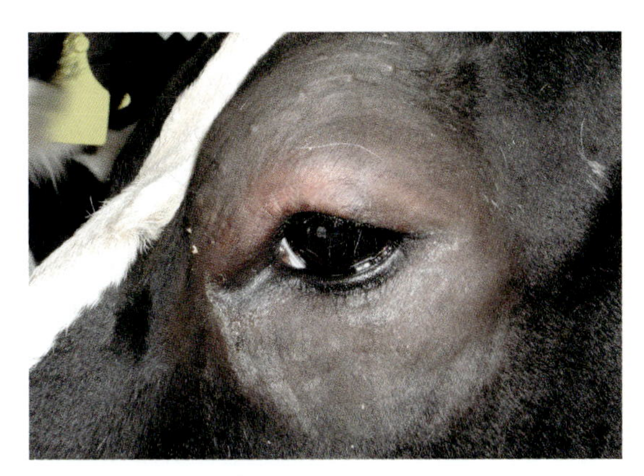
急性例に見られた眼瞼の腫れ

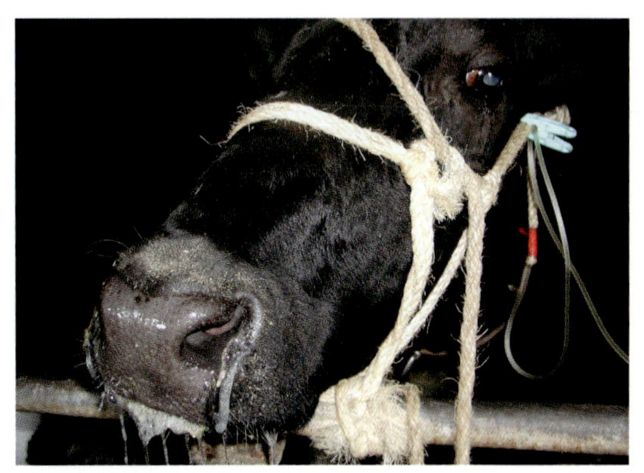
急性例に見られた鼻汁とよだれ

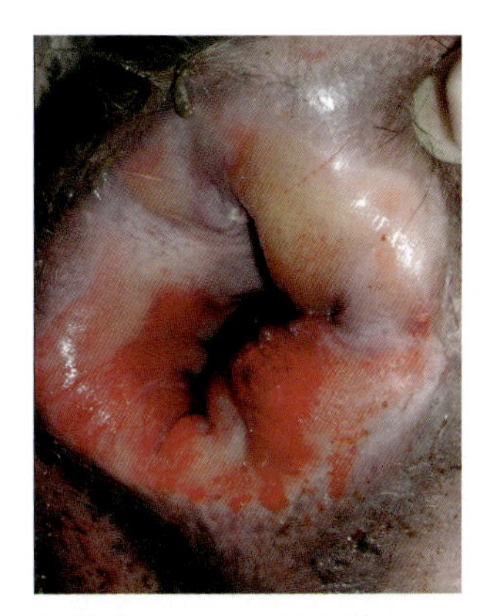
急性例に見られた外陰部の腫れ

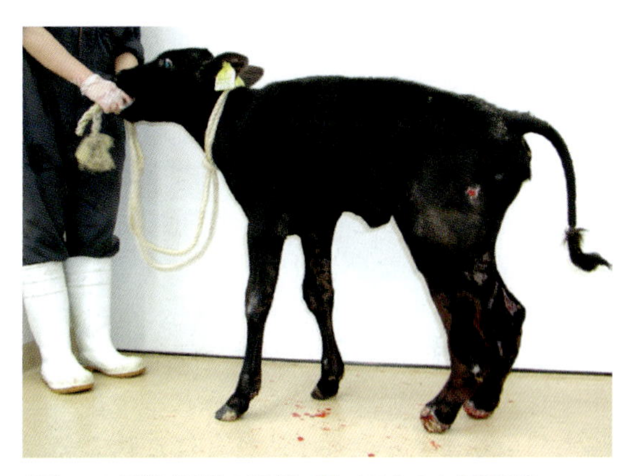
子牛への影響（後肢の脱落、尾・耳介の血行障害）

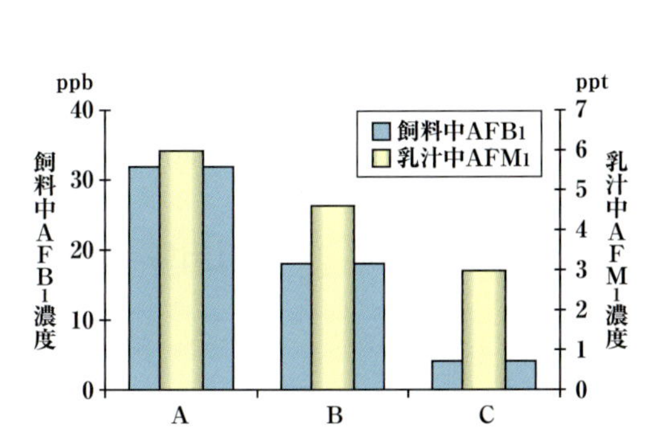

飼料中AFB1濃度とバルク乳汁中AFM1との関連性

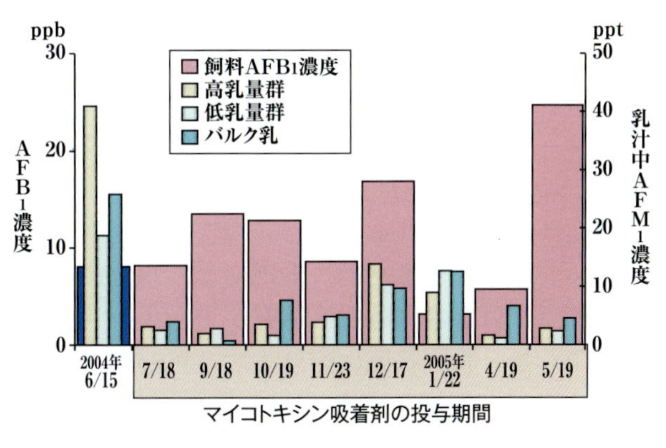

マイコトキシン吸着剤の飼料添加による飼料AFB1と乳汁中AFM1の推移

コクシジウム症(しょう)

原因

コクシジウム症は寄生虫の1種であるコクシジウム原虫の腸管細胞寄生によって発症します。牛に寄生するコクシジウム原虫はアイメリア(*Eimeria*)属として十数種報告されています。特に*E. bovis*と*E .zuernii*の病原性が強く、牛に激しい下痢を生じさせます。

便の中に発育初期段階の原虫(オーシスト)が排出されるので、顕微鏡でその形態を観察して病態予測に活用できます。便中のオーシストの数と下痢の程度は必ずしも対応していません。病原性が強くない種類のコクシジウムの中には、かなりの数のオーシストが糞便中に確認できても、ほぼ正常な便性状であることもあります。

コクシジウム原虫は腸管上皮細胞に寄生して増殖するため、腸粘膜が損傷されてオーシストが排出されるとともに、腸管では十分な水分吸収ができなくなり下痢となります。このオーシストが同居牛の口から入ることによって、感染が広がります。1歳齢未満の子牛や育成牛での発症が多く見られる一方、成牛も感染しますが発症することはまれです。

症状・特徴

幼若な個体ほど発症する危険性は高く、まれに成牛でも症状を示す個体がいます。元気と食欲がなくなり、泥状から水様の下痢を呈します。突然下痢が始まる症例では、腹痛症状を示すことがあります。下痢は徐々にひどくなり、粘液や血液が混ざった下痢便になります。

初期には認められる発熱も、二次感染を生じない限りは続きません。下痢により水分が失われ、十分な水分吸収と補充ができない状態が続くと、脱水状態に陥ります。目が落ちくぼみ口内が乾燥してぬくもりがなくなり、皮膚の弾力が失われるとともに、四肢の末端が冷たく感じられるようになります。対応が遅れると死亡します。

慢性症例では粘液や血液の混ざることのない軟便や下痢の排せつが何日も続き、食欲はあっても、徐々に削痩していきます。慢性感染が長引くと、同居牛に同じような牛が散見され、急激な症状を呈する牛も出てき始めます。その牛群全体に活気がなく、発育の悪い牛も多く認められるようになります。

酪農家ができる手当て

発症牛から排出されたオーシストは、牛から牛へ直接移るだけでなく、敷料や飼養器材、水飲みや餌おけ、飼養者の衣服や履物を介して他の牛へと運ばれることがあるので、日常の衛生管理に気を付ける必要があります。消毒剤に便など有機物が混入すると、その効力は著しく低減するため、汚れた物を直接消毒剤に漬けてもあまり効果は期待できません。むしろ流水で洗浄する、あるいは熱湯に漬ける方がより効果的な場合もあります。

獣医師による治療

抗コクシジウム剤としてスルファモノメトキシン(ダイメトン)やスルファジメトキシン(アプシード)が有効で、注射投与あるいは経口投与によって駆虫効果が得られます。ただ不必要に何日も投与すると、腎障害を引き起こすので、牛の状況を観察しながら調整しなければなりません。

トルトラズリル(バイコックス)は、駆虫効果だけでなく予防効果も得られます。激しい下痢による耗弱が認められる場合には、点滴による脱水の補正、栄養補給、整腸剤投与などを行います。

【田島　誉士】

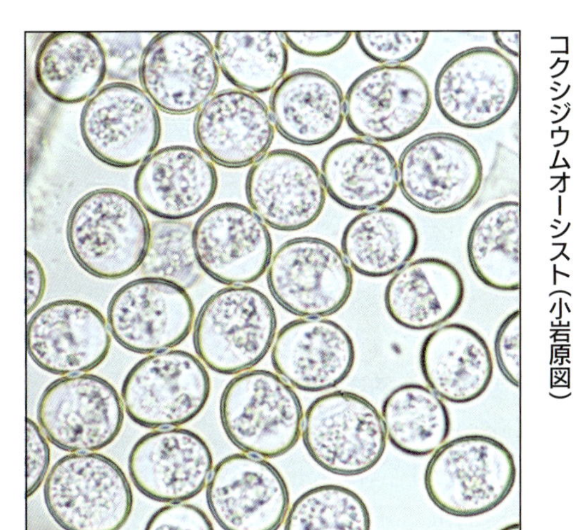

コクシジウムオーシスト（小岩原図）

血液が混ざった下痢便

粘膜上皮が混入した下痢

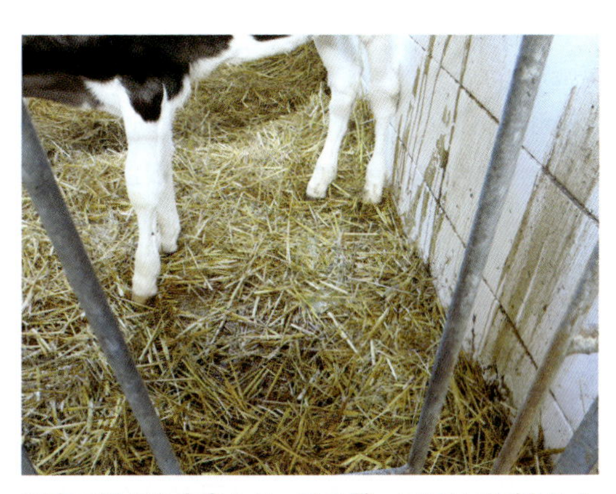

下痢で汚れた牛床とハッチの壁。こういう所から人を介してオーシストが移る

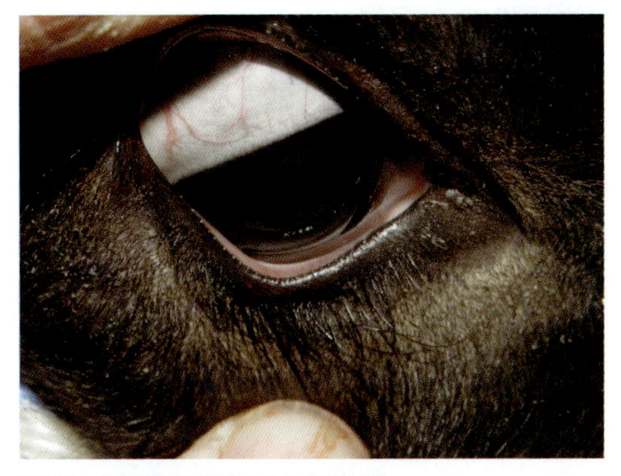

下痢による重度の脱水（小岩原図）

サルモネラ症

原因

サルモネラ症はサルモネラ(*Salmonella enterica subsp. enterica*)が経口的に侵入して起こる急性あるいは慢性の病気で、発熱、腸炎、敗血症死を主徴とした急性あるいは慢性の感染症です。サルモネラには多くの種類(血清型)があり、その原因となる主な菌は*Salmonella Typhimurium*(ST)、*Salmonella Dublin*(SD)、*Salmonella Enteritidis*(SE)で、特にSTとSDによる感染症が多発しています。SDは牛に特異性が高い菌ですが、STとSEは人にも感染し、食中毒の原因としても重要です。この他にもさまざまな血清型のサルモネラも原因となり得ます。

感染経路は主に経口で、呼吸器からも侵入します。保菌牛は感染源として重要であり、このような牛が牧場に新規導入されれば流行の原因となります。菌は糞便に排出され、それが直接あるいは水、飼料や牛舎環境などを汚染して間接的に伝播(でんぱ)します。ネズミや野鳥なども保菌していることがあり、それらを介した流行にも注意が必要です。

わが国におけるサルモネラ感染症は子牛が中心でしたが、1990年代以降は成牛(乳牛)のST感染症が激増しています。発生は牛群内外での大きな流行につながるため、甚大な経済的被害を与えます。北海道では毎年40件・200頭以上の発生が報告されています。

子牛を含め、ST、SD、SEによる牛のサルモネラ感染症は家畜伝染病予防法により届出伝染病に指定されています。

症状・特徴

食欲不振、発熱(40℃以上)、悪臭のある泥状や水様性下痢、偽膜の混ざった粘血性下痢便、搾乳牛においては乳量減少や泌乳停止が主な症状です。下痢は1～2週間続き、完治するまでに約2カ月を要します。死亡率は10%以上で、適切な治療がなかった場合は75%以上にも達します。妊娠牛は流産を起こすことがあり、特にSD感染によって高率で発生します。

解剖すると、脱水により皮下は乾燥感を呈し、腸管は菲薄(ひはく)化と充出血が激しく、腸内容は悪臭のある黄白色～褐色の泥状や水様性で、カタル偽膜性腸炎を呈します。腸間膜リンパ節はうっ血腫大しています。

酪農家ができる手当て

感染症の予防で最も大切なことは、病原菌を「持ち込まず」「持ち出さず」です。牛舎内外の清掃消毒、不必要な立ち入りの禁止、出入り時の消毒励行、踏み込み消毒槽の設置などを行い、外からの侵入を防ぎます。新規導入牛は一定期間隔離し、細菌検査を行い保菌牛ではないことを確認します。万が一発生した場合は、病牛の隔離、牛舎消毒を行い、牧場内外への菌の拡散を防ぐよう細心の注意を払います。堆肥中には菌が存在するので、十分に発酵させ菌を殺すよう心掛けましょう。

農場内のサルモネラ症の拡大は人の動線と密接に関わっています。早期発見・対応で大きな流行とならないように努めましょう。

STとSDに対する二価ワクチンによる予防も効果的です。使用に当たっては獣医師と十分に相談してください。

獣医師による治療

抗菌剤による治療が行われています。回復しても見掛け上健康な保菌牛となり、間欠的に排菌する感染源となることがあるので継続的に注意を払う必要があります。サルモネラが属する腸内細菌科の細菌種は、多剤耐性菌の出現が頻発しており、抗菌剤の使用に当たっては十分に感受性を有する薬剤を選択し、2種類以上を併用することが重要です。治療にもかかわらず、排菌状態が続く個体は感染源となるので淘汰すべきでしょう。

【村田　亮】

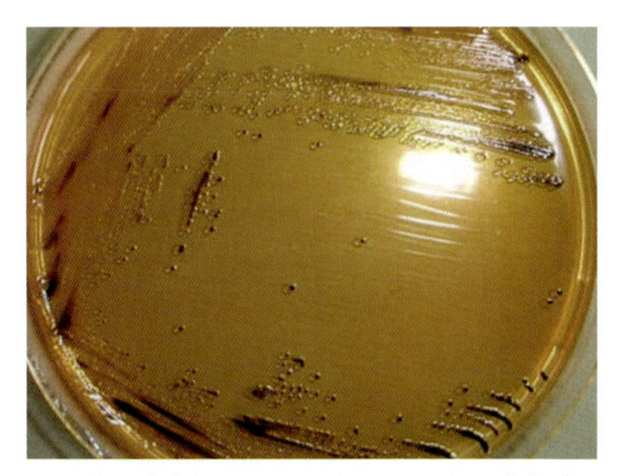

DHL寒天培地上でのサルモネラコロニー。中央が黒色となるのが特徴（内田原図）

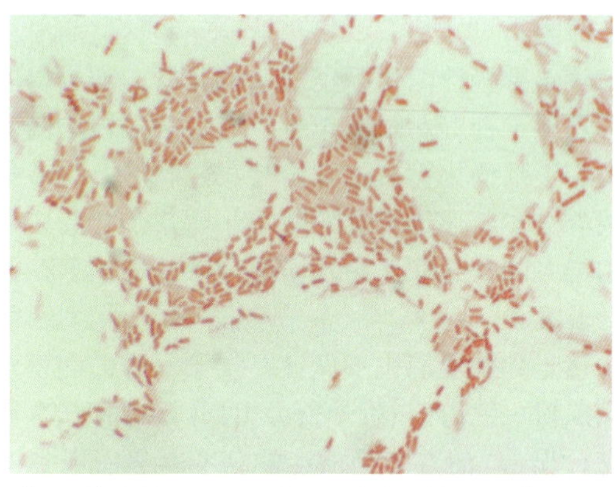

グラム染色像。サルモネラは赤色に染まるグラム陰性の中桿（ちゅうかん）菌である（内田原図）

畜舎内の下痢便。硫黄のような独特の悪臭が漂う（武田原図）

壁にかかった下痢便の跡。床敷や壁に軟便がないか注意深く観察することが重要（野口原図）

迷走神経性消化不良

（めいそうしんけいせいしょうかふりょう）

原因

迷走神経性消化不良は、消化管の運動に関わる迷走神経が障害を受けることで胃の内容物を下部消化管に送り出せない状態となる症候群です。迷走神経の障害が明らかでないものでも同様の症状を示す場合はこの病名が使われます。

迷走神経性消化不良は、①第一胃の内容が第二胃・三胃口（第一胃の出口）から移送されない場合（前方での機能的狭窄＝きょうさく＝）②第四胃の内容が四胃幽門部（第四胃の出口）から移送されない場合（後方での機能的狭窄）―の大きく2つに分けられます。前者の原因には創傷性第二胃炎、第二胃三胃周辺の癒着や膿瘍（のうよう）、腹膜炎などによる神経的もしくは機能的な障害が挙げられます。第二胃・三胃口の腫瘤（しゅりゅう）などによる物理的閉塞も原因となる場合があります。後者の原因として多いのは第四胃捻転の際の第四胃壁の傷害による移送障害で、第四胃捻転の手術後に発症することがあります。その他、穿孔（せんこう）性四胃潰瘍や第四胃変位、妊娠末期の子宮による第四胃位置の異常も原因となり得ます。

症状・特徴

特徴的な症状は、数日から数週間かけて起こる進行性のパップルシェイプ（Papple shape）と呼ばれる腹囲膨満です。また、胃内容の移送障害により食欲不振と糞量の減少、乳量の低下、脱水や進行性の削痩が見られます。多くの場合、心拍数は減少します。パップルシェイプは、後方から見て左側がりんご（Apple）様、右側が洋ナシ（Pear）様の腹囲膨満のことです。外見は同じでも、機能的狭窄の部位がどこなのかで腹腔（ふくくう）内部は違います。前方での機能的狭窄では、第一胃内容の移送障害によって第一胃の拡張が起こるため、腹囲膨満は第一胃によるものです。一方、後方での機能的狭窄は第四胃内容の移送障害なので、左側の張り出しは第一胃、右側下腹部の張り出しは拡張した第四胃によるものということになります。

前方での機能的狭窄による迷走神経性消化不良では、第一胃運動は亢進（こうしん）し蠕動（ぜんどう）音は低く絶え間ないものになります。これは第一胃の拡張によるもので、一方、第一胃内容を下部消化管に送り出す運動は抑制されるため、第一胃の内容は次第に泡沫（ほうまつ）状になります。

これに対し、後方での機能的狭窄では、第四胃内容が滞り第一胃へ絶えず逆流するため、次第に第一胃の内容は液体状となります。また第四胃内容の移送障害であるため、脱水や電解質の異常が重度で、低クロール血症ならびに低カリウム血症となります。

酪農家ができる手当て

進行性の腹囲膨満（パップルシェイプ）や食欲不振、乳量低下が見られたときは獣医師の診察を受ける必要があります。パーネット（永久磁石）を投与すると、迷走神経性消化不良の原因の1つである創傷性第二胃炎（88㌻）を予防することができます。

獣医師による治療

まず、先に述べた症状から、機能的狭窄の部位が前方か後方かを特定します。さらに、脱水症や電解質の補正などの対症療法を行いつつ、予後判定のため、原因を絞り込みます。癒着や炎症があれば抗生物質や抗炎症剤による治療、物理的な問題であればそれを除去できるかを考えます。創傷性第二胃炎によるものであれば、その程度によっては炎症のコントロールで回復可能な症例もあります。妊娠末期の子宮が原因ならば分娩により解決されます。一方、第四胃捻転手術後に発症すると、第四胃自体の不可逆的なダメージで多くの場合、予後不良となります。

【大脇　茂雄】

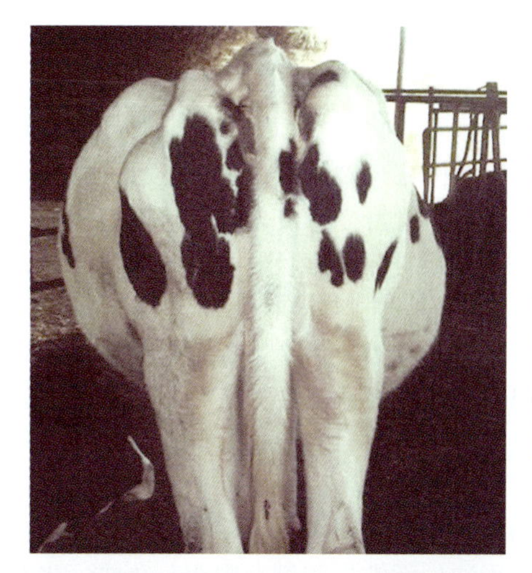

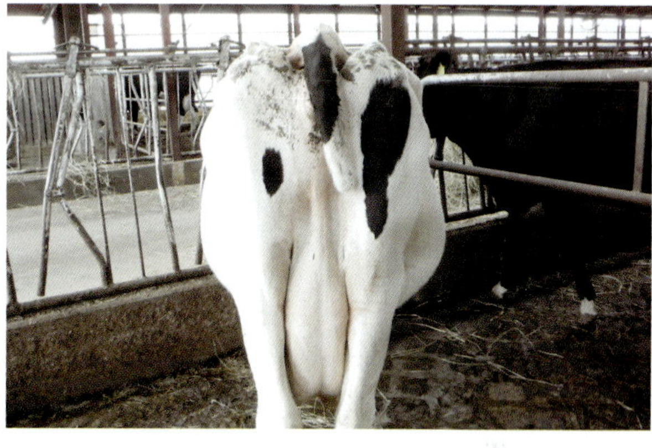

左、上共に特徴的な腹囲膨満（パップルシェイプ）

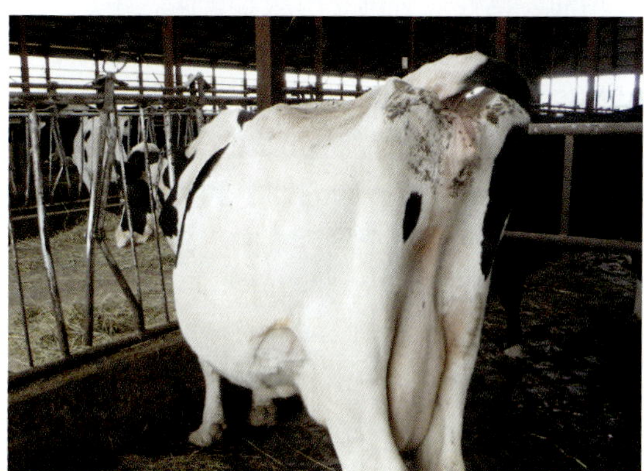

左側はリンゴ形

右側は洋ナシ形

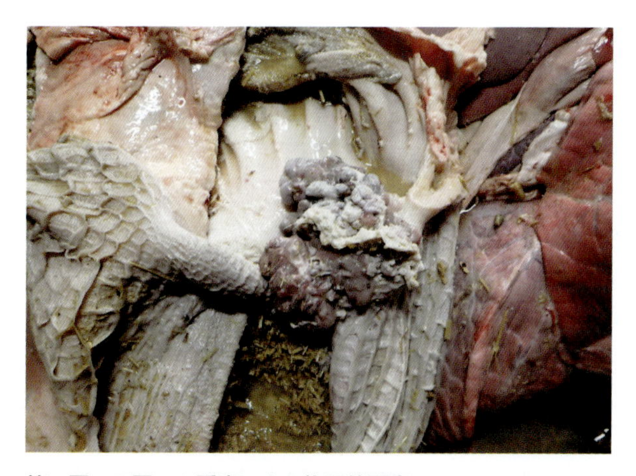

第二胃・三胃口の腫瘤による物理的閉塞

第一胃鼓脹症

原因

第一胃鼓脹症の原因は、第一胃内で産生されたガスが食道を通して曖気(あいき、げっぷ)障害によって体外に排出されなくなることです。曖気されないガスはどんどん滞留し、第一胃を過剰に拡張します。曖気ができなくなる原因は、大きく3つに分けられます。

1つ目は噴門部(第一胃の入り口)が胃内容で覆われ、曖気するべきガスを食道に送り出せないためです。牛が横臥(おうが)していたり、第一胃の内容が泡沫(ほうまつ)状となりガスが遊離していなかったりする場合に起こります。2つ目は食道や噴門部に問題がある場合です。食道内の異物や食道の圧迫、噴門部の腫瘤(しゅりゅう、乳頭腫や線維腫といったもの)などです。子牛では、肺炎などの胸腔(きょうくう)内の炎症による食道周囲のリンパ節の腫大が原因のことがあります。3つ目は第一胃が正常に収縮しない場合で、その原因としては低カルシウム血症、迷走神経の障害、ルーメンアシドーシスによる胃運動の停止、哺乳子牛でのミルクの第一胃内流入などが挙げられます。

飼料の面では、水分や可溶性タンパク質を多く含んだマメ科牧草の多給、濃厚飼料の多給や盗食などで第一胃内容が泡沫状になったり、急性のルーメンアシドーシスで胃運動が停止したりすることで発症します。

症状・特徴

特徴的な症状は第一胃の過度な拡張による腹囲膨満で、急性の泡沫性鼓脹症、急性の遊離ガス性鼓脹症、慢性鼓脹症に分類できます。急性の鼓脹症は症状の進行が速く、拡張した第一胃が血行障害や呼吸困難を引き起こし、死亡することがあります。腹部を蹴る、立ったり寝たりを繰り返す、呼吸が速くなるなどの疝痛(せんつう)症状が見られます。急性泡沫性鼓脹症の場合、胃内容の層状構造が消失し、胃カテーテルや套管針(とうかんしん)によるガス排出を試みてもうまくいきません。一方、急性でも遊離ガス性鼓脹症の場合、第一胃内容の層状構造は保たれ、胃カテーテルでも套管針でもガスの排出は可能です。

慢性鼓脹症の症状は同様ですが、通常は急性の生命の危険を伴うものではありません。一般的に遊離ガスによるものが多く、第一胃内容の層状構造は維持されています。

酪農家ができる手当て

急性鼓脹症の場合は、一刻も早く獣医師の診療を依頼します。到着を待つ間、消泡剤や食用油、活性炭製剤を内服します。牛が頭を投げ出し横たわっている場合は、曖気できる状態にするため、頭を起こした体勢にします。

獣医師による治療

急性、慢性にかかわらず、胃カテーテルを挿入しガスの排出を試みます。食道に原因がある場合(食道梗塞や狭窄＝きょうさく＝)には、胃カテーテルが第一胃内に挿入されない、もしくは抵抗が感じられることがあります。胃カテーテルでガスが排除できない場合は左上膁(けん)部に套管針を刺してガスの排出を試みます。これらの処置時に泡沫性なのか遊離ガス性なのか、食道の問題なのか第一胃二胃運動に問題があるのかを鑑別します。

泡沫性鼓脹症と診断した場合は消泡剤や活性炭製剤を投与し、それでも改善しない場合は第一胃切開術を行い、第一胃内容を物理的に除去する必要があります。

処置後は、第一胃内容の性状を回復させるため消泡剤、油製剤、生菌剤などの内服を行います。低カルシウム血症による第一胃の運動低下によるものではカルシウム剤の投与、食道周囲のリンパ節の腫大による食道の狭窄であれば抗生剤や抗炎症剤による治療といったように、鼓脹症の原因に対する治療を行うことが重要です。

【大脇　茂雄】

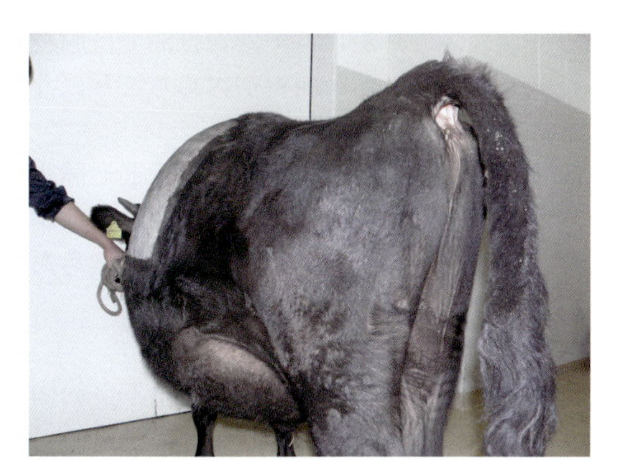
育成牛の慢性鼓脹症（小岩原図）

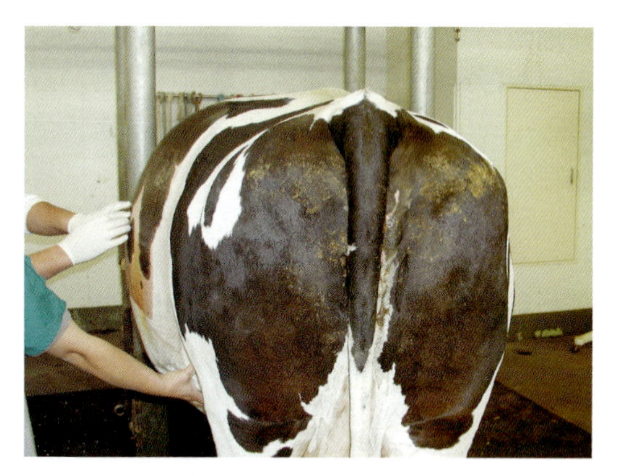
急性泡沫性鼓脹症（小岩原図）

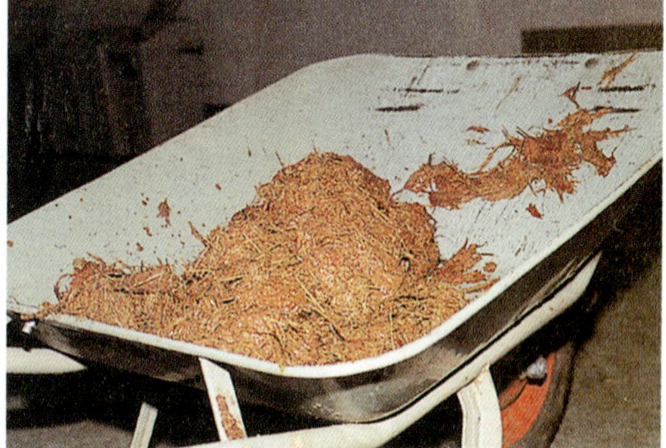
外科的に取り出された第一胃内容物（小岩原図）

第四胃食滞

原因

第四胃食滞とは、第四胃に食べた物が蓄積し、小腸に移送されない状態を示します。一次性の第四胃食滞の原因は多くの場合、採食された飼料が原因となります。例えば、水の給与不足の状態における極度に繊維性の高い低品質粗飼料の給与(食餌性第四胃食滞)、砂や小石が混じった飼料の摂取、子牛における代用乳の過給による不消化物、異物の摂取などで、いずれの場合も不消化の状態で第四胃に流入した大量の摂取物が、内容物のスムーズな通過を阻害することで滞留を起こします。

二次的な第四胃食滞は、物理的もしくは神経的な障害による移送障害です。創傷性第二胃腹膜炎に伴う癒着、穿孔(せんこう)性の第四胃潰瘍や迷走神経性消化不良からの派生が挙げられます。またリンパ肉腫、脂肪壊死(えし)、膿瘍(のうよう)なども物理的な移送障害の原因になり得ます。

症状・特徴

第四胃食滞だけに認められる特有の症状はあまりありません。迷走神経性消化不良などの症状と似ており、数日から数週間かけて進行性の第四胃の拡張が起こるため、食欲の不定、泌乳量の減少、進行性の削痩、糞量の減少などの症状が見られます。乾燥した固形便の他、しばしば軟便や下痢も認められます。軟便や下痢は、第四胃に食べた物が滞留する中、液体成分だけが下部消化管に流れるため起こるとされています。

腹部は拡張した第四胃で右下腹部が膨満します。迷走神経に障害があるとき心拍数が減少することはありますが、多くの場合、体温、心拍数、呼吸数とも正常です。脱水も生じますが、程度はさまざまです。

子牛は第一胃が未発達で、成牛に比較して腹腔(ふくくう)内における第四胃の占める割合が大きいことから、第四胃食滞では腹腔の大部分を拡張した第四胃が占めることになります。

血液性状については、他の消化管通過障害のように低クロール血症、低カリウム血症が見られる症例もあれば、見られない症例もあり、程度はさまざまです。

酪農家ができる手当て

食欲の不定や便性状の異常(消化不良の固形便や軟便、下痢)が続いた場合、獣医師に診察を依頼してください。また飲水が適切に行われているか、不適切な飼料を摂取していないか、チェックしてみてください。飼料への砂や小石の混入にも注意が必要です。

獣医師による治療

治療は重症度、罹患(りかん)期間により内科療法、外科療法があります。第四胃食滞の初期であれば、輸液療法や下剤の経口投与などの内科療法で効果が認められる場合があります。迷走神経性消化不良や創傷性第二胃炎などに伴った二次的な第四胃食滞の場合は、原因となっている疾病に対する治療も並行して行わなければなりません。

内科療法で効果がない場合や進行した症例では手術により第四胃内容を除去することになります。一般的に第四胃食滞の進行は緩慢であり、診断や手術実施が遅れることがあります。そのような場合、第四胃の拡張は重度となっており、第四胃内容を除去したとしても機能が回復せずに予後不良となる恐れがあります。

【大脇　茂雄】

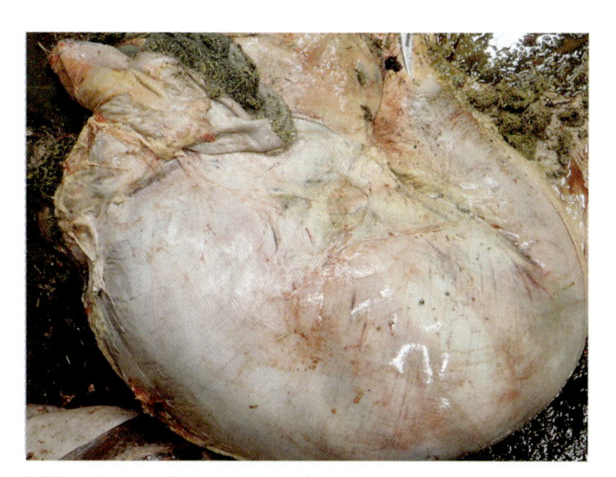

剖検で認めた拡張した第四胃

第四胃に充満した内容物

開腹手術、第四胃切開により取り出した内容物

盲腸拡張症（もうちょうかくちょうしょう）

原因

盲腸拡張症は、配合飼料や飼料用トウモロコシの多給によって盲腸内で揮発性脂肪酸（VFA）が過剰に生産され盲腸が拡張する疾病です。ルーメンマットが完成されていない分娩後２カ月以内の成乳牛における発生が多くなっています。盲腸捻転（ねんてん）に移行すると症状が重篤化します。

症状・特徴

臨床症状は突発的な食欲低下、排糞量の減少、右側腹囲の拡張、乳量の減少、第一胃運動と腸管蠕動（ぜんどう）の低下で、症状が進行すると頻脈、疝痛（せんつう）症状を呈します。

また、打聴診により右側けん部から第11または第12肋間（ろっかん）にわたりピング音（金属音）が、右側下腹部の振盪（しんとう）聴診により拍水音が聴取されます。血液変化は低カリウム血症、低クロール血症を伴う代謝性アルカローシスが特徴ですが、第四胃右方変位・捻転に比べて軽度です。盲腸捻転に移行した重篤化例では、心拍数が増数し脱水が進行します。

酪農家ができる手当て

突発的な食欲低下や排糞減少、疝痛症状が認められた場合には、できるだけ早く獣医師に診療を依頼してください。

予防としては、揮発性脂肪酸（VFA）の過剰な生産を防ぐため、配合飼料やトウモロコシの多給、飼料の急変を避け、除々に変更することが重要です。

獣医師による治療

直腸検査は、盲腸拡張症の診断に重要な方法です。通常、盲腸拡張症では、拡張した盲腸尖（せん）が容易に骨盤腔（くう）入口付近で触知されます。しかし盲腸が反転している場合は盲腸尖は触知できず、腹腔内の右側または中央付近に、拡張した盲腸体の一部と円盤結腸が触知されます。

盲腸拡張症は、直腸検査により盲腸尖が触知されるときはカルシウム製剤や消化管運動亢進（こうしん）薬、瀉下（しゃげ）薬（下剤、便秘薬）などによる内科療法で症状の改善が見られます。

内科療法で効果が見られず、頻脈や食欲廃絶、排糞の停止、重度の脱水、疝痛など重篤な症状を示すときは、外科療法を行います。外科療法により約90％の症例は術後に症状が改善します。臨床症状と検査結果から、内科療法と外科療法のどちらを選択するかの判断を的確に行い、治癒後も経過観察を行うことが大事です。

【小岩　政照】

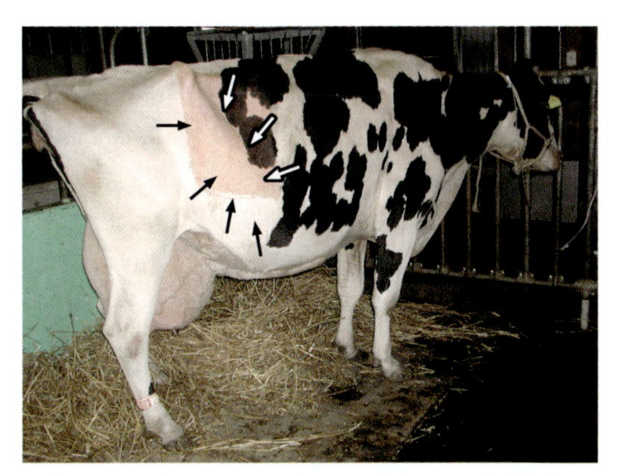

盲腸拡張に伴う右けん部の膨満

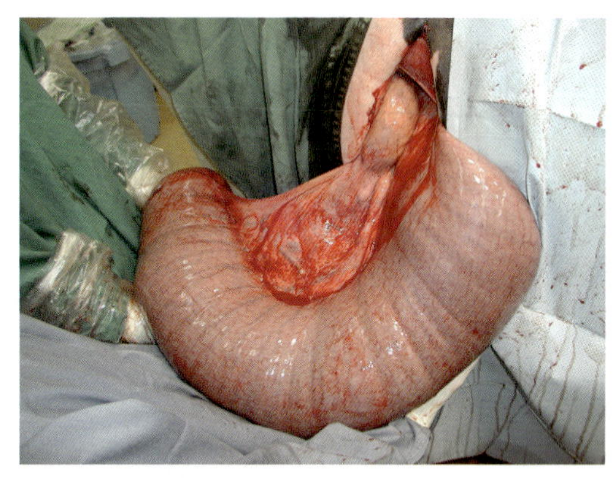

拡張した盲腸（開腹手術）

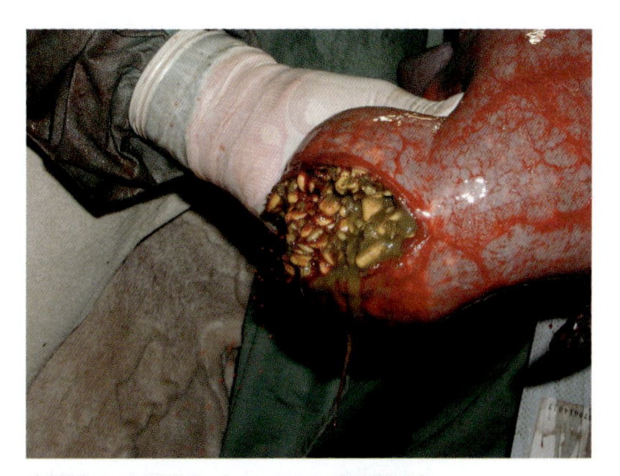

盲腸内の未消化トウモロコシ（開腹時）

外科療法で除去した盲腸の内容液

腹膜炎（ふくまくえん）

原因

腹膜とは、腹腔（ふくくう）内壁や胃、腸、肝臓などの内臓を覆っている薄い膜のことです。よって腹膜炎とは、腹腔内の炎症であり、他の疾患からの二次的な感染で起こることがほとんどです。一次的な疾患は胃、腸、肝臓、子宮、膀胱（ぼうこう）、臍帯（さいたい）遺残物など腹腔内に存在するものであればどの臓器でも起こり得ます。例えば創傷性第二胃炎、穿孔（せんこう）性の第四胃潰瘍、腸捻転や出血性腸症候群などによる腸破裂、分娩時の子宮穿孔、膀胱破裂、臍帯炎からの炎症波及などです。腹腔に達する刺創（とがったもので刺された傷）、非衛生的な条件下での開腹手術での腹腔内汚染など、人為的な要因によっても起こり得ます。

症状・特徴

腹膜炎が限局性であるか、広範囲にわたっている（びまん性）かで症状の進み方は異なります。いずれの場合でも、最初は急性の感染の結果として症状が現れます。突然の食欲廃絶や泌乳量の著しい減少が認められ、腹を蹴り上げたり、立ったり寝たりを繰り返したりするなどの腹痛症状が見られます。発熱し、心拍数が増加、第一胃運動は弱くもしくは停止します。

一次疾病にもよりますが、腹部の疼痛（とうつう）のため背湾姿勢を取ることもあります。このような場合には背線つまみ試験でも背中を下げないことで疼痛の確認ができます。腹腔穿刺を行うと、増量した腹水を採取できます。血液中の白血球数は一時上昇しますが、その後、炎症部への動員のため、白血球数は減少する症例もあれば正常値となる症例もあります。白血球の中では、好中球の比率が高まります。腹部超音波検査は、腹膜炎の診断やその程度を判定する上で非常に有用です。

限局性の腹膜炎の場合は慢性的な経過を取ることがあり、急性期の症状は治まる一方、癒着などで起こる消化管の機能障害のため慢性的な食欲不振や、消化不良による異常便とそれに伴う進行性の削痩が見られます。

びまん性の腹膜炎の場合には症状は激烈かつ急速に悪化し、活気の著しい減少、皮膚の冷感、体温の低下、眼球陥没などの脱水症状、腹腔内の細菌感染によって発生したガスによる腹部膨満、糞量の減少や粘液便の排出などが認められます。最終的には起立不能に陥り、死亡します。

酪農家ができる手当て

前述の通り、腹膜炎は二次的に起こることがほとんどなので予防が重要となります。獣医師と共に一次的な原因を探索し、以後の飼養管理の参考にすることがその第一歩となります。例えば創傷性第二胃炎に対しては、パーネット（永久磁石）を投与すること、子宮の損傷に対しては難産時に無理なけん引を避けることが腹膜炎の予防につながります。

獣医師による治療

感染のコントロールのための全身的な抗生物質投与と脱水症状に対する輸液による治療が中心となります。腹膜炎は二次的な疾病であることから、一次的な原因を探索してその程度を判定し、治療や予後を判断する必要があります。炎症の程度が重度もしくは炎症範囲が広範であると診断したり、開腹したものの、重度であったりするときには治療を不適応とする場合があります。

穿孔性の第四胃潰瘍による腹膜炎では、その炎症範囲が限局しているか、広範囲であってもごく早期の場合には、開腹し第四胃の穿孔部を閉鎖した上で、腹腔内を大量の生理食塩水で洗浄することで感染をコントロールし、治癒した症例もあります。

【大脇　茂雄】

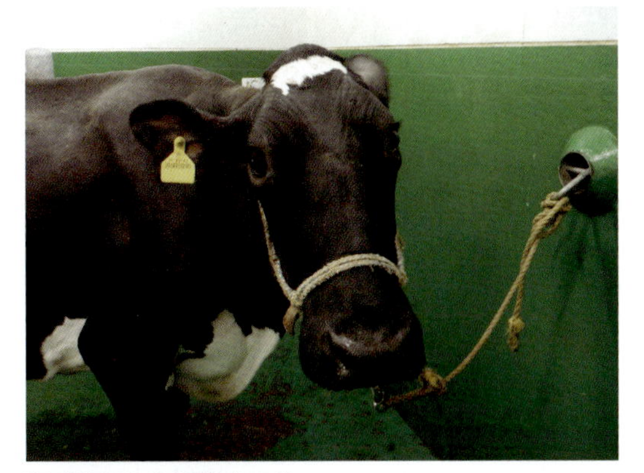
眼球陥没した腹膜炎の牛

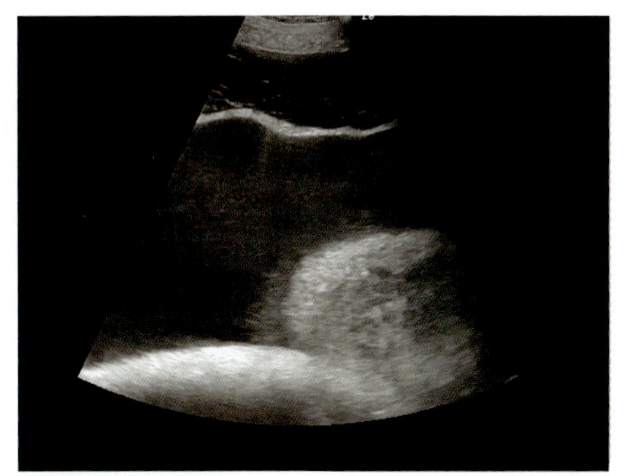
腹膜炎の超音波画像

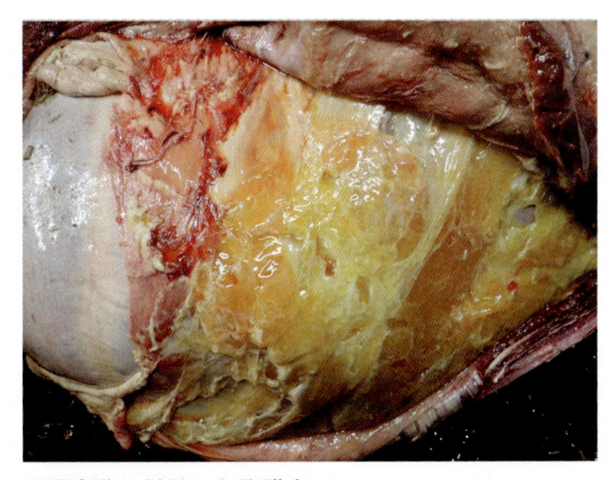
四胃穿孔に継発した腹膜炎

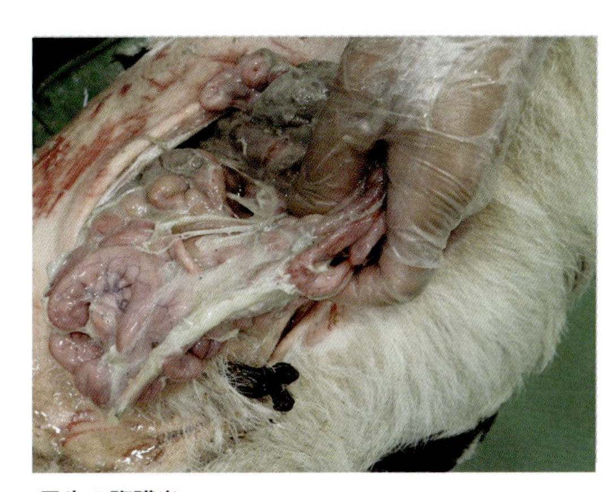
子牛の腹膜炎

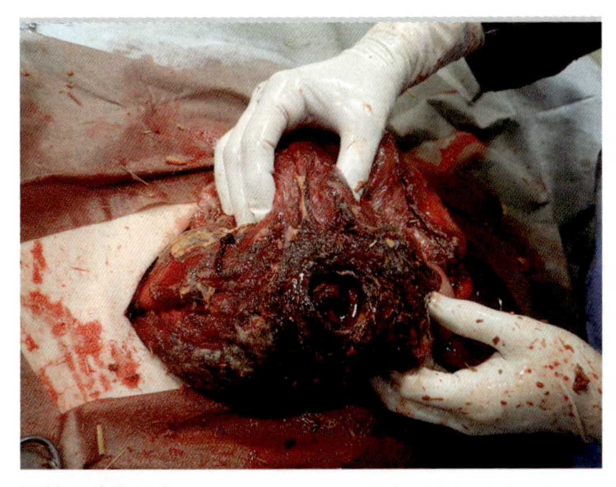
第四胃穿孔

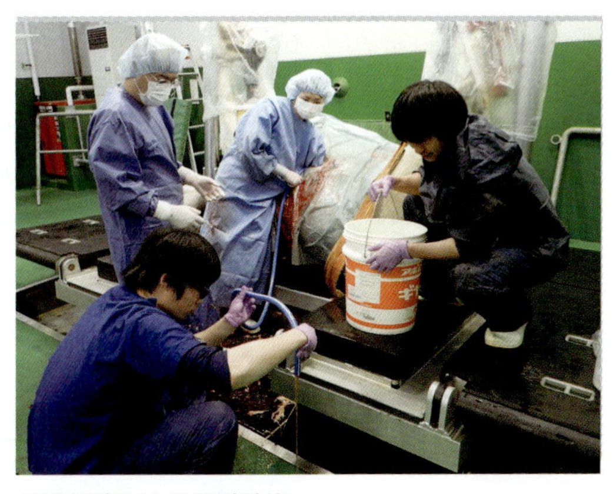
開腹手術による腹腔洗浄

ケトーシス

原因

ケトーシスは、主として分娩初期のエネルギー不足のときに糖質などの代謝障害を生じ、生体内にケトン体が蓄積して、臨床症状を示す疾患をいいます。また、血中のケトン体の増加（ケトン血症）や尿中のケトン体の増加（ケトン尿症）は認められるものの、臨床症状が見られない状態を潜在性ケトーシスと呼びます（臨床型の前段階）。

このようなケトーシスの発生しやすい時期は分娩後６週目ぐらいまでです。特に、高泌乳牛や乾乳時の肥満牛（BCS〈ボディーコンディションスコア〉4.0以上）では、分娩後の急激な泌乳開始に伴い本疾患が多発しがちです。乾乳期～分娩初期の不適切な飼養管理による牛へのストレス負荷が発生頻度を高めることも知られています。一方、酪酸発酵した異常サイレージの給与で食餌性のケトーシスが引き起こされることがあります。

症状・特徴

昨今、ケトーシスは非食餌性として１型と２型、食餌性として酪酸発酵サイレージによるものに分けられます。潜在性ケトーシスも飼養管理上、注意が必要です。

［１型ケトーシス］

旧来からのケトーシスで分娩３～６週後に多発します。泌乳エネルギーが摂取エネルギーを上回り、低エネルギー状態に陥ることが原因です。元気および食欲の低下、乳量減少が認められ、反すうや消化管運動の減少も見られます。濃厚飼料よりも乾草や青草を好む傾向があります。

［２型ケトーシス］

乾乳期における不適切な管理などにより、分娩後に低エネルギー状態となります。分娩前に既に脂肪肝がある程度進展していることが考えられます。特に肥満牛では発生リスクが高く、分娩２週後の早い時期に発症します。症状は１型より重篤で、しばしば胎盤停滞、起立不能、第四胃変位を伴います。

［酪酸発酵サイレージによるケトーシス］

異常発酵サーレージから酪酸を200ｇ／日以上摂取すると、臨床症状を示すといわれています。

［潜在性ケトーシス］

臨床症状を示さないケトーシスですが、乳量（１～４ℓ／日）の損失や分娩後の各種疾病になりやすくなることが知られています（診断基準：血中βヒドロキシ酪酸1.2mM以上）。

酪農家ができる手当て

本疾患は予防が大切です。分娩後は、乳量の減少や食欲の低下に注意するとともに、定期的にケトン体検査（血液、乳汁、尿）を行ってください。潜在性で発見し早期にプロピレングリコールやグリセリンなどを投与すると効果的です。また乳検データで、タンパク質率／脂肪率（P／F）が0.7を切った牛、あるいは脂肪率が5.0％を超えている牛は本疾患を疑います。２型ケトーシスにならないように、乾乳期における適正な飼料管理が重要です（「脂肪肝」＝74㌻）。なお、異常発酵したサイレージの給与は避けてください（少なくとも酪酸の摂取量は50ｇ／日未満とする）。

獣医師による治療

基本的には高濃度のブドウ糖液を点滴します。１型の場合、予後は良好です。しかし、２型ではしばしばインスリン抵抗性に陥っており、効果がなかなか認められないことがあります。その際は遅効性インスリンの添加（ブドウ糖１ｇ当たり0.5単位）やキシリトールなどの使用が有効とされています。またアミノ酸製剤、強肝剤、グルココルチコイド（デキサメサゾンやプレドニゾロン）を併用するとより効果的です。

【及川　伸】

急に食欲減退を示す病気

分娩後に極度に痩せたケトーシス牛

食欲が落ちてルーメンの充満度が著しく低下している
ケトーシス牛

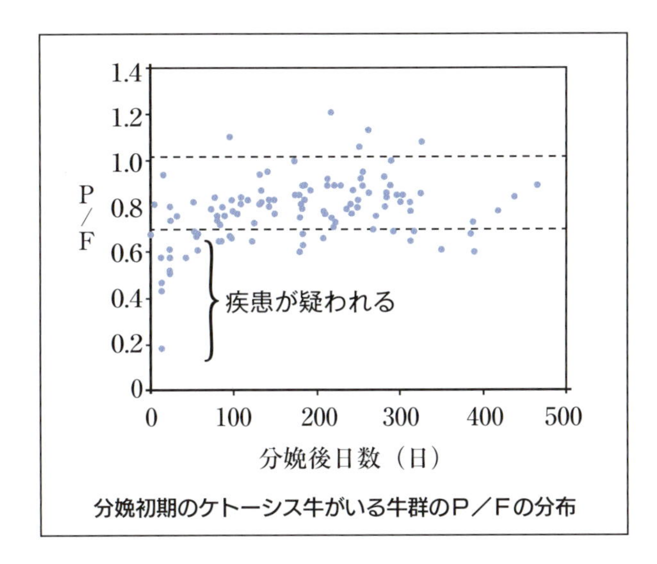

分娩初期のケトーシス牛がいる牛群のP／Fの分布

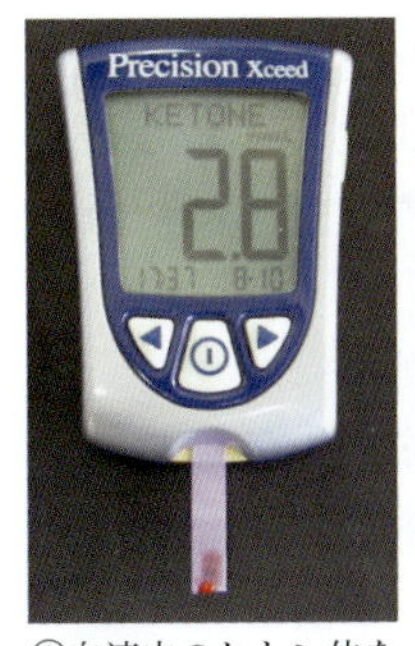

①血液中のケトン体を
検査する器具

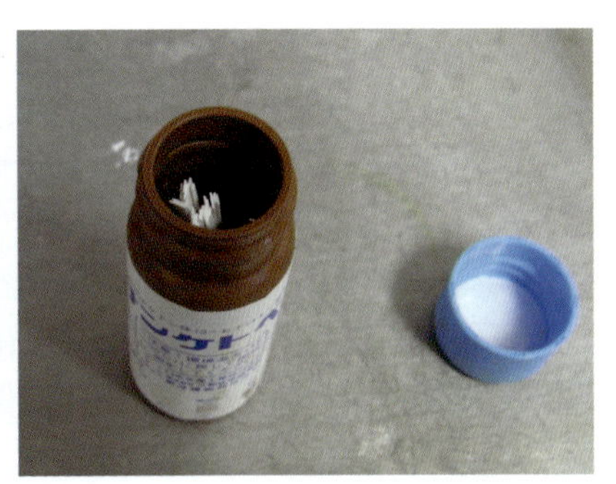

②乳中のケトン体を検査する試験紙

現場でのケトン体検査

変敗したサイレージ（酪酸を乾物重量当たり
1.25％含有）

脂肪肝（しぼうかん）

原因

一般に、肝臓に中性脂肪が過剰に蓄積した状態を脂肪肝と呼びます。牛では、主として分娩前後における飼料摂取の低下や飼養管理上のストレスおよび泌乳の開始などにより、生体が低エネルギー状態に大きく傾いたときに引き起こされます。

肝臓への脂肪の蓄積が多ければ多いほど重篤な脂肪肝が誘発され、肝臓の機能が失われます。生体のエネルギーが低下してくると、皮下脂肪などの脂肪組織が分解されて、エネルギー産生のために大量の脂肪酸が血流を介して肝臓に流れ込んできます。その量が肝臓の処理能力を超えた場合、中性脂肪の形で肝臓に蓄積してしまいます。牛は他の動物と比べて、多く流入した脂肪酸を肝臓外に排出することが苦手であるという特徴もあります。

従って、エネルギーバランスが不安定になりやすい乾乳後期から泌乳初期（移行期）にボディーコンディションスコア（BCS）の低下が1.0を下回り、激減するような牛（特に肥満牛）は重度の脂肪肝に陥る可能性が大きいといえます。

また、本疾患は多くの周産期疾患に共通して見られることから、それら疾病の基礎的な病態であると考えられています。なお最近、移行期における不適切な飼養管理が本疾患の発生にかなり密接に関係していることが分かってきています。

症状・特徴

本疾患はエネルギーバランスがマイナスに強く傾くときに発生するので、BCSの減少が大きい牛は注意が必要です。肝臓の脂肪化が軽度の場合は、食欲減退、活気低下、糞便の量減少や硬化といった明らかな症状を示さないことが多いといえます。

しかし脂肪肝が重度になってくると、食欲廃絶（食欲が全くない状態）、ルーメン運動減弱が認められ、ケトーシスを発症してくる場合が多くなります。

しばしば第四胃変位、胎盤停滞、乳熱、起立不能症などの周産期疾患を引き起こします。さらには、乳質の低下や黄疸（おうだん）が見られることもあります。脂肪肝が長期に及ぶと、肝臓からのコレステロールの産生も低下してくるので、性ホルモンの合成が低下して繁殖障害となることが予想されます。また、このような病態では免疫能が低下して、日和見感染（例えば大腸菌性乳房炎）が発生しやすくなることも知られています。

酪農家ができる手当て

本疾患は予防が大切です。エネルギーバランスの崩れやすい移行期においてBCSの変化に注意してください。特に、乾乳期時点でBCSが4.0以上の肥満牛は本疾患にかかりやすいといわれています。

乾乳期の間にBCSが0.25低下したとき、あるいは分娩後ケトーシスが疑われたときは早期にプロピレングリコール、グリセリン、糖蜜などを投与することが大切です。また乾乳後期から分娩にかけては、ルーメンバイパスコリンの給与やイソチオプロラン（10g程度／日）の投与が脂肪肝の予防に有効であると報告されています。

適正な飼料管理、カウコンフォートの確保（良好な飼養密度やストール環境）には十分留意してください。分娩房には少なくとも2日以上入れないなど、ストレスの軽減に留意してください。

獣医師による治療

本疾患を軽減するためには、牛群として適正なエネルギーバランスが保たれているかを定期的にモニタリングして、予防に努めることが獣医師として肝要です。臨床症状を示した場合はケトーシスに準じた治療を行います（ケトーシス＝72㌻）。

【及川　伸】

乾乳後期における過密ストレス（十分に休息できない）

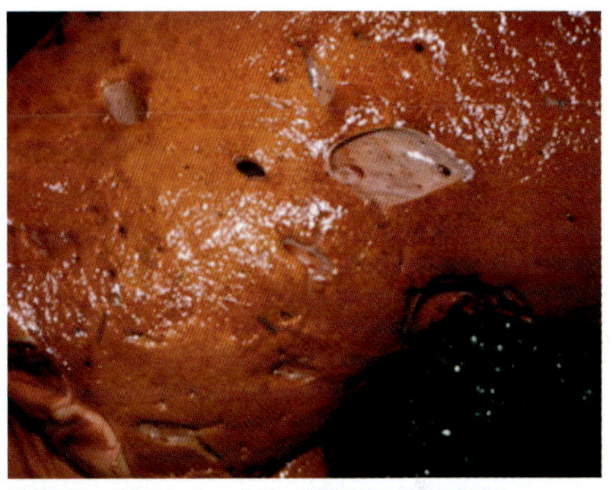

脂肪肝で廃用となった牛の肝臓（重度脂肪肝）

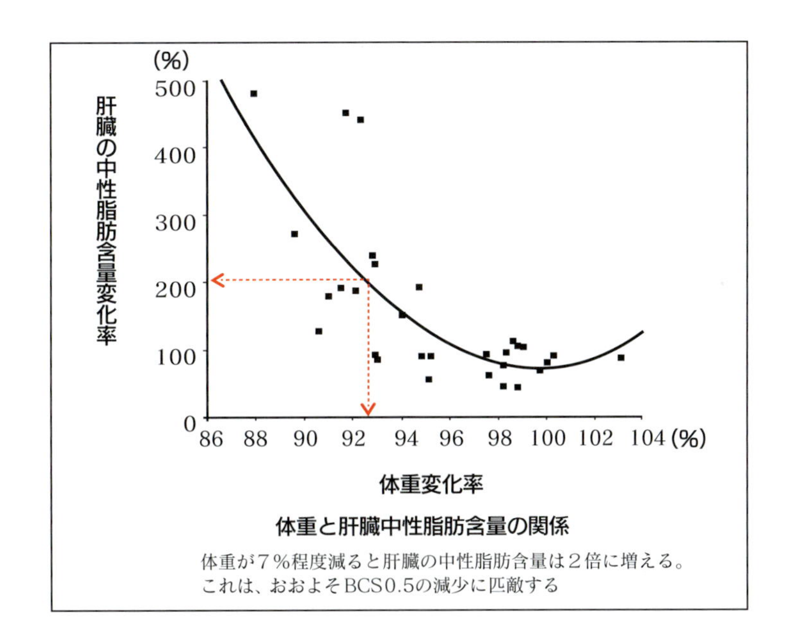

体重と肝臓中性脂肪含量の関係

体重が7％程度減ると肝臓の中性脂肪含量は2倍に増える。
これは、おおよそBCS0.5の減少に匹敵する

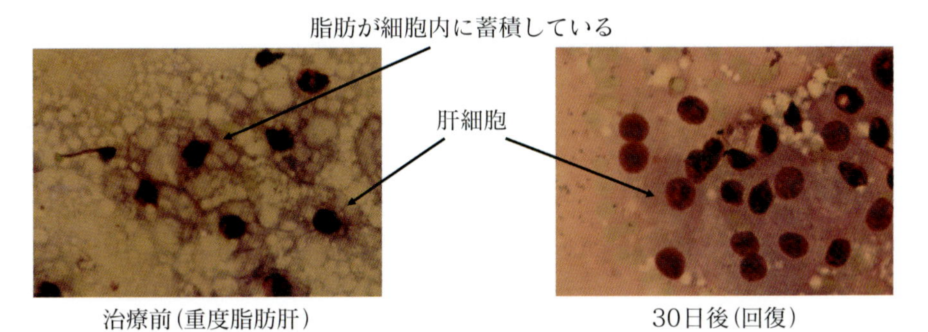

治療前（重度脂肪肝）　30日後（回復）

糖質などによる治療と肝細胞の変化

第四胃変位

原因

牛は胃が４つある複胃動物であり、４番目の胃が人と同じ役割を果たしています。通常、第四胃は右側の腹底に位置しますが、第四胃内にガスが貯留し背側に変位する病気を第四胃変位、通称「四変（よんぺん）」と呼びます。四変は第四胃の左方変位、右方変位、そして右方へ変位した第四胃が反時計方向にねじれた第四胃捻転に分けられます。分娩後６週以内の経産牛での発生が一般的ですが、品種、性別、年齢問わず発生します。発生原因は複雑で、①配合飼料の多給やサイレージの品質低下による揮発性脂肪酸（VFA）の過剰生産②乳熱、子宮炎、乳房炎など腸管運動の低下を招く基礎疾患の存在③腹腔（ふくくう）の容積が大きい系統の選抜による遺伝性―の主に３点が挙げられます。

症状・特徴

四変の主な症状は、濃厚飼料などの高エネルギー飼料を選択的に嫌がる食欲低下と乳量減少の２点です。体温、心拍、呼吸数は正常であり、重度症例では脱水症状も認められます。第四胃内のガスの貯留量が大きいと肋骨（ろっこつ）が腹腔内から押し上げられ目視で変位した第四胃を確認できる症例もあります。

聴診を行い、キンキンというピング音（有響金属音）の聴取により診断します。左方変位ならば緊急処置の必要はありませんが、右側肋骨部でピング音が聴取された場合、右方変位と第四胃捻転の聴診による鑑別は難しいため即日に緊急手術を行う必要があります。

治癒率は一般的に高いものの、重度のケトーシス併発牛では低下します。第四胃捻転は、発症から24時間以上経過すると治癒率が50％まで低下し48時間以上経過すると予後不良とされています。捻転による第四胃を走行する神経の損傷や血栓形成により、術後に迷走神経性消化不良を発症した場合は予後不良となります。

酪農家ができる手当て

日本では右方変位に比べ左方変位の発生率の方が高く、産褥（さんじょく）期に集中していることから乾乳～分娩・産褥期の管理を徹底することが重要です。産後の肥満を防ぐ、すなわち周産期のトラブルを回避する対策は、餌の品質管理、飼料設計の見直し、乾乳期の管理、分娩監視、繁殖検診による空胎日数の短縮など多岐にわたります。分娩後２～３週間経過しても左けん部の陥凹（かんおう＝へこみ）が改善されない牛が牛群に多ければ、四変の発生率も上昇するので牛群全体の対策が推奨されます。分娩後の四変発生率５％未満が目標になります。

分娩により、腹腔内で子宮が占めていたスペースが一時的に空虚になり、第四胃が左方に変位しやすくなります。そのため、分娩後にカルシウム剤などを含む経口投薬を行い物理的に第一胃を大きくすることは予防にもつながります。

獣医師による治療

治療は内科治療と外科治療があるものの、治癒率の高い外科治療が選択されることがほとんどです。内科治療では生菌剤、緩下剤、ルーメンジュース移植などの経口投薬やカルシウム剤の静脈内もしくは皮下投与、また牛体を回転させてガスを抜くローリング法が行われますが再発率が高くなっています。

一方、外科治療としては牛を起立させたまま右側けん部からアプローチする方法（ハノーバー法）、起立させたまま左側けん部からアプローチする方法（ユトレヒト法）、手術台に牛を寝かせて腹底からアプローチする方法（右側傍正中切開法）があります。手術はどの方法でも貯留したガスを抜き、第四胃の一部もしくは周辺組織を体壁に固定して行われます。

【佐藤　綾乃】

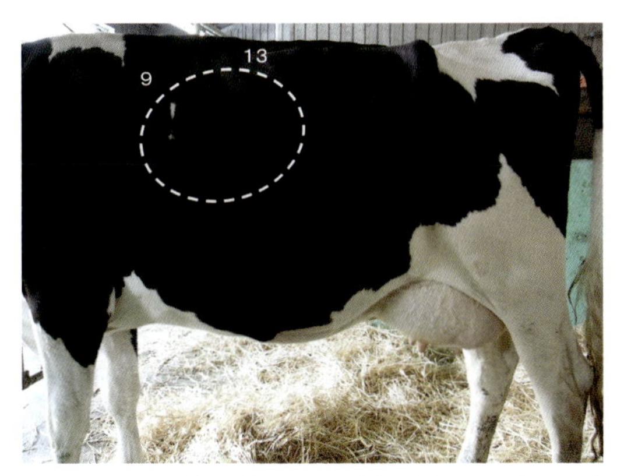

第四胃左側のピング音聴取領域（点線部分の第９～第１３肋骨の範囲、第四胃左方変位）

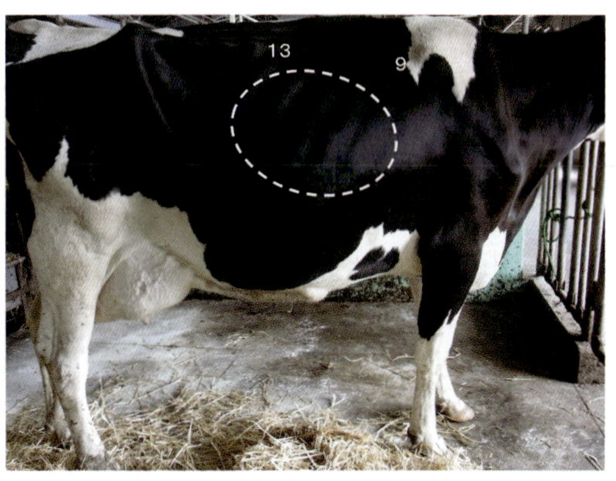

第四胃右側のピング音聴取領域（点線部分）。腸管のガス音と間違えやすいので注意が必要（第四胃右方変位）

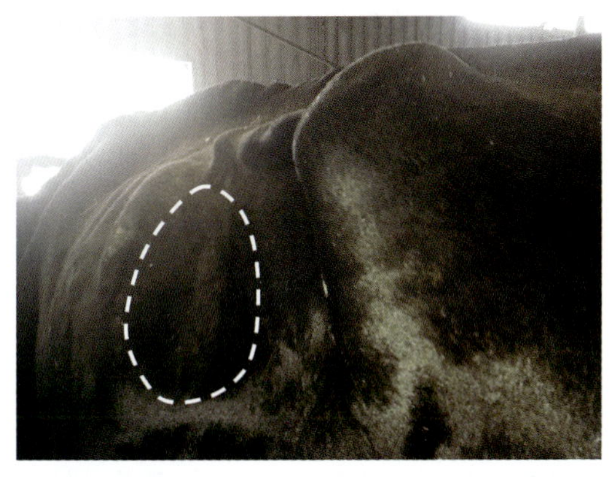

第四胃左方変位牛で、左けん部から第四胃が触知可能となる部位（点線部分）

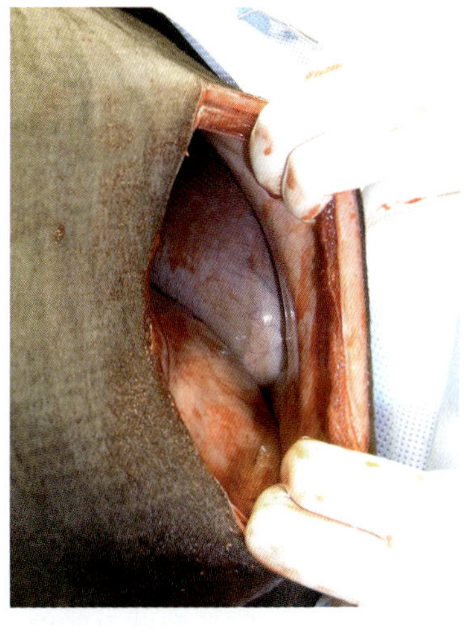

右けん部切開における第四胃捻転牛で、変位した第四胃（上）と第三胃（下）が術創から確認できる

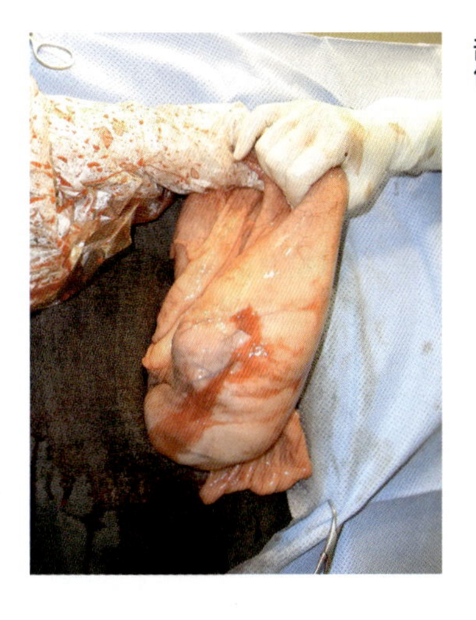

右けん部切開での第四胃幽門付近の大網固定部位

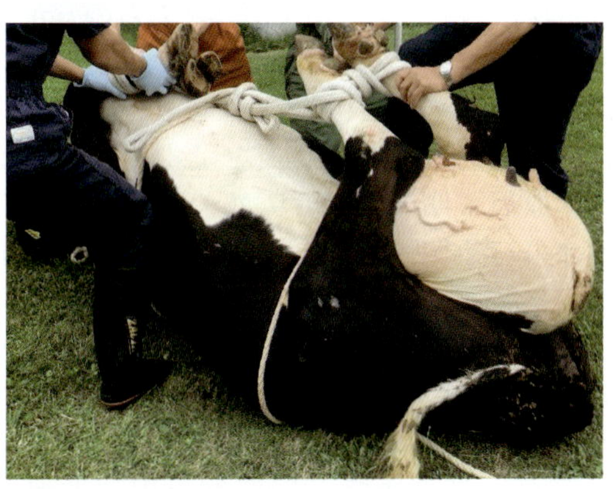

牛を回転させガスを抜くローリング法

第四胃潰瘍

原因

第四胃潰瘍はどの年齢の牛にも発生します。発生原因はいまだに不明であり、多要因にわたると考えられています。子牛ではミネラル不足、ストレス、*Clostridium perfringens*、*Escherichia coli*、真菌などの微生物の増殖、砂、被毛胃石などによる第四胃粘膜の摩耗が挙げられるものの、第四胃潰瘍を進行させる原因としては証明されていません。成牛では、分娩ストレスが関連しているといわれ、ピーク乳量、併発疾患の存在、濃厚飼料の多給の影響が指摘されています。その他、第四胃に生じたリンパ肉腫やデキサメサゾン・非ステロイド性抗炎症薬（NSAIDs）などの抗炎症薬投与の有害作用としても発生します。

症状・特徴

第四胃潰瘍は、１型：非穿孔（せんこう）型、２型：重度出血を伴う非穿孔型、３型：限局性腹膜炎を伴う穿孔型、４型：びまん性（炎症が腹腔＝ふくくう＝全体に及ぶ）腹膜炎を伴う穿孔型―の４つに分類されます。臨床症状は分類により全く異なり多岐にわたります。１型はほぼ無症状で、生前診断は困難です。２型は、胃出血による特徴的なメレナ便（黒色便）と重度貧血によるショック症状を呈します。メレナ便は出血性腸症候群で認められる便と類似していますが、こちらの方がより黒いことが特徴的です。２型は貧血のコントロールさえうまくいけば予後は良好です。

３型は局所的な腹膜炎を呈することにより、原因不明の発熱、突然の乳量減少、軽度の第一胃鼓脹、限局的な腹痛症状を呈します。また、第四胃変位の手術中に併発が発見されることもしばしばあります。一般的に感染のコントロールさえうまくいけば、数日以内に症状は消失し予後も良好です。４型は症状の進行が急速で、24時間以内に敗血性ショック症状を呈します。突然の活力沈衰、食欲廃絶を示し、心拍数は100回／分を超えます。また、びまん性腹膜炎に特徴的な両腹囲膨満を呈し、子宮や腸管の破裂、第四胃捻転とも症状が類似するため鑑別診断の必要があります。４型は重篤で予後は良くありません。

酪農家ができる手当て

発生原因がはっきりしないため、予防は困難とされています。しかし、第四胃変位同様に食餌管理を徹底することは重要です。飼料の急変を避け、繊維の切断長を適切にし、正常な第一胃機能を促進することは、正常な第四胃機能を促進することにつながります。

密飼いを避けるなどカウコンフォートを充実させ、乳房炎や子宮炎の発生を抑えることも予防につながります。子牛は出生時と離乳時の管理に注意が必要です。牛白血病ウイルスに感染している個体も第四胃潰瘍発生のリスク因子となり、計画的淘汰が推奨されます。

獣医師による治療

２型はヘマトクリット値が14％以下（正常は30～35％）であれば、輸血（４～６ℓ）が必要になります。また腹膜炎の症状が疑われるならば、広域スペクトラムの抗菌薬の投与が必要です。３型は、第四胃変位を併発していなければ手術の必要はありません。しかし、第四胃潰瘍を併発した第四胃変位牛の手術を行う場合は、第四胃を目視で確認する必要があるため傍正中（ぼうせいちゅう）切開法が望ましい。４型はほとんどが予後不良ですが、診断から手術までの処置が迅速なら助かる症例もあります。第四胃潰瘍と診断された牛には経口投薬として、胃粘膜保護薬（スクラルファート、セトラキサートなど）を３～５日間投与することも有用です。また日常から、抗炎症薬の過剰な継続使用は避けるべきです。

【佐藤　綾乃】

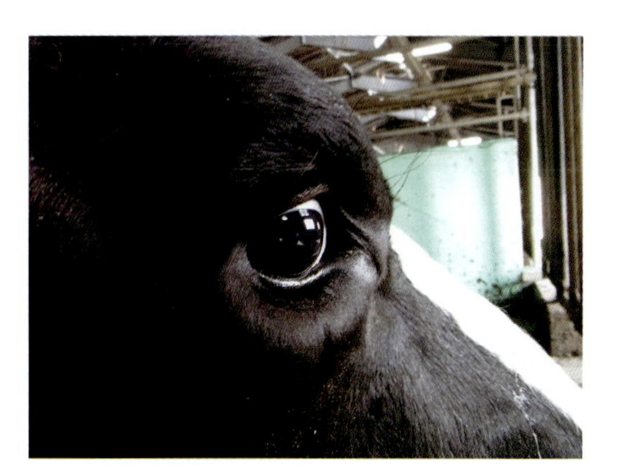

脱水による眼球陥没

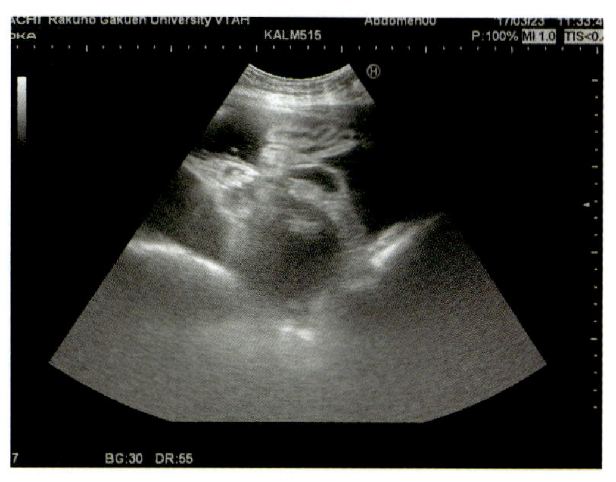

３型の第四胃潰瘍牛の超音波画像

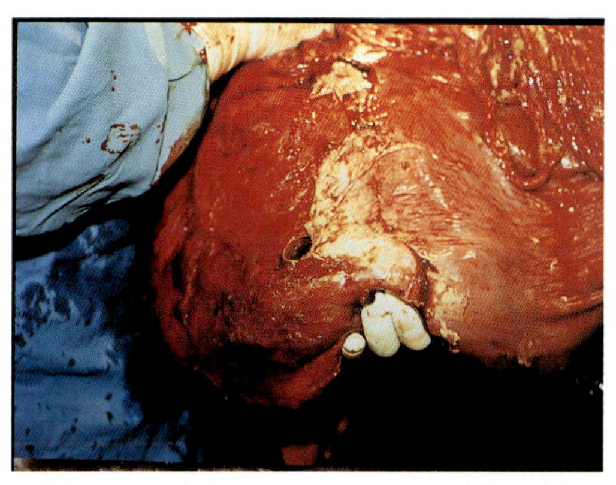

癒着を剥がすと第四胃潰瘍による穿孔が確認できる（工藤原図）

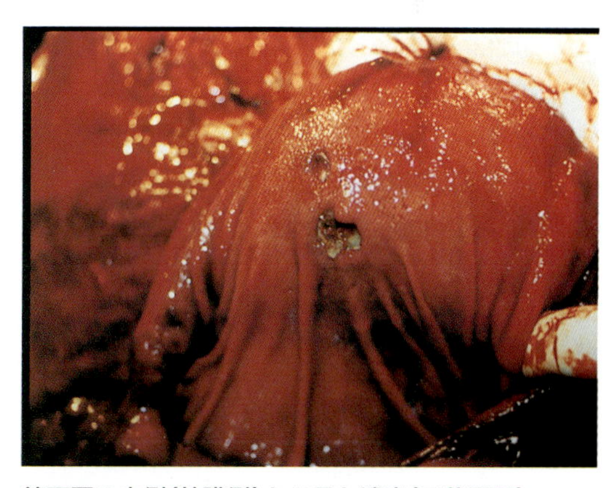

第四胃の内側（粘膜側）から見た潰瘍（工藤原図）

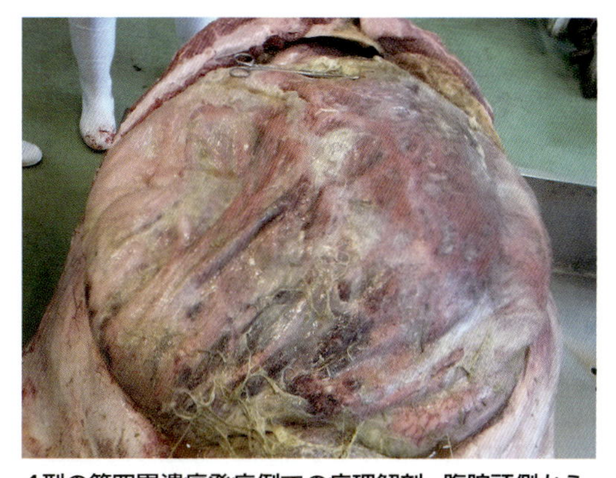

４型の第四胃潰瘍発症例での病理解剖、腹腔頭側から腹腔全体における炎症の波及

傍正中切開法による第四胃の手術

第一胃食滞

原因

第一胃食滞は、通称「食い止まり」と呼ばれています。反すう動物では、第一胃(ルーメン)の微生物が消化に大きく寄与します。第一胃の微生物叢(そう)は古細菌、細菌、原虫、真菌など複雑な生態系を含み、第一胃はセルロースのように硬い植物繊維の発酵もできるよう進化しました。第一胃内の微生物により発酵し生成されたVFA(揮発性脂肪酸)のほとんどが第一胃で吸収されます。しかし、第一胃で消化困難な飼料が多量に給与されることにより、未消化物が腸管へ流れ込みます。結果として、結腸で過剰な発酵が起こり急性の食滞が発生すると考えられています。第一胃と小腸は、共に最もトラブルが発生しやすい消化器管です。急性食滞は、両者同時にもしくは別々に発生すると考えられ、それぞれの相互関係は大きいとされています。

第一胃食滞の原因として飼料メニューの急変が最も大きいといえます。その他、カビや異常発酵した飼料、凍結飼料、腐敗サイレージなどを給与することで発生します。また、刈り取りの遅い乾草やわらなど低品質の粗飼料を給与することで、第一胃の微生物活性が低下します。牛群全体で発生するよりも1頭から数頭で発生する傾向にあります。また、ケトーシス、全身症状を伴う乳房炎や肺炎などの感染性疾患、特定のミネラル欠乏、さらには不適切な抗菌薬の長期投与から二次的に誘発されることもあります。

症状・特徴

基本的には第一胃微生物叢が安定し、原因物質が除去されれば、軽症のまま治癒し予後も良好です。具体的な臨床症状として、1～2日間の食欲不振、活力沈衰、乳量減少、皮温冷感、第一胃運動機能低下、軽度の第一胃鼓脹(64㌻)、約24時間後の下痢などが認められます。血液検査では軽度から中程度の低カルシウム血症を示すことが多く、代謝性アシドーシスや代謝性アルカローシスが認められることもあります。これらの症状は迷走神経性消化不良(62㌻)など別の消化器疾患と似ている点もあるため、類症鑑別の必要があります。

低品質飼料の給与が長期化すると第一胃微生物叢の活性が低下し、摂取した飼料の分解まで長期化し飼料が蓄積して鼓脹が観察されることもあります。このような牛では第一胃内容物の正常な層状構造は崩壊、第一胃運動の低下により糞便量は減少し乾燥した未消化の植物繊維を多量に含む便が認められます。

酪農家ができる手当て

第一胃内の微生物叢を健康に維持することは第一胃の健康維持、さらに牛の健康とも同義であり、第一胃食滞は最も基礎的な疾患であるといえます。乾草やサイレージの調製、保管に至るまで全てを適切に行うことが第一胃食滞の予防につながります。良質な粗飼料を継続的に給餌することが最大の予防といえます。

給餌トラブルを避けるためには、TMRの切断長に注意し、自動給餌システムを利用している場合には機械の定期的なメンテナンスに留意する必要があります。変敗飼料やカビが生えた飼料は取り除き、寒冷地域では飼料の凍結に注意します。発症牛に対しては濃厚飼料の給与を避け、良質な乾草を給与します。

獣医師による治療

正常な消化管機能の回復と胃腸内細菌叢を回復すること、原因物質を除去することの2つを目的として治療します。具体的には塩酸メトクロプラミド、塩化ベタネコールなどの投与による第一胃運動の促進、カルシウム剤、生菌製剤の投与を行います。

【佐藤　綾乃】

左の腹部（第一胃）が硬く、膨満している

元気がなく、起立を嫌い、すぐに座り込む

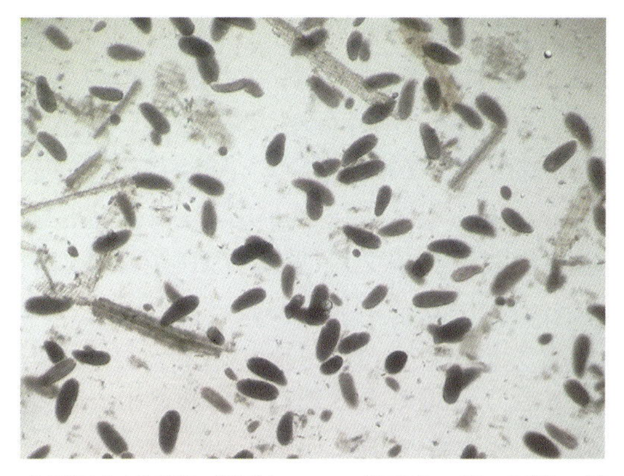

大型原虫が活発に運動している健康牛の第一胃液の鏡検像

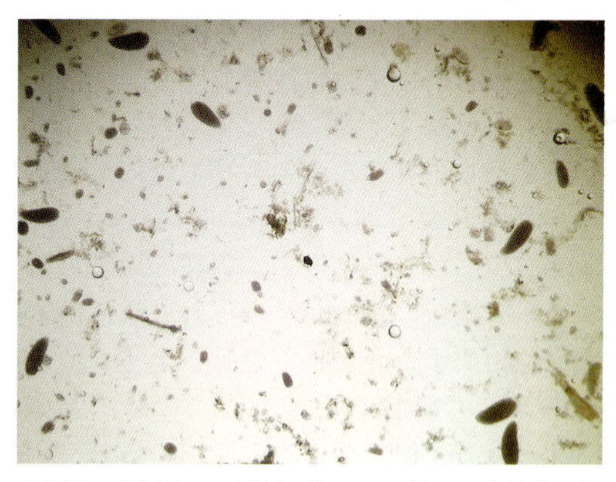

大型原虫が減少し運動性が低下した第一胃食滞牛の第一胃液の鏡検像

健康牛の便（左）と第一胃食滞牛の下痢便（右）

ルーメンアシドーシス

原因

正常の第一胃pHを6.0～6.4の弱酸性に維持させるためには大量のVFA（揮発性脂肪酸）の生産が必要です。VFAは生産速度、吸収速度、中和の3点によりコントロールされています。産生速度は高エネルギー飼料である濃厚飼料で速く、粗飼料で遅く、吸収速度は第一胃壁の健康状態に影響を受け、中和は反すう中の唾液成分により行われます。反すう行為は主に粗飼料の繊維量に起因します。これら3点のバランスが崩れる何らかの要因が発生することにより、ルーメンアシドーシスは発生します。

ルーメンアシドーシスは急性、亜急性、慢性に分類されます。急性アシドーシスは乳酸アシドーシスとも呼ばれ、第一胃pHが5.2以下となり、乳酸を産生させる細菌が増殖するのと同時に乳酸を代謝する（分解する）細菌が減少してしまいます。急性の発生原因として濃厚飼料の多給が挙げられ、具体的には盗食や給餌のトラブルで発生します。亜急性ルーメンアシドーシス（SARA）は、個体を指すよりも牛群の指標として用いられ、第一胃pHが5.5以下の牛が牛群の1／3以上存在することがその定義です。慢性アシドーシスは主に肥育牛で発生します。

症状・特徴

急性アシドーシスでは活力沈衰、心悸亢進（しんきこうしん）、呼吸促迫、運動失調、第一胃鼓脹（ガス）、下痢が認められ、最悪の場合は横臥（おうが）し起立不能により死亡に至ります。加えて、代謝性アシドーシス、脱水、内毒素血症（エンドトキシンショック）が急速に進行するため、輸液によりこれらを早急に改善させる必要があります。すぐに症状が回復するものから死亡するものまで、予後は症例によりさまざまです。

SARAにおける個体の臨床症状ははっきりせず、まれに食欲低下が認められる程度です。糞便が緩くなることによる臀部（でんぶ）から後肢にかけての汚染、第四胃変位（76㌻）の増加、跛行（はこう）、乳タンパク質率／乳脂率（P／F比）が1.0以上となることも知られており、このような個体トラブルが増加することで牛群のSARAが疑われます。

酪農家ができる手当て

急性ルーメンアシドーシスを発症した牛に対しては濃厚飼料の給与を避け、良質な乾草を給与します。牛が脱走しないように繋留（けいりゅう）や戸締りには注意します。分離給与の場合、選択採食させないようにし、1日3回以上の給餌で1回に与える濃厚飼料を3kg以内にすることがSARAの予防につながります。TMRの水分量や切断長（長いと選択採食するリスクが高くなり、切断長が短いと反すうが弱くなる危険性がある）に注意します。重炭酸ナトリウム（重曹）の自由採食は予防にもつながります。飼料設計を行うことは重要ですが、近年はTMRセンターの活用が増えており、煩雑な処理なく計算された餌を給与することが可能になっています。

獣医師による治療

急性ルーメンアシドーシスでは、代謝性アシドーシスと第一胃の浮腫による脱水症状の改善のため、重炭酸ナトリウム液や等張性輸液剤の静脈内投与を行います。ただし、乳酸リンゲルは禁忌です。水酸化アルミニウムや酸化マグネシウムを含む健胃剤や第一胃液移植の経口投与も有効です。重症例や泡沫（ほうまつ）性鼓脹が消失しない症例では、第一胃切開による内容物の除去が必要となります。

SARAでは、牛群検定成績表による乳脂肪率の評価、日常の個体診療における疾病の発生率や傾向などを明らかにするための疾病データの整理と数値化は酪農家にとって有益な情報となります。 **【佐藤　綾乃】**

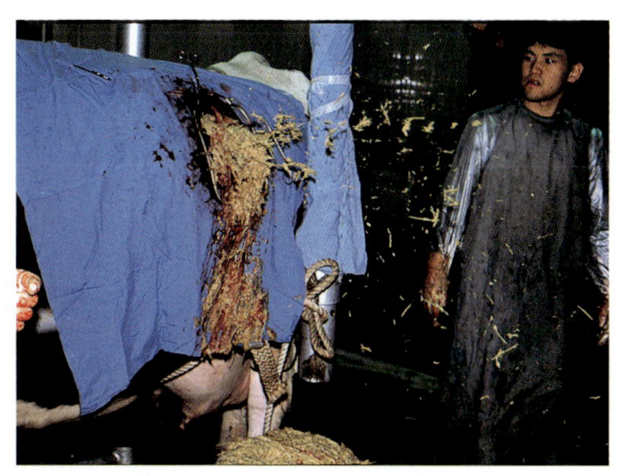

第一胃切開時、勢いよく第一胃内容が吹き出す（工藤原図）

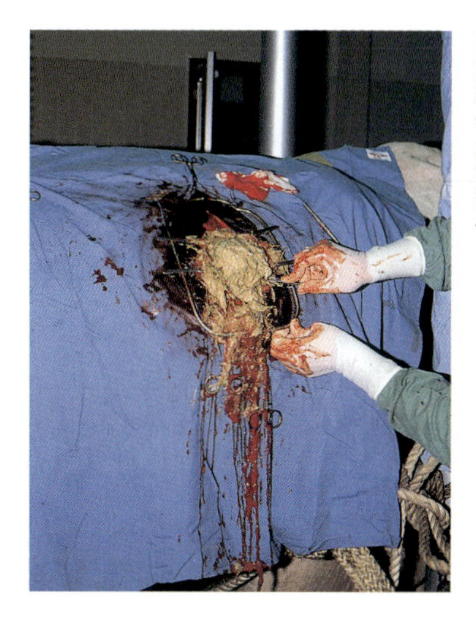

ルーメンアシドーシスにより淡黄色を呈する第一胃内容（工藤原図）

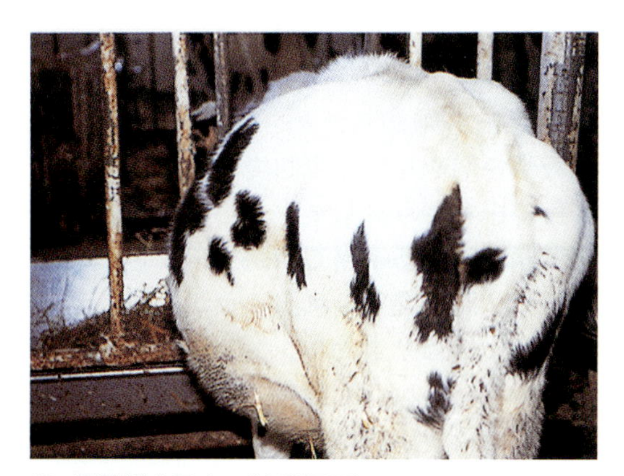

第一胃膨満を呈する（小岩原図）

左の写真の牛から外科的に除去された第一胃内容液（小岩原図）

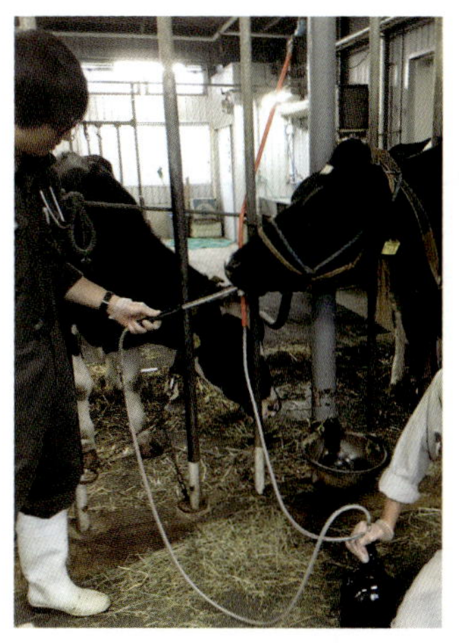

ルミナーによる経口からの第一胃液採取

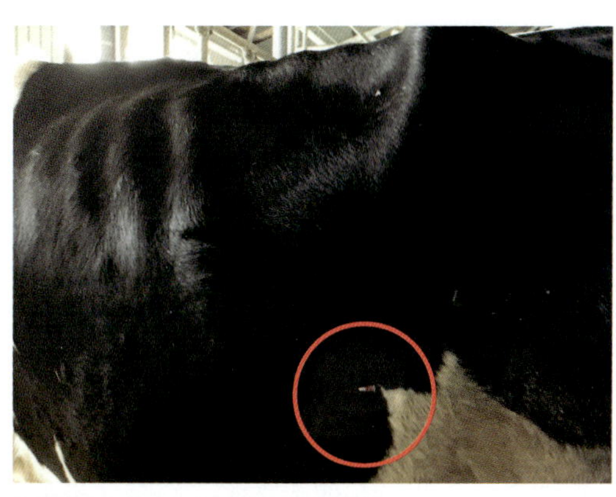

穿刺（せんし）による第一胃液採取

創傷性心膜炎

（そう しょう せい しん まく えん）

原因

創傷性心膜炎は、餌に混入した針金、くぎ、注射針などの鋭利な金属異物、竹ぐしや竹ぼうきの枝など細くとがった物が、第二胃の収縮運動により第二胃壁、横隔膜を貫通して心臓を包む薄い膜（心膜）や心臓に刺さり、異物と共に第二胃内の細菌も侵入して心膜と心臓の間（心膜腔＝くう＝）に化膿（かのう）巣をつくります。牛の第二胃と心臓が横隔膜を挟み隣接していることも要因に挙げられます。

心膜腔には、炎症により滲出（しんしゅつ）液や線維素（フィブリン）、白血球などがたまり、心膜は膨れます。それとともに、心臓の最外層の薄い膜（心外膜）にはフィブリンが付着し、経過とともに心外膜は弾力のない厚い膜に変わります。心臓は十分に運動できなくなり、心臓に戻るべき血液が静脈にたまるので、循環障害（うっ血）に陥ります。この場合、全身の静脈圧は常に高く、毛細血管から血液中の水分が外に染み出して、周辺の組織間に水腫ができ、胸水や腹水が大量にたまります。

症状・特徴

食欲減退に伴う泌乳量の減少（炎症と心臓の負荷によるものと考えられる）や40℃以上の不定期な発熱が見られます。静脈のうっ血により頸静脈が膨らみます。血管から染み出た水分によって、皮下組織には水腫ができます。このむくみは胸垂、下腹、下顎（かがく）、乳房にできやすく、指で強く押すと痕が付きます。これが本症の特徴の１つです。

運動・姿勢：脈が速くなり運動を嫌います。心臓が十分血液を送り出すことができないため全身が酸素不足になり、心臓に炎症があることもあり、酸素不足は助長されます。これを解消するために心臓は健康時よりも拍動を増やすので心拍数が増えます。心臓に炎症があるので痛みがあり、胸が圧迫されるような動きも嫌います。肩と肘を外側に張り出すように開きます。胸を圧迫しないようにするためで、前方から見ると特徴的な姿勢に見えます。

心音：心臓の周りに水がたまり、心膜が厚くなるので心音が聴取しにくくなります。ガスを産生する細菌があると、体動や心臓の拍動に合わせて心外雑音が聴取できます。

便性状：下痢や軟便になります。下痢になるのは、全身の血液循環障害により、水腫が胃や腸の粘膜や壁にもでき、腸の内容物から水分吸収ができなくなるためです。

呼吸：浅く速い呼吸になります。胸の中に胸水が大量にたまって肺が圧迫されると、呼吸時に十分膨らまなくなります。また胸痛のため深呼吸を嫌がるため、罹患（りかん）牛は呼吸数を増やして、少しでもガス交換の効率が良くなるようにします。

酪農家ができる手当て

末期の状態で発見されることが多く、対応できることはありません。予防法として、棒状磁石（パーネット）を投与します。自家の飼養環境や飼料の中以外の、輸入粗飼料に異物混入していることもあるので注意が必要です。あらかじめパーネットを飲ませておくと、本症以外の創傷性疾患の予防にもなります。

獣医師による治療

根本的な治療はありません。初診時に本症が疑われたら、抗生物質など休薬期間のある薬剤の使用に留意しつつ、臨床検査の他、血液検査、超音波画像検査などにより確定診断して、畜主と処遇を相談します。心膜穿刺（せんし）により、心のう水や胸水を除去すると、延命しますが、予後は良くありません。

【大塚　浩通】

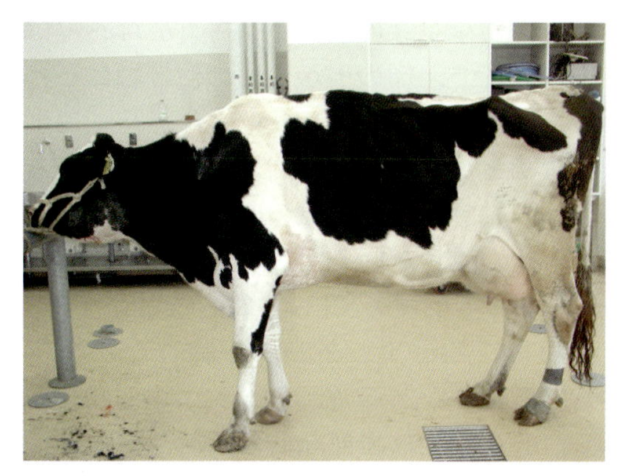
頸を伸ばし、沈鬱（ちんうつ）症状を示す（小岩原図）

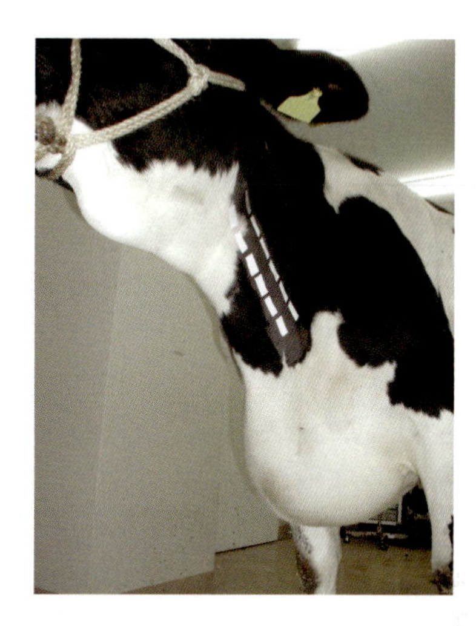
下顎部と胸垂に見られた冷性浮腫と心臓の拡張不全による頸静脈の怒張（小岩原図）

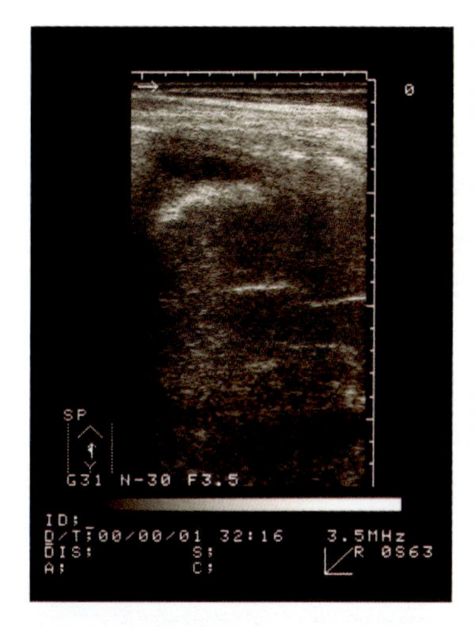

心膜と心外膜の肥厚および心嚢（しんのう）内の滲出液の貯留（超音波画像）（小岩原図）

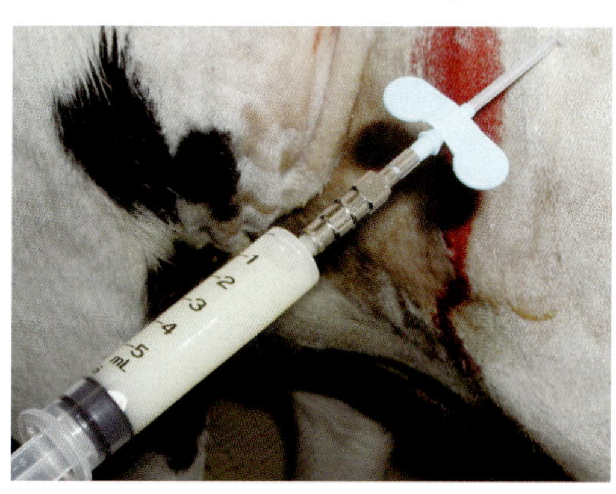
刺針による心嚢液の排出（小岩原図）

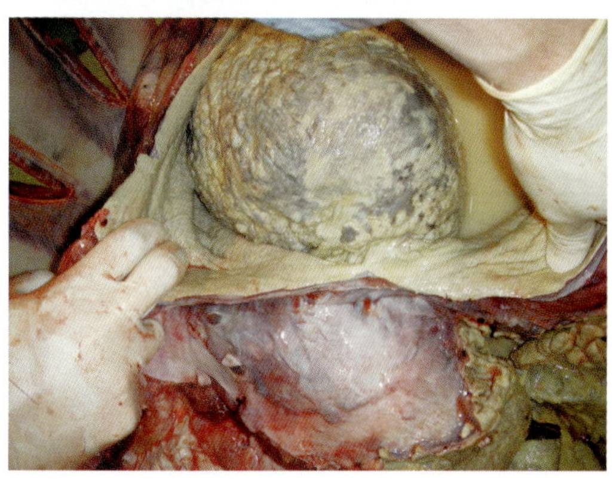
心嚢内の滲出液の貯留（小岩原図）

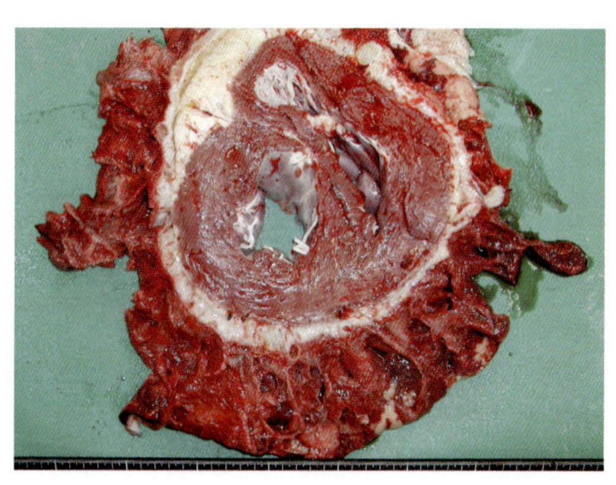
心外膜の外側に付着した多量のフィブリン（絨毛心＝じゅうもうしん）（小岩原図）

心内膜炎

（しんないまくえん）

原因

心内膜炎は、他の化膿（かのう）病巣から細菌が血管内に入り（菌血症）、心臓の弁に細菌性の血栓からなるイボ状またはカリフラワー状の塊（腫瘤＝しゅりゅう＝物）がつくられることで、弁が完全に閉じなくなり心臓機能が悪化する病気です。弁に腫瘤物ができるので、心臓が収縮するときに弁が完全に閉鎖せず血液がもれ、また拡張するときには狭くなった弁口部から血液が心臓の心室に十分入ってこられなくなるので、心臓のポンプ機能が著しく下がります。

本症では血管の中に細菌が循環する菌血症の状態が持続するため、細菌塊や血栓が全身の諸臓器に流れ、肺や腎臓、関節や心筋自体にも化膿巣がつくられます。そのために心内膜炎が見つかった時点で全廃棄とされます。

分娩後の採食量の立ち上がりが悪い牛や暑熱などストレスを受けた牛は免疫力が低下しやすいため、感染症を発症しやすく、また発症すると慢性化しやすくなります。

本症の原因として、心臓以外の化膿病変のある臓器の細菌が血管を介して心臓の弁に感染するだけでなく、免疫力が低下することによって体内での細菌の増殖を容易にしてしまうことも誘因になります。

症状・特徴

主な症状・特徴は次の通りです。

①慢性の化膿症があり体力の消耗が著しく、乳量が下がり、牛は痩せていく

②時々、高熱が見られる。血栓と細菌からつくられる腫瘤物から細菌が血流中に継続して放出される。このため常に全身に炎症が起こっている状態になり、抗生物質や消炎剤を投与して一時的に解熱しても、細菌や炎症が完全に殺菌されるわけではないので、再び発熱する

③脈数が増え、心音が大きくなる。また弁の閉鎖不全により、頸静脈（頭から心臓に戻る血管で、顎の下から頸の付け根にかけて位置する）が心臓の収縮に合わせて拍動することが多い。弁の間から血液が漏れるため、聴診すると心臓の収縮時に〝ザーッ〟という心雑音が聞こえる

④他の感染症を合併していることが多く、関節炎、乳房炎、子宮炎、肺炎などを併発することがある

⑤血液検査では白血球数の増加、貧血、慢性化膿症に見られるγ－グロブリンの増加が認められる

酪農家ができる手当て

本症の原因は炎症性疾患であるので、乳房炎や子宮炎など炎症性疾患を発症した場合には早めに獣医師の診察を依頼すべきです。近年はフリーストール牛舎で多頭飼養されることが多くなっており、感染症を発症しても発見が遅れやすい傾向にあります。炎症性疾患を発症した牛はできるだけストレスを和らげ、安静にさせます。

獣医師による治療

本症は予後が悪く、治癒の可能性が低いため、出来るだけ早く確定診断して廃用にします。

本症の原因は他の炎症性疾患によるとされています。炎症性疾患は初期段階でしっかりと治療して慢性化させないことが重要です。暑熱ストレスがかかる夏季や分娩後など免疫力が下がる期間は感染症が重篤化・慢性化しやすいので、注意が必要です。

【大塚　浩通】

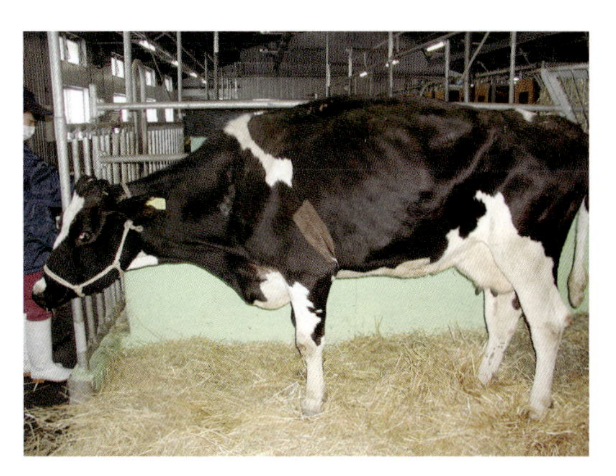

痩せた発症牛。頸静脈が怒張しているのが分かる（小岩原図）

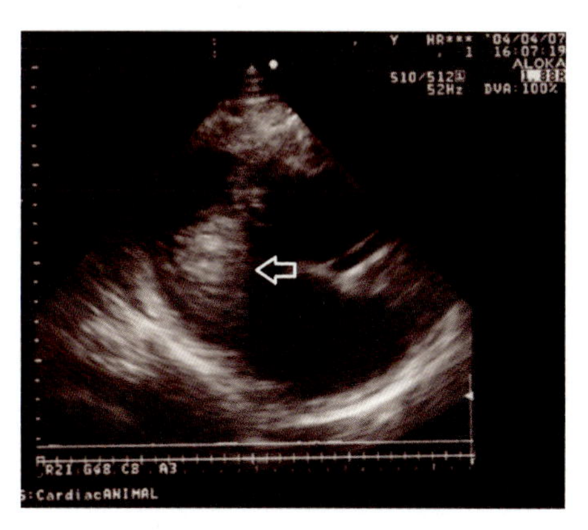

超音波画像検査によって弁に腫瘤（しゅりゅう）物が見られる（小岩原図）

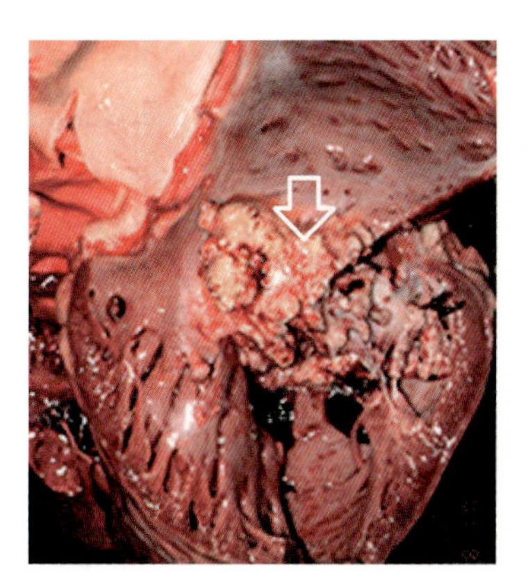

剖検時に見られた心臓の弁にできた腫瘤物

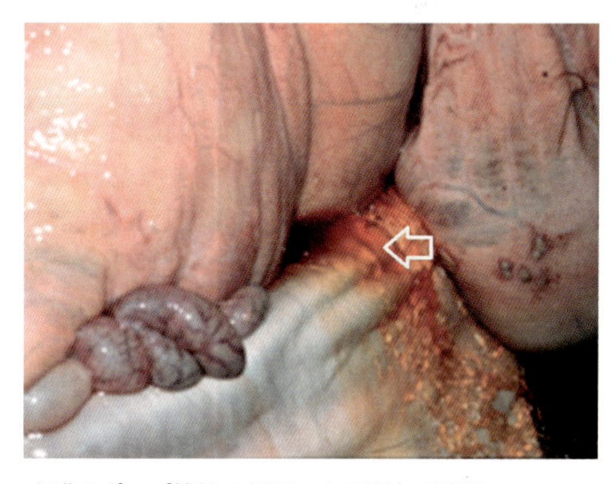

心臓のポンプ機能の低下による腹水の貯留

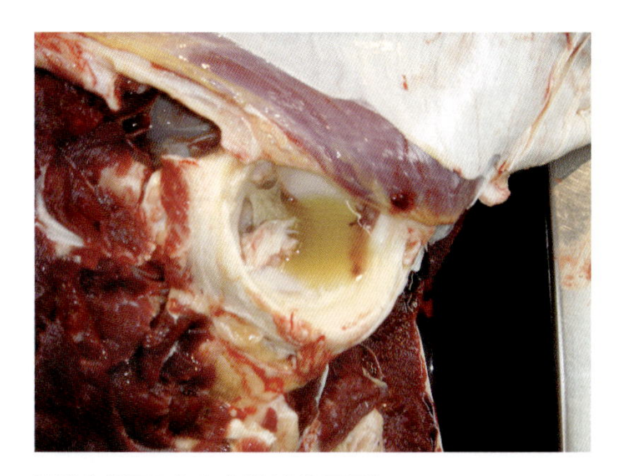

関節炎が見られた症例（小岩原図）

創傷性第二胃炎・横隔膜炎

原因

創傷性第二胃炎は、餌に混入した針金(90%以上が針金)、くぎ、注射針などの鋭利な金属物質の他、竹くしや竹ほうきの小枝など細くてとがった異物を摂取したときに、それらが第二胃(蜂の巣胃)の壁に突き刺さって起こります。その後、その異物が第二胃を貫通して横隔膜に刺さると、異物によってできた穴から第二胃内の胃汁が漏れ出て、第二胃と横隔膜の間に癒着や膿瘍(のうよう)が形成されます。このようにして、第二胃の動きが悪くなり食欲が低下していきます。

症状・特徴

創傷性第二胃炎では微熱、食欲不振、第一胃運動の減弱、反すうの停止や泌乳量の低下などが見られます。炎症が横隔膜まで波及したり、異物が横隔膜に突き刺さったりして、炎症が強くなり横隔膜炎になると、発熱、脈数・呼吸数の増加、頸を伸ばした状態での歯ぎしり、うめき声が認められる他、第一胃の内容物を嘔吐(おうと)することもあり、胸痛のため体動を嫌います。診断法の1つとして超音波画像検査により第二胃を確認すると、第二胃と横隔膜の運動性や癒着状態などを観察することができます。

酪農家ができる手当て

棒状磁石(パーネット)を飲ませていない牛で、原因が判然としない突然の食欲不振と発熱が見られた場合、本症の可能性があります。

創傷性第二胃炎であればパーネットを飲ませることで改善します。しかし創傷性横隔膜炎にまで進行していると、予後が悪くなることもあります。またパーネットを飲ませていても、第二胃を通過してしまっていることもあるため、安心は禁物です。

獣医師による治療

生産者がパーネットを飲ませていない、あるいは第二胃内にパーネットが存在しないことを確認したら、パーネットを投与するか、カウサッカーを使用すると、第二胃に刺入している金属異物を磁着し、抜き取ることができます。早期であれば、抗生物質の投与との併用で治療効果が期待できます。

また外科的に第一胃切開術を施し、第二胃内の金属異物を取り出す方法もあります。このとき、第一胃を切開する前に第二胃と横隔膜の癒着や膿瘍形成の状態を確認し、可能な限り癒着を剝離しておきます。

パーネットの投与方法は次の通りです。

材料と挿入手順：水道管に用いる塩化ビニール製のパイプを約60cmに切ります。切り口を丸めておくと良いでしょう。牛の頭を上げ、パイプを牛の口の奥に50cmほど挿入し、パーネットを落とします。

パーネットの確認：第二胃をパーネットが通過せず残っているか確認するには、方位磁石を使って、牛の左前肢の肘の辺りから胸の下に沿って前後させます。パーネットが第二胃に入っていれば針がクルクルと回ります。

なお、飼養環境内のクギや針金、治療に使った注射針の始末には十分に注意してください。輸入飼料に金属異物が混入することもあるので、異物の除去に留意しましょう。

【大塚　浩通】

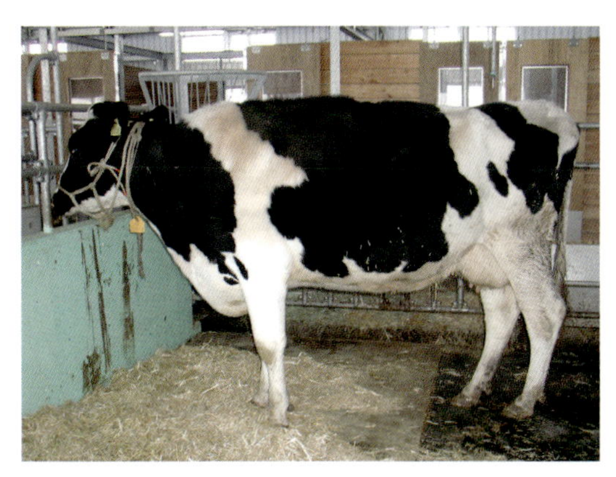

痩せて沈鬱(ちんうつ)状態を示す罹患(りかん)牛(小岩原図)

金属異物が刺さった第二胃(小岩原図)

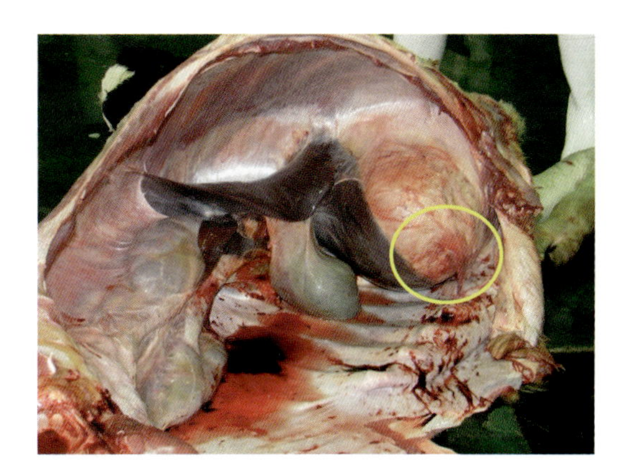

第二胃の癒着の痕が残る横隔膜

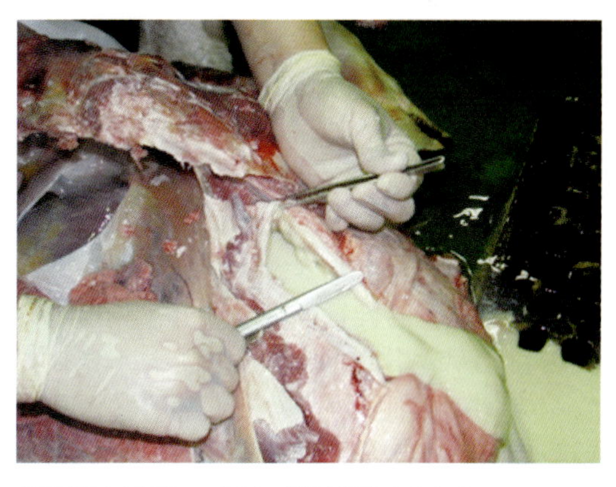

横隔膜を切開し、大量の膿汁が排出された

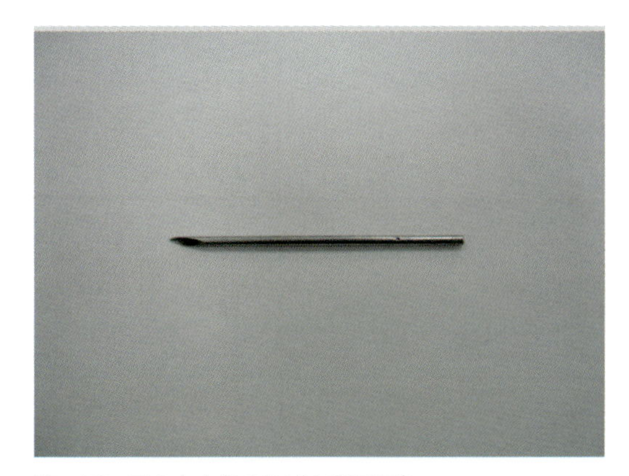

第二胃に見られた注射針(小岩原図)

創傷性脾炎

（そうしょうせいひえん）

原因

創傷性脾炎は、創傷性心膜炎（84㌻）、創傷性第二胃炎・横隔膜炎（88㌻）と同様に、牛が飲み込んだ第二胃内にある鋭利な異物が、第二胃壁を通して第二胃の後部にある脾臓に刺さることによって起こる病気です。

古くなった赤血球を処理するなど免疫に関わる機能を持つ脾臓に異物が刺さり込むため、異物除去の反応は他の臓器に比べても激しく、強い炎症反応を示します。脾臓は第一胃の左側にへばり付いており、第二胃に接近していることが本症の発症の要因の１つになっています。

第二胃は通常、前方にある横隔膜側に収縮するので、創傷性疾患は第二胃の前方に起こりやすくなっています。第一胃前房が異物に向かって収縮することになり、偶発的に脾臓に刺さることが考えられます。

症状・特徴

食欲減退、泌乳量の減少、発熱が見られ、罹患（りかん）牛は痩せていきます。

左の胸の腹側の脾臓の辺り（第12肋骨＝ろっこつ＝の背骨側から、第７または８肋骨の腹側）をたたくと、罹患牛は痛がります。

脾臓に強い炎症があるため、体動を嫌います。病気が進むと、牛は次第に貧血の度合が進み、目や膣などの粘膜や皮膚が白くなっていきます。また脾臓の機能が亢進（こうしん）して、赤血球の破壊が過剰な場合には黄疸（おうだん）が起こり、粘膜の色が黄色味を帯びることもあります。症状がかなり進んだ時点で気付くことが多く、そのときは既に予後不良です。

血液検査の特徴として、著しい貧血と好中球の増加による白血球数の増加（健康牛の２～４倍）と、γ－グロブリン（免疫グロブリン）の上昇に伴う血清タンパク質の著しい増量が見られます。

これらは化膿（かのう）性疾患に共通した所見で、本症の場合には他の化膿症に比べても、血清γ－グロブリンが劇的に上昇し、これと同時に著しい血清アルブミン量の低下もたびたび見られます。慢性化膿性疾患において観察される白血球の増数も認められ、このうち細菌を貪食（どんしょく）する役割のある好中球数が多くなります。

脾臓の超音波画像診断によって、本症を診断できます。脾臓は著しく腫れ、散在する膿瘍（のうよう）が観察されます。

酪農家ができる手当て

特に手当てはありません。

獣医師による治療

膿瘍が脾臓の深部に及んでいるため、抗生物質の投与だけでは回復は見込めません。

本症の疑いのある場合には、早期に確定診断して分娩や泌乳量を考慮した上で廃用にすることが望まれます。

創傷性心膜炎や創傷性横隔膜炎など創傷性疾患同様に、棒状磁石（パーネット）を投与することが最善の予防法です。

【大塚　浩通】

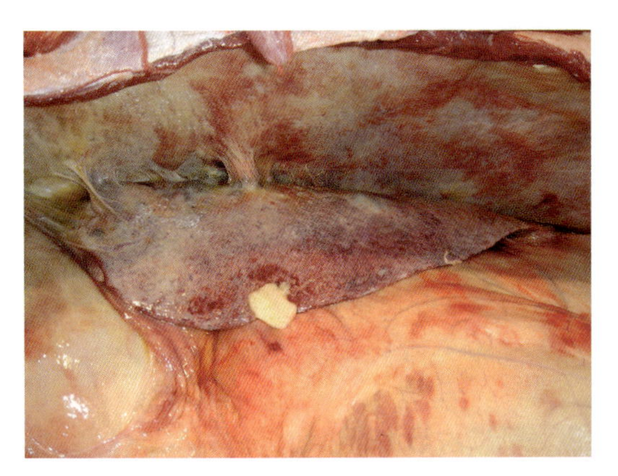

脾臓が横隔膜に癒着し、横隔膜炎を併発している（小岩原図）

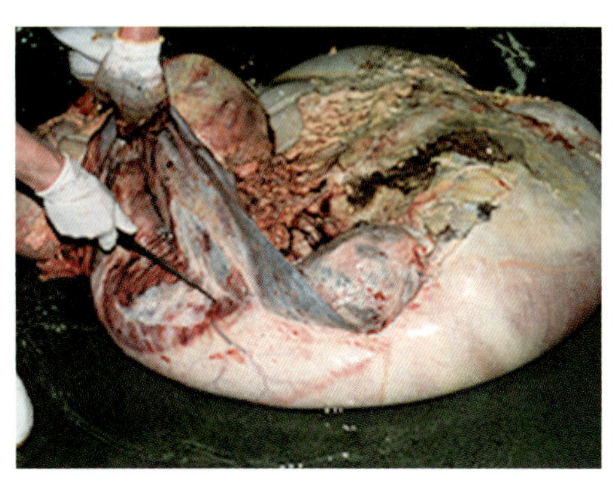

脾臓は大きく分厚くなり第一胃に癒着している

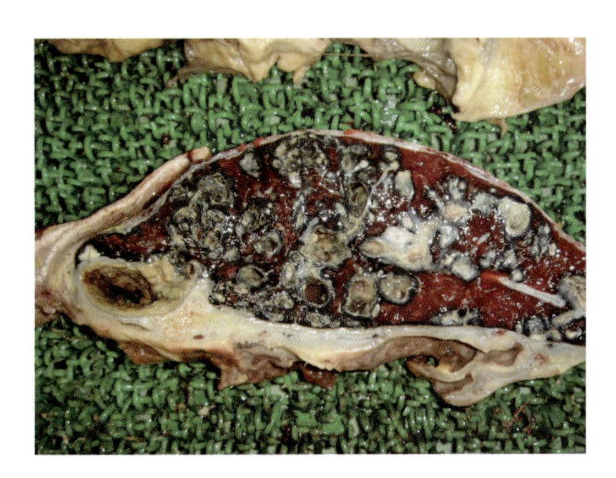

脾臓を切ると中には多数の膿瘍が認められる（小岩原図）

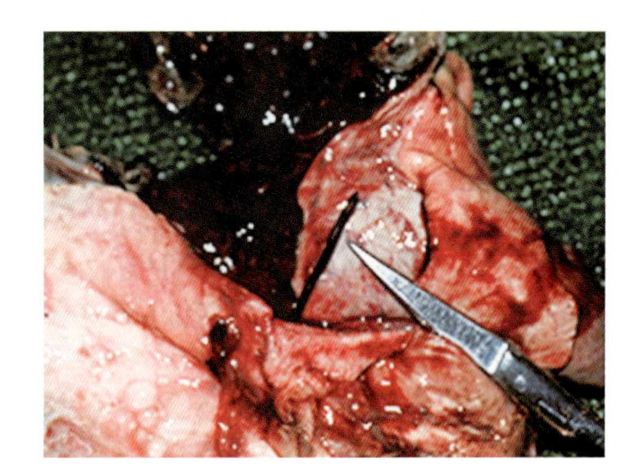

脾臓に刺さった針金

脂肪壊死症（しぼうえししょう）

原因

脂肪壊死症は乳牛での発症はまれで、黒毛和種の肥育牛や繁殖牛などに多発します。遺伝的要因が関係している可能性は高いものの、発症の原因や発症に至る過程については、いまだ明らかにされていません。

最も関与が疑われるのは若齢期（子牛～育成期）からの濃厚飼料多給です。これまでの症例が太り過ぎの状態になっていたことを考えると、その可能性は非常に高いと思われます。肥満牛は脂肪組織が増大して周囲の毛細血管を圧迫し、血行障害を起こしているといわれています。脂肪壊死の病変部を調べてみると、不飽和脂肪酸が減少し飽和脂肪酸が増加しています。これは脂肪組織の血行障害時と同じ状況であることから、太り過ぎが原因あるいは発症のメカニズムではないかと考えられています。

症状・特徴

ほとんどの場合、最初に気が付くのは食欲減退ですが、これといって目立った症状を示さず、多くは直腸検査で発見されます。それは大小不同、不整形の脂肪壊死病巣が円盤結腸や直腸、腎臓周囲の脂肪組織に多発するからです。腸管周囲に病巣が形成されると腸管が圧迫され、内容物の通りが悪くなります。その結果、便量減少、下痢便または羊やウサギのようなポロポロした便（粘液に覆われていることもある）が認められるようになります。

また、尾を軽く上げるような、排便しづらい症状を示すことがあります。症状が進むと、努責（いきみ）や背湾姿勢、腹痛、粘液便などが見られ、外観上、太っていた牛が急にまたは徐々に痩せてしまうことになります。病巣は、直腸検査ができる範囲内に形成されていれば診断は容易ですが、範囲外（例えば膵臓＝すいぞう＝周囲など）であれば極めて困難です。

酪農家ができる手当て

繁殖検診時に発見される可能性が最も高いでしょう。基本的に、完治させるような手当てはありません。分娩が近い場合には、消化性が高い飼料を給与し、消化剤や消化機能改善薬などを適宜投与することで延命を図ることになります。何より、若齢期から太り過ぎの状態にならないような飼養管理が大切です。

獣医師による治療

直腸内腔（ないくう）が狭窄（きょうさく）し手指が挿入できないなど明らかに症状が進行した症例は、治療対象にはならないと考えられます。初期段階で症状が軽度であれば、具体的な対処法として、現在のところ次のような治療が行われています。

ヨクイニン末の給与：ヨクイニンとはハトムギの種皮を取り除いた天然の成熟種子で、生薬の一種。これを1日200～300g×３～５日給与し、10日程度間隔を空け数回繰り返します。

コリン製剤の給与：ルーメンバイパスコリンの混合飼料（製品名： リーシュア60～120g／日、スターコル20～50g／日など）を３～10週間程度給与します（コリンは脂肪の運送と代謝の働きを持つといわれている）。

両治療法とも症状改善効果に関する報告はありますが、症状経過を観察しながらの対応となるでしょう。最近、黒毛和種への多孔質の黄土粘土（製品名:ウキシン、㈱祐佳クレイ）の飼料添加（10～30カ月齢時に50g／日）が予防に有効であると報告されています。

脂肪壊死症と類症鑑別が必要な疾患として近年、特に注意しなければならないのが牛白血病（18㌻）です。白血病では、骨盤腔内の複数のリンパ節が腫大する例があり、脂肪壊死塊と誤認されるケースがあります。

【加藤　敏英】

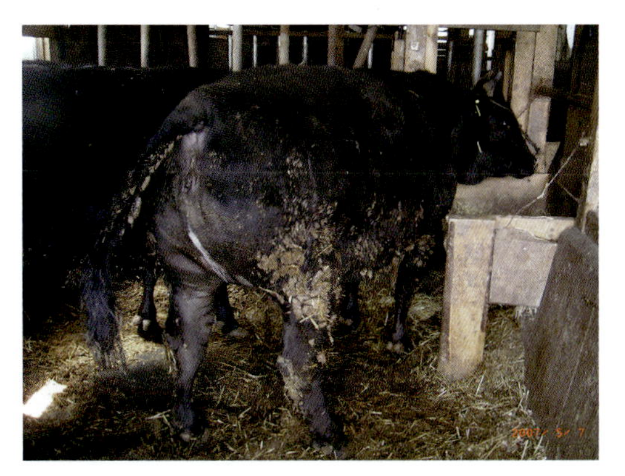

排便がしづらいため尾を上げている。この症状で気付くことが多い（藤倉原図）

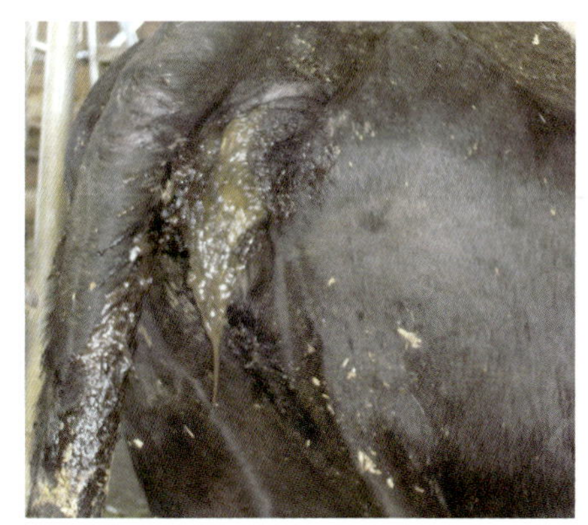

腸管の通りが悪くなると下痢便やポロポロした状態の便になる

長期間の食欲低下による削痩

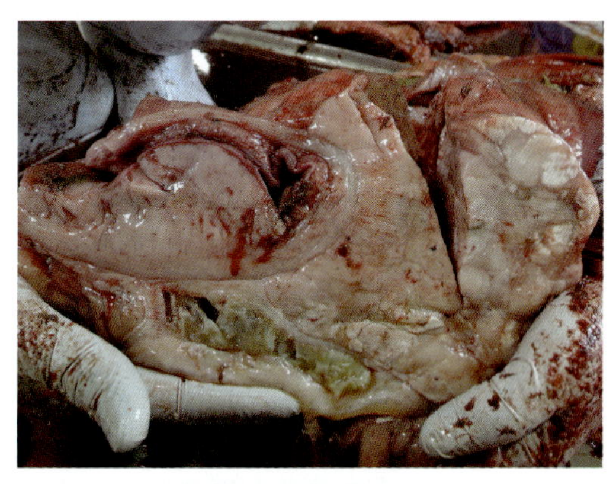

大きな脂肪壊死病巣が腸管の周りにできると腸管腔を圧迫（山形県中央家畜保健衛生所提供）

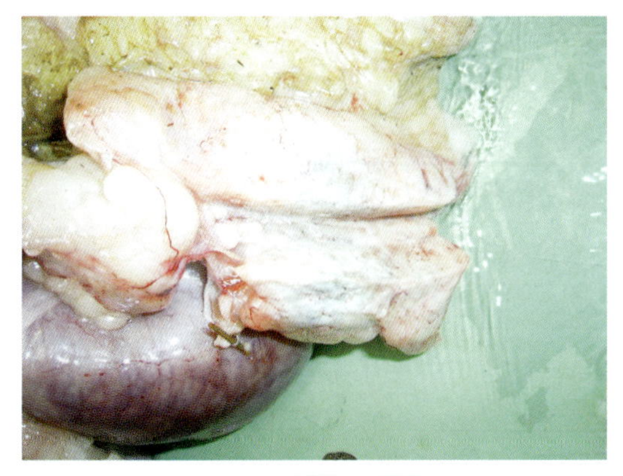

膵臓の周りにできた脂肪壊死巣（藤倉原図）

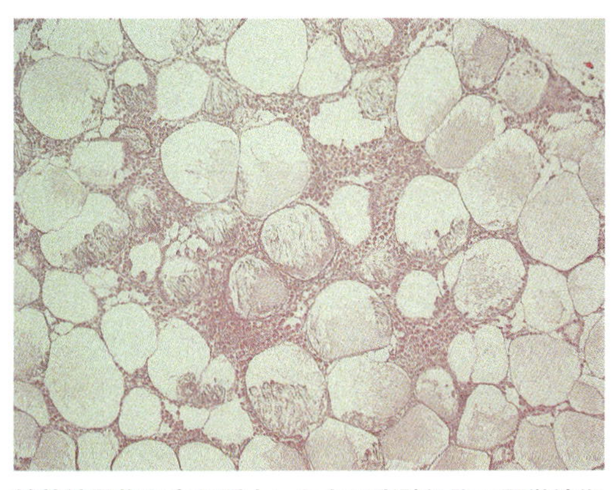

針状結晶物を含む腫大した白い脂肪細胞の顕微鏡像（山形県中央家畜保健衛生所提供）

肝(かん)てつ症(しょう)

原因

肝てつ症は、肝てつという吸虫が肝臓内の胆管に寄生することで起こります。多くは慢性経過をとる寄生虫性疾患です。肝てつは、虫卵がヒメモノアラガイという小さな巻貝の中で発育してセルカリアとなり、外に出て水辺の草や稲に付着しメタセルカリアとなります。その草や稲を食べて感染した牛の小腸内で幼虫になった後、肝臓まで到達し最終的に肝内胆管に寄生します。胆管まで到達するのは、感染後30～45日といわれています。虫卵は、野生動物を含む感染動物の糞便に排せつされますが、人にも感染する（人獣共通感染症）ことが知られており、公衆衛生学的にも重要な疾患です。

かつては全国各地で発生していた牛の肝てつ症ですが、水田への農薬散布などにより、ヒメモノアラガイが激減したことと並行して発生も激減しました。しかし近年の無農薬あるいは低農薬稲作志向の高まりや、転作による飼料用米の作付け増加などにより、徐々に再燃の兆しが出てきています。

症状・特徴

急性期は、幼若な虫体が腹の中に侵入し、体の組織を移行する時期であり、虫体が産卵を始める頃（感染から約60日までで、夏から秋）に見られます。多数の虫体が寄生すると、食欲不振の他、軟便や下痢、腹痛、削痩（体重減少）および乳量低下などの症状が出てきます。一部の症例では、急性の腹膜炎や肝炎の症状を示すといわれています。成虫になり肝臓内胆管に寄生し、胆管炎や肝炎、胆嚢（たんのう）炎などを発症するのが慢性肝てつ症で、時期としては秋から冬以降にかけて見られるようになります。多くの場合、体重が減少し削痩著明となり、症状が重くなります。

この他、腹の中を移行するときに、肝臓以外の臓器に入ってしまう（迷入する）ことがあります。これを異所寄生といいます。主に子宮や肺、脊髄や筋肉などへの迷入が確認されており、それぞれ迷入した臓器に特異的な障害を示します。肝てつが寄生すると、血液検査で白血球中の好酸球の増加が認められる他、血清タンパク（特にγ－グロブリン）が増加します。また、赤血球数が減少し貧血を示す症例もあります。

酪農家ができる手当て

感染予防策として、メタセルカリアを死滅させることを目的とした稲わらのアンモニア処理やサイレージ化が挙げられます。当年の新しい稲わらは給与せず、メタセルカリアが自然死滅するとされる翌春から給与し始めることも対策の1つです。

また、鹿などの野生動物への感染が広がっているので、それらと接触するリスクが高い放牧牛は定期的な検査が必要です。以前は、地域ごと集団的対策が広く行われていましたが、発生率の激減を受けて近年はあまり実施されていないようです。感染が確認された場合は駆虫するしかありませんので、獣医師に相談してください。

獣医師による治療

現在、使用可能な駆虫薬としては、ブロムフェノフォス製剤（製品名：アセジスト細粒、共立製薬㈱）があります。本剤には搾乳牛を除くという制約と休薬期間（21日）がありますので、駆虫時期に関しては十分な注意が必要です。最も推奨される駆虫のタイミングは乾乳期です。

【加藤　敏英】

ヒメモノアラガイ（藤倉原図）

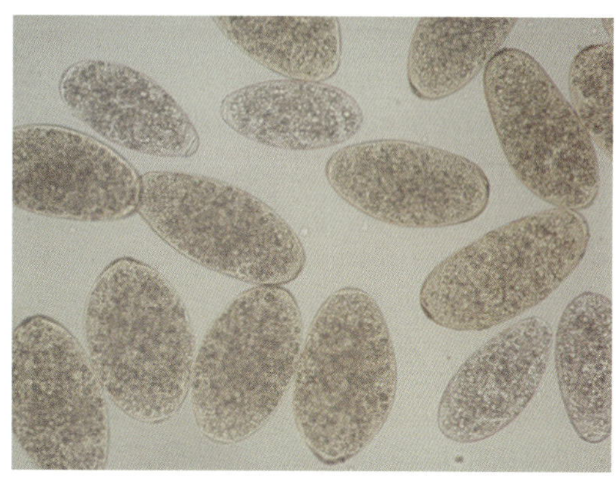
肝てつの虫卵（小さな虫卵は双口吸虫、藤倉原図）

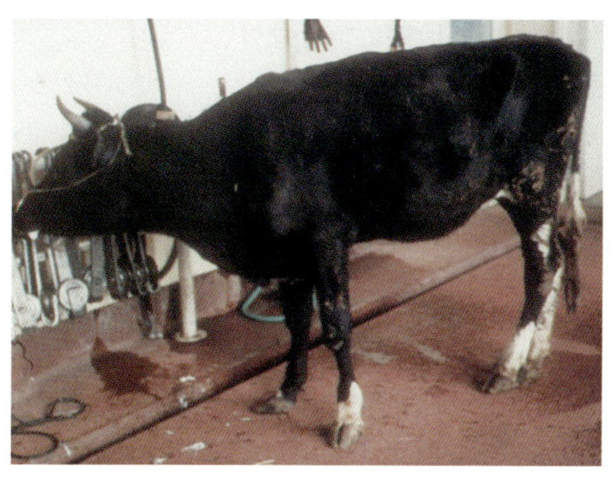
慢性化し痩せた罹患（りかん）牛（藤倉原図）

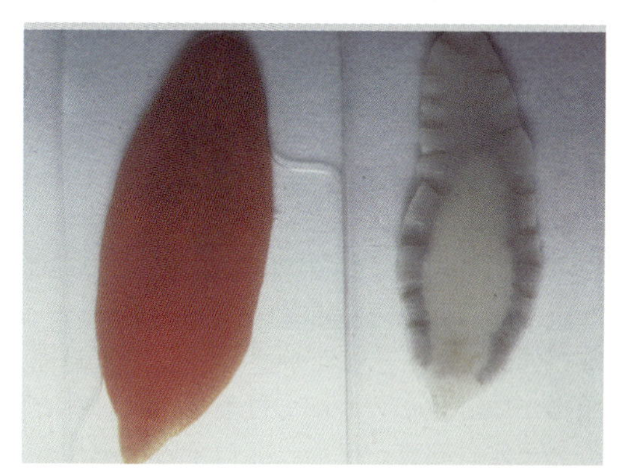
柳葉状の肝てつ虫体（左：カーミン染色したもの、藤倉原図）

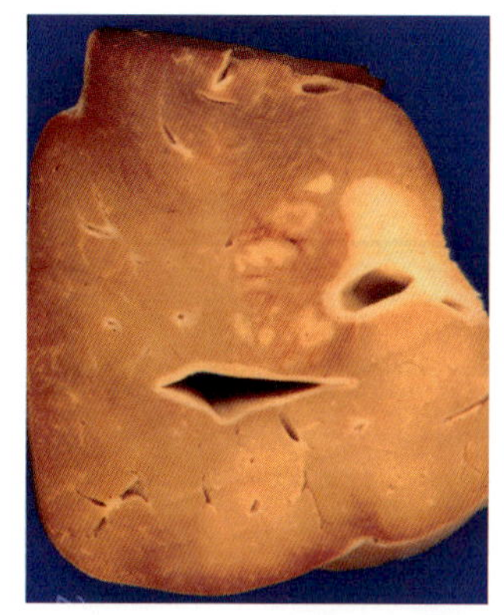
肝臓割面に認められた胆管壁の肥厚（大小の白くなった部分、山形県庄内家畜保健衛生所提供）

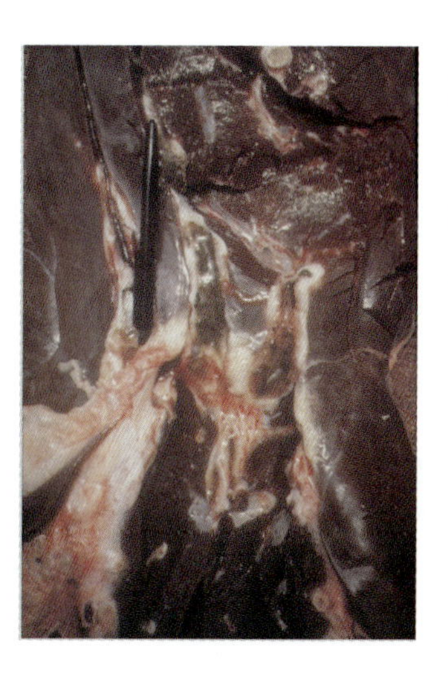
肝臓側面。白く見えるのは肥厚した胆管壁（NOSAI山形提供）

<ruby>放線菌症<rt>ほうせんきんしょう</rt></ruby>

原因

放線菌症は*Actinomyces bovis*の感染により、下顎（かがく）などの硬部組織に化膿（かのう）性肉芽腫性炎が見られる慢性疾患です。

*A. bovis*はグラム陽性の多形性桿菌（かんきん）で、空気中では発育しない微好気性～嫌気性の細菌です。飼料や草などに存在しており、それらを摂取することにより正常な口腔内細菌叢（そう）の１つとして定着します。健康な牛の口腔（こうくう）粘膜では、感染は起こりませんが、硬い植物片や異物による穿刺（せんし）によってできた創傷あるいは齲歯（うし）などから菌が内部組織に侵入し、感染・発病します。このように牛自身が保有している細菌によって起こる疾病のため、牛と牛との間で伝播（でんぱ）するものではありません。発生も流行的ではなく散発的です。

症状・特徴

下顎あるいは上顎の骨組織が好発部位で、腫脹（しゅちょう）、膿瘍（のうよう）、瘻管（ろうかん）形成へと病勢が進みます。広範囲の組織が線維化し、やがて骨炎、肉芽腫へと進行します。瘻管が顔面に開口すると膿汁が排出されます。肉芽腫は骨の海綿質、骨幹を侵し皮下結合組織まで広がります。病巣部には可動性がなく硬結感があることが特徴です。皮下で隆起し、時には皮膚を貫いて突出した腫瘤（しゅりゅう）となります。病牛は肉芽腫の発達に伴い採食、呼吸困難を示し、時には肺などの軟部組織に転移することがあります。

このように、特異的な病変のため診断は容易です。確実に診断するには、病変部の組織から鏡検により原因菌を検出する方法と、微好気あるいは嫌気培養によって菌を分離する方法があります。病変部の肉芽腫中には硫黄顆粒（かりゅう）を含む膿汁が見られ、それを10％水酸化カリウム溶液で処理した後、圧片標本として鏡検すると、中心に密な網状の菌糸と中心から外側に向かって伸びる放射状の突起（菊花弁状のロゼット）が観察されます。その末端部が球状に膨隆しているのが特徴です。

アクチノバチルス症（98㌻）は本症と類似の症状を示すので鑑別に注意を要します。

酪農家ができる手当て

ワクチンによる予防法は開発されていません。原因となる口腔内の損傷を防止するため硬い茎などの給餌は避けましょう。病勢が進行すると治療効果が期待できません。特に骨炎が拡大すると完治することが困難なため早期発見・早期治療に努めます。

獣医師による治療

抗菌剤投与と外科的療法を併用します。ペニシリンが効果的ですが、アクチノバチルス症である可能性も考慮して、両者に有効なマイシリン（ジヒドロストレプトマイシンとペニシリンGの合剤）が推奨されます。

腫瘤が小さく周囲から遊離している初期病変のものは切除しますが、大きな腫瘤で遊離していないものは切開の上、排膿し、ヨード剤を含ませたガーゼを患部に詰めて病巣が脱落するまで保つようにします。骨炎が拡大し、発見が遅れたものは前期のような治療では効果が期待できません。　**【村田　亮】**

耳の下が腫れ硬結状態を示す症例牛。発熱は見られないが、疼痛（とうつう）感はあるようである（野口原図）

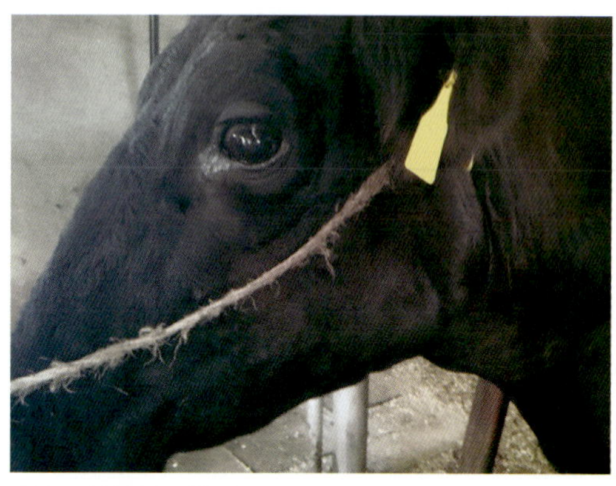

早期に外科的に排膿し、症状が緩和した例（野口原図）

血液寒天培地上のコロニー。嫌気培養で48時間以上培養すると微小コロニーが観察できる

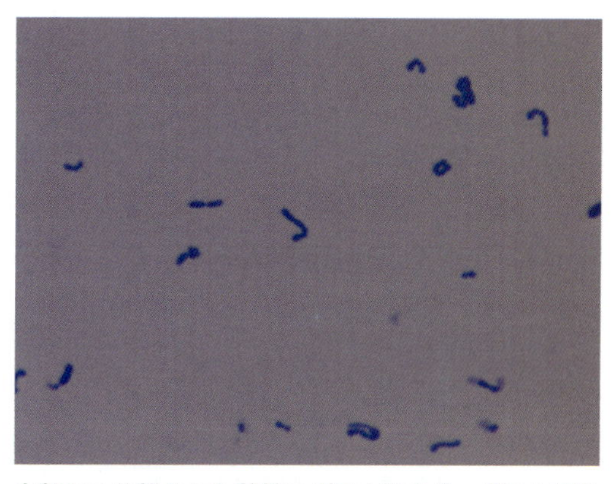

患部から分離された菌株のグラム染色像。グラム陽性（青）での多形性（V字状Y字状）の桿菌が観察される

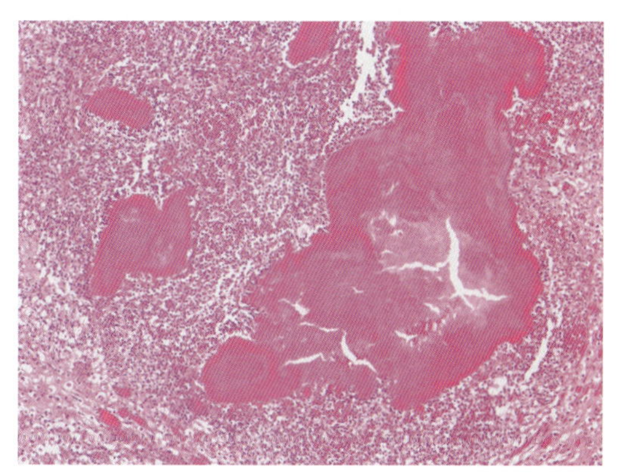

放線菌症の患部の組織画像（酪農学園大学獣医細菌学ユニット原図）

アクチノバチルス症(しょう)

原因

アクチノバチルス症は*Actinobacillus lignieresii*の感染によって、頭部または他の軟部組織に化膿（かのう）性肉芽腫性炎を起こす慢性の疾病です。放線菌症（*Actinomyces bovis*）と原因菌の名称は似ていますが、分類学的には大きく異なり、通性嫌気性のグラム陰性多形性桿菌（かんきん）です。

本菌は牛の口腔（こうくう）内や第一胃に常在し、硬い植物片や異物によって口腔内や第一胃の粘膜に生じた傷から侵入して感染を起こします。皮膚の創傷からも感染することがあります。感染部位に近いリンパ節の中で増殖し、腫脹（しゅちょう）します。やがて菌はリンパ管や血流を介して他のリンパ節や肺などに病巣をつくります。

症状・特徴

頭頸部ではリンパ節、舌、口腔粘膜に病変が見られます。肉芽組織の発達により、病変部は腫大します。舌の感染は「木舌（もくぜつ）」といわれ、腫脹硬化し口から突出、可動性を欠きます。次第に採食、咀嚼（そしゃく）および嚥下（えんげ）が困難となり、唾液が口から漏れ出します。顎下（がっか）、耳下リンパ節は硬化し、体表から突出して見えるようになります。鼻、咽頭（いんとう）、喉頭（こうとう）、気管、口腔などの粘膜への感染は、それらの内部に局所的な腫脹を引き起こし、機能的異常を来すことから呼吸困難につながることがあります。

瘻管（ろうかん）を通じて病巣から粘りのある膿汁を体表に排出します。瘻管開口部は一度痂皮（かひ、カサブタ）組織で癒合しても、また新たに異なった場所に開口することがあります。感染粘膜面は潰瘍となります。頭頸部以外の皮下病巣も体表に突出し、これらは冷性で、触診による痛みはありません。

病変部を剖検すると、び漫性で広範囲な結合織の増生を伴う小膿瘍（のうよう）の形成が特徴的です。膿中には直径1mm以下で、放線菌症よりも小さな顆粒（かりゅう）が見られます。

体表、特に頭部、頸部のリンパ節に存在する部位に硬い隆起ないし膨出が見られることにより診断が可能です。肉芽腫病変部の膿汁内には硫黄顆粒が見られ、放線菌症と同様10％水酸化カリウム溶液でほぐし、スライドガラス上で圧ぺんして鏡検するとロゼットと菌塊が観察できます。病変部およびその辺縁を血液寒天培地に接種し培養すれば、微小透明コロニーが出現し、グラム陰性の桿菌が分離されます。

アクチノバチルス症は放線菌症（96㌻）と類似の症状を示すものの、本症がリンパ節や舌などの軟部組織を好発部位とするのに対して、後者は下顎骨や上顎骨といった硬部組織に発症することから鑑別が可能です。

酪農家ができる手当て

口腔粘膜や体表の創傷から菌が感染するため、原因となるような粗剛な飼料などの給餌を避けます。患畜は病変部から多量の菌を含んだ膿汁を排出するので、同居感染を防止するために隔離し、環境の消毒に努めます。

獣医師による治療

治療は放線菌症に準じます。ストレプトマイシン、テトラサイクリンなどの抗菌剤投与と外科的療法を併用し、下顎部の腫脹などの場合は腫瘤（しゅりゅう）部分を外科的に切除し薬物療法を行います。

【村田　亮】

下顎の腫瘤を伴った罹患(りかん)牛(東原図)

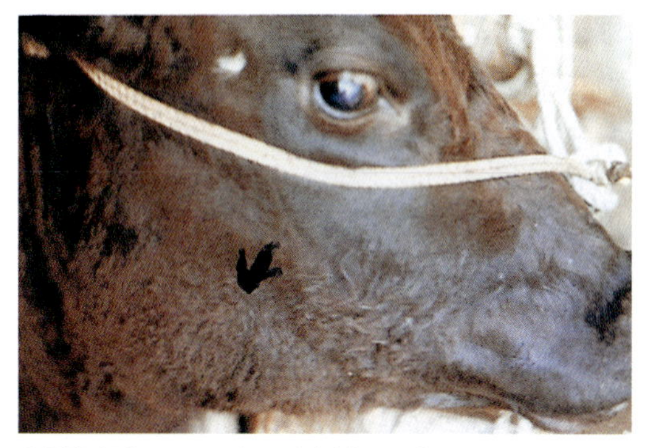

右側頬部(きょうぶ)の腫瘤(東原図)

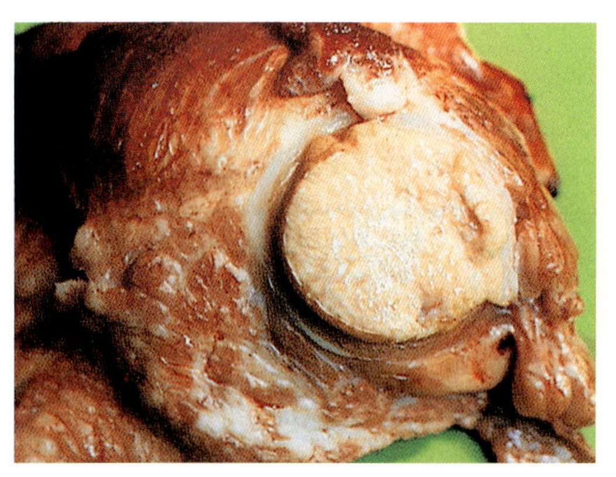

腫瘤の断面。中心部は軟らかい肉芽組織で周囲は硬い結合組織で囲まれている(景森原図)

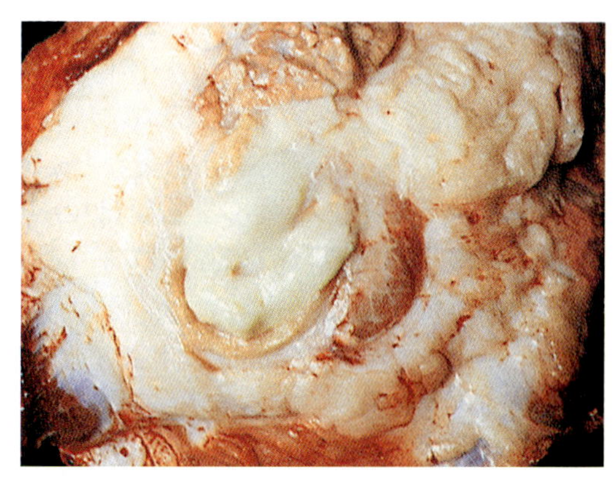

舌の断面。小結節性の結合組織を圧迫すると、灰白色の膿汁と顆粒がわずかに認められる(景森原図)

肺炎（はいえん）

原因

肺炎は特に哺育・育成期に多発する疾患ですが、野外では気管支炎と気管支肺炎を含めて牛呼吸器病として捉えられています。各種ウイルスや細菌、マイコプラズマなどの病原体が主な原因です。成乳牛で発症することはまれですが、若齢牛では下痢症と並んで最も多い病気です。

通常、原因となる病原体は健康牛の鼻腔（びくう）内にもすみ着いています。病気の成り立ちは、まず気管にウイルスが感染することにより、粘膜の線毛と呼ばれるバリアが傷付けられ、細菌やマイコプラズマが気管支や肺に侵入すると考えられています。これとは別に、ミルクや内服薬を、あるいは出生時に胎水を肺に吸引してしまうことによる誤嚥（ごえん）性肺炎の他、関節炎や乳房炎などから細菌が肺に流れ込むことによる化膿（かのう）性肺炎（肺膿瘍）などもまれに見られます。

症状・特徴

活力と食欲の減退・消失に加え、発熱（子牛で39.6℃以上が目安）やせき、鼻水、呼吸数の増加（60回／分以上が目安）が最初に気付く症状です。眼結膜は充血し、頭部を下げる姿勢を示すこともよく見られます。このときに肺を聴診すると、空気が気管支を通るたびに聞こえる音（呼吸音）が通常よりも大きく聞こえます。

症状が進行すると、腹式呼吸、鼻翼呼吸（鼻の穴を開きながら呼吸する）や開口呼吸を示すようになり、さらに重度になると舌を出してうなる、口から泡を吹くなどの呼吸困難症状が見られます。このような場合は、空気が気管を通りにくくなることによる異常音（ラ音：ラッセル音）が聴診されます。重症例では、通常見られない肺内部の画像が超音波画像検査によって描出されたり、動脈血の酸素濃度が低下するようになります。

酪農家ができる手当て

過密な多頭群飼養は、子牛に大きなストレスを与えると同時に、換気不全を招く最悪の環境です。大規模農場、特に哺乳ロボットを設置している農場は、発症も伝染も起こりやすい環境といえます。まずは環境改善が最優先です。前述した症状が見られたら、早めに獣医師の診察を受けましょう。ワクチンである程度は予防が可能です。大切な後継牛であればなおのこと、積極的に接種しましょう。

獣医師による治療

早期発見・早期治療が大原則です。何らかの呼吸器症状が見られた時点で、細菌やマイコプラズマの下部気道（深部）侵入を想定して治療します。治療は主に抗菌剤によりますが、農場によって原因菌の薬剤感受性が異なるので、適切な選択には検査が必要です。できれば定期的に感受性傾向を調べることが望まれます。

この他、同居牛の発症状況や特徴的な症状の有無、過去の治療歴など農場の情報に基づく対応が早期治癒を導く鍵となります。

また臨床症状が消失した後、1、2回の抗菌剤の継続投与は再発防止に効果的です。併用薬としては早期の（非）ステロイド系消炎剤や気管支拡張剤なども有効です。輸液療法は脱水がある場合、循環血漿（けっしょう）量を確保する上で有効ですが、その際には心肺機能に負担が掛かることを考慮しなければなりません。

治療が奏功せず、慢性化した例では発育は阻害され、結果的に生産性は大きく低下します。より正確な病勢診断には、動脈血ガス分析や超音波画像診断が有用です。治療経過中に症状の改善が見られない場合には、これらの検査所見を活用した予後診断が必要でしょう。

【加藤　敏英】

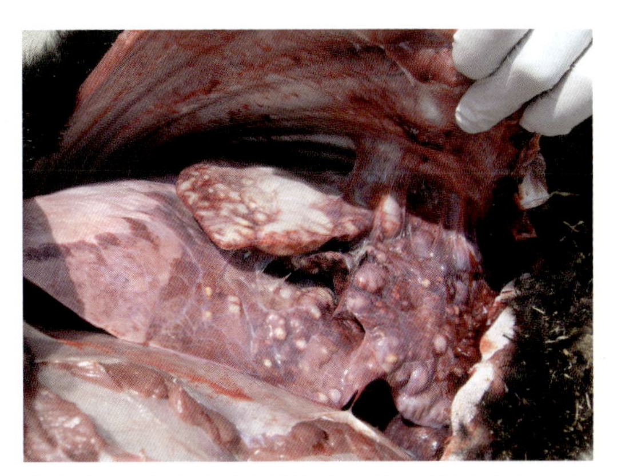

胸膜炎を併発した化膿性肺炎。肺の所々に認められる白い膿（うみ）

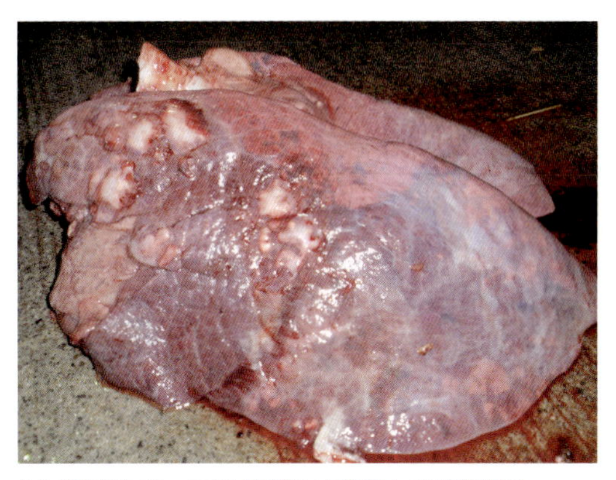

白い膿がたまっている部分は胸膜との癒着部位

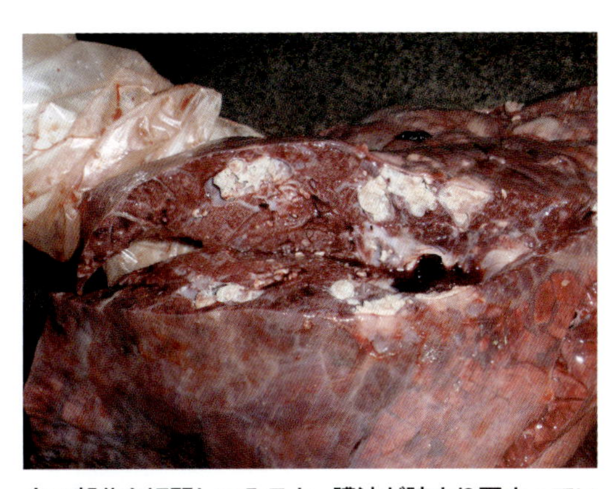

白い部分を切開してみると、膿汁が詰まり固まっていた（肺膿瘍）

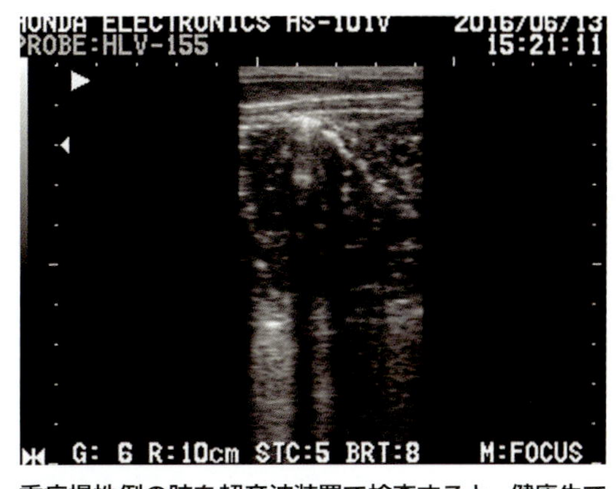

重症慢性例の肺を超音波装置で検査すると、健康牛では見られない画像が確認できる

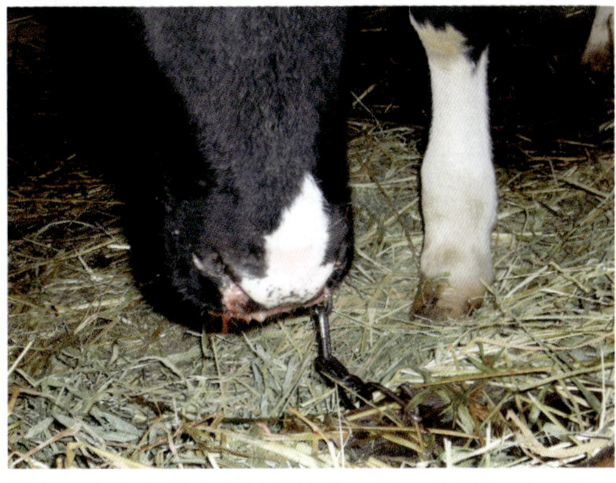

まれに出血を伴う鼻汁が見られることがある。肺で出血が起きている可能性がある

過密な群飼養は肺炎多発の大きな誘因となる

牛肺虫症

（うしはいちゅうしょう）

原因

牛肺虫症は線虫の１種である牛肺虫の気管支内への寄生により起こる呼吸困難を主訴とする病気です。かつては全国的な病気でしたが現在は北海道で見られます。北海道では公共牧野の育成牛群を中心に陽性牛が毎年発生し、酪農家でも育成牛群を中心に集団発生した例が報告されています。感染幼虫が付着した汚染牧草の摂食で経口的に感染し、感染牛は糞便に幼虫を排せつし続けて牧野や牧場内など飼養環境内の汚染源となります。

症状・特徴

北海道では夏の終わりから、放牧後期の育成牛や下牧後の牧場で飼養中の育成牛を中心に呼吸器の異常が発生します。感染牛の経歴、体調、感染幼虫数などで、症状の程度は異なり、一般的に成牛より幼若牛（育成牛）で重症となります。せきが特徴です。

軽症だと時々せきをする程度ですが、重症ではせきが頻発し呼吸困難になり、チアノーゼ（粘膜が紫色を帯びる）、心拍数や呼吸数の増加（100～120回／毎分）、鼻汁が目立つなど典型的な肺炎症状を示し、食欲減退、発熱（40～41℃）、下痢、削痩という経過を取ります。牧野では感染牛は動作緩慢となり群から離れ、前肢を開き頭部を前に伸ばし口を開いて舌を出しながら、異物を吐き出すような本症特有の努力性のせきを頻発します。

放牧地での急性例では発症牛が続出し、発症後３～14日で死亡する例もあります。肺炎と診断され、抗生物質投与などを続けても改善せず、悪化する場合もあります。慢性化すると、呼吸困難の持続で発育が遅れたり、幼虫を糞便に排出し続けて汚染源になったりします。

駆虫薬の投与による重症化の予防や飼養環境の清浄化が個体群の発症予防策になります。そのため早期診断により、他の肺炎との鑑別と駆虫薬投与による治療が重要です。

酪農家にできる手当て

早期発見に努め、牛群の駆虫プログラムによる群管理を徹底します。常に牛肺虫陽性個体の侵入に注意して牛群管理を行い、放牧育成牛群では、入牧後半でせき発症個体が見られたら牛群全体を検査し、全頭に駆虫を行う群単位の対策が重要です。酪農家段階では、下牧後の個体や新規導入個体の状態に注視が必要です。下牧時や新規導入牛の駆虫など肺虫を持ち込まない対策が必要です。

感染に耐えた成牛でも持続的に幼虫を排出して汚染源となります。泌乳牛への駆虫薬の投与は出荷制限に関わるため、通常は乾乳期に投薬していましたが、これでは感染のサイクルを完全に断つことはできません。国内で既に泌乳牛にも投薬可能なエプリノメクチンが市販されています。乳への混入の問題がない育成牛や乾乳期の個体にイベルメクチン製剤やモキシデクチン製剤などを使えばコスト削減も可能です。

全頭駆虫で飼養環境の浄化が期待されます。しかし、環境に排出された幼虫は越冬できることが証明されています。パドックでも放牧場でも翌年度の感染源となるため、牧野では消化管線虫症対策も兼ね入牧後の定期的な駆虫の励行が重要です。公共育成牧野での駆虫プログラムと各酪農家での対策との組み合わせで初めて地域の浄化が達成されます。

獣医師による治療

駆虫剤は経口、注射、経皮浸透剤などが利用できます。現時点では投薬が容易で効果の高いイベルメクチンやモキシデクチン系の経皮浸透剤が普及しています。泌乳牛には出荷停止期間のないエプリノメクチンの利用を考慮します。感染発症群には駆虫薬に加え、細菌など二次感染への抗生物質投与や栄養輸液などの対症療法も重要です。

【福本　真一郎】

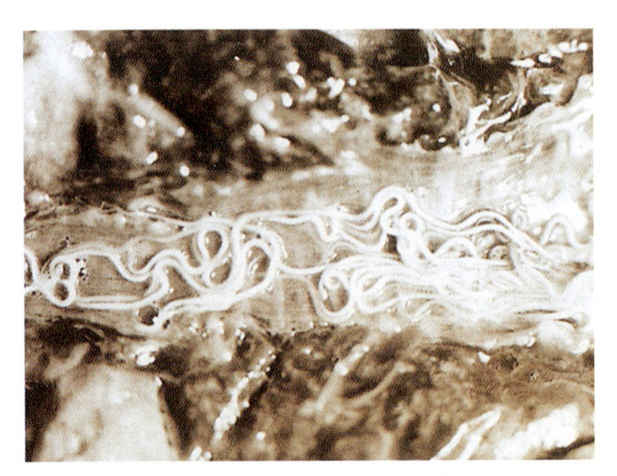
気管支内に寄生した牛肺虫の成虫（高橋原図）

気管分岐部に寄生する牛肺虫（田島原図）

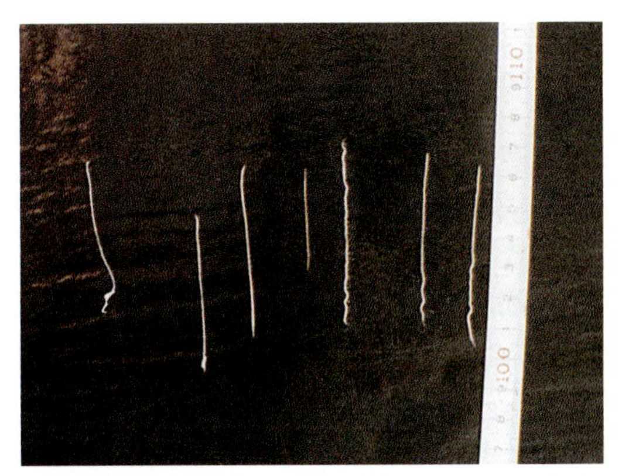
気管支から取り出した牛肺虫の成虫（北海道釧路家畜保健衛生所提供）

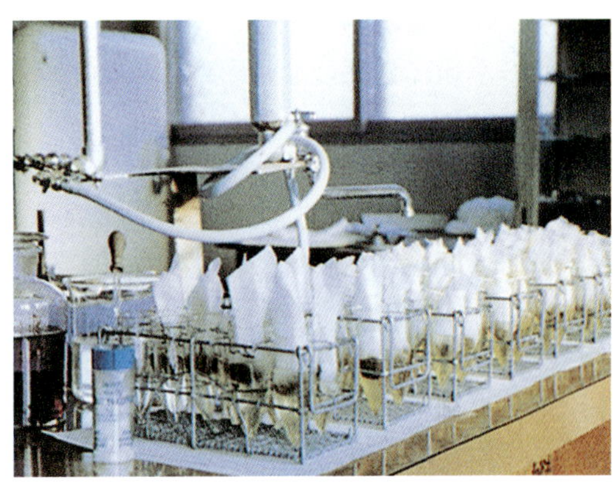
牛肺虫症の診断。糞便を25℃ 18時間培養して子虫を検出する（北海道釧路家畜保健衛生所提供）

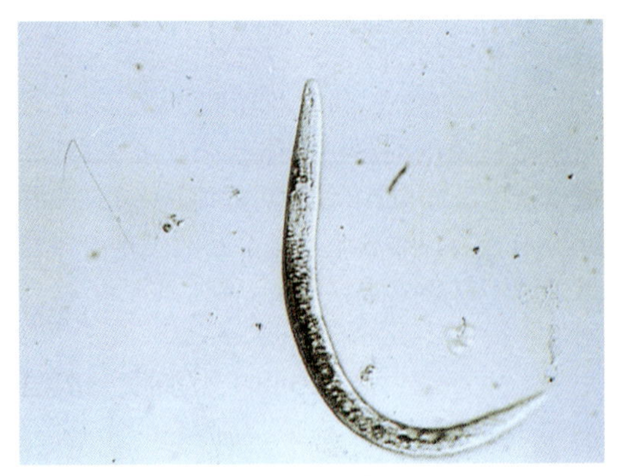
糞便培養によって検出された牛肺虫の子虫（北海道釧路家畜保健衛生所提供）

RSウイルス感染症

原因

RSウイルス感染症は、牛呼吸器病の原因となる主なウイルスの1つ、牛RSウイルスによる急性熱性伝染病です。近年は牛呼吸器病に関わるウイルスの中で、本ウイルスが最も高頻度で確認されています。重症例も多いので、肉牛肥育農場で以前から問題となっていましたが、酪農場でも特に外部導入の機会が多い所では、IBRウイルスやBVDウイルスと共に最も警戒を要する病原体であるといえます。伝染力が強く、子牛はもちろん成牛でも発症が見られ、大規模なフリーストール牛舎であれば短期間で同居牛に伝播(でんぱ)します。発症は冬季に多いといわれていますが、他の季節に発症しないわけではありません。

症状・特徴

発症初期には、肺炎と同様に活力と食欲の低下や39℃台後半～40℃以上の発熱、呼吸数の増加、鼻汁、せきなどが見られます。鼻汁は粘性(ネバネバ)、せきは湿性(グシュンというような)の場合が多いといわれ、泡沫性流涎(ほうまつせいりゅうぜん、細かい泡のようなヨダレ)が見られることもあります。このときの肺の聴診では、空気の通りが悪くヒューヒューなど笛を吹いたような音が聞かれます。呼吸は努力性で腹式の場合が多いため、体力消耗が激しくなります。泌乳牛は乳量が著しく減少しますが、一般に予後は良好で、発症後2～3週間で自然に回復します。

ただし重症例では、肺気腫の他、頸側部や背部などに皮下気腫が出現することが少なくありません(指で押すと細かい泡をつぶすような独特な感触のため、すぐに分かる)。開口呼吸や鼻翼呼吸などの呼吸困難を示すまでに至った症例は、呼吸不全により死亡することもあります。また、妊娠牛では流産が見られることもあります。

酪農家ができる手当て

他の牛への感染拡大は、鼻汁やせきの飛沫を吸い込むことで引き起こされるので、牛同士のなめ合いや接触を避けるために、疑わしい症例が出たらすぐに隔離しなければなりません。ウイルスはいつどこから農場に侵入するか分かりません。特に、牛の出入りが頻繁な農場は、ウイルスが持ち込まれやすい環境であるといえます。最も現実的な対応はワクチンによる発症予防です。現在、RSウイルス単独生ワクチンの他、3～5種混合生および不活化ワクチンが各種市販されており、これらの接種を防疫プログラムの中に組み込むことが必要です。それにより、近隣の酪農場で発症した場合も、大事に至る危険性は低くなるといえるでしょう。他のウイルス感染対策も考慮すれば、まずはRSウイルスワクチンを含む混合ワクチンを選択するのがいいでしょう。

獣医師による治療

この疾患の確定診断には、最寄りの家畜保健衛生所などに検査を依頼する必要があります。疑わしい症例が出た場合には、疫学的調査も含め迅速に対応しなければなりません。同時に、近隣の酪農場へのウイルス持ち込み、伝播を防ぐことは最重要課題です。

また、ウイルス性疾患には特異的な治療法はありませんが、ほとんどは細菌やマイコプラズマの二次感染が想定されるため、それらに対する抗菌剤治療が主体となります(肺炎治療に準ずる)。この他の対症療法としては、初期段階での(非)ステロイド系消炎剤や気管支拡張剤が有効です。皮下気腫については自然回復を待つしかありません。

【加藤　敏英】

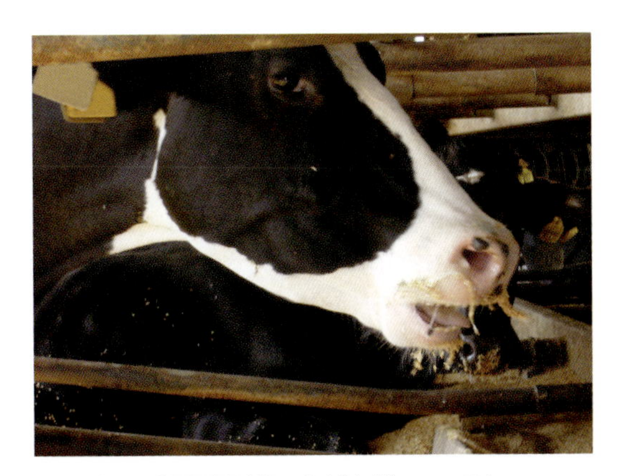
開口呼吸と鼻翼呼吸（鼻の穴が広がっている）

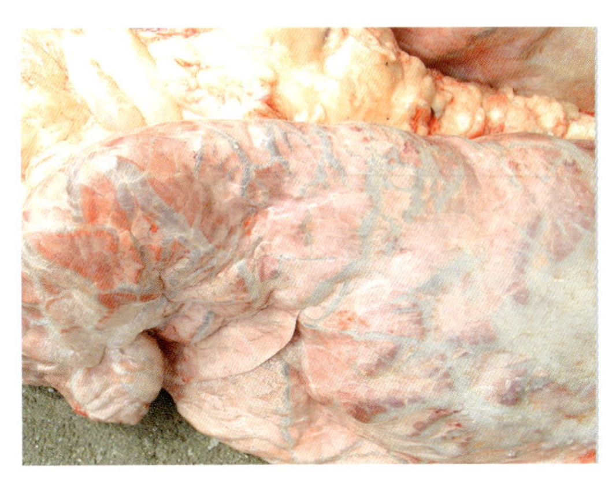
肺の間質まで空気が入り込み全体的に膨らんだ肺の気腫（特に後背領域に出やすい）

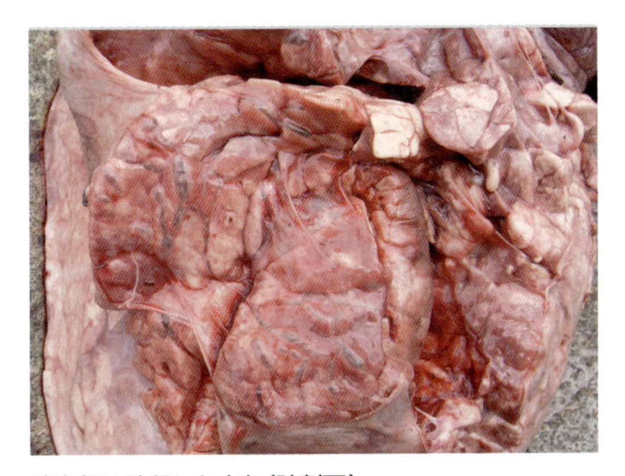
肺内部に貯留した空気（肺割面）

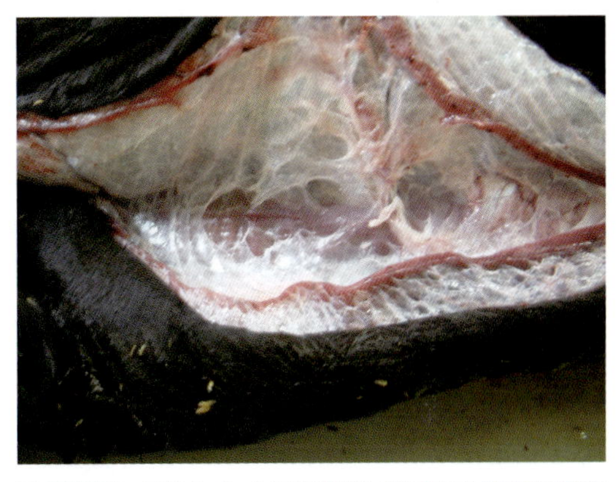
頸部背側に発生した皮下気腫（山形県庄内家畜保健衛生所提供）

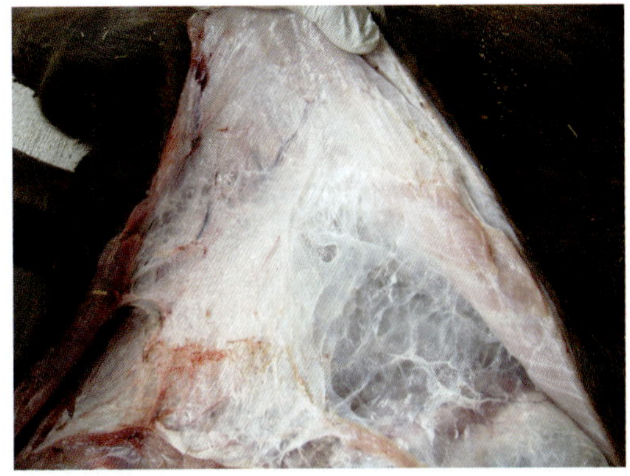
浅頸部から肩部に認められた皮下気腫（スポンジ状）

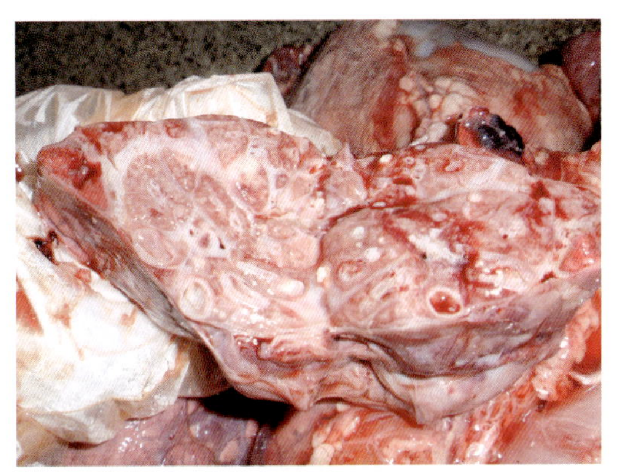
RS ウイルスが関与した気管支間質性肺炎

熱射病

原因

熱射病の原因は高い気温と湿度、通気性の悪さ、直射日光などの暑熱環境で、その指標としてTHI（温湿度指数＝0.8×気温＋（相対湿度／100）×（気温－14.4）＋46.4）があります。乳牛ではTHIが68～70で暑熱ストレスを感じ始め、72以上でストレスとなり、90以上は危険域といわれています。肉用牛は比較的耐暑性があり75以上でストレスとなります。暑熱ストレスの感受性は分娩、高泌乳、高齢などの要因により個体で異なります。特に分娩前の低栄養は体温調節機能に変調を来すため、熱射病は分娩前後に集中的に発症します。さらに周産期疾病、乳房炎、運動器病などの合併症が症状を増悪させ、予後不良となることも少なくありません。

症状・特徴

一般症状：直腸温が40℃以上で、呼吸数増加、努力性呼吸、開口呼吸や大量の流涎（りゅうぜん）などが見られます。初期は体表から蒸散を促すため、起立時間が増えますが、重篤化すると起立困難、起立不能となり、神経症状を呈することもあります。体温調節系中枢にダメージを受けると死に至ります。

食欲低下：ルーメンのバッファー材である唾液の流失により、胃腸蠕動（ぜんどう）運動が低下し採食量の低下につながります。

乳量低下：暑熱ストレス下では、呼吸数の増加や体表からの蒸散量増加で、適温下より10％以上の採食量低下が報告されており、初めに乳成分悪化、続いて乳量低下を招きます。

繁殖成績低下：発情持続時間の短縮や発情の微弱化により繁殖成績が悪化します。乾乳期の栄養不良が分娩後の卵巣回復を遅らせるため、暑熱期の乾乳牛の栄養管理も重要です。

酪農家ができる手当て

応急処置：体温が42℃を超えている場合は危険な状態です。まず牛体全体を冷やします。30分以上のかん水で、体表面をぬらす程度ではなく、体温39℃以下まで牛体をしっかり冷却してください。牛体かん水後の送風、冷水の浣腸（かんちょう）や毛刈りも有効です。子牛は発見時、症状が重篤化していることが多いので迅速に対応してください。

暑熱対策：外気温と牛舎内の気温は異なります。休息場所、搾乳場、待機場所など地点ごとの気温、湿度のモニタリングが必要です。牛舎環境や経費などを踏まえ次に挙げる対策から効果的なものを組み合わせてください。

送風扇・トンネル換気・細霧システム・ダクト・日陰樹・寒冷紗の設置、屋根への遮熱材塗布、牛体毛刈り、清潔な飲水確保、良質な粗飼料確保、ビタミンA・E剤の10％以上増給（抗酸化剤）、ミネラル類の10～20％の増給（高温時にはカルシウム、リン、マグネシウムは体内での吸収、利用性が低下する）、重曹添加、護蹄管理（暑熱期前に削蹄実施、跛行＝はこう＝牛の早期発見・早期治療）

繁殖成績の低下防止策：観察の時間と回数を増やし発情発見率を高めます。ホルモン剤の応用による定時授精も有効。暑熱感作は胚の発生初期に最もダメージを与えるので、既に耐暑性を獲得したステージの胚を移植する受精卵移植も受胎率向上に効果的です。

獣医師による治療

治療は、脱水の改善と循環血流量の確保を最優先とし、合併症の病態を把握しつつ行います。呼吸性アルカローシス、代謝性アシドーシス、血液ガス分圧に変化がない場合などさまざまな病態があるので、輸液による酸塩基平衡の補正は慎重に判断します。経口投与による重曹などの添加については、ルーメン内環境の適正化にとどまらず、血中の酸塩基平衡の適正化にもつながり、乳量や乳成分の低下を抑制できることが多く報告されています。

【畠中　みどり】

熱射病による開口呼吸と流涎

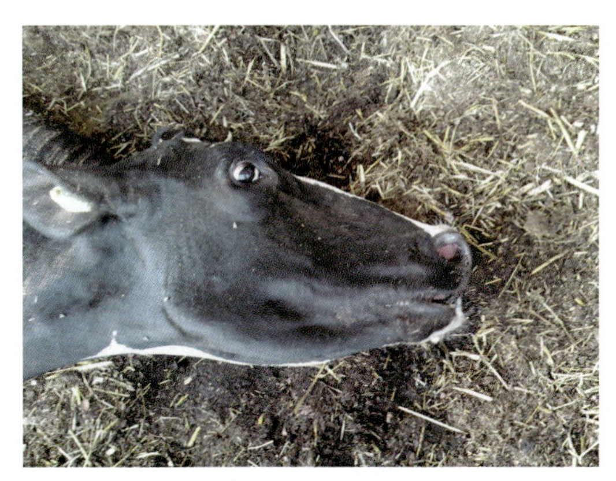

熱射病により神経症状を呈し、横臥（おうが）、起立不能に加え脱水、大量の流涎が認められる

植物による緑のカーテン

左の写真の内部。植物の蒸散作用、送風扇、細霧システムを併用している

遮熱剤の屋根への塗布

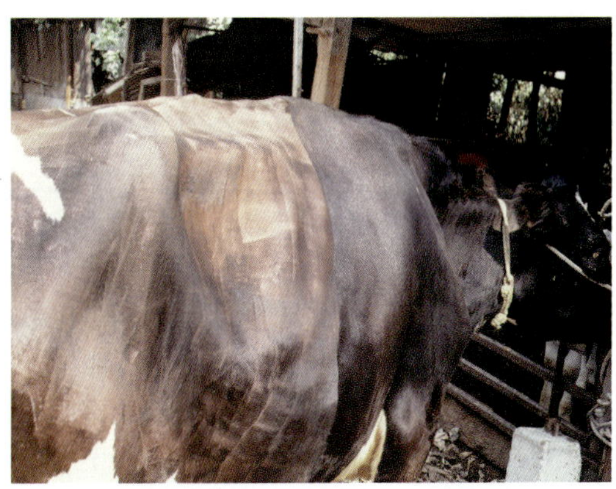

牛体毛刈りは蒸散量の多い前躯(く)が重要だが、神経質な牛は後躯から行うと作業がしやすい

細菌性腎盂腎炎

原因

細菌性腎盂腎炎は、細菌が膣から尿道を経由して膀胱（ぼうこう）に入り、さらに尿管を経由して腎臓に達し、腎臓の内側から炎症を起こす感染症です。膣内には細菌が常在していますが、雌は尿道が短いので膀胱（ぼうこう）まで細菌が侵入しやすく、膀胱炎が起こります。膀胱炎によって膀胱内で増殖した細菌が尿管を上行して、腎盂（腎臓と尿管の接続部）に到達し、腎盂で増殖することで発症します。原因菌は主にコリネバクテリウム・レナーレという細菌ですが、牛の膣や外陰部に常在し、分娩などのストレスによって牛自身の防御能が低下すると膀胱炎や腎盂腎炎を引き起こす日和見菌であることが分かっています。

症状・特徴

本症は膀胱炎、次いで腎盂腎炎の順で感染が進みます。膀胱炎や感染初期の腎盂腎炎では、尿の混濁や頻尿などを示しても、発熱が見られないために分娩後の悪露（おろ）と間違えられることもあります。

膀胱や腎盂の炎症が進行すると、頻尿や痛みから背湾姿勢（背中を曲げる）、排尿後の努責（いきみ）、尾の持続的な挙上などの症状が現れます。また炎症が慢性化するため、食欲が低下して痩せていきます。このころになると排尿した尿が濁ったり、炎症部位からの出血により赤い尿が観察されたりすることがあります。

さらに炎症が悪化すると、炎症による組織片や白血球、線維素の混ざった固形物が尿に出るので尿が白く濁ります。出血している場合には尿中の血液の量が増えます。

直腸を検査すると、大きく腫れた腎臓や太くなった尿管に触れることができます。

末期になると腎臓の機能が低下するため、尿毒症が起こり、さらに元気、食欲がなくなっていきます。

酪農家ができる手当て

軽症例は抗生物質の継続的な投与によって治癒するので、早い段階での発見と治療依頼が必要です。排尿姿勢や尿をよく観察して、本症を疑う場合は獣医師に相談してください。

獣医師による治療

原因菌の同定と抗生剤の感受性試験を行い、その結果に従って腎臓から排せつされやすい抗生剤を選択します。

一般的にはペニシリン、アンピシリン、セファロスポリン系などの抗生剤、エンロフロキサシンなどの合成抗菌剤を通常使用量の２倍量で10日間、連用します。治療が中途で終わると再発しやすいため、尿が正常になっても薬剤の投与を継続します。

治療終了後３～４週間でカテーテルを使って膀胱内の尿の細菌検査を行い、細菌が出現していないことを確認します。細菌が検出された場合には、さらに抗生物質の投与を実施するか、廃用にするかの選択を畜主と検討することになります。

【大塚　浩通】

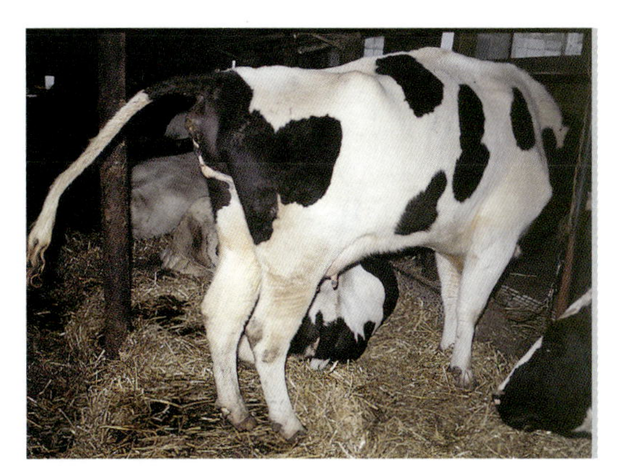

頻尿を示す罹患（りかん）牛（小岩原図）

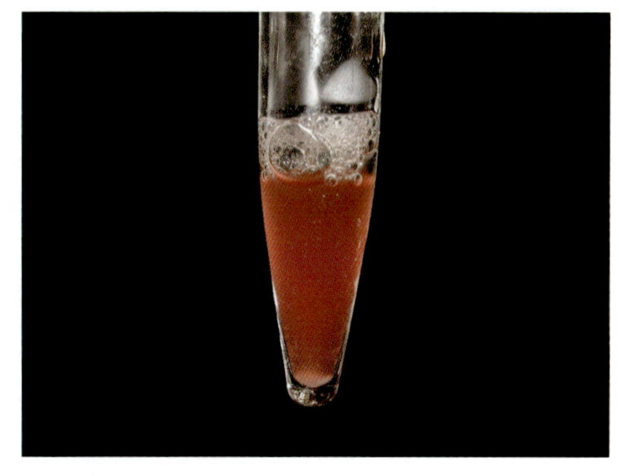

病牛が排せつした血尿（小岩原図）

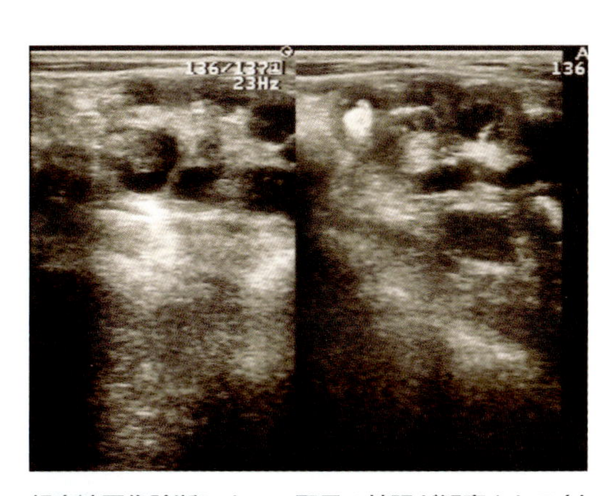

超音波画像診断によって腎盂の拡張が観察される（小岩原図）

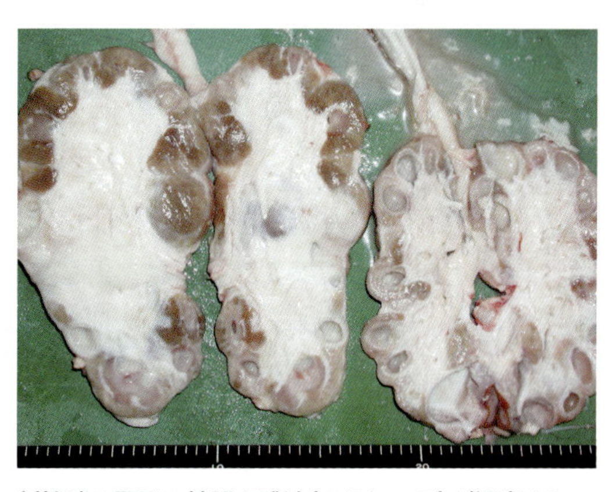

剖検時の腎盂の拡張と膿汁（のうじゅう）が観察される（小岩原図）

腎臓全体に巣状に広がった化膿（小岩原図）

アミロイドーシス

原因

アミロイドとは、慢性炎症性疾患によってつくられる線維状の異常タンパク質です。アミロイドーシスは、その異常タンパク質がさまざまな臓器に沈着して機能障害を起こす病気です。アミロイドは血流を通じて全身に及びます。特に血液をろ過する腎臓にたまりやすい他、消化管、心臓に加え、末梢（まっしょう）神経組織などにも沈着します。腎臓では糸球体（血液をろ過して原尿を分泌する）や尿細管（必要な水や電解質などを再吸収する）に沈着して、アミロイド腎症という腎機能の低下を引き起こします。

症状・特徴

症状は衰弱、体重減少、下痢、タンパク質尿、貧血、浮腫などです。

慢性で頑固な水様性の下痢が見られます。本症では腎臓から血液中のタンパク質（特に小さい分子量のアルブミン）が漏れ出して血液の浸透圧が低下、血液中の水分が血管の外にしみ出し、組織に水がたまる水腫を引き起こします。腸に水腫が起きると、腸の内容物から水分を吸収できなくなり下痢症状を示します。腸でのアミロイドの沈着も下痢の原因となり、下痢が続くと脱水し目がくぼんできます。

水腫は皮下組織にもできます。水分は引力のため体の下の方にたまり、下顎（かがく）、頸、胸や腹にかけて冷たいむくみができます。体内では腹水や胸水がたまり、その量が著しくなると腹は大きく膨らみ、呼吸は速く、あるいは浅くなります。慢性的な下痢が起こるため、罹患（りかん）牛は痩せていきます。

腎臓の血管から漏れ出た血液中のタンパク質は、腎臓で再吸収されずにそのまま尿に排出されるので、尿は高タンパク質尿（１～10ｇ／尿１ℓ）となって粘り気が増し、排尿すると尿は泡立ちます。

症状の中期から末期には食欲や元気がなくなり、尿毒症が強くなると、さらに沈鬱（ちんうつ）になります。

直腸検査により、大きくなった腎臓に触ることができ、水腫のため厚くなった腸管に触ることができます。

腎臓の機能障害が起こるため、赤血球の造血因子の産生が低下し貧血が起こります。

血液所見では血清アルブミンの減少に伴う血清総タンパク質量が減少し、これらのタンパク質は尿中で上昇します。また腎機能不全により血中尿素態窒素（BUN）が上昇し、尿中では低値になります。

酪農家ができる手当て

特にありません。

獣医師による治療

治療方法はありません。末期になると尿毒症と全身性の水腫により食用にはならないので、診断、早期淘汰するべきです。

牛のアミロイドは慢性炎症の際に産生されるので、慢性化しやすい化膿性疾患は徹底的に治療し、炎症の継続期間を極力短くすることが重要です。

【大塚　浩通】

血清総タンパク質量が著しく低下するために下顎や胸垂、下腹部などに冷たいむくみ（冷性浮腫）ができる（小岩原図）

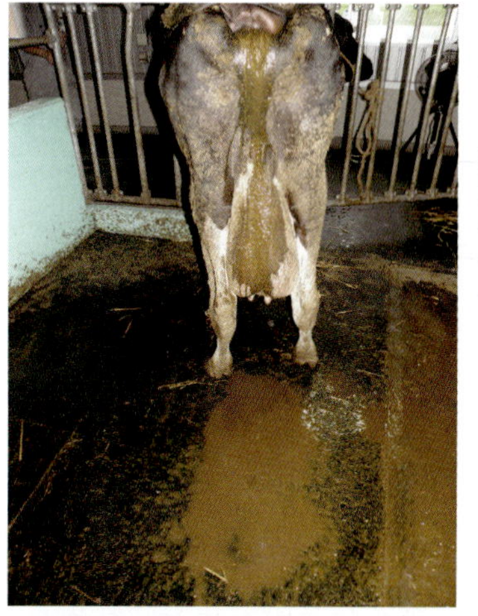

水様性の下痢（小岩原図）

尿にタンパク質が漏れ出すため、泡立つ（小岩原図）

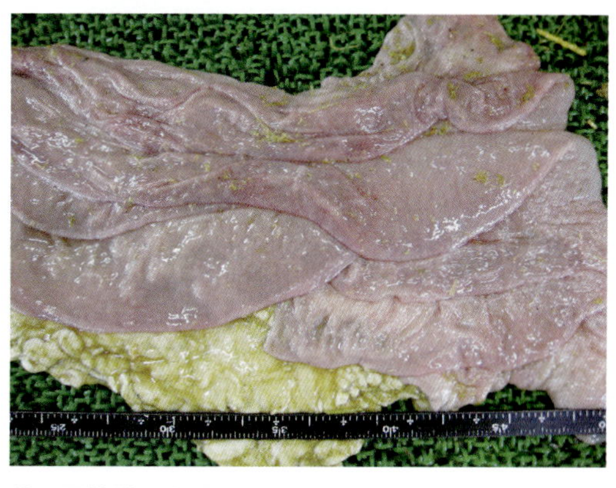

第四胃粘膜の水腫。腸管にも同じような水腫ができる（小岩原図）

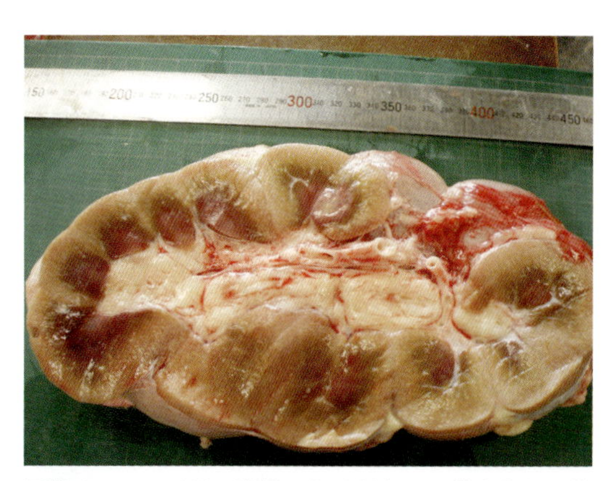

腎臓はアミロイドの沈着のため退色して黄土色から黄白色になっている（小岩原図）

小型ピロプラズマ病

原因

小型ピロプラズマ病はダニが媒介するピロプラズマ原虫のうち、日本に広く分布するタイレリア原虫が赤血球内に寄生することによって、赤血球が異物と見なされ脾臓（ひぞう）で処理されるため、貧血と黄疸（おうだん）を示す疾患です。特に、牧野に放牧中の育成牛がダニに寄生されることが多く、代表的な放牧病の１つといえます。

タイレリア原虫に感染された牛の血液をフタトゲチマダニやヤスチマダニが吸血すると、原虫感染された赤血球と共にダニの体内に入り、有性生殖で原虫がダニの体内で増殖します。唾液腺内にタイレリア原虫が混在するダニが次の牛を吸血すると、ダニの唾液と共に原虫が牛の皮下組織に入り、その後リンパ節の中で無性生殖によってさらに増殖。リンパ節からリンパ液に乗って血液中に放出され、赤血球の内部に侵入します。こうした過程を経て、ダニが媒介して感染牛から他の牛に感染が広がっていきます。一度感染すると原虫は一生体内から消えることはないので、他の病気に罹患（りかん）したり、分娩など何らかの理由により牛の免疫力が下がったりすると原虫が増殖することがあります。

症状・特徴

貧血のために、粘膜（結膜や膣粘膜など）や皮膚（特に白毛部や乳頭）の色が白くなってきます。また急激な貧血の後では、黄疸のために粘膜が黄色くなり、尿も濃い黄色になります。

貧血が続くと栄養不良に陥り、育成牛では痩せたり発育不良になったりします。搾乳牛では泌乳量の減少が起きます。貧血が強いと収縮期心内雑音が聞こえ、感染初期と貧血の進行時に発熱が見られます。体表リンパ節が軽度に腫れて、貧血のために脈数や呼吸数が多くなり、また元気がなく運動を嫌ったり、ふらついたりして、放牧場では群れから離れてしまうことがあります。

酪農家ができる手当て

放牧中であれば、元気なく群れから離れる牛を早く見つけ、診断を依頼します。罹患牛は、夏は日陰の涼しい、冬は暖かい場所に置き、十分な水と良質な飼料を与え、少しでも安静な状態を保ちます。貧血が強いときには、無理に歩かせたり運搬したりするだけで症状が悪化するため、十分な注意が必要です。

ダニは吸血せずに２年以上生存できないことから、牧野を２年以上、採草地として休牧させ、タイレリア原虫を媒介するダニが完全に死滅してから牛を放牧することは有効です。また、イベルメクチン製剤または類似の薬剤の定期的な投与によるダニの防除も有効です。

放牧馴致（じゅんち）を十分に行い、放牧のストレスを緩和させることが推奨されます。

獣医師による治療

赤血球中の原虫の駆虫剤として動物に使用できる薬はありません。貧血の治療として、健康牛の血液を輸血することは即効性があります。貧血によって酸素不足となるので、乳酸加リンゲルまたは酢酸加リンゲルなどの輸液剤を投与して血液の循環を良くすることが有効です。栄養不足を疑う場合には、栄養補液なども併用します。

【大塚　浩通】

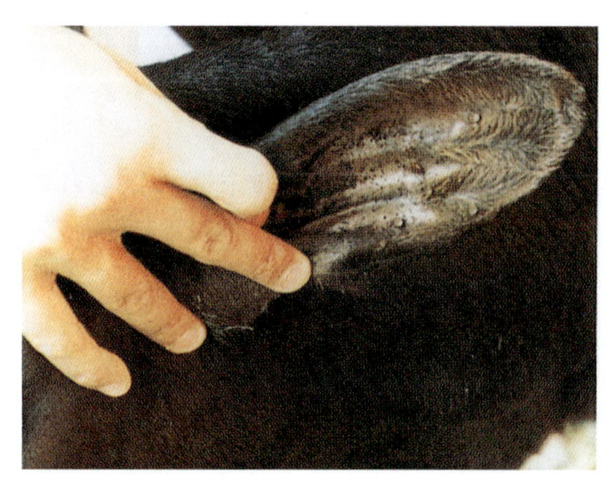

耳の裏に付着して吸血中の成ダニ（高橋原図）

感染牛の鼻鏡の貧血（小岩原図）

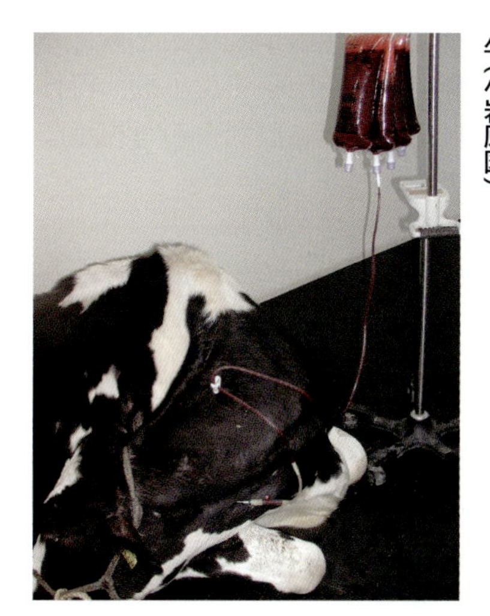

重度の貧血を治療するために大量に輸血する感染牛（小岩原図）

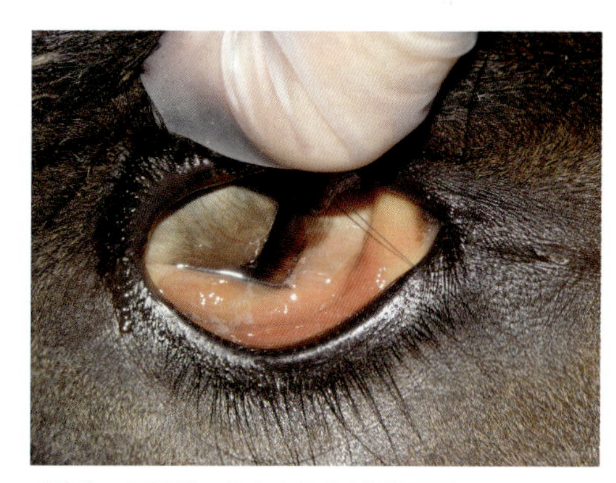

感染牛の眼結膜の貧血と黄疸（小岩原図）

後大静脈血栓症(CVCT)

こう だい じょう みゃく けっ せん しょう

原因

全身循環から肝臓を経由して心臓に戻る直前の血液の通路である後大静脈に形成される、血流を阻害する障害物(栓子=せんし)が後大静脈血栓です。この血栓の一部が剥離した小片が心臓を経由して肺に達すると、肺の毛細血管の栓子となり肺血栓塞栓(そくせん)症(PTE)を生じます。これらの栓子が原因となって生じる病態を総称して後大静脈血栓症(CVCT)としています。肺毛細血管内の栓子は血流を乱し、血管壁をもろくしてコブ(膨らみ)を形成します。気管支の終末である肺胞と並行している毛細血管にこのコブがあると、毛細血管と肺胞が癒合して血液が肺胞に流れます。これが臨床上認められる、鼻からの出血の原因となる肺出血の発生機序(仕組み)です。

後大静脈血栓の主因は肝膿瘍(のうよう)であるとされています。ルーメンアシドーシスや離乳期の不適切な飼養管理などによって第一胃壁が傷付きやすくなり、さまざまな異物が血流中に混入して肝臓に膿瘍が形成されるといいます。乳房炎や関節炎などの化膿性炎症があるとき、それら局所の細菌が血流に乗って肝臓に達し肝膿瘍の原因となることもあり、それらが直接栓子の材料となる場合もあります。これらの細菌は肺毛細血管内の栓子の材料にもなるので、後大静脈血栓からの剥離物を待つことなくPTEを発症し、CVCTの症状を発現させることも可能となります。

症状・特徴

持続性の呼吸障害と鼻からの出血が認められます。出血は肺からのものなので、両側の鼻孔(びこう)あるいは左右交互に認められ、片側だけから出ることはありません。かっ血(せきとともに血を吐き出す)することもあります。PTEが広範囲に及ぶ場合には、激しいせきと同時に大量の血液を噴出します。それによって斃死(へいし)することもあります。

肺からの出血はCVCTの末期に見られる特徴的症状です。この症状が発現する前に、栓子の基となる化膿性産物の供給源である病巣が第一胃、肝臓、関節、乳房などに長期間あったはずで、削痩や栄養障害、慢性炎症像(血液検査をしないと分からない)が先行して発現していたことが予想されます。初期段階で鼻からの出血が少量の場合、牛はその血液を飲み込んでしまい、便が黒くなることもあります。出血がなくても、呼吸が荒い、せき込むなどの呼吸器症状が続くこともあります。微量の出血が長期間続くために、慢性貧血となり、眼結膜や膣粘膜などの可視粘膜が白っぽくなります。

酪農家ができる手当て

第一胃粘膜が未発達な状態で濃厚飼料や粗飼料を多給すると、粘膜が傷付きやすくなり肝膿瘍の原因になります。離乳育成期に無理な飼養管理を避けることがCVCTの予防になります。臍炎(さいえん)、関節炎、肺炎、乳房炎などを長引かせると本症の原因をつくり出してしまうので、衛生環境を適切に整えることも大事です。

獣医師による治療

根治療法はありません。出血部位を鑑別して確定診断後、早期に廃用とすべきです。発症牛に化膿性疾患が確認できた場合には、PTEが十分に疑われます。その化膿性疾患の処置に際しては、CVCTの可能性をしっかり考慮した治療計画が必要となります。

【田島　誉士】

鼻孔からの軽度の出血。左右の鼻孔から、鼻汁と混ざって持続的に血液が排出される

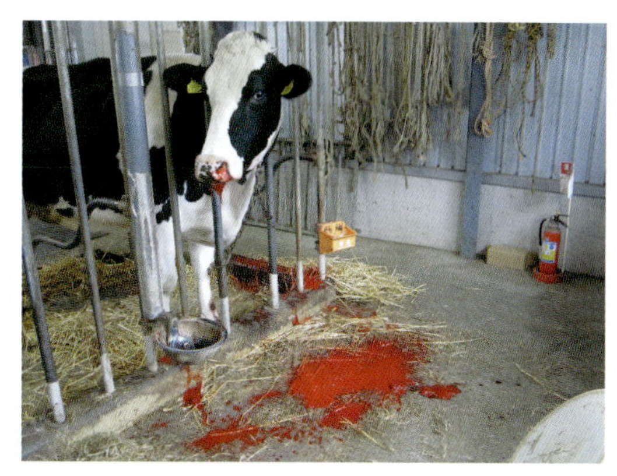

せきとともに大量に排出された血液。鼻からの出血であることが確認できる

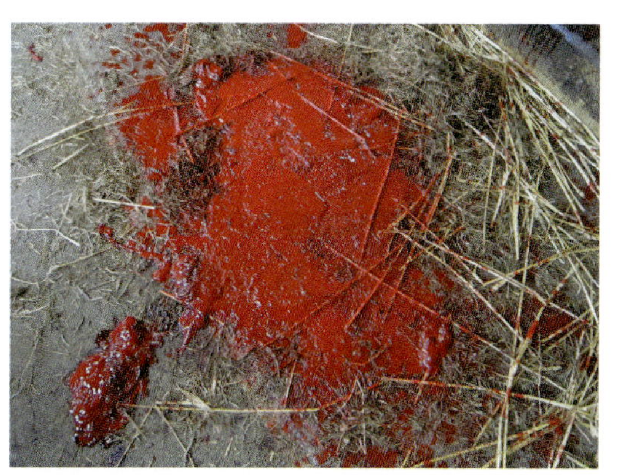

大量出血は鮮紅色で血餅（血の塊）も混じる

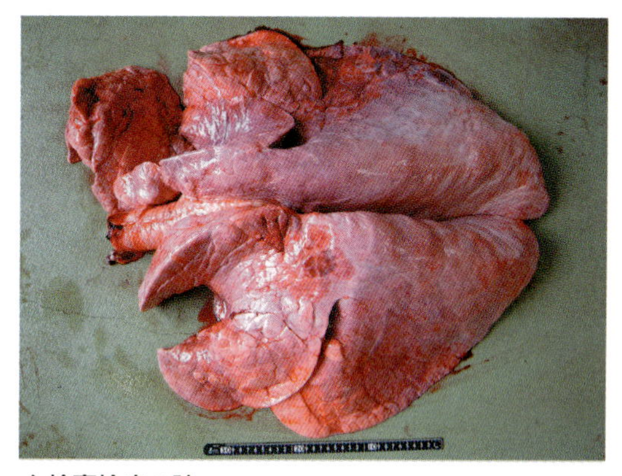

血栓塞栓症の肺

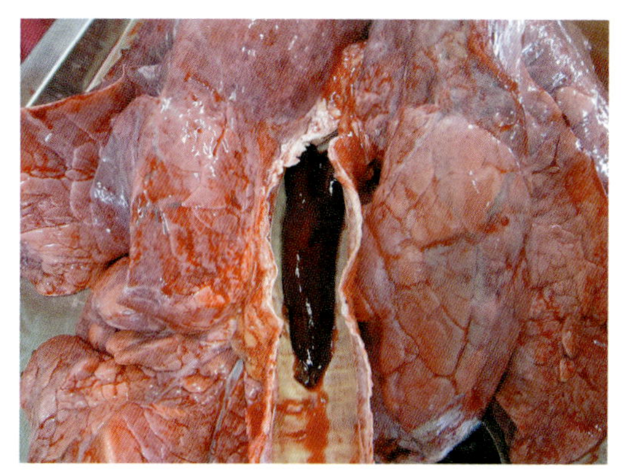

中段右写真の気管内を占める血餅

皮膚真菌症(ひふしんきんしょう)

原因

皮膚真菌症は白癬(はくせん)菌(*Trichophyton verrucosum*)が皮膚表層で増殖することによって発症します。この真菌は、乳牛や肉牛から日常的に分離される糸状菌(カビの一種)で、胞子と菌糸から構成されます。若齢牛ほど高い感受性を示すので、集団哺乳や離乳後の集団飼養の際、あるいは放牧ストレスなどの負荷がかかったときなどに皮膚病変を形成しやすいとされています。ストレスなどで抵抗力の弱まっている人にも感染して、同様の皮膚病変を生じさせることがあります。

病変部位にかゆみが生じて、牛が患部を壁などにこすり付けると、そこを介して胞子が他の個体に移ります。あるいは、個体同士が直接接触することによっても胞子は移ります。この糸状菌は、皮膚角質層や被毛などで菌糸をめぐらせて増殖し、胞子を増やして病変を拡大させます。病変は体表に限局され、内臓など他の臓器で増殖することはありません。菌は同心円状に増殖するので、それに準じた円形の病変を形成します。

症状・特徴

頭頸部が好発部位で、躯幹(くかん)部にまで広がることもあります。病変部は円形に脱毛し、かゆみを伴います。丸い脱毛が散発してそれぞれ自然に縮小していく(毛が生えてくる)こともありますが、それぞれの病変が拡大して癒合していきます。かゆみが増してくるので、同居牛や壁などにこすり付けることによって、胞子をばらまきます。

これによって、同じような病変を持つ牛が、牛群内で増えていきます。一度感染すると抵抗力を持つとされており、自然治癒した経験のある牛が激しい症状を呈することはありません。従って、成牛で発症することもほとんどありません。円形の脱毛部は次第に灰白色のカサカサの表面となり、ぼろぼろと剝がれ落ちてきます。元気や食欲がなくなったり、発熱が認められたりすることはありません。

眼周囲から頸部にかけての皮膚に、最初の病変が形成されます。丸い小さな脱毛で、皮膚が膨隆したり、じゅくじゅくしたりすることはありません。目の周りの皮膚が左右対称性に脱毛するのは本症ではなく、ある種の栄養障害が原因である可能性も考えられます。

酪農家ができる手当て

自傷(かきむしるなどして自分で傷付けてしまうこと)による病変部の損傷がなければ、自然治癒します。密飼いを避け、食い負けをさせないなどストレスをかけないような環境で飼養すると、たとえ発症しても治りは早くなります。ヨード系の消毒剤はこの真菌に効果的です。患部に塗布して直接消毒することもでき、治療効果も得られます。

獣医師による治療

抗真菌剤としてグリセオフルビン、イミダゾール系抗菌薬があり、菌糸が組織深部にまで根付いている場合には、角質溶解性の強いサリチル酸などと共に塗布あるいは噴霧すると効果的です。動物用製剤は日本では市販されていません。食用動物としての個体に使用が認められている外用剤としてナナフロシン油剤(ナナオマイシン)があり、患部に塗布することにより著効を示します。

【田島　誉士】

目の周りから徐々に広がる病変

最初の部位は治っていくが、新たな部位へと病変は広がる

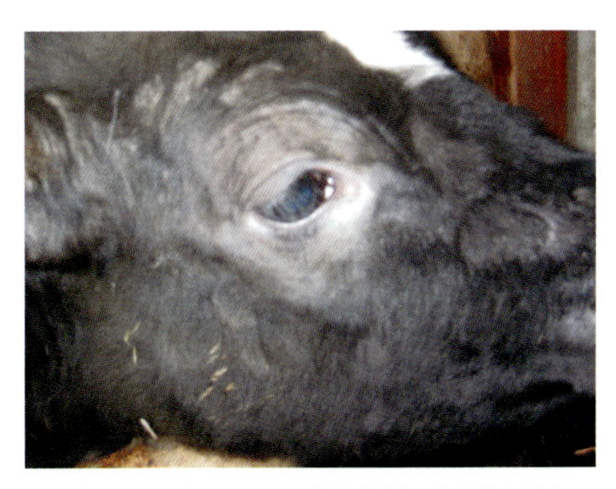

最終的には発毛してくる。抗真菌剤と消毒薬を塗布していると治りは早い

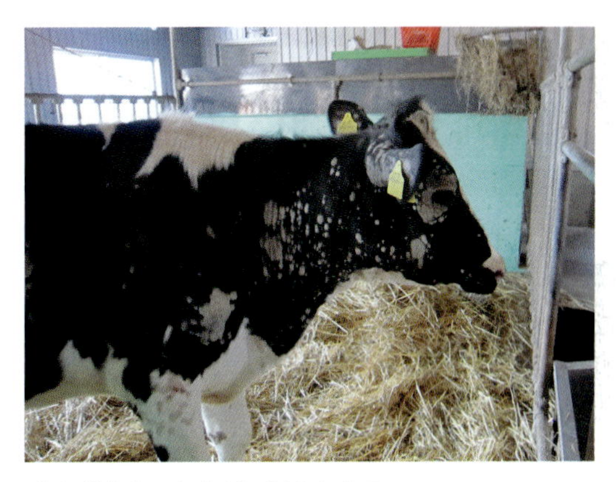

病変が全身へと広がる場合もある

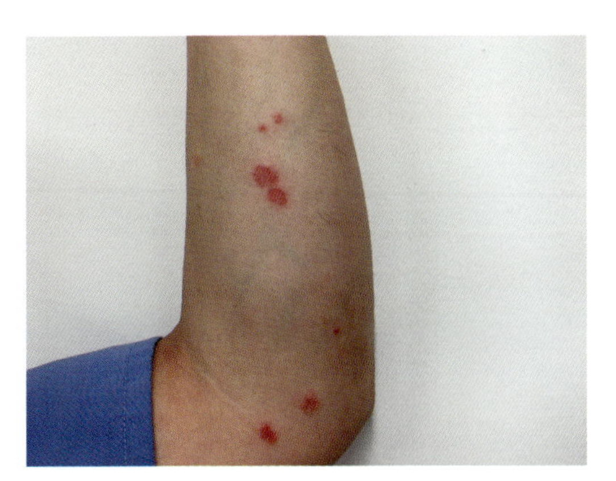

人にも同様の病変が生じるが、被毛がないので発見しやすい

パピローマ（乳頭腫）

原因

パピローマ（乳頭腫）は牛パピローマウイルス感染が原因です。感染は患畜牛との接触あるいは吸血昆虫などによります。

症状・特徴

品種や雌雄に関係なく発生します。１～２歳の発生が多く、イボは大小さまざまで有茎もしくは広い基部を持ち、顔面や頸、肩、乳頭での発生が多く全身に孤立的、多発的に発生します。かゆみや痛みは通常なく、慢性に経過し通常は半年から１年続きます。

抗体産生により１～12カ月程度で自然治癒しますが、イボが大きく多数だと、打撲や接触により出血を起こすこともしばしばです。乳頭に発生すると搾乳や授乳の障害となり、乳房炎の発症も多くなります。

酪農家ができる手当て

育成期にイボがあっても、親牛になると免疫作用で自然消滅することが多いようです。大きいイボを取り除けば、小さなイボが消滅することが多く、治療方法として、自家ワクチン療法が昔から応用されています。

自家ワクチンのつくり方は次の通りです。まず、牛からイボを切り取ります。10gくらいあれば十分です。採取したイボをきれいに洗い細かく刻んで、すり鉢などですりつぶします。すりつぶしたら、0.5～１％のホルマリン水100㎖を加えて、さらにすりつぶします。その後、密閉瓶に入れて冷蔵庫で２週間ほど熟成させます。ときどき瓶を振ってよくかき混ぜてください。このときにホルマリンにより、イボの中にいたウイルスが不活化されます。ろ紙でろ過して密閉できる瓶に保管します。

この自家ワクチンを子牛で10㎖、若牛で20㎖皮下注射します。１カ月に２回注射すると、イボが小さくなり枯れていきます。

予防策として、感染牛と非感染牛を分離飼養します。搾乳機器や管理器具に長期間生存するので、消毒を心掛けましょう。特に公共牧場での多頭数への感染拡大が問題になるので、牧区を分離するなどの対策は牧野衛生上必要です。

獣医師による治療

外科的摘出手術、薬剤による内科療法が行われることもあります。感染が広がる恐れがある場合には、発症牛を隔離したり、密飼いを緩和したりすることが効果的です。

液体窒素による凍結療法も有効です。薬物療法としては、ヨクイニンの経口投与が多く用いられます。しかし、効果が発現するのに時間がかかるので、根気よく投薬しましょう。

サリチル酸、ヒノキチオール、乳酸の合剤が市販されています。１日２回、筆を使って患部に適量を塗布し、腫瘍（しゅよう）が脱落するまで連用してください。

経口投与と塗布剤の併用が現場で多く行われています。

【髙橋　俊彦】

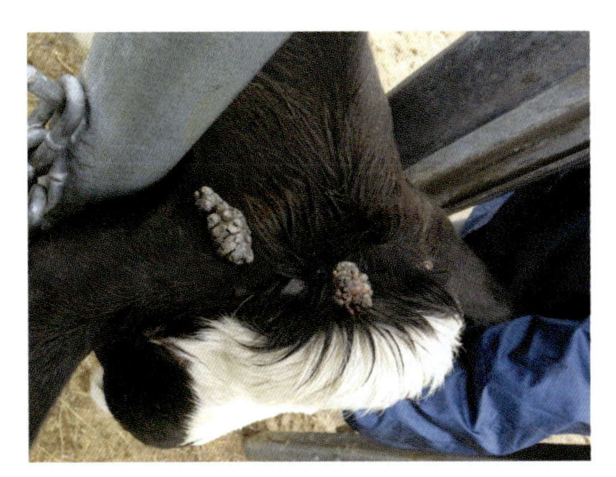

頭部と耳根部の病巣

頭頸部に見られる多数の病巣

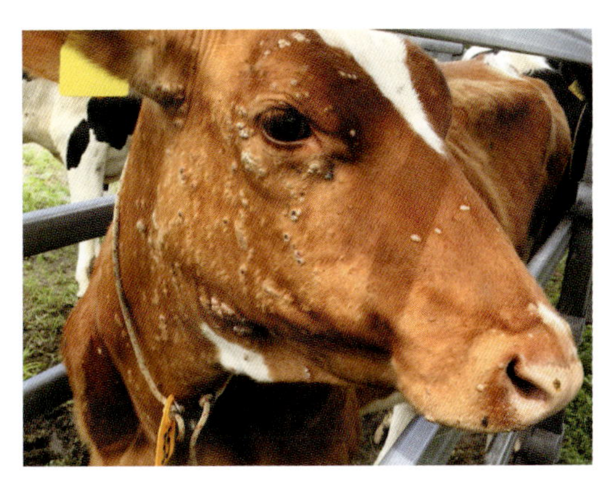

顔面の病巣

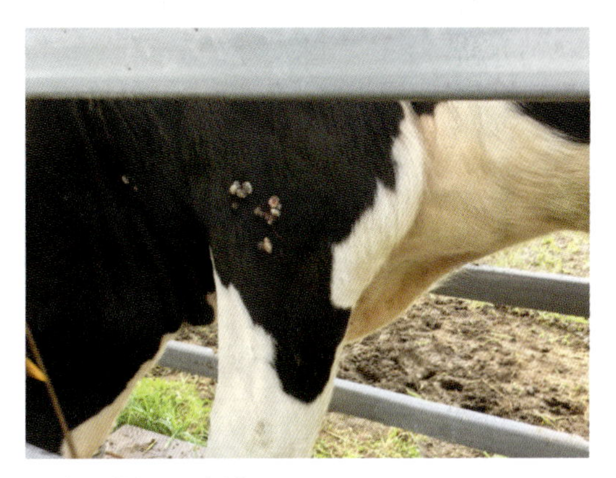

前肢に感染した症例

疥癬症（かいせんしょう）

原因

疥癬症は疥癬虫（ヒゼンダニ）が皮膚に寄生して、かゆみを誘発することによって発症します。ショクヒヒゼンダニ、センコウヒゼンダニ、キュウセンヒゼンダニが牛に寄生するとされています。それぞれの虫の外観は類似しても、皮膚への寄生の仕方が異なり、症状や病変も少しずつ異なります。

いずれのヒゼンダニも尾根部に寄生していることが多く、体表の広範部を自ら移動することはありません。

症状・特徴

ショクヒヒゼンダニは脱落表皮や皮脂腺の分泌物を食べる（食皮）ため表皮に寄生しています。牛が感じるかゆみはそれほど激しくはないようです。寄生部位は痂皮（かひ、カサブタ）や落屑（らくせつ、小さなカサブタやフケみたいなもの）が増え、脱毛が認められます。牛群全体に急速に広がることはありません。フケの塊をよく見ると、もぞもぞと動くダニを肉眼で確認できることがあります。日本で見られる疥癬症は、このダニによる症例がほとんどと考えられています。

センコウヒゼンダニは、皮膚を穿孔（せんこう）してトンネルを形成し、生涯その中で過ごします。これによって牛は強いかゆみを感じるようで、二次的な脱毛や皮膚の肥厚、細菌感染を生じることもあります。皮膚に小さな丘疹（ぶつぶつ）を形成し、やがてその部位が脱毛します。この病変が全身に広がり、かゆみによるストレスから食欲が減退し、乳量が減少することもあります。牛群内の牛から牛へとこのダニが移動していき、短期間で群全体に感染が広がるといわれています。

キュウセンヒゼンダニは、皮膚にトンネルは形成しませんが、突き刺さってリンパ液を吸います。何度も吸入することによって小さな丘疹が形成され、赤みが広がり脱毛します。激しいかゆみを感じるようで、二次的に脱毛が生じます。センコウヒゼンダニが寄生したときと同様に、かゆみによるストレスが原因のさまざまな障害が生じます。ダニがリンパ液を吸うために突き刺すため、寄生された牛はアレルギー反応を起こしやすくなります。このアレルギー反応によって、さらにかゆみが増大することもあります。

酪農家ができる手当て

ショクヒヒゼンダニは表皮に寄生しているため、ブラッシングや洗浄などで機械的に除去することも効果的です。しかし除去した脱落皮膚やフケなどは多くの虫体を含むので、そこから新たな感染を生じさせないよう確実に処理する必要があります。

獣医師による治療

イベルメクチン製剤の注射やポアオンが有効で、予防効果も期待できます。トリクロルホン製剤（ネグホン）は、牛体散布によって外部寄生虫が駆除できるだけでなく、牛舎や牛床の衛生害虫の駆除にも有効です。

【田島　誉士】

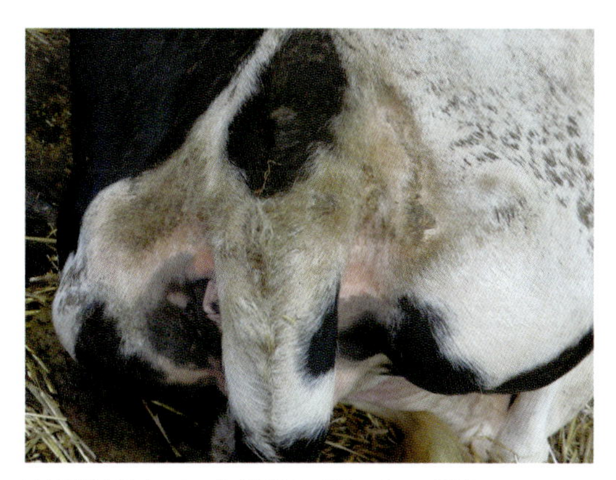
疥癬が寄生していた箇所のブラッシング後

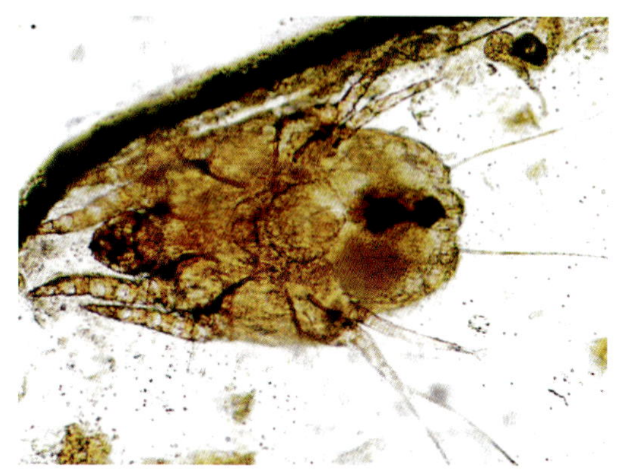
疥癬症の原因であるショクヒヒゼンダニ（緒方原図）

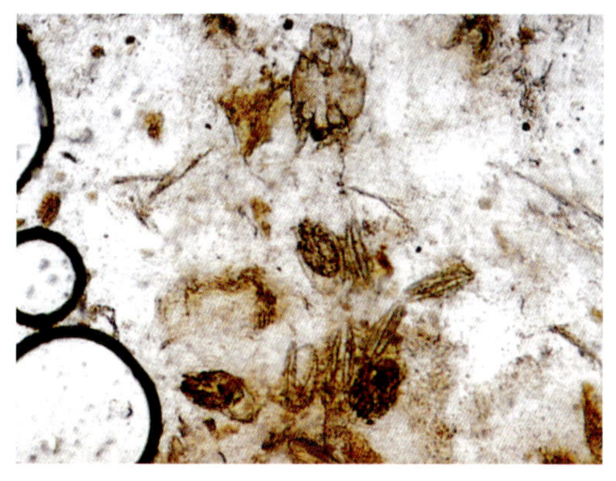
フケと一緒に皮膚病変を採取して検査すると虫体と虫体を包む殻のようなものが観察された（緒方原図）

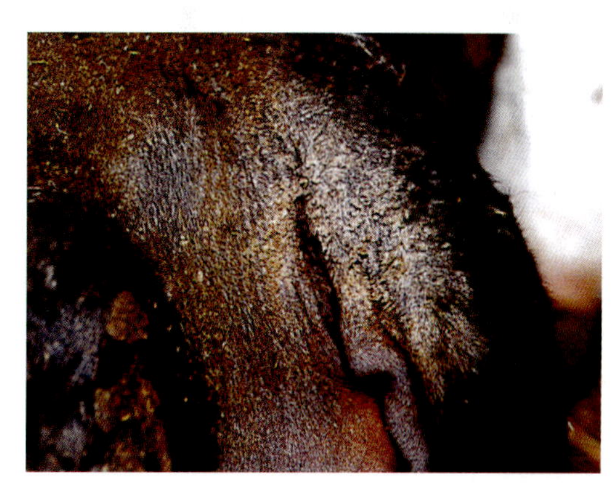
尾根部に脱毛が見られフケがたまっている（緒方原図）

牛毛包虫症

原因

牛毛包虫症は牛毛包虫（ニキビダニ）が皮下に寄生することによって発症します。毛包虫は被毛の根元（毛包）に寄生して垢（あか）や皮脂を摂食しています。ここで生まれた幼虫は皮膚表面に移動して、新たな毛包へと移っていきます。接触によって牛から牛へと移ります。

病原性はあまり強くありませんが、牛の免疫抵抗力が減弱しているとき、過剰に増殖して病変を目立たせることがあります。従って、病変が認められた牛には何らかの基礎疾患があることが疑われます。

症状・特徴

寄生部位には、皮膚の表面に米粒大から大豆大の膨らみ（小結節、丘疹）が形成されます。かゆみはあまり感じないようですが、脱毛することがあります。

人のニキビをつぶしたときのように、小結節から白色蝋様（ろうよう）物が搾り出されることがあり、その中に虫体が含まれています。細菌感染も起きていると、膨らみは赤みを増し、搾り出される蝋様物には臭みを伴います。

被毛のある体表すべての部位で毛包虫は増殖できるため、体表の各所に病変が形成される可能性があります。局所的に小結節を数個形成して、かゆみを呈することなく経過するケースが多いようです。小結節が全身に散在して、激しい脱毛が見られることもあります。そうなっても、ひどくかゆみを感じている様子はありません。

小結節が破れて内容物が漏れ出し、体表で乾燥して痂皮（かひ、カサブタ）状物を形成すると、かゆみが出てきます。他の皮膚病と異なり、持続的なかゆみが発現することはありません。他の細菌などが侵入して増殖すると、化膿（かのう）創となります。寄生虫感染の対応というよりも、外傷処置の必要性が高まります。

酪農家ができる手当て

牛毛包虫は病変をつくらずに、牛の体表に常在していることの多いダニです。胸や臀部（でんぶ）など体表の平たい部分に、ぶつぶつが目立つ牛が増えてきたら、ブラッシングなどで牛の体表を清潔に保つよう心掛ける必要があります。ブラシの使い回しで、ダニを他の牛に移してしまわないよう注意しなければなりません。

獣医師による治療

イベルメクチン製剤が有効です。注射やポアオンで駆虫可能で、予防効果も期待できます。同剤を既に消化管内寄生虫や外部寄生虫対策として使用している場合には、改めて処置をすると過剰投与になるので注意が必要です。

【田島　誉士】

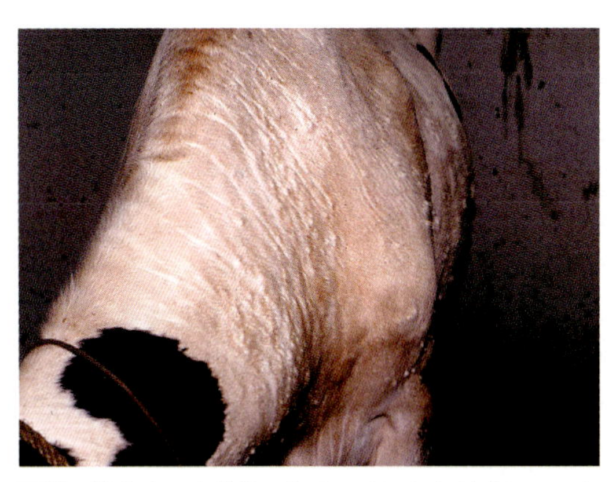
頸部に散在する小結節。かゆみはほとんど感じていない

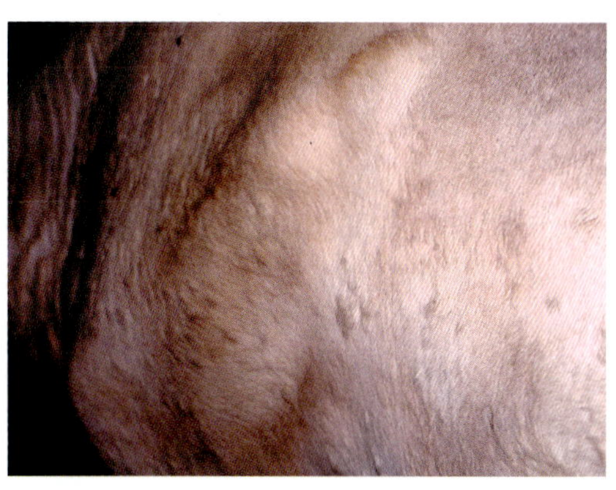
胸部に散在する小結節。脱毛は見られずかゆみも感じていないようである

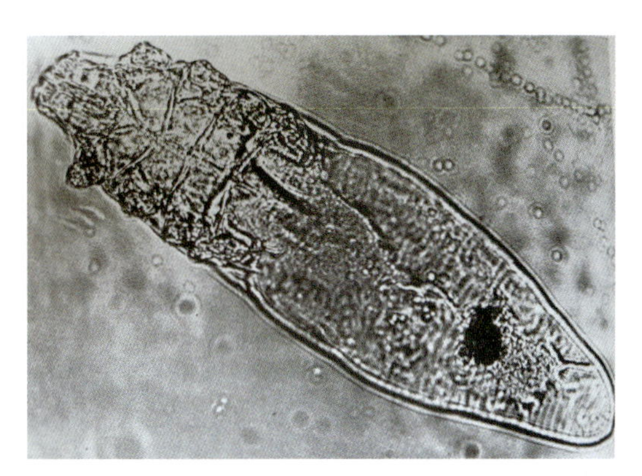
掻爬（そうは）した皮膚中の牛毛包虫（Die Klinische Untersuchung des Rindes 3. Auflageから引用）

デルマトフィルス症

原因

デルマトフィルス症は放線菌の1種であるデルマトフィルス（*Dermatophilus*）が牛の体表で増殖し、浸出性表在性に皮膚炎を生じさせる疾患です。この細菌は分岐状菌糸を形成し、その菌糸が球状となって叢毛性鞭毛（そうもうせいべんもう）を形成します。これが運動性のある遊走子となるものの、病巣部のみに生存する偏性寄生菌です。

すなわち、自ら移動する能力を持った細菌ではあるが、病変部のみにとどまる性質を持っている細菌ということです。高温多湿地方での発生が多く、北海道から沖縄まで日本全国で発症牛が認められています。抵抗力が弱った、病変を形成しやすい牛に発症します。

発症牛との接触によって細菌が牛から牛へ移動したり、放牧地のとげのある植物や吸血昆虫などによって間接的に細菌が伝播（でんぱ）されたりします。雨にぬれた皮膚では遊走子の運動が活発になり、病変部から健康な皮膚部分に移動して新たな病変を形成することがあります。

症状・特徴

病態初期は小さな皮膚の膨隆が散在します。細菌の増殖とともにその膨隆が大きくなり、浸出液によって内容がじゅくじゅくとした小結節（膿疱＝のうほう＝）を形成します。かゆみはありません。皮膚が破れて内容物や脱落皮膚が周囲の被毛に付着し、皮膚の破れた所には痂皮（かひ、カサブタ）が形成されます。この湿潤状態の内容物を採取してグラム染色あるいはギムザ染色して顕微鏡で観察すると、菌糸様菌体を確認できることがあります。その内容物を血液寒天培地で培養して形成されるコロニーを観察すると、より確実に細菌を確認できます。

少数の小さな病変は自然に治癒していくことがあります。破れた皮膚が別の細菌に感染すると、傷の治りも遅くなります。カサブタが取れて、じゅくじゅくした病変は、ゴミやほこりも付きやすく、それによってかゆみが増幅され二次的な傷害を引き起こすこともあります。

酪農家ができる手当て

病変部を洗浄して乾燥させておくことは効果的です。汚れた状態の病変部に消毒薬をかけても十分な効果は得られないので、きれいに洗ってから消毒薬を塗布します。ストレスなど牛の抵抗力を弱める要因が治癒力を減弱させるので、飼養管理に配慮するとともに、感染を拡大させない衛生管理をしなければなりません。

表在性の細菌感染による皮膚病のため、洗浄消毒が有効なこともあります。流水で体表を清潔にしてから、消毒剤を散布すると効果的です。

獣医師による治療

さまざまな段階の病変が散在していたり、病変が広範に存在したりする場合には、抗生剤の全身投与が必要になります。ペニシリン、アンピシリンあるいはストレプトマイシンを投与します。

【田島　誉士】

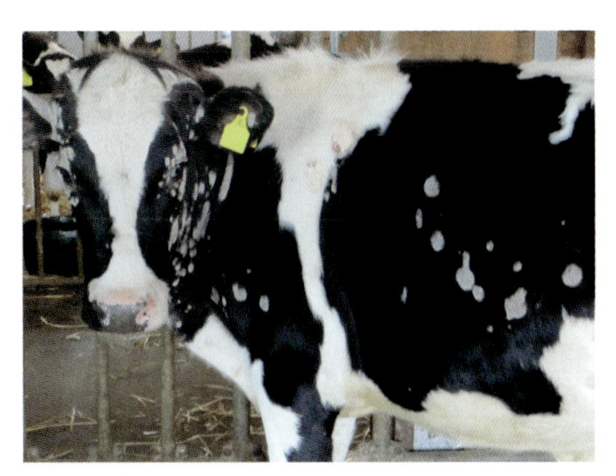

皮膚真菌症に併発したデルマトフィルス症。左肩および左下腹の白毛部に病変が認められる

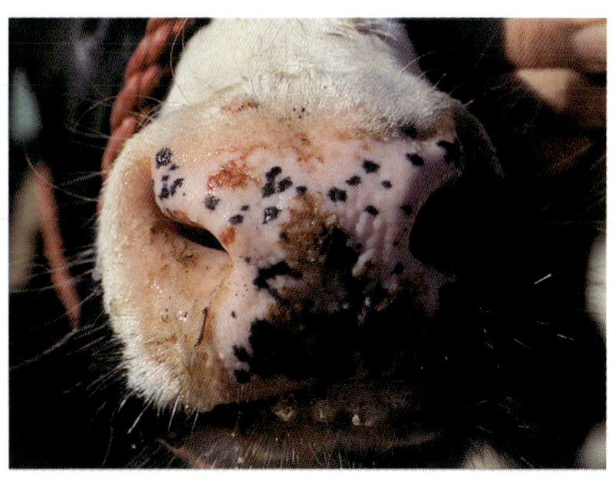

鼻鏡部の病変

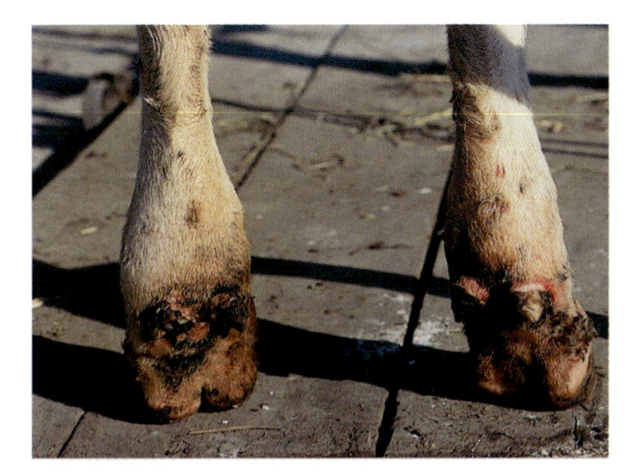

肢端の病変

光線過敏症（こうせんかびんしょう）

原因

光線過敏症は皮膚に光線過敏物質が沈着している牛が、放牧や舎外で日光にさらされたときに、白毛部の皮膚が赤く腫れ、やがて白毛部皮膚が壊死（えし）・脱落する皮膚疾患です。

光線過敏物質の皮膚への沈着には次の３つの原因があります。

［原発性］

光線過敏物質を体内に摂取した場合に現れます。光線過敏物質を含有するソバやオトギリソウなどの飼料の給与、摂取した後に体内で光線過敏物質に変化するフェノチアジン（消化管内寄生虫の駆虫薬）の投与、光線過敏物質であるアクリフラビンやメチレンブルーの注射が原因となります。

［光線過敏物質の体内生産］

遺伝的に体内である種の酵素が欠乏していると、光線過敏物質であるポルフィリンが過剰に産出（先天性ポルフィリン症）されて皮膚に沈着します。

［肝性］

光線過敏物質の体外への排せつ障害が原因です。牛の消化管内では常時、葉緑素（クロロフィル）が分解されて光線過敏物質であるフィロエリスリンに変化し、血中に吸収されて肝臓から胆汁中に排せつされます。しかし、重度の肝臓機能障害や胆管閉塞（へいそく）が起きると、フィロエリスリンが胆汁中に排せつされずに、皮膚に沈着します。

症状・特徴

皮膚病変は白毛部に限られて、黒毛部との境界がはっきりしています。初期には、白毛部の皮膚が赤く腫れ上がり、熱感と疼痛（とうつう）が認められます。白毛皮膚病変は、背部の皮膚で強く見られ、次いで腹部、乳房、頭部の順です。

皮膚病変が進行すると、白毛皮膚病変の組織が壊死して硬化、脱落します。

肝炎や肝線維症に伴う例では、皮膚病変の他に黄疸（おうだん）とビリルビン尿、興奮症状を示します。血液変化では白血球数の増加、ポルフィリン症では再生可能性貧血、肝臓病に伴う例では、ASTとGGT活性値の上昇、ビリルビン値の増加が認められます。

酪農家ができる手当て

本症を発生したら、直ちに牛舎内に移動させて直射日光を避けてください。白毛皮膚病変部は、消毒と二次感染防止の目的で、刺激の少ないヨード系消毒剤などで洗浄してください。同時に、本症の原因物質を検索して予防対策を行ってください。

獣医師による治療

本症の発生原因を早期に検索して、次の発生を未然に防ぐことが大切です。白毛皮膚病変に対する消毒を行うとともに、皮膚病変の二次感染予防の目的で抗生物質を全身投与します。

肝線維症に起因する本症に対しては、皮膚病変部の治療を行うと同時に、肝臓病の原病治療を行います。肝線維症の治療としては、デキサメサゾンの漸減療法が有効であり、肝線維症における組織病変の改善の指標としては、血清GGT活性値の推移が有益です。

【小岩　政照】

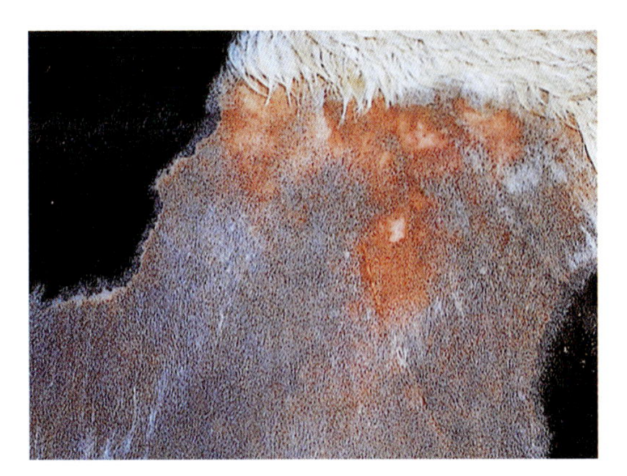
皮膚病変は白毛部に限局し、著しく発赤している

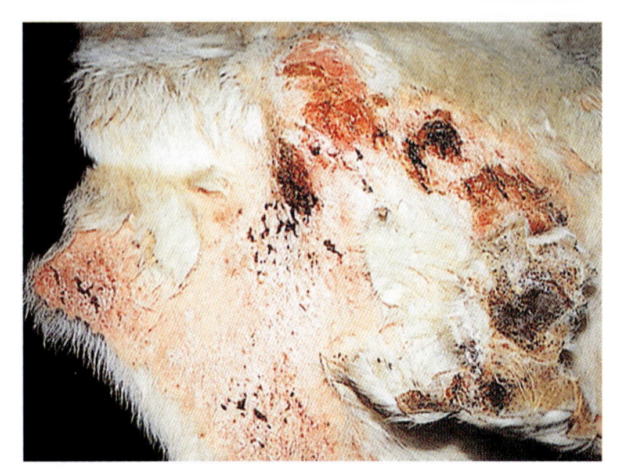
硬化している治癒過程の白毛部皮膚

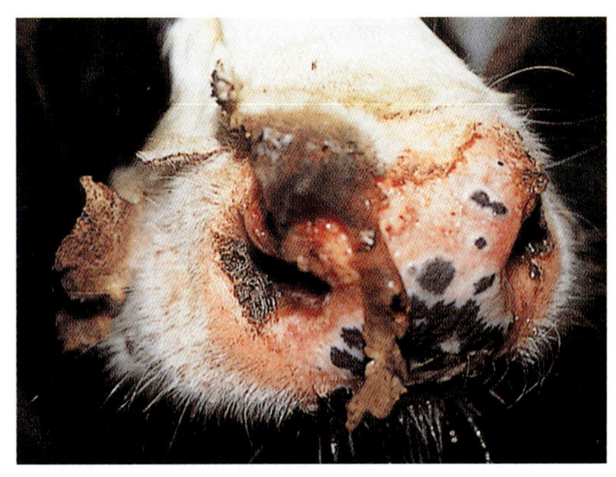
皮膚炎を呈する鼻鏡の白部皮膚

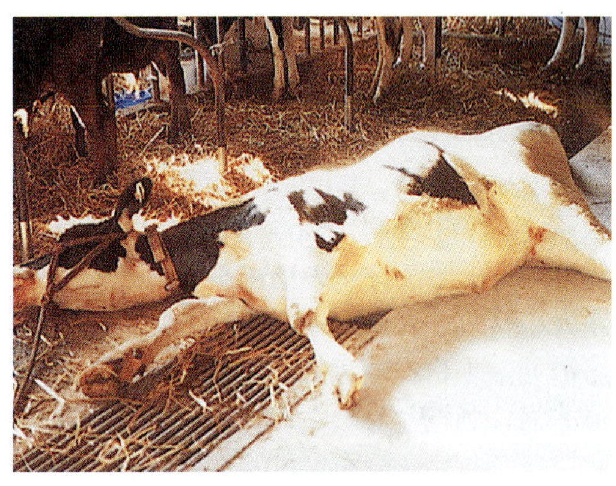
興奮症状を呈する肝性の光線過敏症牛

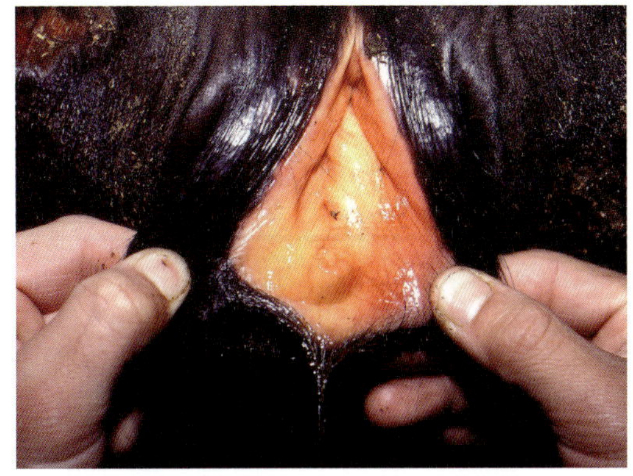
肝性の光線過敏症牛に見られた膣粘膜の黄疸

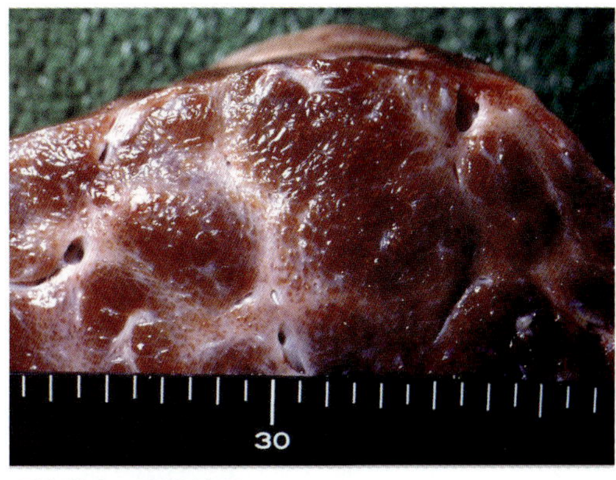

肝線維症の肝臓割面

散発性牛白血病

（さん ぱつ せい うし はっ けつ びょう）

原因

牛白血病は白血球増加（血液中のリンパ球の増加）や全身性の悪性リンパ肉腫を症状とする疾病です。牛白血病は、1998年の家畜伝染病予防法の改正に伴い、新たに届出伝染病に指定されました。2016年の牛白血病の全国発生数は3,125頭で、1998年では100頭にも満たなかった全国の発症牛数が、2016年には30倍以上と急増しています（農林水産省 消費・安全局動物衛生課、監視伝染病発生年報: http://www.maff.go.jp/j/syouan/douei/kansi_densen/kansi_densen.html）。

牛白血病の発生原因は①牛白血病ウイルス（*Bovine leukemia virus*：BLV）の感染による地方病型牛白血病（Enzootic bovine leukemia: EBL＝18㌻）②非ウイルス性の散発性牛白血病（Sporadic bovine leukemia: SBL）―のウイルス性と非ウイルス性の２つに大きく分類されます。

散発性牛白血病はさらに、子牛型（主に２歳未満に腫瘍＝しゅよう＝が発生）、胸腺型（主に若牛の胸腺〈胸垂付近〉に腫瘍が発生）および皮膚型（成牛や若牛の皮膚に腫瘍が発生）の３つに分類されますが、発生原因は不明です。

なお、この３分類に該当しないリンパ肉腫の報告もあります。子牛型はＴリンパ球もしくはＢリンパ球による全身性のリンパ肉腫を示し、Ｔリンパ球およびＢリンパ球の混合によるリンパ肉腫も散見されます。胸腺型はＴリンパ球系の胸腺における異常増殖による腫脹（しゅちょう）です。皮膚型はＴリンパ球で構成される体表の腫瘍性結節を示します。散発性牛白血病の臨床症状はさまざまで、体表のリンパ節や胸腺の腫れが特徴の他、削痩、元気消失、食欲不振、呼吸器症状、下痢、便秘なども現れます。腫瘍の発生部位と器官に及ぼす影響によって臨床症状は多様です。

酪農家ができる手当て

特別な応急手当てはありません。

獣医師による治療

予防法および治療法はありません。体表のリンパ節の腫れは必ず現れるとは限らず、体内でリンパ肉腫を形成し、食肉衛生検査所で初めて腫瘍が発見される場合も多い傾向にあります。なお、食肉衛生検査所において牛白血病が発見された場合、と畜場法により全廃棄となり、生産者に対する直接的な経済的損失の原因となっています。

現在の牛白血病の原因は、BLVの感染による地方病型牛白血病がほとんどです。また、日本においてBLVの感染率が非常に高い現状から、非ウイルス性の散発性牛白血病であっても、地方病型牛白血病と誤認されている場合が少なくありません。

散発性牛白血病と地方病型牛白血病との識別は、BLVの感染の有無で判断できます。罹患（りかん）牛がBLV感染牛の場合、リンパ肉腫部位におけるウイルス量の定量、リンパ肉腫の病理学的解析またはフローサイトメトリー法による腫瘍由来細胞の同定、腫瘍細胞（Ｂ細胞腫瘍の場合）のクローナリティ解析によって識別が可能です。

【今内　覚】

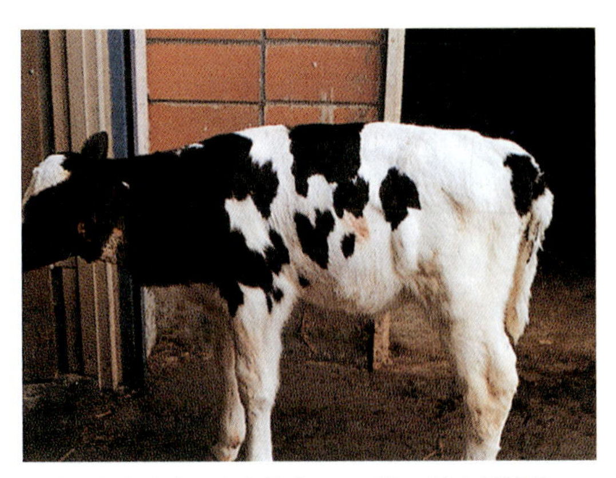

子牛型白血病牛。全身体表リンパ節の腫大が著明
（其田原図）

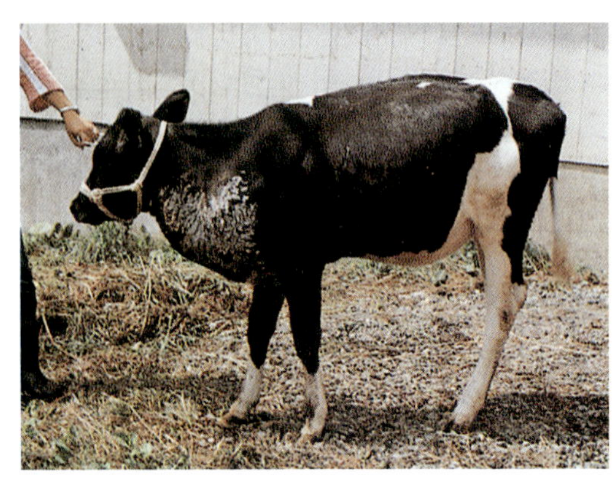

胸腺型白血病牛。下顎部から胸前にかけての胸腺の異常腫大による著明な膨隆が見られる
（其田原図）

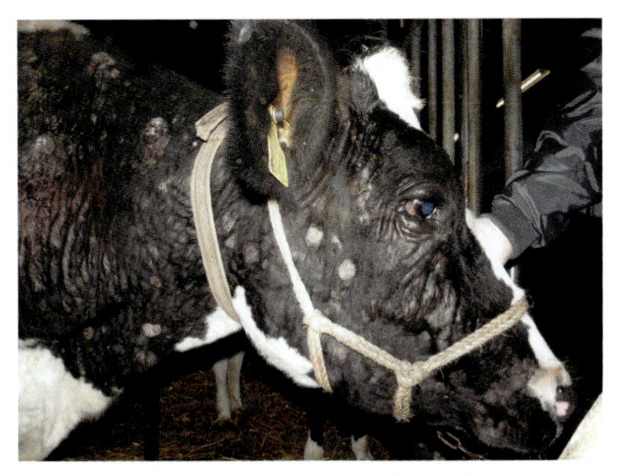

皮膚型白血病牛。皮膚に多数の結節状の腫瘤（しゅりゅう）が見られる（小岩原図）

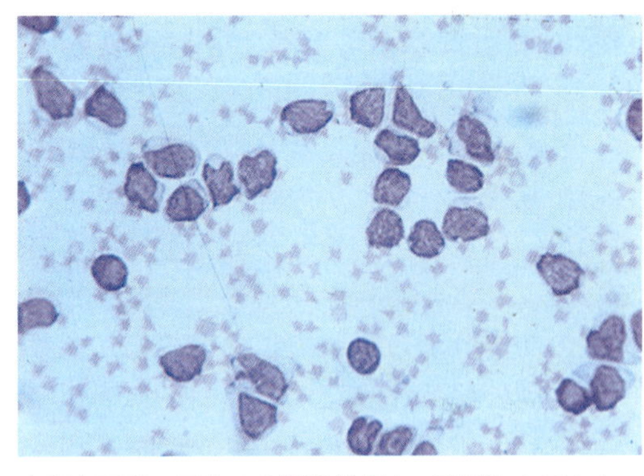

上段左写真の子牛の血液塗抹標本。変形した巨大なリンパ球が多数認められる（其田原図）

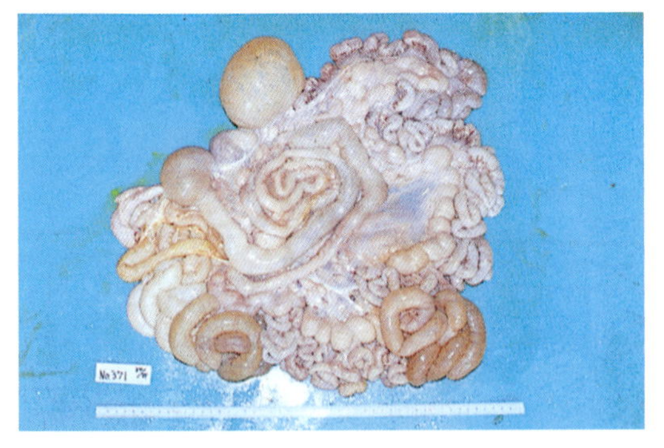

上段左写真の子牛の腸。リンパ節は著しく腫れている
（其田原図）

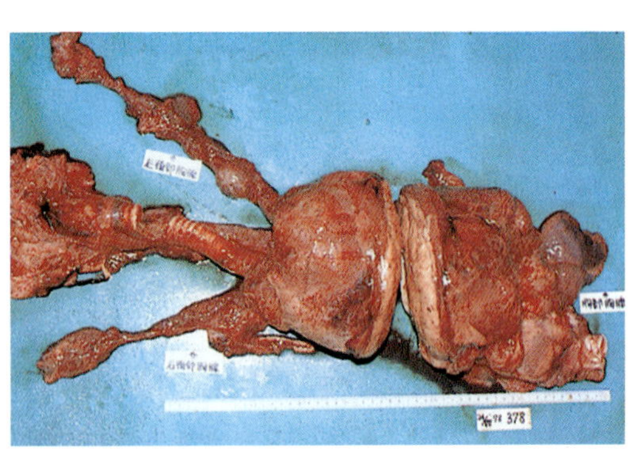

上段右写真の胸前部の胸腺。巨大化している
（其田原図）

ピンクアイ

原因

ピンクアイはモレクセラ・ボビスという細菌が牛の目に感染して、結膜や角膜に炎症を起こす病気です。炎症が強くなると、結膜や白目の部分（強膜）が赤くなるためにピンクアイと呼ばれます。

この菌が体に付いたハエが牛の目の近くにとまり、体に付いた菌を目の周囲に付着させることで感染が起こります。

本症はハエの発生が多い夏から秋にかけて発症します。１頭が発症すると他の牛に感染が広がりやすい病気です。

症状・特徴

片目または両目が感染すると、炎症のため目が開き切らなかったり、まばたきが多くなったりするなどの症状とともに涙が出ます。このとき角膜を見ると白い斑点がある場合があります。これが角膜炎の始まりで、角膜の白い斑点が広がると、光が乱反射するので、まぶしさから目を閉じます。放牧場では発症牛が群れから離れてしまうことがあります。結膜の色も赤みを増し、目やにも出るようになります。

さらに病状が進むと角膜が白濁し、涙や目やにがさらに多くなります。炎症が起こっている角膜の白くなった部分には毛細血管が浸潤してきます。角膜の炎症がさらに進むと、白い部分が突出し、失明します。全身症状はほとんどありません。

酪農家ができる手当て

放牧場では涙を出している牛を注意して探します。他の原因による目の疾患が疑われても、涙が流れることによってほおの毛がぬれるので発見は容易です。

発見したら、他の牛への感染を防ぐため、その牛を屋内に移動して治療します。

ハエを寄せ付けないよう、ハエの忌避剤が入った耳標（ペルタッグ）を左右の耳に装着することは予防方法の１つです。

獣医師による治療

治療には抗生物質の点眼液を用います。発症牛を屋内に隔離して、まぶたの中に抗生物質を点眼します。この菌にはほとんどの抗生物質が有効です。重症例に対しては眼結膜内への抗生物質投与が有効です。

【大塚　浩通】

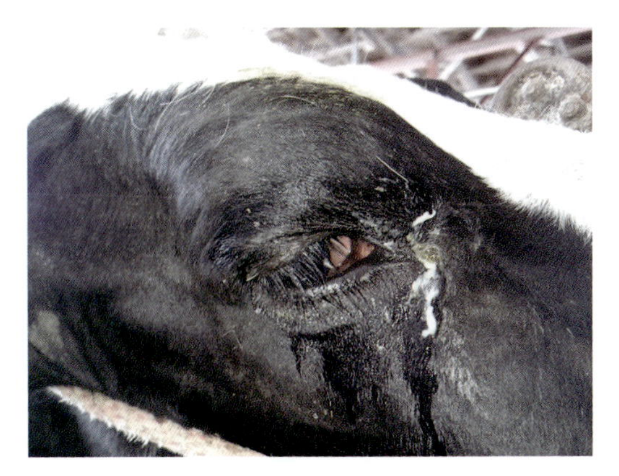

牛はまぶたを十分に開けられず、涙や目やにが目立つ（小岩原図）

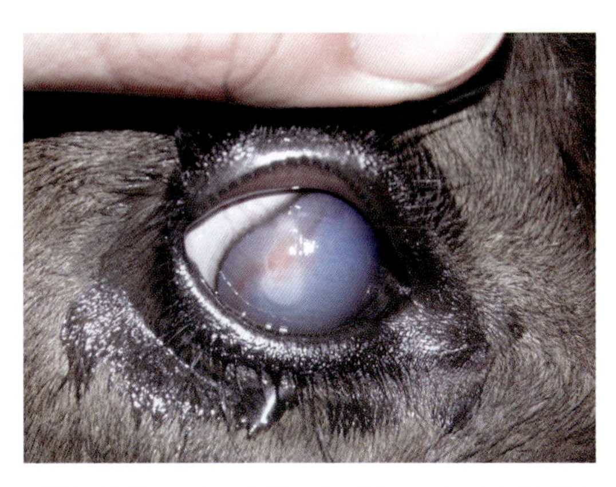

時間の経過とともに角膜は白く濁ってくる（小岩原図）

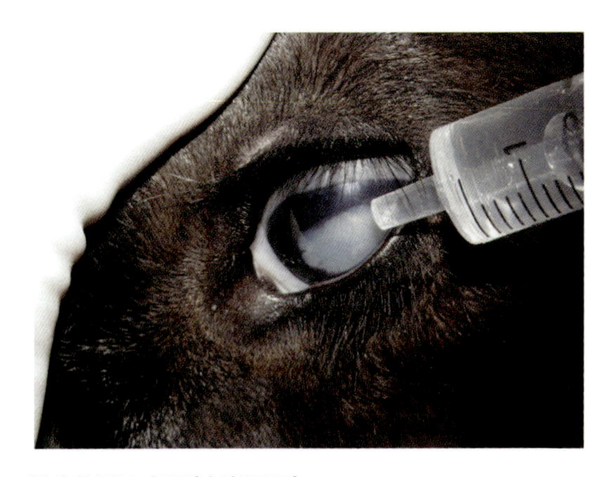

抗生物質の点眼（小岩原図）

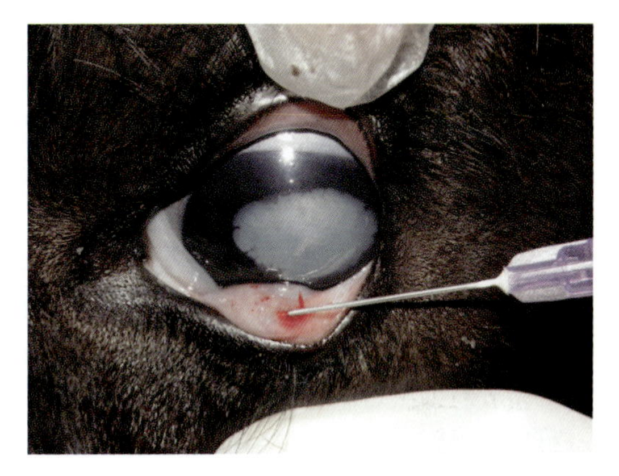

抗生物質の結膜注射（24G注射針）（小岩原図）

リステリア症

原因

リステリア症はリステリア菌の感染により発症する神経系の疾患です。リステリア菌は牛床、飼槽などの牛舎施設に加え、サイレージや糞、畑、牧草地など牛が飼養される環境中から分離されるので、常に感染する可能性があります。

原因菌の特徴の１つに低温（４℃）で増殖可能なことが挙げられます。飼料用トウモロコシの収穫時に土壌中にあったリステリア菌がトウモロコシに混入したまま、冬の保存期間中に増殖し、本菌を多く含んだサイレージを牛が採食することによって感染する危険性もあります。そのため北海道や東北地方での発生が比較的多く、春先から初夏にかけて好発します。分娩やその他のストレスは菌の感染に対する抵抗力を下げるため、本症の発症に影響します。

口の中に傷のある牛は、その傷口からリステリア菌が侵入しやすく、感染した菌はそのまま神経に入り、神経を伝わって最終的には脳に侵入して脳炎を起こします。

症状・特徴

感染初期には沈鬱（ちんうつ）症状を見せ、運動を好まず、動かなくなります。また顎（あご）の神経がまひするため、採食がうまくできない、舌を使えない、口のまひによってよだれが出る、食渣（しょくさ、採食後に口の中に残った飼料）を飲み込めずに口の中に残る、などの症状が見られます。

症状が進行すると、平衡感覚が侵され旋回運動（一定の方向に円を描くように歩き回る）、斜頸（頸が常に片側に曲がった状態）、舌まひ（舌の筋肉の片側がまひするため、うまく採食できない）に加え、耳（片側または両側）、まぶた、唇の下垂、そして瞳孔反射とまぶたの反射が悪くなる、などの症状が見られます。

末期になると、脳炎が進行するため起立できなくなり、横になったままとなります。この状態になってしまうと、治癒は期待できません。

酪農家ができる手当て

リステリア菌が増殖しないよう、良質なサイレージの調製を意識しましょう。初期の段階であれば完治するので、いつもと違うおかしな所見に気が付いたらすぐに獣医師に診療を依頼します。

獣医師による治療

抗生物質（オキシテトラサイクリン）の投与が有効です。同時に脳における炎症性細胞の浸潤を防ぐため、ステロイドを併用します。採食できないので、栄養輸液や経口的なエネルギーの給与を行います。

【大塚　浩通】

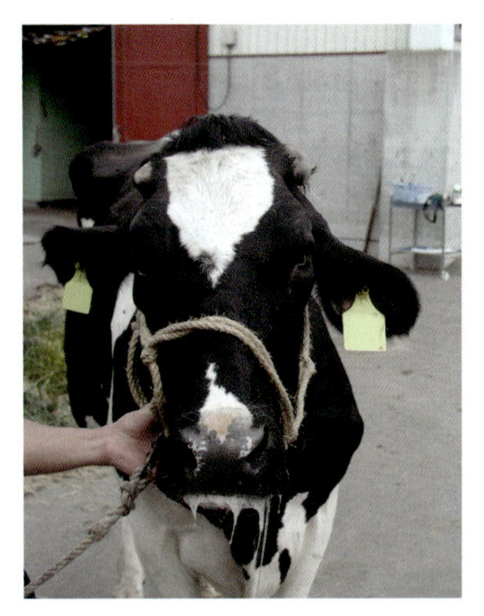

片まひのために左半分がまひした牛。左耳、左まぶた、左唇が垂れている。舌の左もまひしよだれが垂れる（小岩原図）

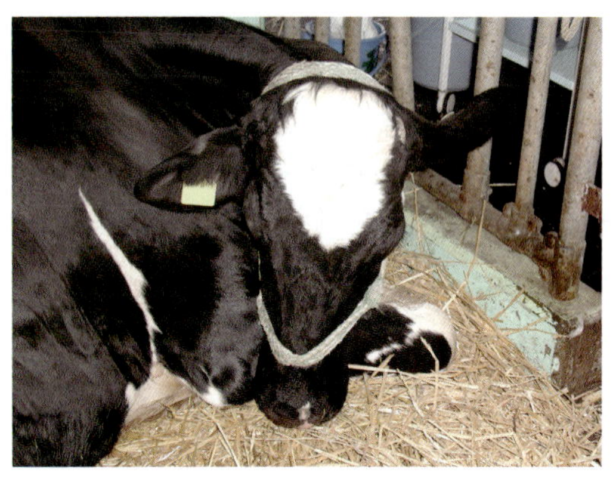

まひが進むと起立不能になる（小岩原図）

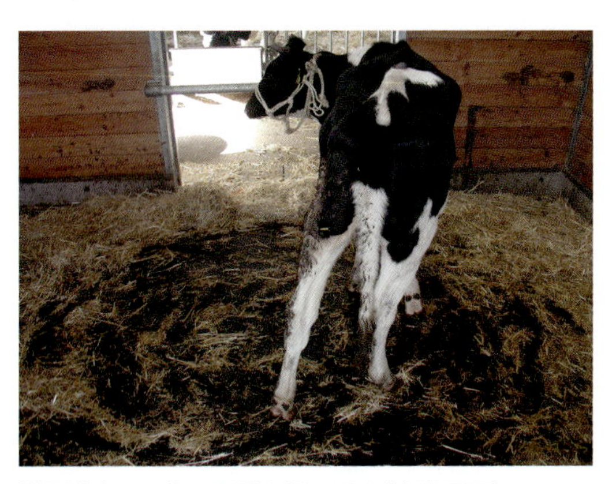

神経障害から旋回運動を繰り返す（小岩原図）

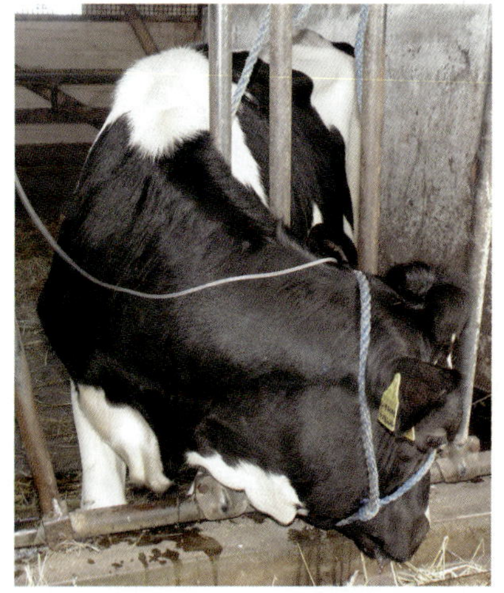

飼槽にもたれかかるリステリア牛（小岩原図）

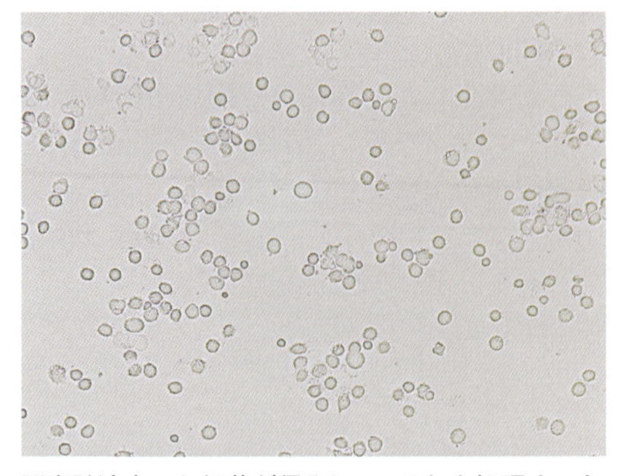

脳脊髄液中にも細菌が侵入して、それを処理するため白血球が遊走してくる（小岩原図）

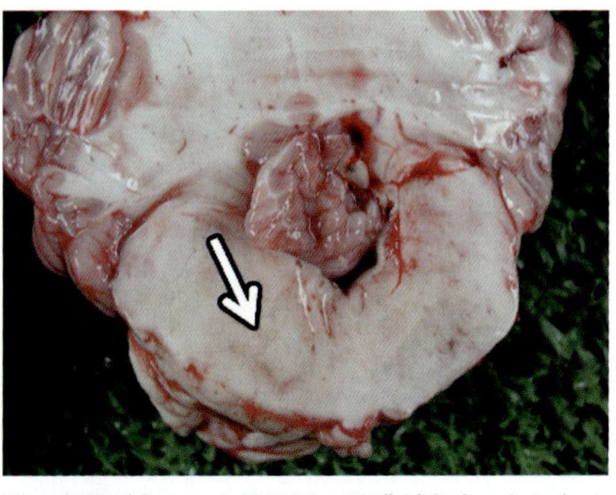

脳の表面が出血し血管周囲の髄膜が炎症のため白くなる（小岩原図）

大脳皮質壊死症

（だいのうひしつえししょう）

原因

大脳皮質壊死症は非感染性の神経疾患で、視力障害と平衡失調歩様の神経症状を示す代謝性の病気です。フィードロット（肉牛の多頭数集団肥育場）で飼養されている若齢牛での発生が多くなっています。

原因はチアミン（ビタミンB_1）欠乏で、チアミン欠乏はさまざまな要因によって起こります。本来、牛は第一胃内の微生物によってチアミンが合成されるため、チアミン欠乏になりにくいが、濃厚飼料が多給されるフィードロットや粕飼料の給与下では、第一胃液pHが低下してルーメンアシドーシスに陥ると同時に、ルーメン微生物叢（そう）の変化を来して、チアミン生成能の低下あるいは廃絶の状態になります。ルーメンアシドーシス状態では、チアミンを破壊するチアミナーゼを産生する菌が増殖する結果、著しいチアミン破壊が起こります。

チアミンは炭水化物代謝の補酵素として必須のものです。チアミン欠乏になると、糖代謝の阻害を来し、糖代謝の中間代謝産物である血中ピルビン酸が増加するとともに、糖エネルギーの依存度の高い大脳皮質に壊死を引き起して神経症状を発現します。

症状・特徴

本症は、濃厚飼料が多給されているフィードロットの若齢肥育牛での発生が多く、黒毛和種の肥育牛や第一胃機能が未発達な離乳直後の子牛においても、チアミン欠乏に起因する平衡失調歩様を示す症例が散見されます。

症状の特徴は、視力障害と酔っぱらいの様な酩酊（めいてい）歩様です。症状の発現は突発的で、初期には下痢や食欲減退、運動拒否の症状を示します。症状が進行すると、前肢を開脚開張（肢を大きく開く）させ、視力障害のために盲目状態となります。適切な治療を受けないと起立不能となり、48時間以内に死亡します。伝染性血栓塞栓性髄膜脳炎（ヘモフィルス脳炎＝136ページ）、ビタミンA欠乏症、グラステタニーとの類症鑑別が必要です。

血液変化としては、血中チアミン濃度低下、血糖とピルビン酸、乳酸の増加が認められ、肝臓と脳のチアミン含有量の著しい減少が見られます。

診断は、特徴的な臨床症状と血液変化、病理検査で可能です。野外においては活性型チアミンの大量投与によって症状を改善させる治療的診断が行われています。

酪農家ができる手当て

本症は進行が早いので、特徴的な神経症状が認められたなら直ちに獣医師に診療を依頼してください。早期に治療を受けると治癒しますが、起立不能に陥った場合は完治は困難です。

本症が発生したならば、給与飼料を検証し、活性型チアミンの飼料添加を行う必要があります。離乳直後の子牛が下痢をしたり、人工乳の採食量が適正以下になったりする場合には、本症の発生リスクが高くなるので注意してください。

獣医師による治療

活性型チアミンの静脈内投与が有効です。本症は糖代謝障害を呈しているので、ブドウ糖液の輸液は禁忌です。

本症が発生したときには、同居牛に対してスクリーニングを行い、飼養管理を検証して、予防対策を畜主に提示すべきです。

【小岩　政照】

舌を露出させ、頭部を柵に乗せている発生牛

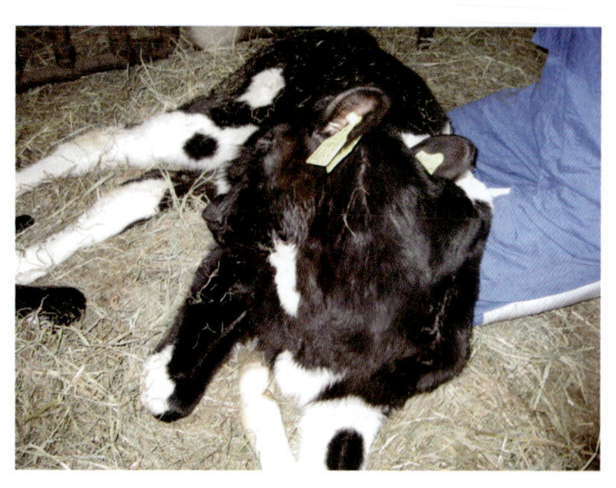

チアミン欠乏によって起立不能、昏睡状態に陥った子牛

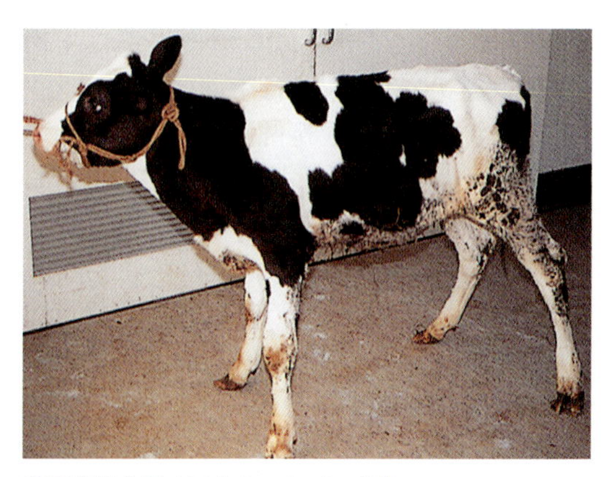

酩酊歩様を呈するホルスタイン子牛

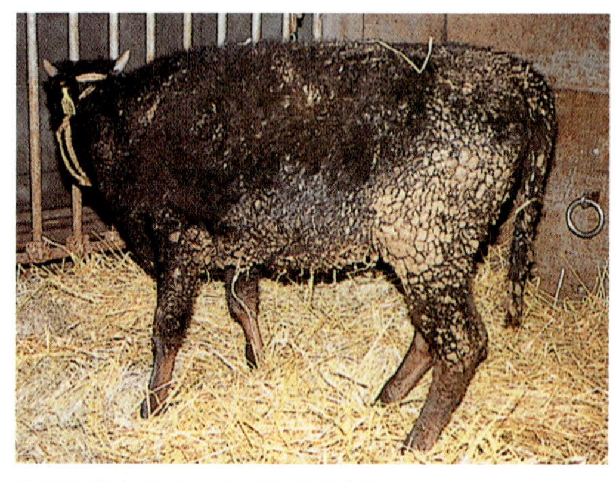

歩様失調を呈する黒毛和種肥育牛

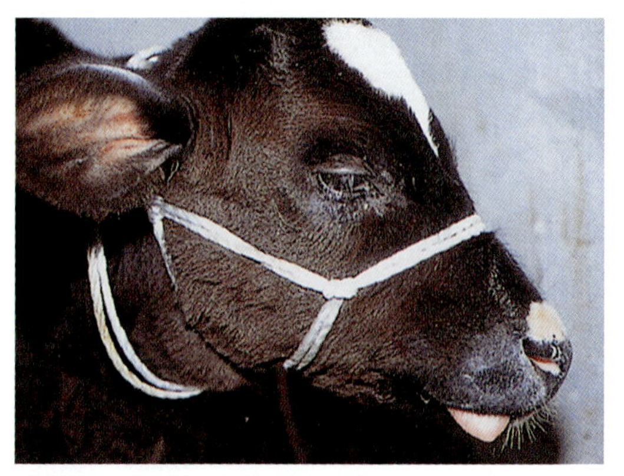

視力障害と舌露出を示す発生子牛

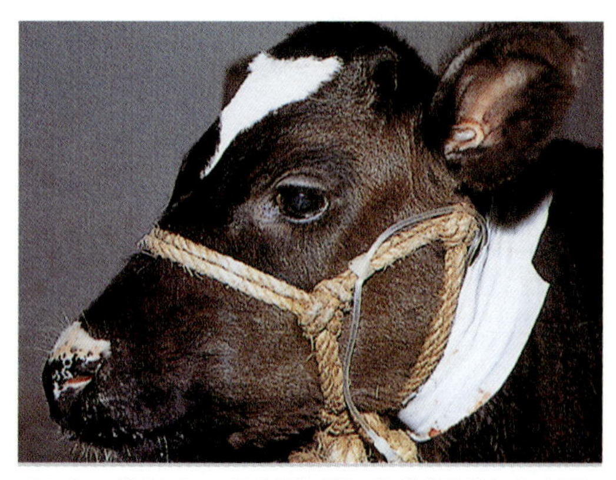

チアミン（ビタミン B_1）投与後に症状が改善した左写真の子牛

ヒストフィルス(ヘモフィルス)脳炎(のうえん)

原因

ヒストフィルス(ヘモフィルス)脳炎は、呼吸器病の原因菌でもあるヒストフィルス・ソムニ(旧名ヘモフィルス・ソムナス)が血液中に入り、脳まで達することにより起こる伝染性血栓塞栓性髄膜脳炎です。発症は散発的ですが、症状の経過が早く、治療が非常に難しい病気です。この菌が血液中に入ることにより、脳の他、心筋や生殖器、関節などにも広がった場合には、感染部位特有の障害を引き起こします。

また健康牛の呼吸器や生殖器などの粘膜からも分離され、輸送や群飼養によるストレスなどが誘因となり感染部位で発症します。最も多く見られる症状は呼吸器症状です。呼吸器症状は脳炎を起こす前に見られる症状でもあるので、特に秋から冬にかけての季節、導入や群の入れ替え直後に発見した場合には注意が必要です。

症状・特徴

食欲と活力の消失、発熱や呼吸数の増加、鼻汁などの呼吸器症状が先行します。脳炎に進行すると、歩様異常、流涎(りゅうぜん)、意識混濁(反応が鈍くなる)が見られるようになります。さらに進行すると、起立不能、頭を後ろに曲げた姿勢で昏睡(こんすい)状態になります。眼球が震えるような状態や全身脱力も見られるなど、脳炎による神経症状が最も特徴的な所見です。

このとき、脳脊髄液が増量し液圧は上昇しますので、注射針を刺入すると吹き出すことがあります。脳脊髄液を試験管に採ると、時間経過とともにフィブリンが析出し、採取直後であってもパンディ液を混ぜると白く濁ります(パンディ反応陽性)。パンディ反応は、髄膜脳炎になると髄液中のγ－グロブリンが増加することを利用した診断法です。

酪農家ができる手当て

先行する呼吸器症状の段階で、適切な抗菌剤を投与することが唯一の治療法です。そのため足元がふらついたり、動きが鈍くなったりするなど、ごく初期の神経症状を発見した時点で獣医師の診療を受けることが大切です。導入や移動の直後には特に注意を払ってください。この疾患に限りませんが、導入牛を一時隔離できるスペースをつくっておくことは、ストレス軽減の観点からも非常に有益です。

また、この疾患は治療が難しいことから、ワクチンによる予防に重点が置かれています。肥育素牛(もとうし)を家畜市場に上場する場合、多くの市場では事前にこのワクチンを接種することを義務付けており、その後の発生率が大幅に低下しました。酪農場においても、大切な後継牛には積極的に接種することが推奨されます。

獣医師による治療

脳炎症状が顕著になった時点で、治療効果はほとんどないと言っても過言ではありません。その前段階で発見された場合には、抗菌剤治療を行います。ペニシリン系やセファロスポリン系、テトラサイクリン系などが有効ですが、血中のエンドトキシン濃度が上昇しているので、(非)ステロイド製剤を併用することが大事です。

また、ヒストフィルス菌は血管親和性が高く、血管内皮に血小板の付着を促進し、血液凝固系が活性化される結果、血栓が形成されます。この対策にはヘパリンナトリウムがよく使われます。急性期を切り抜けても、後遺症は避けられない場合がほとんどです。ワクチン接種に勝る対策はありません。

【加藤　敏英】

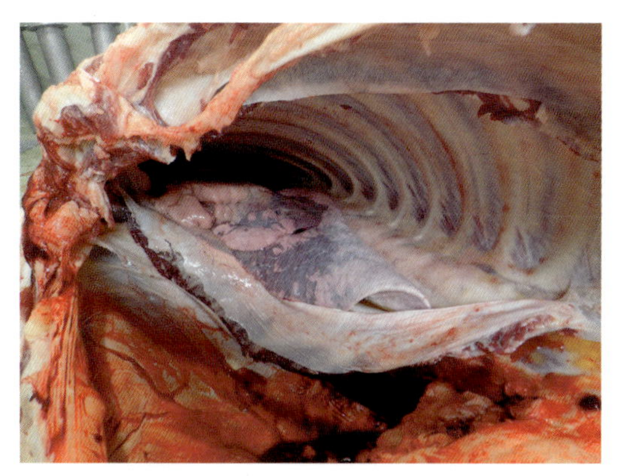

肺炎所見は前駆症状として重要な症状（山形県中央家畜保健衛生所提供）

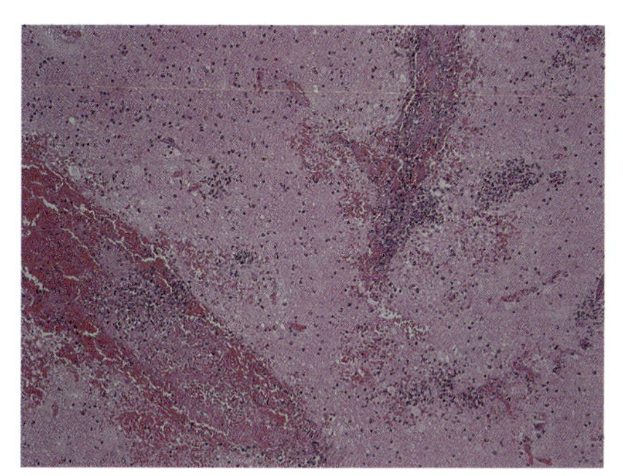

脳の化膿（かのう）性炎症像で、多数の好中球が浸潤している（山形県中央家畜保健衛生所提供）

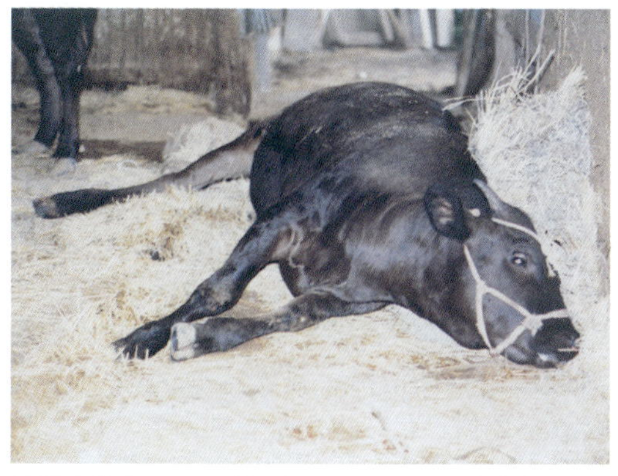

神経症状を示して横臥（おうが）した発症牛（山口原図）

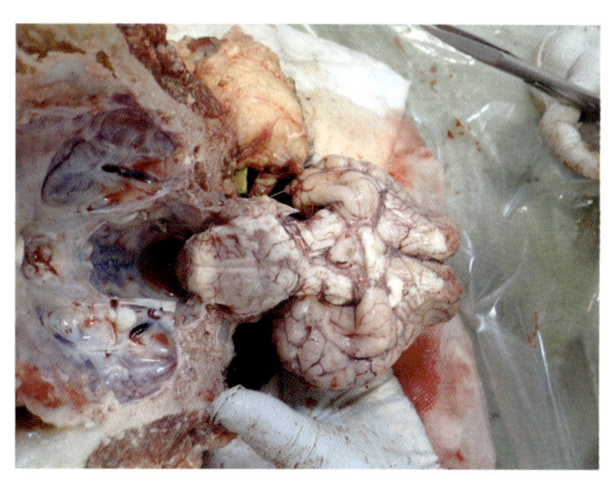

脳炎により脳底部髄膜が白く濁っている（山形県中央家畜保健衛生所提供）

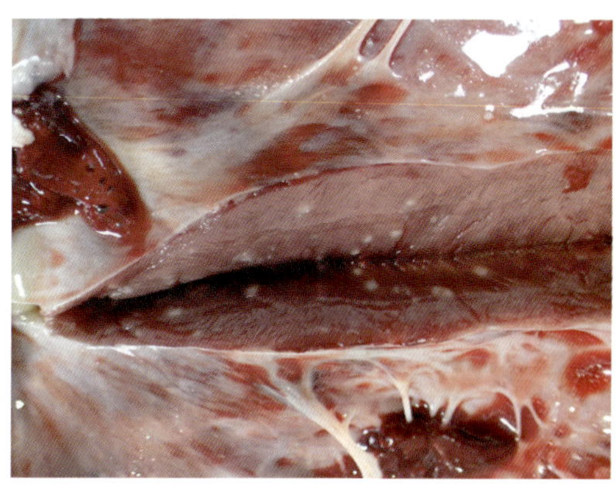

心筋炎が認められた症例（白い斑点部分、山形県中央家畜保健衛生所提供）

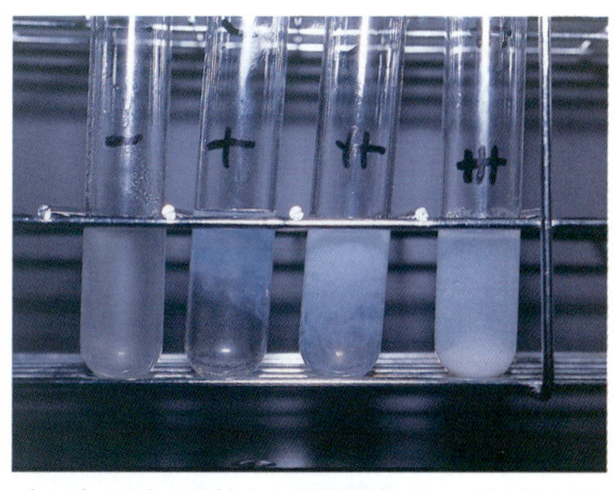

パンディ反応で陽性牛の脳脊髄液は白く濁る（左は陰性、右端が強陽性３＋、山口原図）

黄色ブドウ球菌による乳房炎

原因

黄色ブドウ球菌（*Staphylococcus aureus* ＝SA）は、乳房炎の原因菌の中でも難治性の乳房炎を引き起こすことがよく知られています。また、感染乳汁から搾乳者の手、ミルカを介して他の牛に広がることから伝染性の原因菌とされています。感染牛が牛群内に増えると、治療しても乳房炎を繰り返す牛が増え、バルク乳の体細胞数も徐々に上昇します。SAは乳頭の荒れや乳頭口の損傷などで増殖し、そこから乳房の中へ侵入します。

症状・特徴

SAによる臨床型乳房炎の発生率は、臨床型乳房炎全体の10％前後です。しかしSA感染牛の多くは潜在性もしくは慢性乳房炎を引き起こしているため、牛群での浸潤（感染の広まり）度はもっと高いといえます。感染が進行すると乳腺に微細膿瘍（のうよう）を形成して間欠的に排菌を繰り返し、治療に反応しにくくなります。排菌数と体細胞数には相関は見られません。

感染乳房の触診では、乳房深部に芯を認めるようなしこりを形成します。さらに慢性化すると、乳房内に乳房炎軟こうを注入しても深部にまで到達しづらくなります。SAはスライムを産生して乳腺細胞への付着性を増すことで乳房深部に浸入し、マクロファージなどの貪食細胞に取り込まれても長期間生き続けることが知られています。まれに急性壊疽（えそ）性乳房炎を引き起こし、乳房は冷感を呈し暗赤褐色の乳汁を排出します。このような場合、乳房は壊死（えし）し脱落します。

酪農家ができる手当て

伝染性原因菌であるSAに感染した牛はまず隔離し、搾乳は最後として他の牛とは別に行うことで感染を防ぐことが重要です。泌乳期における臨床型乳房炎に、あまり効果的な治療は望めません。しかし、感染牛を早期に摘発し潜在性乳房炎のうちに治療するか、症状がある場合でも、乾乳時に治療することで治癒率を高めることができます。

近年、日本でも乳房炎ワクチンが市販されました。２価のワクチンで黄色ブドウ球菌と大腸菌群に効果があるといわれています。症状の軽減や使用抗菌剤削減の目的で使用することが望まれます。

獣医師による治療

泌乳期における潜在性乳房炎の治療は、３日間の有効抗菌剤の乳房内注入と全身投与の併用が有効です。ただし泌乳期の治療は、乳房にしこりがない、乳汁に凝塊がない、前産からのSA感染歴がない、乳頭に傷がないという感染初期の潜在性乳房炎に限定されます。

乾乳時の治療も同様に、３日間の有効抗菌剤の乳房内注入と全身投与を行い、４日目に乾乳期用乳房注入剤（乾乳軟こう）を注入して急速乾乳します。全身投与薬は組織浸透性の高いタイロシン（10mg／kg／日）などが推奨されます。

SA感染牛は間欠的な排菌により感染が把握しにくいため、泌乳期においては潜在性乳房炎治療の治癒判定は治療後１週間おき、乾乳時は分娩後１週間おきにそれぞれ３回以上の培養検査を経て行います。すべてSA陰性の場合にのみ治癒と判定します。

SA感染を低レベルにコントロールするには、月１回バルク乳の培養検査を行い、日頃から感染牛の把握に努めることが重要です。感染牛の対処には、感染分房の数、初産牛か経産牛か、臨床型か潜在性か、初期感染か慢性感染かなど個体の状況をよく見極め、泌乳期治療、乾乳期治療、盲乳、淘汰（とうた）のどれを選択したらよいかを判断することが重要です。

【河合　一洋】

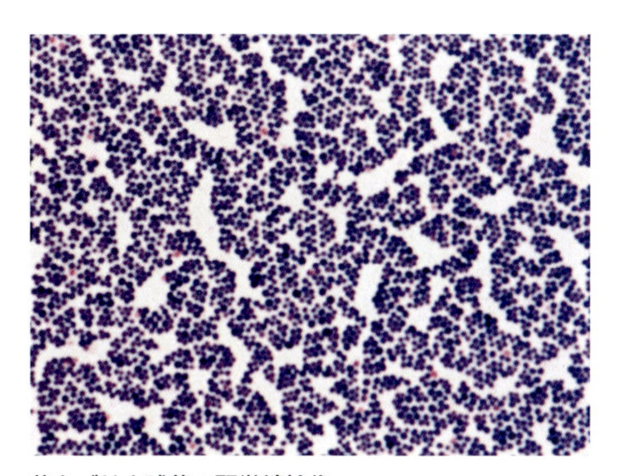

黄色ブドウ球菌の顕微鏡検像

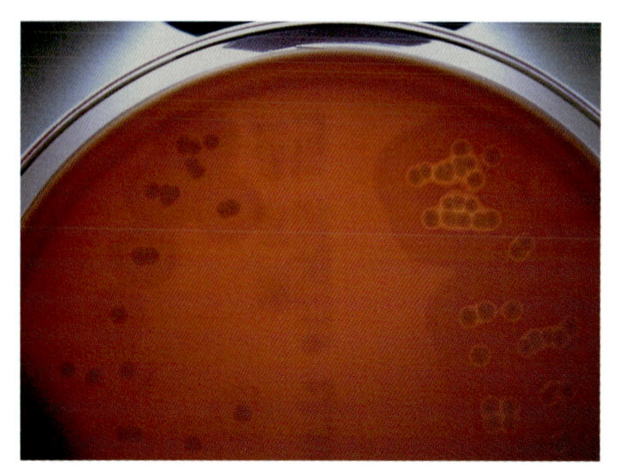

黄色ブドウ球菌のコロニー（血液寒天培地）

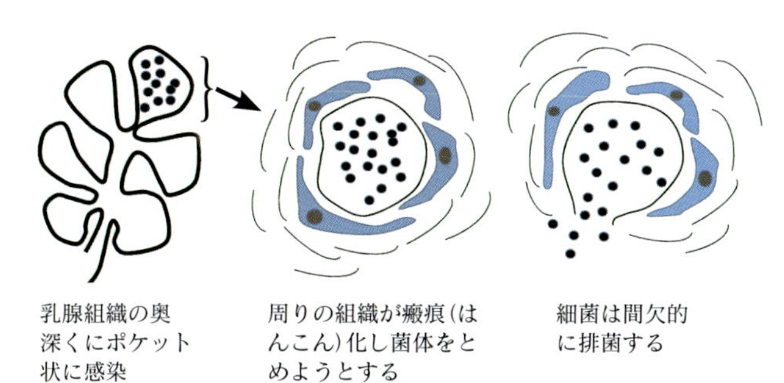

乳腺組織の奥深くにポケット状に感染
周りの組織が瘢痕（はんこん）化し菌体をとめようとする
細菌は間欠的に排菌する

SA乳房炎の感染・排菌のメカニズム

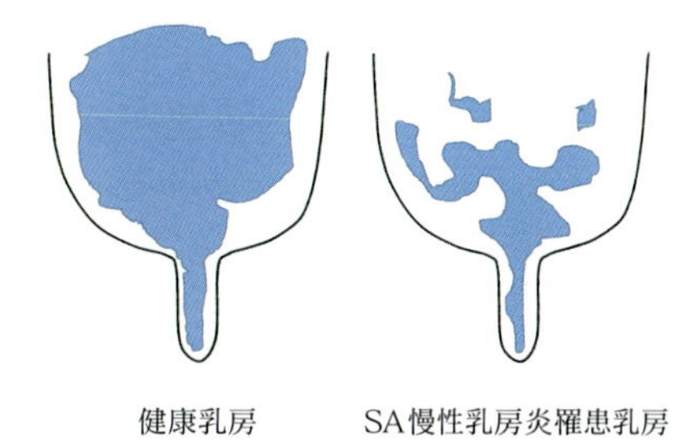

健康乳房とSA慢性乳房炎罹患（りかん）乳房における乳房炎軟こう浸潤の比較

黄色ブドウ球菌に感染した乳腺の細菌数と体細胞数の変動

採材日	細菌数（個／mℓ）	体細胞数（千個／mℓ）
1	2,800	800
2	6,000	144
4	7,000	104
5	10,000	896
13	＞10,000	152
14	1,200	1,000
15	＞10,000	168

(Bramley,1992)

大腸菌群による乳房炎

原因
大腸菌群による乳房炎の発生は、牛を取り巻く環境衛生、気候、温度、牛床の敷料の種類･交換頻度などの環境要因と関係が深く、気温が上昇し環境が悪化しがちな夏～秋に発生率が上昇します。この他、分娩や高泌乳生産などにより、牛の抗病性が下がると、易感染性となることが報告されています。

症状・特徴
通常の急性症状で経過して回復する場合と、 内毒素であるエンドトキシンによりショック症状を起こし甚急性に症状が進み、治療が遅れると死亡する場合があります。統計的に大腸菌群による臨床型乳房炎の約１割が甚急性になることが知られています。原因菌は大腸菌とクレブシエラ属が９割を占め、大腸菌よりクレブシエラ属が病態は重い。

急性乳房炎：感染が起きると発熱などの全身症状を伴い、乳房の熱感、腫脹（しゅちょう）、硬結などの局所症状を示します。乳汁は多くの凝塊を含む水様で、希薄な乳白色や黄白色を呈し、乳量は著しく減少します。

甚急性乳房炎：初期は乳房の熱感、腫脹、硬結、体温の上昇、食欲廃絶、心拍数の増加、水様性下痢を呈します。時間の経過につれ、眼結膜の充血、外陰部粘膜の充血などのDIC（播種性血管内凝固）症状を発現します。脱水、耳介の冷感、体温・皮温の低下を認め、起立不能、死に至ることがあります。乳房や乳頭に冷感、乳房に紫斑を呈し、時間の経過につれ罹患（りかん）分房のみが壊死（えし）脱落する場合（壊疽＝えそ＝性乳房炎）もあります。乳房の紫斑部は小さく見えても、乳頭もしくは乳房が冷感を呈している場合は、その分房は全体が既に壊死しており、たとえ全身症状が回復してものちに自壊脱落します。

酪農家ができる手当て
早期発見の観点から、牛の状態をよく観察することが重要です。急性乳房炎で①水様乳②耳介冷感③皮温低下④水様下痢⑤後躯蹌踉（こうくそうろう）⑥起立難渋⑦食欲廃絶―などを呈したときは、すぐに獣医師に診療を依頼すべきです。乳房内の細菌数を減らすため、獣医師が来るまでに２ℓの冷えた生理食塩液で乳房洗浄することが推奨されます。

本症を防ぐには、牛を取り巻く環境を清潔に乾燥した状態に保つこと、ストレス回避や適正な飼養管理により牛の健康を維持して抗病性の低下を抑えることが重要です。特に牛床にオガ粉を敷料に使用する場合は、重量比で５％程度の消石灰を混入して使用することが望ましい。戻し堆肥を敷料に利用する場合は、牛床に投入する前の敷料のグラム陰性菌の生菌数が100万個／g以下であることが必要で、堆肥化の過程で十分完熟させた物を使用しましょう。

乾乳期における大腸菌の新規感染を防ぐには、感染頻度の高い乾乳後２週間と分娩予定前２週間における乳頭シールド剤の使用も有効です。

獣医師による治療
急性乳房炎で全身症状を伴うものについては、オキシトシンを使いながら、できるだけ早期に乳房内洗浄による原因菌の排除を行い、感受性のある十分な濃度の殺菌性抗菌薬の局所および全身投与ならびに輸液による対症療法を行います。抗菌剤の選択は、βラクタム系を極力避けることが望ましい。

一方、治療が遅れた症例については、対症療法を中心に治療を組み立て、静菌性抗菌薬を用いて治療することが望まれます。

近年、日本でも乳房炎ワクチンが市販されています。これらを症状の軽減や使用抗菌剤削減の目的で使用することを推奨します。

【河合　一洋】

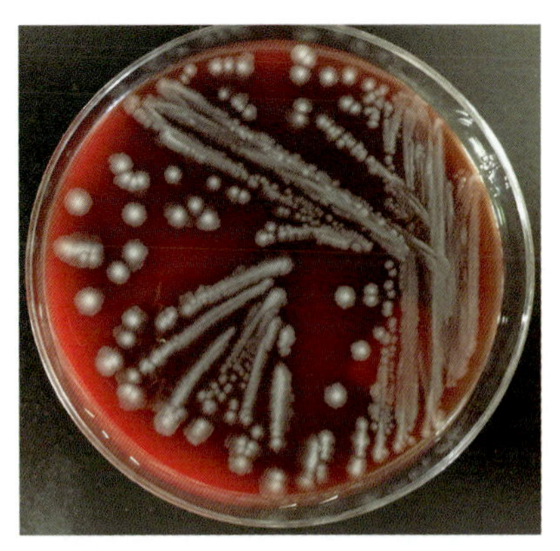

大きなコロニーを形成する大腸菌（灰色不整形）

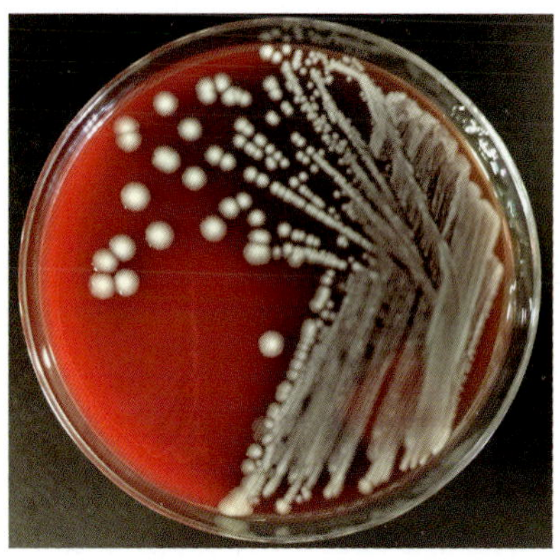

コロニーが大きくスムースな光沢も見られるクレブシエラ菌

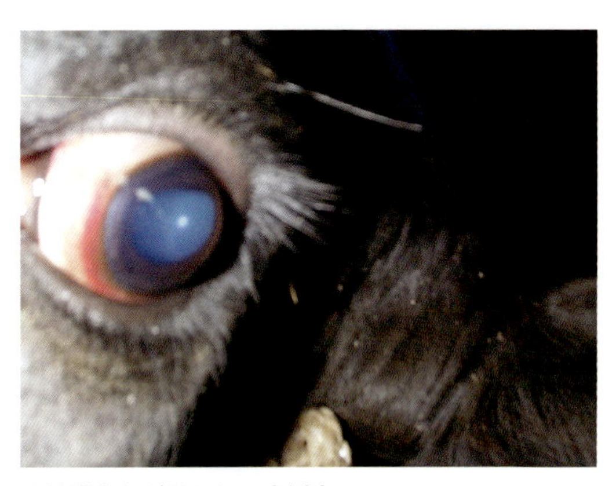

眼結膜充血が見られる症例牛

大腸菌群による乳房炎と起立不能

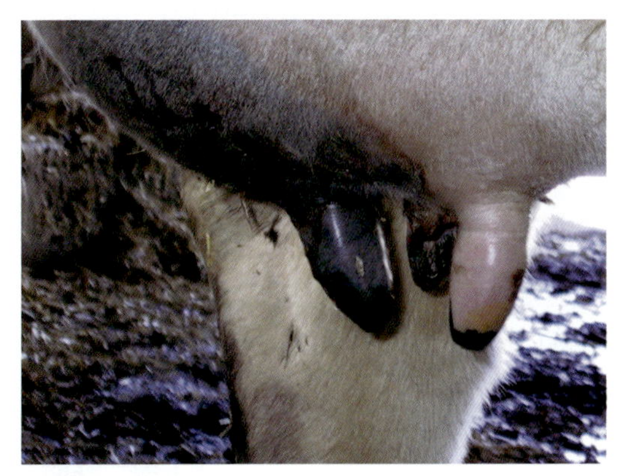

壊疽性乳房炎

プロトセカ乳房炎（にゅうぼうえん）

原因

プロトセカ属はクロロフィルを持たない単細胞、非色素性の藻類で、土壌や下水、家畜や野生動物の便、畜舎床などの自然界に広く分布しています。プロトセカ属には３種類があり、牛の乳房炎の原因となるのはプロトセカ・ゾフィー（*P.zopfii*）です。

プロトセカ乳房炎は乳房内におけるプロトセカの限局性の慢性感染が主で、全身性のプロトセカ血症で死亡した例もあります。本症の発生群におけるプロトセカの検出率は５～25％（泌乳牛）で、乳体細胞数（SCC）の増加と乳量減少のリスクとなります。

プロトセカの汚染源は給水器、飼槽、牛床、便です。湿度の高い牛床が大きな発生要因となり、搾乳器によって非感染牛に二次感染して感染が広がります。発生牛群における施設からのプロトセカの検出率は約50％です。

症状・特徴

本症は慢性経過を示す例がほとんどで、細菌性乳房炎との類症鑑別が困難です。罹患（りかん）乳房の特徴は深部の硬結を伴う腫脹（しゅちょう）、熱感は軽度、疼痛（とうつう）はありません。乳汁性状は、多量のブツを含んだ軽度の漿液（しょうえき）性で、著明なCMT陽性反応を示し、市販の抗生物質軟こうを乳房内に注入しても効果がありません。

診断は、乳汁の５％羊血液加寒天培養によるプロトセカの分離で行います。発育時間、コロニー形状、顕微鏡下における細胞形態から確定が可能です。プロトセカは細菌に比べて発育が遅く、培養36時間目に灰白色のへん平な不定形コロニーが観察されます。

顕微鏡で鏡検すると、大小不同で類円形状のプロトセカ細胞が観察され、プロトセカ細胞は細胞壁を有します。細胞質は網目状で、細胞の分裂を伴う２～８個の胞子内胞子が存在し、グラム染色を行うと、グラム陽性（濃青色）の大小不同の類円形のプロトセカ細胞とピンク色の嚢（のう）＝外殻＝が観察されます。病理解剖では、乳房割面は肉芽腫様病変が認められ、乳腺腔（くう）と組織内に好酸性の核を持つプロトセカ細胞が確認されます。

酪農家ができる手当て

市販の抗生物質軟こうを乳房に注入しても効果のない乳房炎に対しては、本症を疑ってください。本症には牛床の湿度が大きく関わっており、長期間の抗生物質の投与による菌抗体症や分娩ストレス、生体防御能の低下が発生誘因となります。予防としては、搾乳器による感染牛から非感染牛への二次感染の防止が重要です。プロトセカ乳房炎の多発牛群では、乾乳期に感染する例が多いことから、乾乳期の飼養環境（特に牛床）の清掃消毒（石灰散布など）と乳頭の衛生管理を行う必要があります。

獣医師による治療

治療法として、カナマイシンや抗真菌剤、除藻剤の乳房内投与があるものの、治療成績に差があり、確立されたものはありません。成績に差がある原因としては、①薬剤に頑固なプロトセカ細胞壁と外殻の存在②プロトセカ細胞に対する好中球の貪食（どんしょく）能低下③治療を開始した感染時期―が考えられます。初期に治療を開始すると高い治癒率が得らる一方、プロトセカが乳腺組織内に進行した時期に治療を開始しても治療効果は期待できません。

慢性や潜在性の乳房炎牛に対しては確定診断を迅速に行い、本症と診断されたときには、罹患例の隔離と搾乳順の変更による二次感染の防止と飼養環境（牛床、乾乳期ストール）の清掃消毒を行うことが重要です。

【小岩　政照】

藻の浮遊が見られる飲用水槽

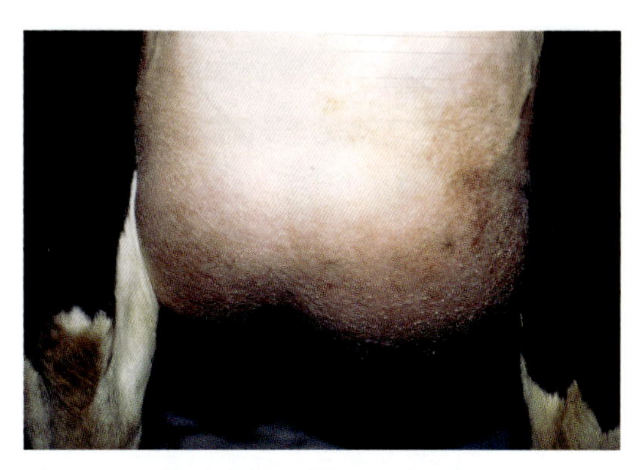

プロトセカ感染で硬結・腫脹した後乳房

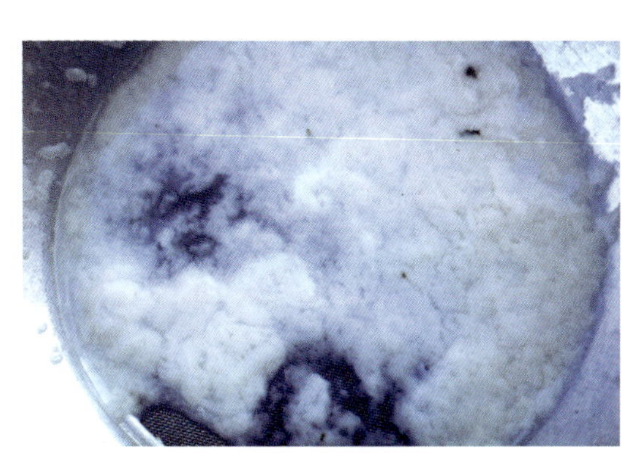

乳汁の著しいブツ

灰白色、へん平、大小不同のプロトセカコロニー

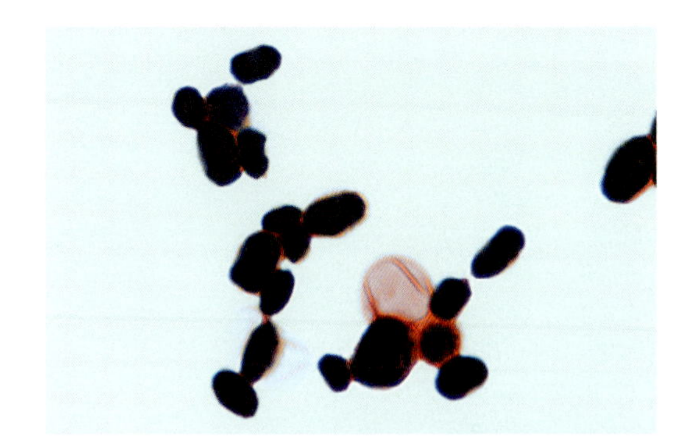

プロトセカのグラム染色像（プロトセカ細胞：濃青色、外殻：ピンク）

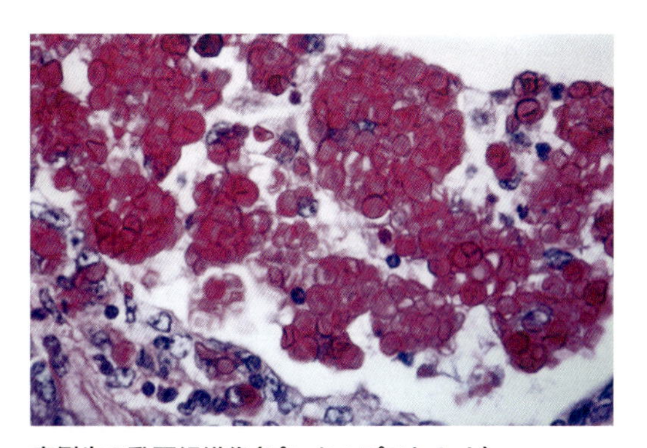

症例牛の乳房組織像（ピンク：プロトセカ）

牛潰瘍性乳頭炎

うし かい よう せい にゅう とう えん

原因

牛潰瘍性乳頭炎は牛ヘルペスウイルス２型の感染によって起こるといわれています。搾乳機器や搾乳者を介しての伝播（でんぱ）ならびに吸血昆虫の媒介も考えられていますが、実験的には、乳頭に傷がなければ罹患（りかん）しないとされています。

また分娩によるホルモンや免疫機能の変化、乳房浮腫による血行障害などが発症の誘因になっていると考えられています。

本病の原因ウイルスは、諸外国では確認されていますが、わが国では確認するに至っていません。しかし、非常に類似する乳頭疾患として本病の可能性が高いとされています。ここでは、わが国で報告されている本病類似疾患について紹介します。

症状・特徴

本病は初産牛に多く認められ、乳頭の皮膚に水泡を形成するのが特徴です。特に冬季に多く見られます。まれに全身の発熱を見ることがありますが、ほとんどは局所の疼痛（とうつう）のみを示します。

水泡が形成されると１日ほどでその水泡は破裂し、乳頭に滲出（しんしゅつ）が広がります。そこに細菌の２次感染が起きると、病態は悪化し、乳頭の潰瘍部分に疼痛が現れます。その後、乳頭皮膚やその周囲の乳房皮膚が茶色に変色し、壊死（えし）が進行します。

多くの場合、乳頭皮膚の薄皮が脱落し、その後、脱落部分が乾燥していくと治っていきますが、細菌の２次感染が起きると、患部の治癒が遅れたり、乳房炎を併発したりします。中には乳頭皮膚が変色した後、そのまま乳頭表面が冷たくなり壊死していくものもあります。そのような場合は乳頭が黒変乾燥し付け根から脱落してしまいます。

酪農家ができる手当て

主に冬季に本病に自己免疫のない初産牛に多発するので、未経産牛の飼養管理において、衛生状態やストレスのない環境に気を配ることが重要です。

また分娩前の乳房浮腫との関連性が認められていることから、分娩前の過剰な塩分とタンパク質を減らし、良質な粗飼料を増加するなどの改善も重要です。

さらに、昆虫による媒介や乳頭や乳房の外傷からのウイルスの侵入などを防ぐことが大切です。

搾乳者や搾乳機器からの伝播を防止するため、感染牛は最後に搾乳することが重要です。

獣医師による治療

効果的な治療方法に乏しいとはいえ、患部の２次感染を防止するためにヨード系のディッピング剤で小まめにディッピングを実施したり、乳頭損傷のある乳頭には、搾乳後にイソジンゲルなどを塗布したりします。

乳頭保護軟こうの塗布のみの治療は、感染を拡散させる恐れがあり推奨できません。

【河合　一洋】

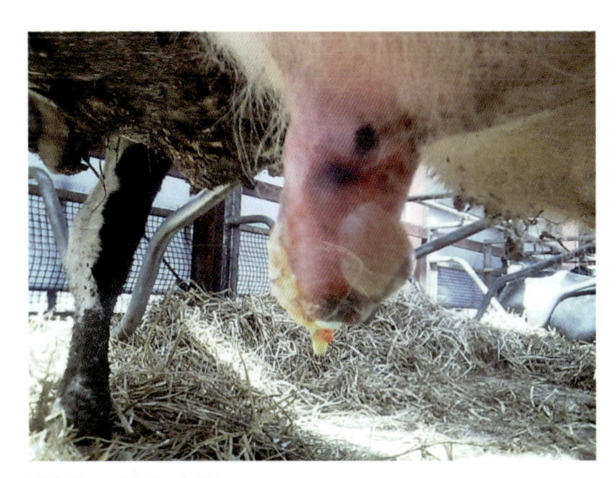
乳頭にできた水泡

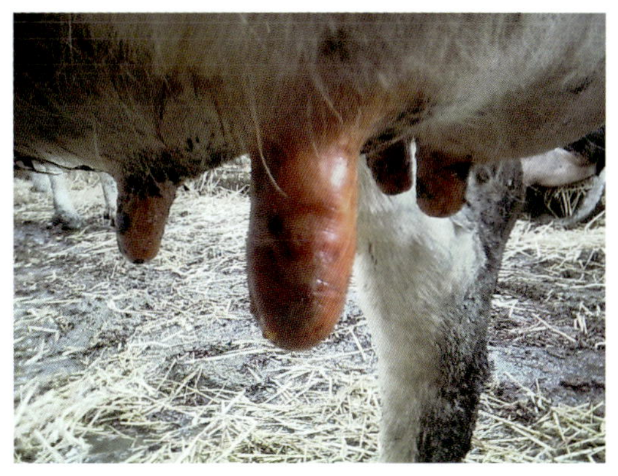
水泡が破裂した後に乳頭全体に炎症が波及

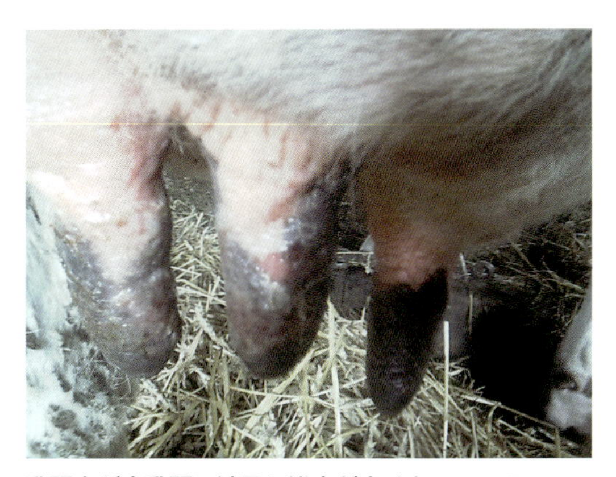
乳頭炎が全乳頭に波及し滲出が多くなっている

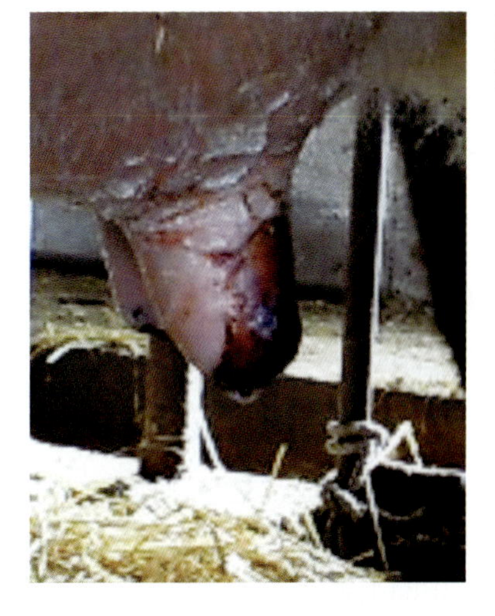
乳頭炎罹患乳頭と周囲に仮痂皮（かひ）が形成された状態

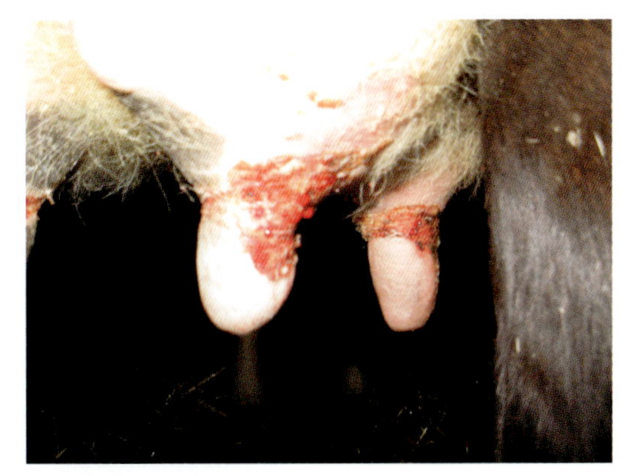
炎症乳頭の治癒過程

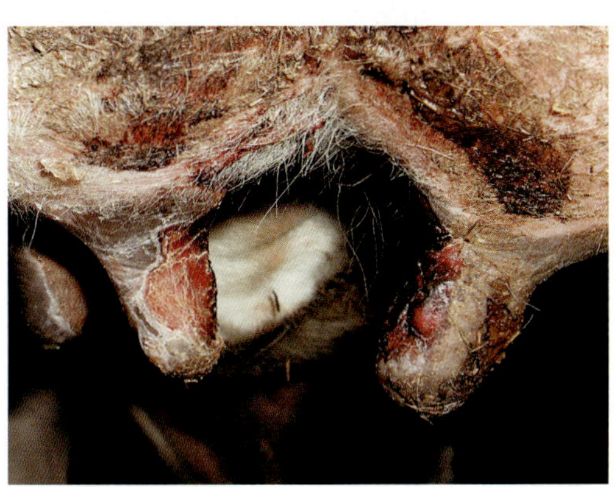
乳頭壊死（小岩原図）

乳房浮腫

(にゅうぼうふしゅ)

原因

乾乳期に休息していた乳腺内に、分娩が近付き泌乳を開始する準備として急激な血液の流入が起きます。分娩前後や泌乳初期は、乳房内に多量のリンパ液が流れるといわれ、乳房内圧が上昇する中で静脈、リンパ系はこれに対応し切れず、血管外に組織液が漏出し冷性浮腫を引き起こすのが乳房浮腫です。

分娩直前の飼料過多や分娩前の過剰なミネラル補給、分娩前の運動不足などが原因といわれています。

症状・特徴

乳房全体や下腹部にできる生理的な浮腫と、乳房中隔に著しい水腫を来たす乳房中隔水腫があります。前者の生理的な浮腫は、初産牛や高泌乳牛でよく見られ、分娩１～２週間前から分娩後３週間ほど続きます。浮腫は乳房だけでなく下腹部にも見られ、乳房前方から胸部にまで広がります。浮腫の部分を指で４～５秒間圧迫することでくぼみが生じることから容易に診断できます。浮腫により乳頭は太く短くなり搾乳性が著しく低下します。また、乳頭が乾燥し、びらんが起きやすく、時には乳房炎や壊死（えし）性皮膚炎を引き起こす場合があります。

後者の乳房中隔水腫は、分娩前から食欲不振を示すことが多く、分娩後１週間までの間に急性に乳房が腫脹（しゅちょう）し下垂します。乳房中隔に多量の漿液（しょうえき）または膿汁（のうじゅう）が貯留し、乳房底面が下垂するため、乳頭は外側に開いて機械搾乳が困難となります。

酪農家ができる手当て

頻回搾乳をします。乳房中隔水腫の場合は、乳房下垂による乳頭や乳房の損傷を避けるため、カウブラジャーなどを使用し乳房を保護することも大切です。

予防には、分娩３週間前のクロースアップ期に濃厚飼料の過剰な増量をしないことや塩分過剰給与を避けることが重要です。また、運動によりリンパ液の流れが促進されるので、分娩時は運動不足にならないよう注意が必要です。

獣医師による治療

生理的な浮腫には、分娩後24時間以内に利尿剤（ラシックス500mg）を１回投与することが推奨されます。また、分娩後に副腎皮質ホルモン（デキサメサゾン10mg）を１回投与します。

乳房炎を併発している場合は、積極的な乳房炎の治療を行い、症状を悪化させない対応が必要です。

乳房中隔水腫の場合も前述の通り、分娩後に副腎皮質ホルモンの投与で治療します。しかし、重度の場合は穿刺（せんし）を行い、乳房内に貯留している漿液や膿汁を排出する処置をしますが、予後はあまり良くありません。

【河合　一洋】

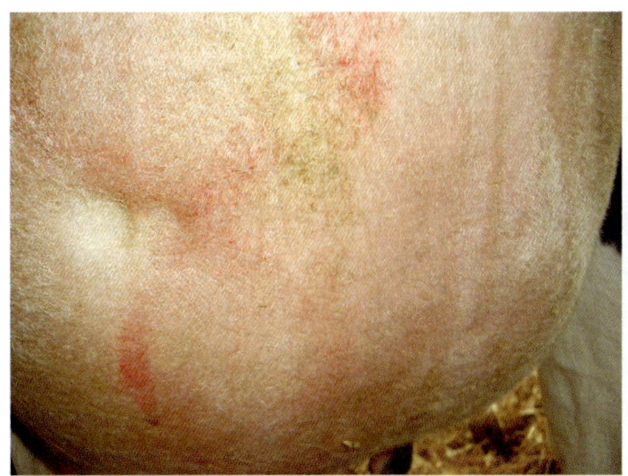

乳房浮腫。指圧により圧痕が残る

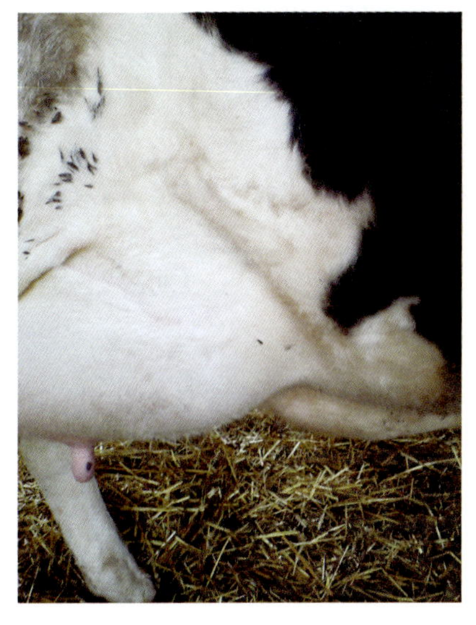

下腹部に波及した浮腫

乳房提靭帯（じんたい）断裂。飛節より下に乳房が沈下している

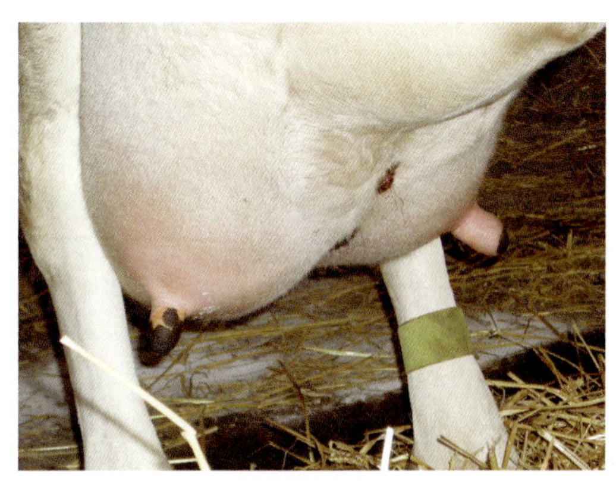

乳房提靭帯断裂。乳房の下垂と乳頭の外転が見られる

血乳症

（けつにゅうしょう）

原因

乳汁に血液が混入し、赤色乳になる状態を血乳症といいます。本症の大部分は産後の生理的なものです。乾乳で休んでいた乳腺の血管に分娩後、泌乳のため急激に血液が流入して毛細血管が拡張し、血管の透過性が亢進（こうしん）して赤血球が血管外に漏出、あるいは著しく上昇した圧により毛細血管が破綻して乳汁内に血液が流出して起こります。

その他、乳房の打撲、外傷、乳房提靱帯（じんたい）断裂、重度の乳房炎、有毒植物による中毒、溶血性黄疸（おうだん）などによっても起こります。

症状・特徴

生理的な血乳は、分娩直後から２週間ぐらいまでに若牛や高泌乳牛でよく見られます。多くは４分房が罹患（りかん）し、乳汁が赤変して少量の血液凝固物が混じりますが、不均衡な乳房の腫脹（しゅちょう）などは見られません。乳房浮腫を併発していることが多いようです。

打撲による場合は、打撲した乳房に腫脹、熱感、疼痛（とうつう）を認めます。乳汁は鮮紅色から暗赤色を呈し、多量の血餅が混じることがあります。

生理的な血乳や打撲、外傷による血乳は、PLテストを用いることによって、乳房炎による血乳と鑑別することが可能です。前者は凝集を認めませんが、後者は凝集しPLテストが陽性となります。

血乳と血色素乳は、乳汁を試験管に入れ静置しておくことによって鑑別することができます。前者は赤血球が試験管の底に沈殿するのに対し、後者は沈殿を認めません。

酪農家ができる手当て

分娩後血乳を発見したら、直ちにPLテストを実施し、生理的血乳なのか乳房炎による血乳なのかを鑑別します。

打撲、外傷による血乳は乳期に関係なく起きることや、不均衡な乳房の腫脹を伴うことで他との鑑別がつきます。軽度の生理的な血乳は心配いりませんが、暗赤色の血乳が長期間継続するような場合は、濃厚飼料の給与を多少減らして減乳を図ります。

予防としては、分娩３週間前からのクロースアップ期の濃厚飼料の多給を避け、分娩後、急激に乳房が腫脹しないようにすることが必要です。

獣医師による治療

生理的な血乳症については、軽度なものは治療の必要はありません。重度で長期間継続するものについては、止血剤としてビタミンＫ20～60㎖、またはトラネキサム酸（バソラミン）25～150㎖を筋肉内または静脈内注射します。

その他の病的な血乳については、個々の疾病に合った適切な治療を行います。

【河合　一洋】

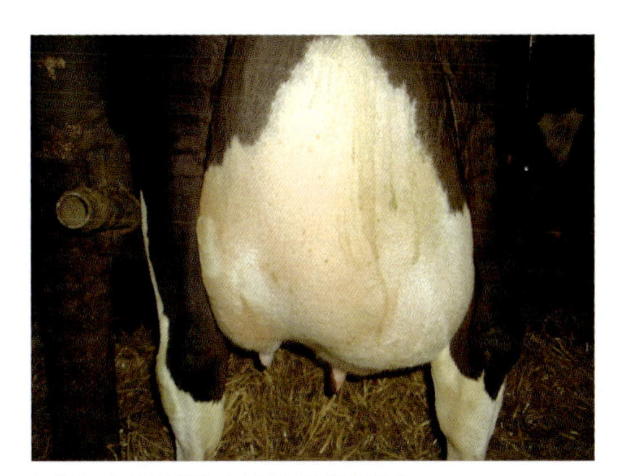
打撲により腫脹した乳房(右後乳房)

打撲による血乳

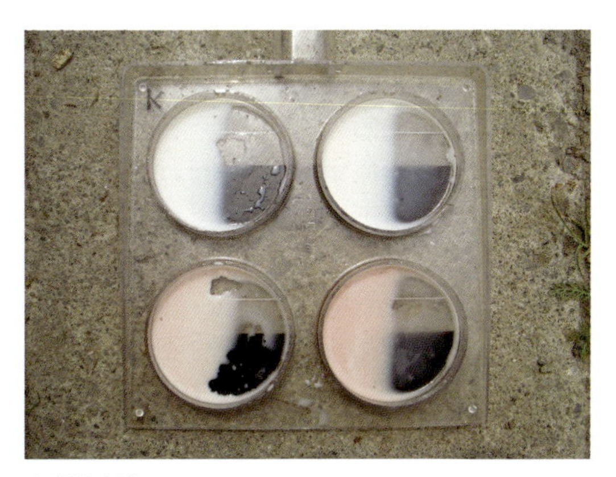
生理的血乳

生理的血乳(PL テスト陰性)

乳房炎による血乳

乳房炎による血乳(PL テスト強陽性)

ビタミンA過剰症（ハイエナ病）

原因

牛は植物性飼料に含まれるビタミンAの前駆物質を摂取して利用しており、通常はビタミンAを摂取し過ぎることはありません。哺乳育成期には、飼料添加物としてビタミンA D_3E混合物が用いられることがあり、必要量以上与え続けると慢性の過剰状態となります。またビタミンAには粘膜上皮の保護成長作用があるため、下痢子牛への栄養補給の際に添加することがあります。このとき目分量で、あるいは偶発的に大量に添加してしまうと、ビタミンA過剰症（の後遺症）を発症してしまいます。

血中ビタミンA濃度が短時間でも一時的に高濃度になると、骨端の成長が障害を受けます。子牛の成長は、骨の両端にある骨端線が化骨延長することによってなされます。すなわち、骨にカルシウムが付いてどんどん伸びていくことによって、大きくなります。

一時的に過剰となったビタミンAは、この骨端線の成長方向を変化させます。この変化は特に後肢の長骨に著明に発現し、後肢を形成する骨が長く成長するのではなく平たんに成長します。後肢以外の骨の成長方向は影響を受けづらいので正常に成長します。

従って外見上、後肢だけが短くなり、前肢だけが発達したハイエナのような外観を呈する牛へと変化していきます。骨端線の成長が阻害されるのではなく、成長する方向が変化させられてしまっているので、加齢とともにこのアンバランスの程度はひどくなっていき補正されることはありません。

症状・特徴

大量に摂取した直後には食欲減退、知覚過敏、脱毛などが認められることがありますが、気付きづらい。ビタミンAが過剰になったその時点では、牛に著明な症状は発現しません。その後、成長に伴い徐々に後肢の発育が悪いような外観を呈します。後肢が短いために歩様異常も見られます。体型異常が認められ始める時期にも、元気や食欲に特に異常は認められません。哺乳期あるいは離乳期に、ビタミンA過剰摂取した後遺症として、数カ月後にこの体型異常が発現してきます。

酪農家ができる手当て

哺乳育成期に給与飼料にビタミン剤を添加するときは、投与量を厳密に守る必要があります。うっかり大量に入れてしまったら、もったいないと思わずに廃棄しましょう。多めなら大丈夫と思って与えると、その時は目に見えた異常が生じなくても、数カ月後にその牛の体型はどんどんおかしくなっていく可能性があります。

獣医師による治療

ハイエナ病を治療する、すなわち後肢の発育異常を補正（矯正）するには、大がかりな美容成形技術が必要となりますが、生産獣医療としては全く無意味です。繁殖管理する上でも不便なため、淘汰対象になります。

【田島　誉士】

ハイエナ病を発症した育成牛

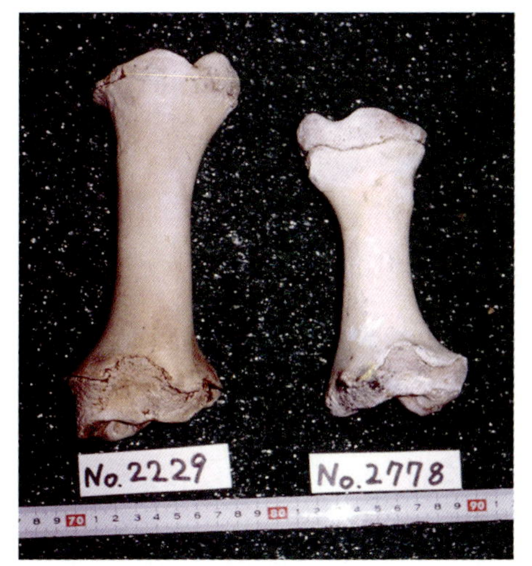

骨端線の成長方向が異常な後肢骨

虚弱子牛症候群

原因

虚弱子牛症候群（WCS：Weak Calf Syndrome）は、矮小（わいしょう）体型（ホルスタイン種45kg以下、黒毛和種20kg以下）と免疫機能低下、胸腺形成不全の病態が特徴の虚弱な子牛の総称であり、下痢や肺炎などの感染症を発生して６週間以内に80％が死亡します。WCS子牛の死亡率が高い要因は、血液免疫グロブリン濃度の低下と胸腺形成不全による細胞性免疫の中心となるＴリンパ球数の低下です。発生要因としては、母牛の妊娠期間（特に、分娩前60日間）における栄養状態が関与しているとされています。飼料中のビタミンと微量元素（亜鉛、鉄）、タンパク充足率の低下ならびに妊娠末期における血糖、血清タンパク質量、総コレステロール（Ｔ－cho）および血中尿素窒素（BUN）の低下の条件下では、WCSの出生率が増加します。

症状・特徴

WCS子牛では矮小、馬面、胸腺形成不全という体型的な特徴が見られ、体高と体長に比べて頭長が長く、眼幅と鼻鏡幅が狭く、胸腺サイズが低下しています。

胸腺は子牛の自己免疫産生にとって重要な血液免疫細胞（リンパ球）を生産する臓器で、健康な子牛は胎齢４カ月で形成されて次第に大きくなり、体重の約0.4％の大きさで出生します。出生後はさらに大きさを増して生後10～15カ月齢に最大となり、24カ月齢には胸腺は脂肪化して退化します。子牛の胸腺は胸部と頸部に存在し、胸腺の大きさに比例して免疫機能が高く、出生時や導入時、初診時に頸部胸腺を触診することで子牛の免疫能を評価できます。健康子牛の出生時の胸腺重量は150g以上（体重比0.4％）で頸部胸腺が容易に触知できますが、WCS子牛の胸腺重量は50g以下で触知で確認することが困難です。

血液性状は、リンパ球数の減少、低アルブミン血症と低γ－グロブリン血症に伴う低タンパク血症、血清免疫グロブリン（IgG）濃度の低下、血糖と総コレステロール量の低下、BUN濃度の増加であり、幼齢期の活性Ｔリンパ球細胞と胸腺由来のＴリンパ球細胞の減少が見られます。

血液アミノ酸濃度は全項目で低下しており、特に子牛の成長と免疫機能の形成に必要なVal（バリン）、Met（メチオニン）、Ile（イソロイシン）、Leu（ロイシン）、Tyr（チロシン）、His（ヒスチジン）およびArg（アルギニン）の低下が顕著です。

酪農家ができる手当て

WCS子牛に対しては、免疫機能の増加と感染症の予防を目的に①生後６時間以内に十分量の初乳給与②代用乳への下痢予防剤添加（木酢炭素末製剤など）③免疫増強剤（オリゴ糖など）の飼料添加④ストレス回避のため健康子牛との別居―を行います。

WCSの出生を抑えるためには、妊娠後期（特に分娩前60日間）におけるビタミンや微量ミネラル（亜鉛、鉄）、飼料タンパク充足率の検証・改善ならびに出生子牛に対するストレス要因の排除、プロバイオティクスによる感染症の予防など総合的な対策が求められます。「妊娠牛の適正な栄養管理」こそが「健康な子牛の出生」につながることを再認識してください。

獣医師による治療

「酪農家ができる手当て」で述べた免疫機能増加と感染症予防対策に加え、出生時の臍帯への抗生物質注入による臍帯炎の予防と高タンパク質代用乳の給与を指示してください。WCS子牛は血液アミノ酸が低下しているので、輸液を行う際にはアミノ酸輸液剤（Arg高含有）を併用すべきです。

【小岩　政照】

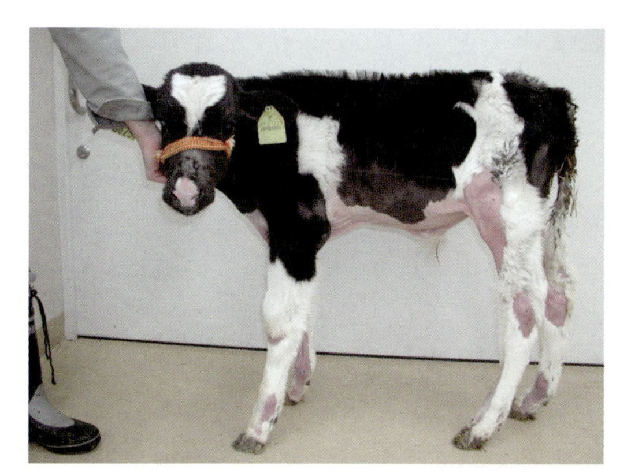

虚弱子牛症候群の外貌

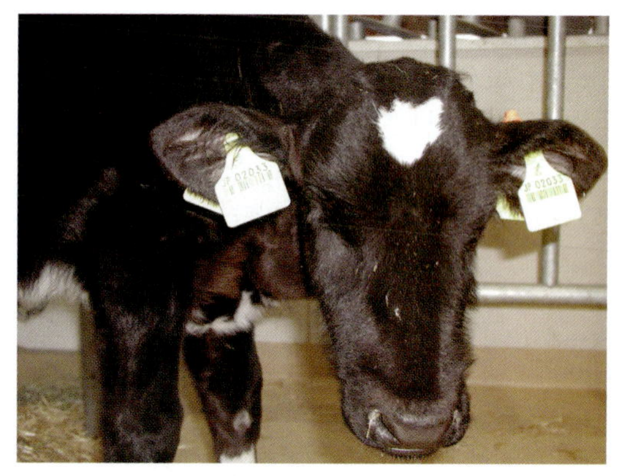

虚弱子牛症候群の馬面

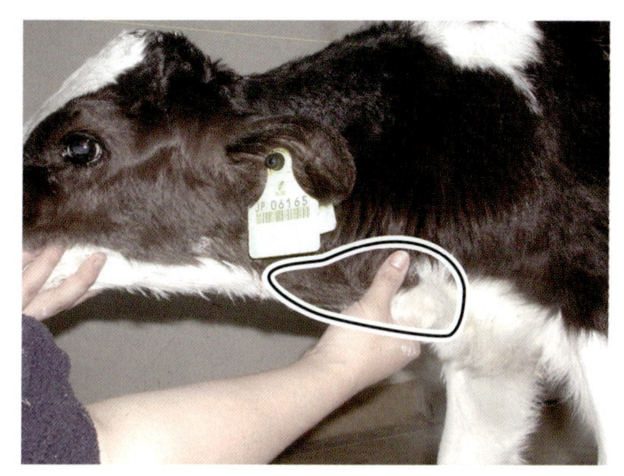

頸部胸腺の触診法

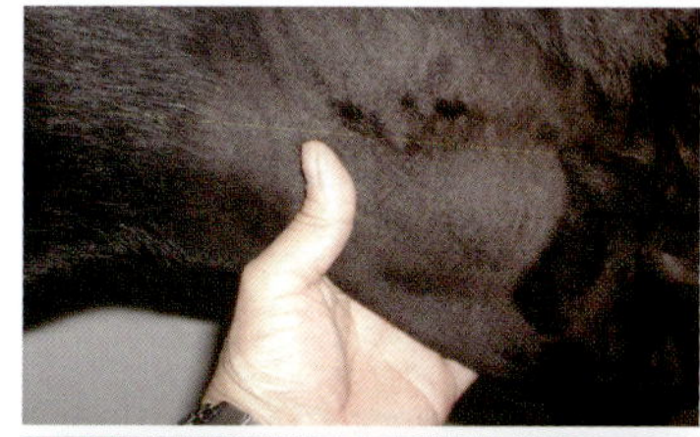

健康子牛
（胸腺スコア３）

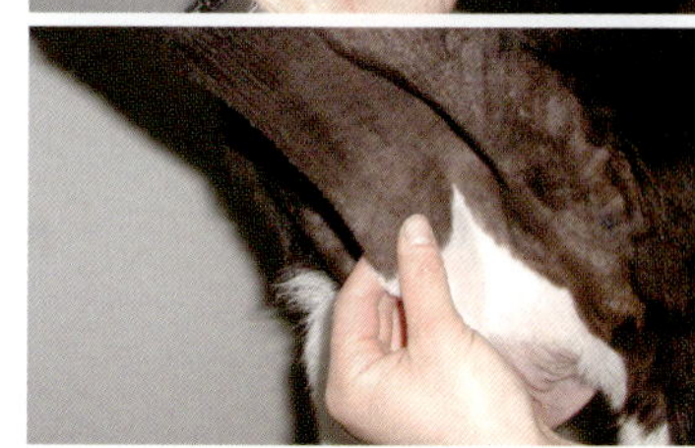

虚弱子牛症候群
（胸腺スコア１）

頸部胸腺の評価

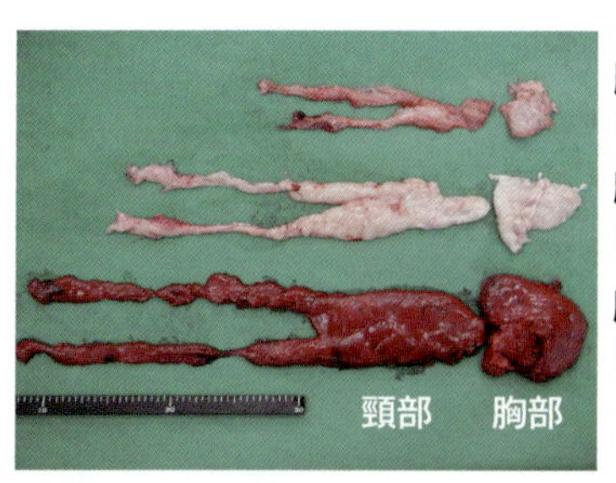

胸腺スコア１
（胸腺形成不全）

胸腺スコア２
（標準：健康）

胸腺スコア３
（優良）

胸腺スコアの比較

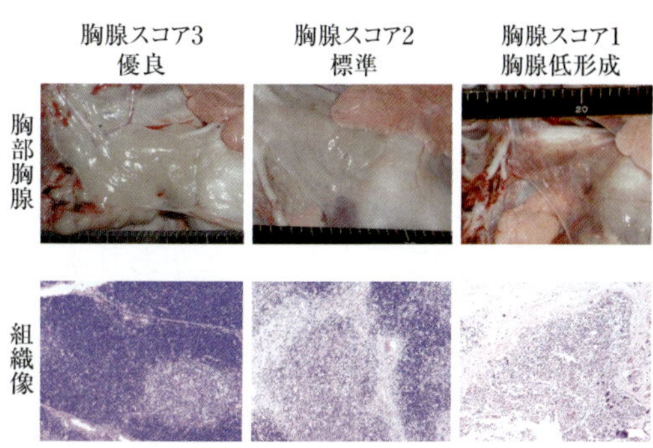

胸部胸腺の肉眼所見と病理組織像

臍炎と臍ヘルニア

原因

臍炎は子牛のヘソの腫脹（しゅちょう）を特徴として発見される疾患です。この腫脹は臍部の腹壁が欠損して開いた穴（ヘルニア輪）から腹腔（ふくくう）内の組織が皮下に袋状に停留する臍ヘルニア、臍帯の感染によって臍部が化膿し硬結（硬い塊になること）する臍炎、あるいはこれらが合併した状態に分類されます。

臍ヘルニアは先天性疾患に分類されており、その発生率は出生子牛の１割ぐらいといわれています。牛と馬を比較した調査において、ヘソの腫脹があった症例のうち、合併症がない単純な臍ヘルニアは子牛で４割であったのに対して、子馬で７割でした。臍炎はヘソの腫脹がある子牛の４割に見られました。このことから子牛のヘソの腫脹は、子馬に比較して単純な臍ヘルニアの発生は少なく、臍炎を合併したものが多いことも特徴です。

症状・特徴

［臍ヘルニア］

生後数日から臍部の腫脹が認められ、その腫れは成長に伴って大きくなります。ヘソの感染や化膿がなければ、発熱や疼痛（とうつう）などの症状はなく、健康状態は良好です。ヘソの腫脹の中（ヘルニア嚢＝のう）には、大網（腹腔内でエプロン状に垂れ下がっている腹膜の一部）が陥入しますが、手で圧迫すると、内容物は容易に腹腔内に戻ります。まれに、ヘルニア嚢の中に腸管が入ると、腹壁が欠損して開いた穴（ヘルニア輪）の部分で挟まり、腸閉塞や腹痛を現すことがあります。

［臍炎］

臍部に感染が限局し、生後２～５日で臍部の腫脹、熱感、疼痛が見られます。臍帯の断端は湿り、膿汁（のうじゅう）を分泌するものが多く、発熱、元気消失、食欲低下を示すものもいます。感染が拡大すれば腫脹はさらに大きく膿瘍（のうよう）となり、自潰して排膿するものもあります。

一方、臍帯を構成する組織は臍静脈、臍動脈、尿膜管の３つがあり、これらに感染が及ぶと腹腔内にも膿瘍が形成されます。臍静脈や臍動脈の化膿は１～３カ月齢の時に見付けられることが多く、発育不全になっている例も少なくありません。元気沈衰、沈鬱（ちんうつ）、食欲不振、微熱、頻脈、腹痛などの症状が見られます。また、尿膜管に炎症がある子牛では、頻回排尿や排尿困難、背湾姿勢などの症状が見られます。

酪農家ができる手当て

ヘソの腫脹が発見されれば、速やかに獣医師の診察を受けてください。子牛ではヘソの異常は臍帯の感染に起因するものが多いことから、酪農家がすべき対応としては、出生時のヘソの衛生管理と清潔な分娩環境の確保による予防が重要です。出生子牛の臍帯は、誕生後直ちにポピドンヨード剤などの噴霧や浸漬によって消毒し、その後、乾燥状態を保つようにしてください。

獣医師による治療

通常、ヘルニア輪の直径が５cm未満で６カ月齢以下の症例では圧迫包帯による保存療法を行います。通常、圧迫包帯には幅10cm程度の粘着性伸縮包帯を使用し、２～４週間後に包帯を除去して、ヘルニア輪の閉鎖状態を確認します。

臍帯の感染が確認されれば、ヘルニア輪が小さくても、外科手術による全切除が必要です。手術前数日間は必ず抗生剤を投与し、炎症を抑えておくことが重要です。離乳後の子牛の手術の場合、手術前日から絶食しておくと、手術がしやすくなります。

【山岸　則夫】

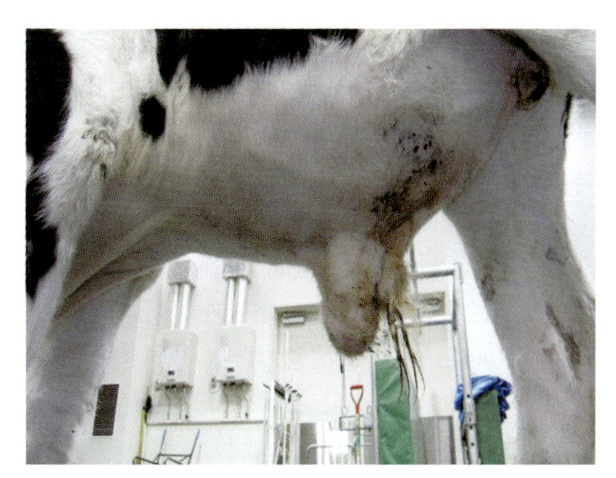

単純な臍ヘルニア

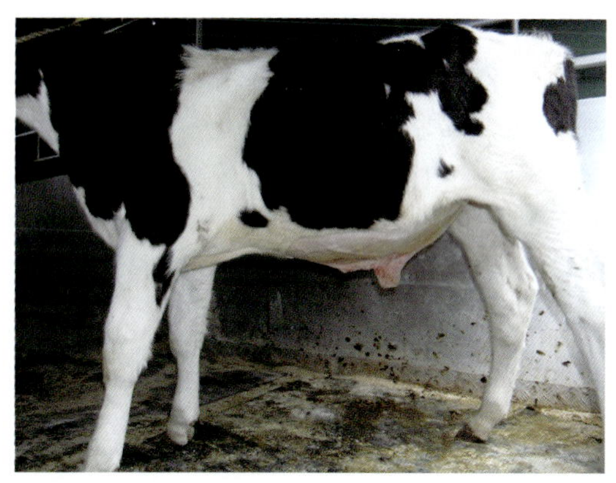

左写真の手術直後の臍部

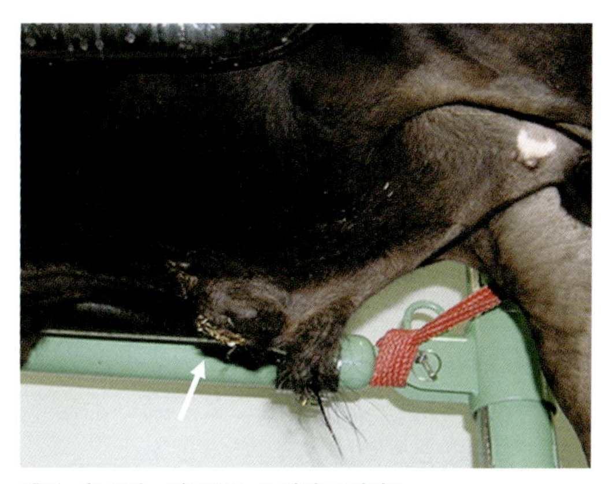

膿汁（矢印）が付着した臍炎の患部

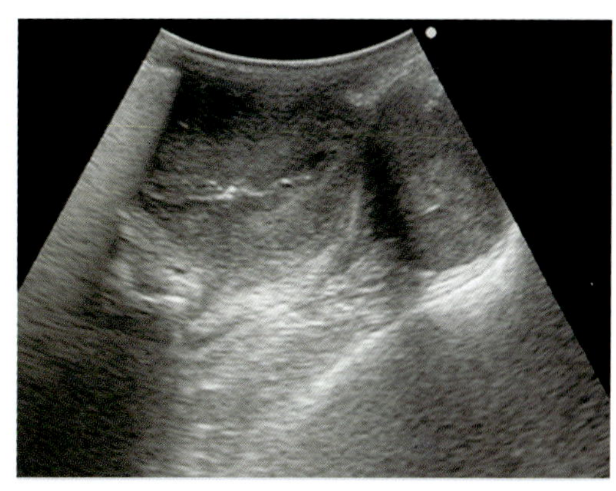

左写真の臍炎患部の超音波検査画像。丸い膿瘍が2つ認められる

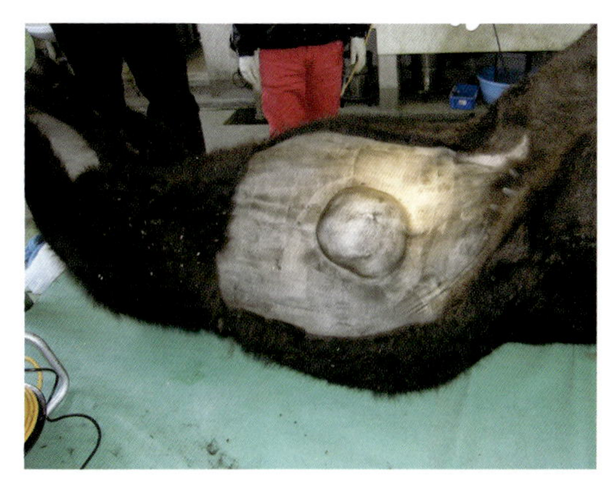

臍部の巨大膿瘍

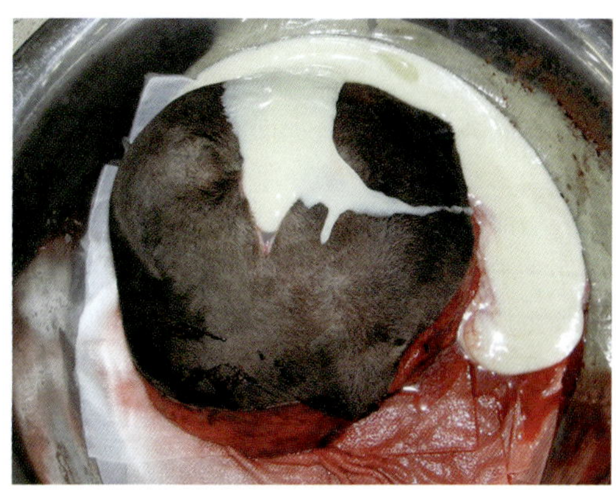

左写真の手術後に摘出された臍膿瘍。切開すると白色の膿汁があふれてきた

先天性屈曲異常（突球）

原因

先天性屈曲異常（突球）の発生原因ははっきりしないものの、胎子期初期～中期における発生異常、遺伝性疾患、子宮内での胎子の体勢が影響すると指摘されています。最も一般的に認められる前肢中手指関節（球節）の屈曲異常は一般的にナックルと呼ばれており、胎子の筋組織や体重は骨組織よりも成長が速いことから、母牛の妊娠末期の急激なボディーコンディションスコアの増加が影響すると指摘されています。種・性別問わず発生しますが、ホルスタイン種の雄牛や双子での発生数が多く、前述の理由も含め母牛の子宮容積と胎子の大きさのアンバランスが生じていることが考えられます。

症状・特徴

肢軸の変形により、出生直後から歩行困難が生じます。一般的に骨格異常は認められず、筋肉腱（けん）組織を含む軟部組織の先天性異常です。罹患（りかん）肢を伸長させたり屈曲させたりして、緊張している筋肉や腱を推察できます。前肢球節の屈曲異常では、軽度～中等度の発生が多く、塩化ビニール管（塩ビ管）や木材を用いた副木（そえぎ）固定によるサポートを１～２週間行うことでほとんどの症例で治癒し予後は良好です。

重度症例ではキャスト固定（ギプス固定）や外科的処置が必要になります。しかし屈曲が著しい症例でキャスト固定を行うと、キャストによる擦過（さっか）創が生じることもあり、治療の長期化や関節炎の併発で予後が悪化します。牛では手根関節（前膝）の屈曲異常も散発しますが、重度症例では球節の屈曲異常よりも難治化する傾向にあります。

酪農家ができる手当て

どのような肢軸の変形子牛に対しても必ず初乳は給与し、重度症例は起立困難であるため、哺乳時に誤嚥（ごえん）させないように注意してください。出生直後の屈曲が重度でもマッサージや副木固定、場合により無処置で自然治癒することもあります。自分で副木固定を行う場合には、擦過創をつくらないように脱脂綿などのクッション材で肢を保護し、副木を掌（しょう）側面（副蹄のある方向）に当て、上下のクッション材を1.5cmほど露出させ伸縮包帯や粘着テープで固定します。変形が多少残っても歩行が可能ならば、成長とともに正常に回復します。出生後５日から１週間経過しても歩行困難が改善されなければ、獣医師の診察を受けてください。

獣医師による治療

非外科的治療として、球節の屈曲異常では副木固定、蹄尖（ていせん）を伸長させるようなゲタの装着、キャスト固定が一般的です。馬ではオキシテトラサイクリン（OTC）の全身投与の有効性が報告されていますが、牛では治療効果を認める報告はなく、腎障害を誘発する危険性があります。キャスト固定を選択するならば、正常後肢でギブスの型を取り罹患肢である前肢に当てることで高い治癒率が得られることが報告されています。

外科的治療では、切腱術が行われます。術中に伸長具合を確認しながら浅趾（せんし）屈腱、深趾屈腱、繋靭帯（けいじんたい）の順で必要に応じ切除する方法が従来では一般的でした。しかし近年では浅趾屈腱と深趾屈腱のみを切除し、伸長が不十分な症例においては副木固定により１～２週間で、高い治療率が得られたことが報告されています。

キャスト固定を行うべきか切腱術を選択すべきかの明瞭な基準はありませんが、キャスト固定で治療期間が長期化する恐れのある症例では切腱術を選択するのが賢明です。擦過創が生じた症例、キャスト固定歴のある症例、慢性化した症例では手術を行っても予後は良くありません。

【佐藤　綾乃】

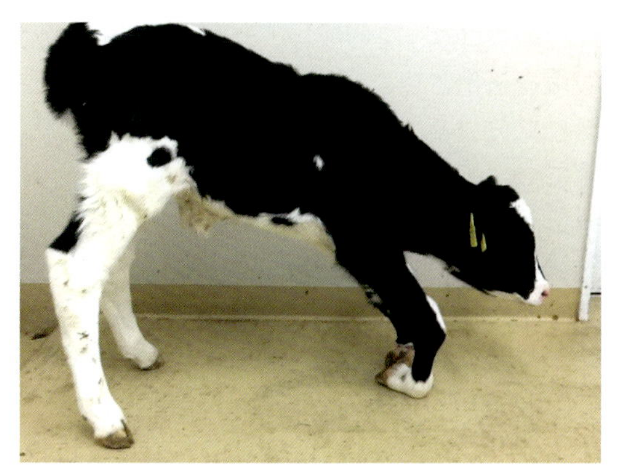

球節での重度屈曲異常の症例。正常起立は不可能で歩行は困難である

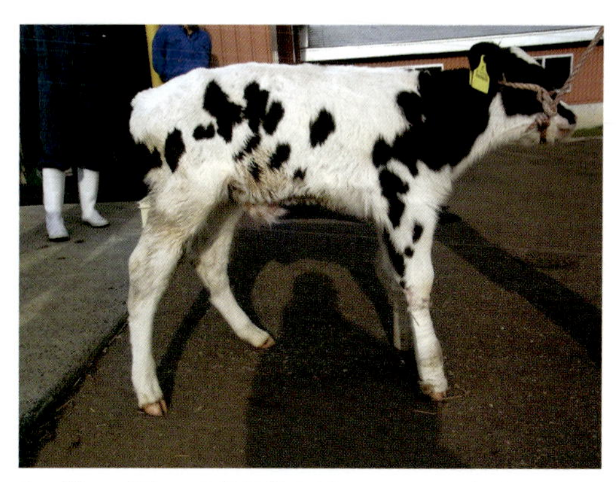

塩ビ管で球節の屈曲異常を矯正している症例

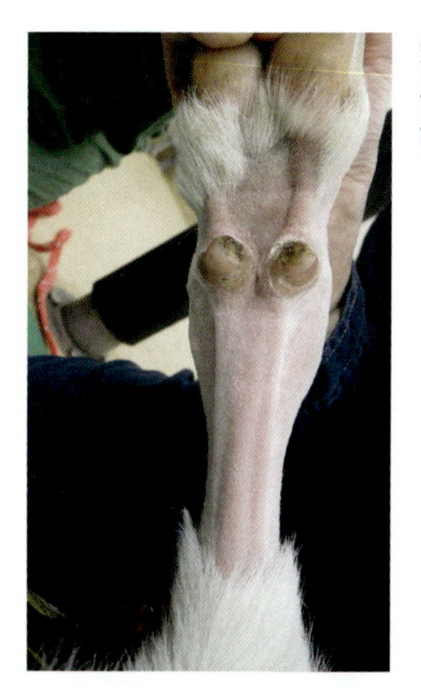

症例を伸長させると屈腱の隆起が顕著に現れ、触知が可能

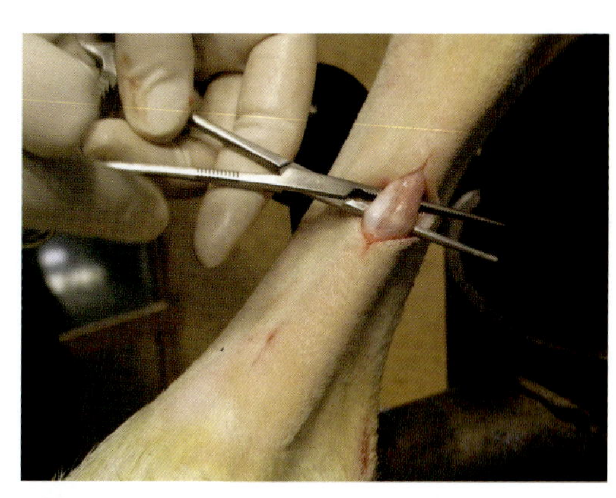

屈腱切除術で浅趾屈腱と深趾屈腱を露出させる

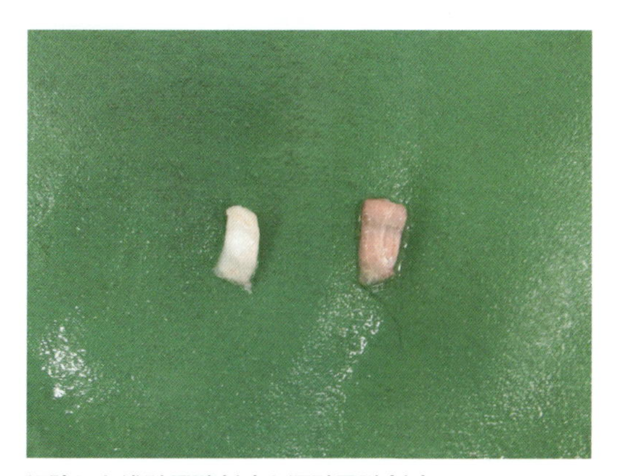

切除した浅趾屈腱（左）と深趾屈腱（右）

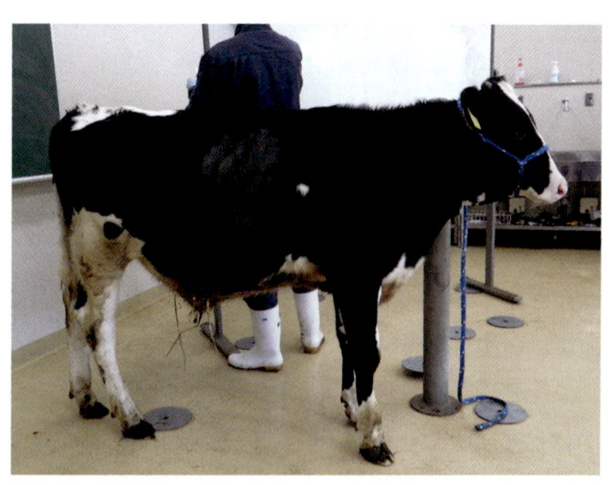

上段左の写真の症例は切腱術を行ったことで、正常歩行が可能になった

大腸菌性下痢症

原因

グラム陰性の腸内細菌科に属する大腸菌（*Escherichia coli*）に分娩後早期（１週間）の子牛が経口的に感染し、下痢を起こします。原因は大腸菌が持つさまざまな病原因子と関連しており、腸管毒素原性大腸菌（ETEC）は15日齢までに、志賀毒素産生性大腸菌（STEC）は２～８週齢に好発、ウイルスとの混合感染も見られます。

症状・特徴

初生牛に水様性下痢を起こします。白痢、ペースト状の下痢が特徴です。尾が糞便で汚れ、独特の酸臭を放ちます。脱水および栄養不良、または敗血症によって死に至ることもあるため、早期に摘発し、周囲への拡散の防止と発症原因の究明が必要です。

ETECによる下痢は、３日齢までに単独感染を、15日齢までにウイルスとの混合感染を認めます。灰白色や黄白色の軟便、水様性便を排出し、脱水、アシドーシス、眼球陥没、哺乳廃絶を伴います。母牛や同居牛の糞便が経口摂取され、腸管細胞に大腸菌が定着、毒素を産生します。結果的に腸管内の分泌が更新し、下痢を起こします。病理学的には泥状や水様性腸管内容物が観察されるものの、組織的な変化はありません。

STECによる下痢は、２～８週齢で軟便や粘液便、水様性便を排出し、赤痢、鮮血、悪臭のある黒緑色便が特徴です。脱水、哺乳廃絶により著しく消耗していきます。経口的に侵入した大腸菌は腸管細胞に定着、増殖した後に毒素を産生するようになり、これがタンパク質合成を阻害して細胞死と赤痢につながります。病理学的にも出血性の腸炎が認められます。

病原診断として、1g中に含まれる大腸菌数が小腸で10^6CFU（コロニー形成単位）、大腸で10^8CFUを超えるようであれば有意な発育と判断します。大腸菌はマッコンキー寒天培地上で赤色のコロニーを形成し、また、培地中の胆汁酸塩を析出させることから、他の腸内細菌と容易に見分けることができます。分離された大腸菌について、PCR法による毒素遺伝子、病原遺伝子の検出を行うことも有効です。

酪農家ができる手当て

発症した子牛を隔離し、獣医師の指導の下で輸液や抗菌剤の経口投与を行います。しかし、何よりも牛群管理の観点から、母子免疫による子牛の抵抗力向上が本疾病で最も重要な対策です。分娩２～６週前の妊娠牛にワクチンを接種し、新生子牛には必ず初乳を給与しましょう。衛生的な環境を保ち、ストレスを与えないように管理することも重要です。

獣医師による治療

子牛の感染性下痢は大腸菌、サルモネラ、コクシジウム、クリプトスポリジウム、ウイルスなどさまざまな病原体によって引き起こされます。さらにこれらの混合感染の可能性もあります。原因微生物によって治療方法も異なることから、類症鑑別が重要です。好発時期と症状、便性状を把握し、迅速な診断が行えるよう心掛けてください。

【村田　亮】

子牛の感染性下痢症の類症鑑別

病名	便性状	好発時期	症状・特徴
大腸菌性下痢	水様性（ETEC） 粘血性（STEC）	生後２週齢まで 生後３週齢	突然発症、下痢・脱水・敗血症 悪臭ある下痢、疼痛(とうつう)、裏急後重
サルモネラ症	悪臭ある粘血下痢 黄白色水様便	生後２～４週齢	発熱・食欲減退・下痢・脱水 敗血症死
コクシジウム症	粘血便	１～３カ月齢	食欲減退・衰弱・下痢・貧血
クリプトスポリジウム症	黄色水様便 白色水様便	生後１～４週齢	食欲減退・下痢・脱水
牛ロタウイルス病	黄色水様便 乳白色水様便	生後４週齢	下痢・脱水 大腸菌などとの混合感染により重篤化
牛コロナウイルス病	黄色水様便 乳白色水様便	年齢に無関係に牛群全体が罹患(りかん)	軽度の発熱、下痢・脱水
牛ウイルス性下痢・粘膜病	水様性 粘血便	数週齢～１歳未満	発熱、下痢・脱水・削痩、 鼻腔（びくう）・口腔粘膜のびらん、潰瘍

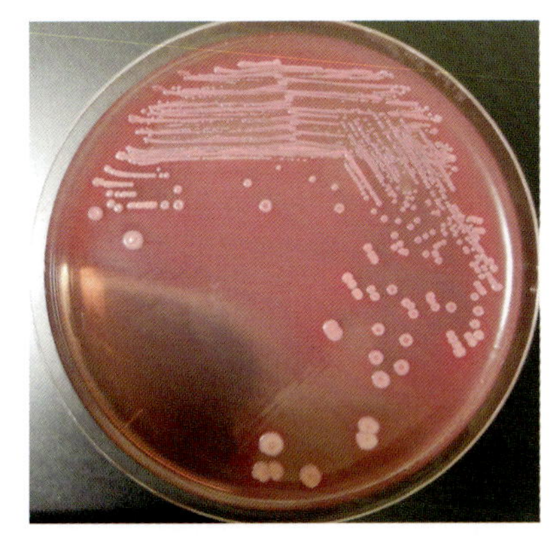

マッコンキー寒天培地上での大腸菌コロニー。ピンク色のコロニーを形成し、周辺の培地が混濁するのが特徴

大量の水様性下痢便の排せつ

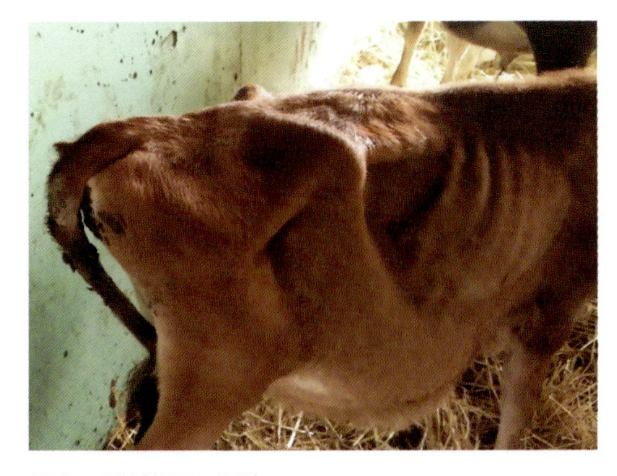

子牛の尾が糞便で汚染

泥状の便。常に牛床を観察しておけば、いつもよりゆるい糞便を発見するなど早期に対応できる

クリプトスポリジウム下痢症

原因

クリプトスポリジウム(クリプト)は、小腸粘膜に感染して下痢を引き起こすコクシジウム目に属する原虫です。その感染型であるオーシストは４～５㍈の大きさで、多くの哺乳類を宿主とします。牛には小腸と第四胃に寄生する２種類のクリプトがあり、小腸に寄生するのは*Cryptosporidium parvum*(クリプト・パルバム)です。クリプト・パルバムは人にも下痢、腹痛、発熱、嘔吐(おうと)などを引き起こします。クリプト下痢症は人への直接的な感染源や水系の汚染源となり得ることから、公衆衛生上、重要な原虫症です。

症状・特徴

下痢子牛の約50％はクリプト・パルバム感染によるもので、その発生日齢は３～20日齢(10日齢前後がピーク)で、幼齢の子牛に好発します。

症状：子牛における主な症状は粘液を含む黄色の水様下痢と脱水ですが、有効な治療薬がなく、慢性化して栄養不良と重度の代謝性アシドーシス(血液重炭酸イオン低下)を呈して死亡する例も多い。代謝性アシドーシスの特徴は沈鬱(ちんうつ)で、①吸乳反射が弱い②ミルクを飲んだ後にすぐ寝る③フラフラしながら歩く④なかなか起ち上がらない―などの症状も示して長時間、目を閉じてうずくまって横たわります。沈鬱の原因は血液中の重炭酸イオンの低下(代謝性アシドーシス)による中枢神経の機能障害です。

血液変化：重症の子牛の血液変化の特徴は、血液重炭酸イオンの低下に起因する血液pHの低下です。血液重炭酸イオンの低下は便中の重炭酸塩損失と腸管内における乳酸などの有機酸の産生増加、血液量の減少による組織中の乳酸蓄積と腎臓からの酸排せつ低下に起因します。

診断：生後５～14日齢の子牛が黄色下痢便を排せつし、市販の整腸剤を経口投与しても効果がなければ本症状を疑います。確定診断は便検査によるクリプトオーシスト検索で行います。約10分間で診断できる精度の高い簡易キットが市販されています。

酪農家ができる手当て

経口添加剤：クリプトに直接作用する特効薬はありません。木酢と炭素末の混合剤(NR製剤：ネッカリッチ)の経口投与が、下痢の改善に有効であることが確認されています。具体的には、NR製剤10gと生菌製剤10g、複合整腸剤10gをペースト状(あるいは団子状)にして、1日3回、経口投与すると有効です。製剤の経口投与は、代用乳に混合するよりも、哺乳後に投与する方が効果的です。

予防：NR製剤は予防にも有効であり、５～10g／回を代用乳に添加します。NR製剤を混合した代用乳(ネッカミルク)が市販されています。クリプトオーシストは消毒剤に強い抵抗性を示し、オルソ剤やアルデヒド系消毒剤が多少効果を示す程度です。効果の高い予防策として、子牛の施設に生石灰を塗布すると同時に、哺乳の全期間、NR製剤を代用乳に添加することを推奨します。

獣医師による治療

代謝性アシドーシスの補正のため、重炭酸イオン(HCO_3^-)の不足量を算出【(30－血液HCO_3^-mEq＝ミリ・イクイバレント＝)×体重kg×０.６分布スペース)】します。軽度(－5～－10mEq)の症例には等張重曹注を使い、重度(－10mEq以下)には７％重曹注(HCO_3^-835mEq／ℓ)を５％ブドウ糖液で４～５倍に希釈してブドウ糖濃度1～２％、投与速度20～25㎖／kg／時間で点滴投与します。重曹注を静脈内投与すると低カリウム血症を併発するので、その予防のため塩化カリウム５gを経口投与します。

【小岩　政照】

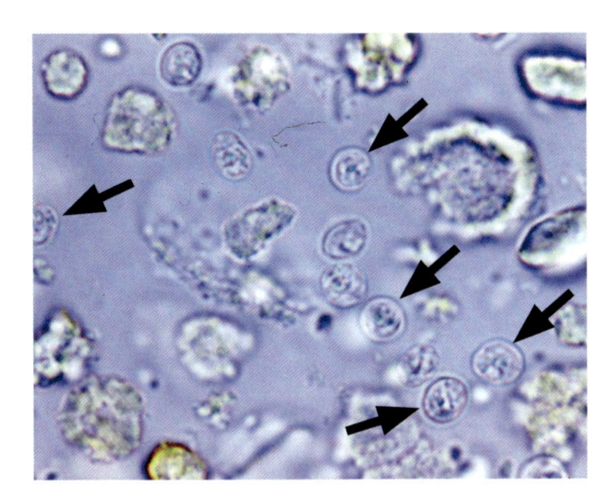

便中のクリプトオーシスト（矢印）

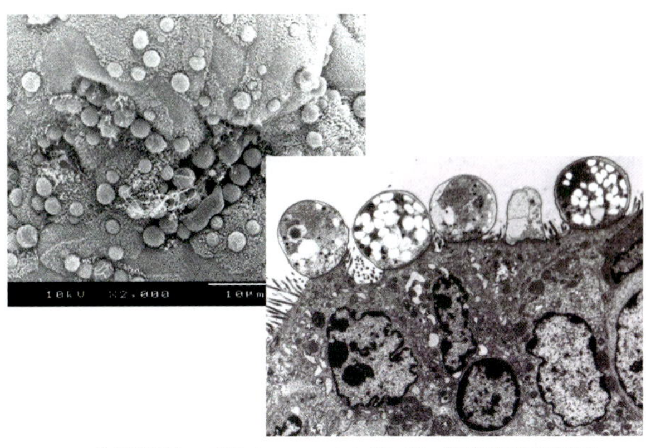

小腸粘膜に感染しているクリプト（電子顕微鏡像）

クリプト下痢便

代謝性アシドーシスによる沈鬱症状

NR製剤をペースト・団子状に調整

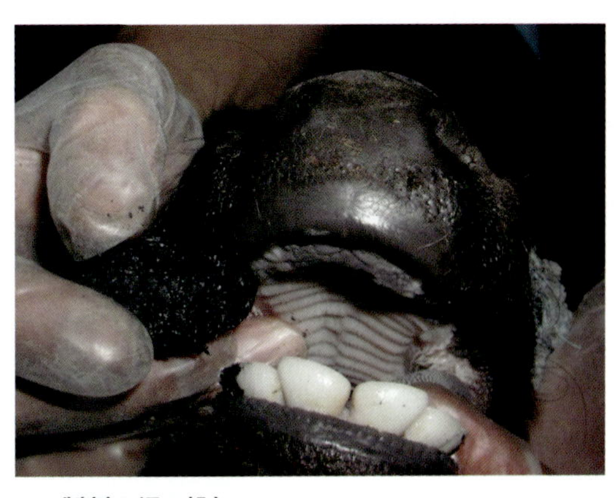

NR製剤の経口投与

ロタウイルス下痢(げりしょう)症

原因

ロタウイルス下痢症の原因は牛ロタウイルス(A～C群)の感染で、1～2週齢の子牛に多発します。ロタウイルスが小腸絨毛(じゅうもう)先端の上皮細胞に感染すると、上皮細胞は変性と壊死(えし)の腸病変を引き起こし吸収不良性の下痢を発病させ、子牛は代謝性アシドーシス(血中重炭酸濃度低下)の状態に陥ります。子牛下痢症の30～50%は本ウイルスが関与しており、クリプトスポリジウムと混合感染すると症状が悪化します。

ロタウイルス下痢症の確定診断は、便検査によりウイルスを検索して行います。現在、精度の高いロタウイルス簡易診断キットが市販されています。

症状・特徴

下痢症の症状は脱水と酸－塩基平衡異常に起因する代謝性アシドーシスですが、ロタウイルス感染による下痢症では黄色下痢便を排せつし、脱水に比べ代謝性アシドーシスが重度な吸収不良性下痢の症状を示します。代謝性アシドーシスの症状の特徴は沈鬱(ちんうつ)、昏睡(こんすい)と起立難渋、吸乳反射の低下、口腔(こうくう)内温度の低下です。

血液変化は、代謝性アシドーシスの特徴である血中重炭酸濃度(血液HCO_3^-)低下に伴いpHの低下を示します。

病理肉眼所見では、小腸絨毛の萎縮による小腸壁の菲薄(ひはく)化が認められ、組織所見では腸絨毛の上皮細胞の腸病変が認められます。

酪農家ができる手当て

[経口添加剤]

ロタウイルスに直接作用する治療薬はありません。木酢と炭素末の混合剤(NR製剤：ネッカリッチ)の経口投与がロタウイルス下痢症の改善に有効であることが確認されています。具体的には、NR製剤10gと生菌製剤10g、複合整腸剤10gをペースト状(あるいは団子状)にして1日に3回、経口投与すると有効です。

[予防]

5～10g／回のNR製剤の代用乳への添加が有効です。現在、牛ロタウイルスに対する不活化ワクチンが市販されており、母牛への接種による有効性が確認されています。

獣医師による治療

治療は脱水と体液異常の改善、特に吸収不良性下痢を引き起こす代謝性アシドーシスの改善が重要です。代謝性アシドーシスに対しては、野外では臨床的な沈鬱スコアから血中重炭酸濃度の不足量を算出して、重曹液を輸液します。ポータブル血液ガス分析器で検査を行うと、血中重炭酸濃度を正確に測定できます。

軽度の代謝性アシドーシスに対しては等張重曹液、重度の代謝性アシドーシスには7%重曹液を5%ブドウ糖液に加えて、点滴輸液(投与速度20～25㎖／kg／時間)を行います。輸液を行うと同時に、前述したNR製剤10gと生菌製剤10g、複合整腸剤10g、塩化カリウム1gをペースト状(あるいは団子状)にして1日3回、経口投与することが有効です。

【小岩　政照】

代謝性アシドーシスに起因する沈鬱症状

ロタウイルス感染便

大腸菌

ロタウイルス

コクシジウム

クリプトスポリジウム

病原体別の下痢便性状

内服薬の調整

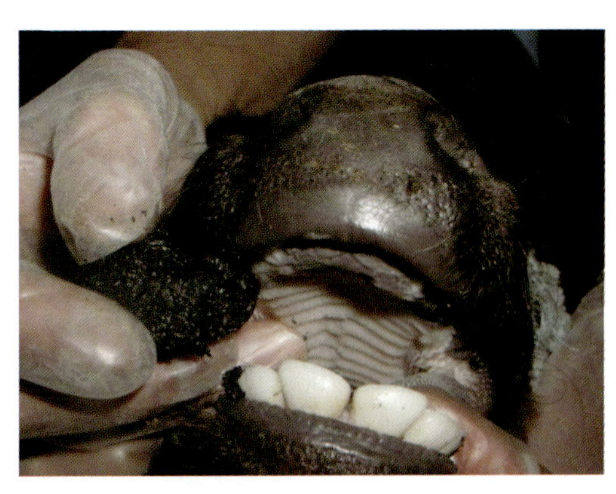

調整した内服薬の投与

子牛のサルモネラ症

原因

サルモネラ症はグラム陰性の腸内細菌科に属するサルモネラ（*Salmonella enterica subsp. enterica*）が経口的に侵入して起こる急性あるいは慢性の病気です。サルモネラには数多くの種類（血清型）がありますが、本病の原因となる主な菌は*Salmonella Typhimurium*（ST）、*Salmonella Dublin*（SD）、*Salmonella Enteritidis*（SE）で、特にSTとSDによる感染症が多発しています。SDは牛のみに感染する菌ですが、STとSEは人にも感染し、食中毒の原因としても重要です。特にSTは宿主域が広いことが特徴で、流行時には他の血清型よりも農場内の清浄化に配慮が必要です。つまり、牛群および管理者の動線だけでなく、牛舎に野ネズミなどの野生動物が出入りしていないことも確認しなければなりません。

感染経路は主に経口ですが、呼吸器からも侵入します。保菌牛は感染源として重要で、そうした牛が牧場に新規導入されて流行の原因となります。菌は糞便中に排出され、それが直接あるいは水、飼料や牛舎環境などを汚染して間接的に伝播（でんぱ）します。

わが国におけるサルモネラ感染症は子牛が中心でしたが、1990年代以降は成牛（乳牛）のST感染症も増加しています。発生は牛群内外での大きな流行につながるため、甚大な経済的被害を与えます。

ST、SD、SEによる牛のサルモネラ感染症は家畜伝染病予防法により届出伝染病に指定されています。

症状・特徴

6カ月齢以下の子牛に多く見られ、若齢個体であるほど感受性が高いことから、牛群管理に注意が必要です。食欲不振、発熱（40℃以上）、悪臭のある泥状や水様性下痢、偽膜の混ざった粘血性下痢便が主な症状です。下痢は1～2週間続き、完治するまでに約2カ月を要します。死亡率は10％以上で、適切な治療がなかった場合は75％以上にも達します。

解剖すると、脱水により皮下は乾燥感を呈し、腸管は菲薄（ひはく）化と充出血が激しく、腸内容は悪臭のある黄白色～褐色の泥状や水様性で、カタル偽膜性腸炎を呈します。腸間膜リンパ節はうっ血腫大しています。

糞便はハーナテトラチオン酸塩培地で増菌後、DHL寒天培地で特徴的なコロニーの発育がないか確認します。直接PCR法を用いての遺伝学的診断法も有効ですが、治療に適した抗生物質の選択のためにも流行菌株の培養・単離は重要です。ディスク拡散法やEテストなど簡便な薬剤感受性試験を行うことをお勧めします。

酪農家ができる手当て

保菌牛の新規導入と飼養環境の変化によるストレスが主な原因です。万が一発生があっても飼い主の注意によって最小限の被害に抑えることができるよう、平常時から農場内の動線について再考しておくとよいでしょう。ST・SDの二価ワクチンが予防に使用されますが、発症予防であり、感染は阻止できません。使用に当たっては獣医師と十分に相談してください。

獣医師による治療

サルモネラは多剤耐性菌の出現報告が多い菌種です。特にフルオロキノロン系抗菌剤の安易な投与はキノロン耐性株の出現につながります。乱用を避けることと、流行菌種、菌株の感受性に適した薬剤の選択を心掛けましょう。

【村田　亮】

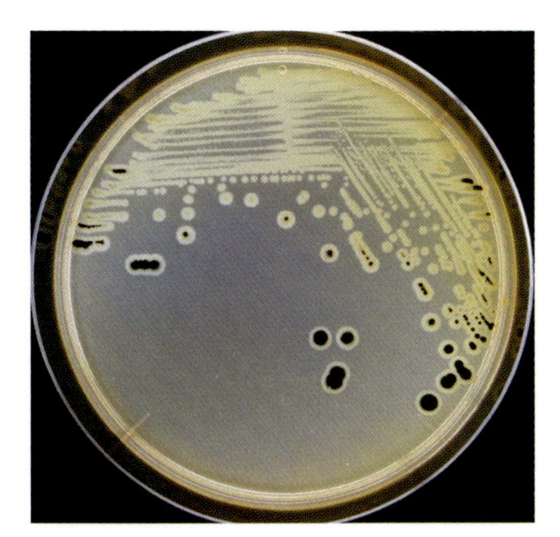

DHL寒天培地上でのサルモネラコロニー。中央が黒色となるのが特徴

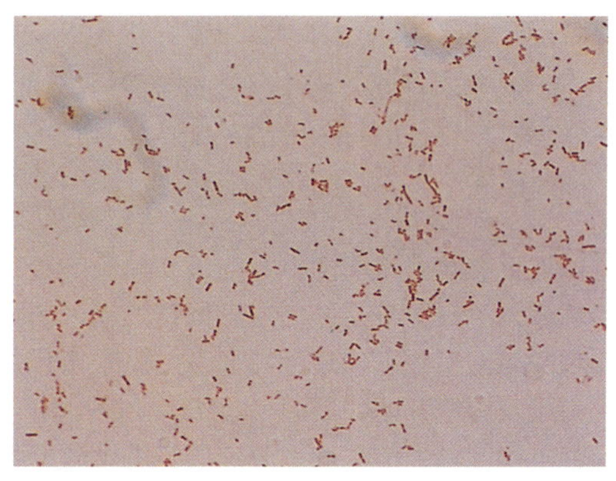

グラム染色像。サルモネラは赤色に染まるグラム陰性の中桿(ちゅうかん)菌である

神経症状を呈するサルモネラ子牛(小岩原図)

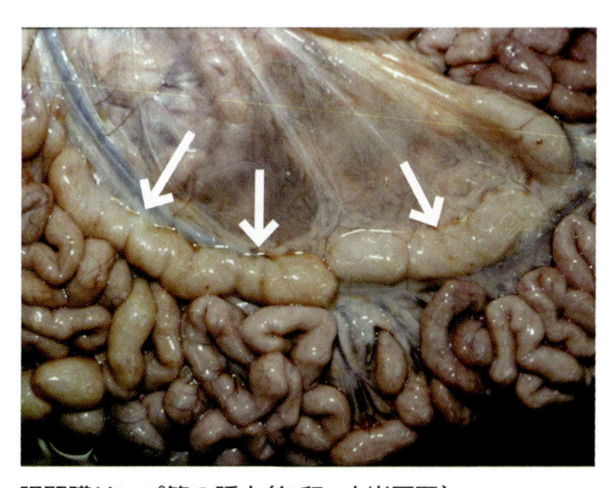

腸間膜リンパ節の腫大(矢印、小岩原図)

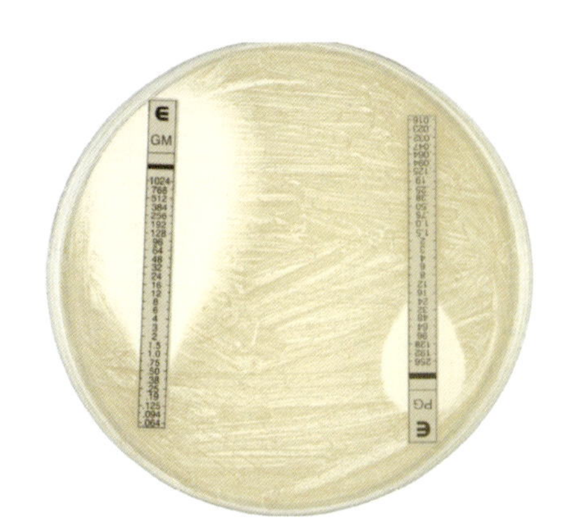

Eテストによる薬剤感受性試験

ルミナルドリンカー(第一胃腐敗症)

だい いち い ふ はい しょう

原因

子牛のルミナルドリンカー(第一胃腐敗症)は、第一胃内におけるミルクや代用乳の発酵異常を呈する疾患で、第一胃運動低下や乳酸ルーメンアシドーシス、パラケラトーシス、免疫低下を誘発します。本症は、強制的な代用乳のカテーテル投与あるいは食道溝の閉鎖不全や第四胃からの逆流によって生じる代用乳の第一胃液貯留に起因します。

発生要因は下痢症や不規則な哺乳時間、低温ミルク、バケツ哺乳、カテーテル哺乳、輸送などのストレスです。通常、子牛がミルクを吸飲すると、食道溝反射が生じてミルクは第一胃を通過して第四胃内へ流入します。しかし、食道溝の閉鎖不全や閉鎖機能の消失が見られる子牛は、ミルクが第四胃ではなく第一胃内へ流入します。

また、新生子牛は第四胃容積が小さいため、過剰なミルクを給与すると余分なミルクが第一胃内へ逆流します。さらに、バケツ哺乳は乳首哺乳よりも食道溝反射を引き起こす刺激が弱いため、第一胃内へのミルクの流入が多く、カテーテル哺乳ではミルクが直接第一胃内へ流入します。

症状・特徴

本症の特徴な臨床症状は、発育不良と被毛粗剛、食欲減退、沈鬱(ちんうつ)、脱水、間欠的な疝痛(せんつう)、灰白色粘土便、第一胃の鼓脹と拍水音です。第一胃液は灰白色で強い酸臭を呈し、pH低下と著しい第一胃原虫の減少を示します。

ルミナルドリンカーの診断は疫学と臨床症状から推察できますが、確定診断は第一胃液検査による胃液性状とpH、原虫の数および種類の確認をもって行います。病勢の評価は血液検査によって可能です。

特徴的な血液変化は、血液濃縮と進行性炎症、低血糖、低コレステロール、アミノ酸濃度低下です。

酪農家ができる手当て

本症は、食欲減退の改善や栄養充足を目的とした畜主や獣医師による代用乳の強制的なカテーテル投与に起因した例が多い。本症の誘発を回避するためには、子牛が食欲減退を示す一次的疾病に対する治療を優先して行うべきであり、ミルクや代用乳の安易な投与は避けなければなりません。

獣医師による治療

生理食塩液による第一胃内容液の洗浄と第一胃機能の改善を目的とした第一胃液移植(0.1～0.5ℓ/日)が最も有効な治療法です。また、本症に起因する悪液質に対する治療としては、ビタミンB_1製剤とアミノ酸製剤を加えたブドウ糖加酢酸リンゲル液の輸液が有益です。

【小岩　政照】

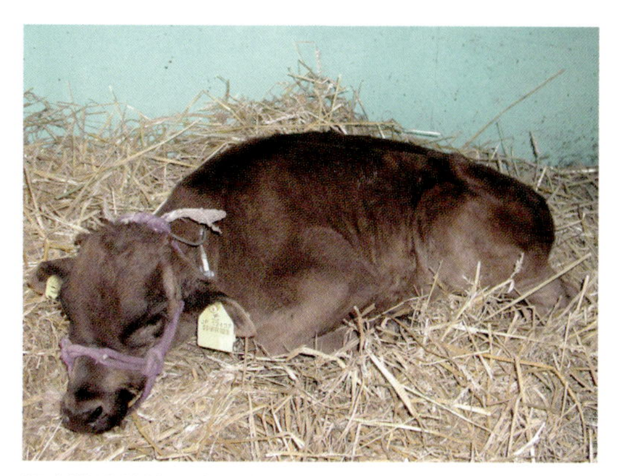
起立難渋状態の症例牛

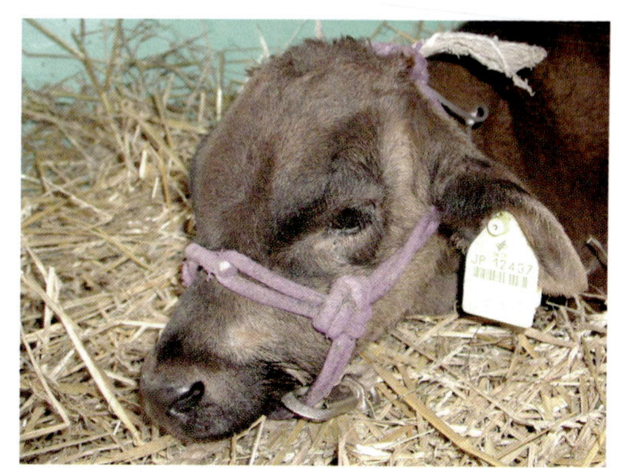
左の写真と同じ症例牛（沈鬱、耳介下垂）

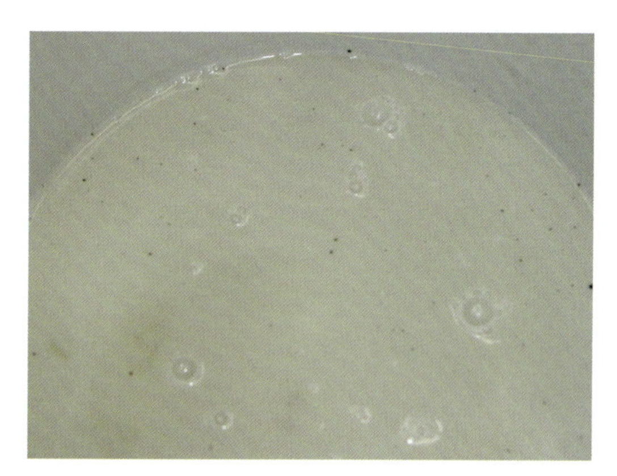
灰白色の第一胃液

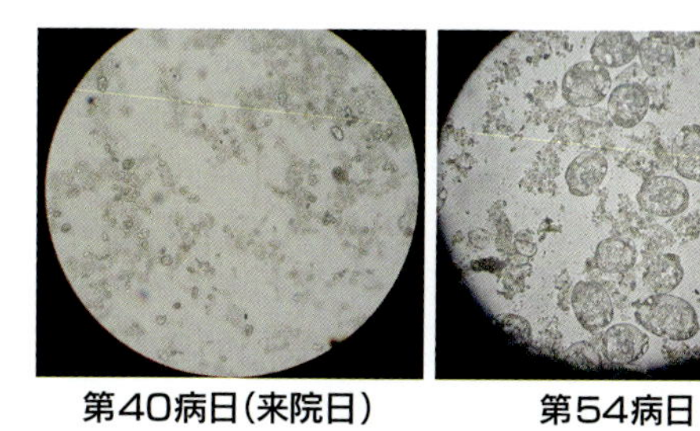
第40病日（来院日）　第54病日

第一胃液の顕微鏡像
（左：来院日、右：来院14病日＝びょうじつ、100倍）

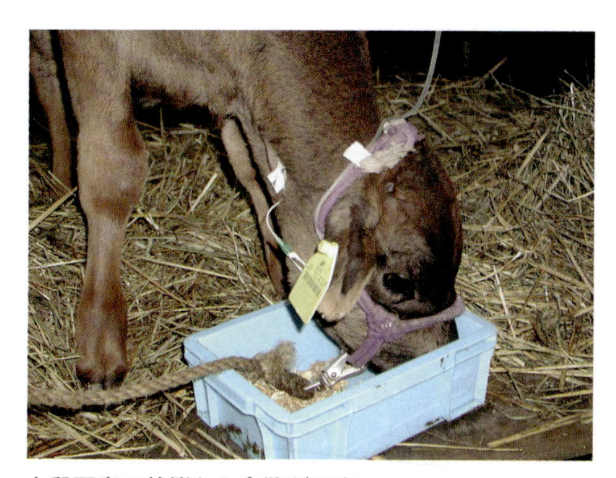
上段写真の状態から食欲が回復

マイコプラズマ性中耳炎(せいちゅうじえん)

原因

耳は外耳－中耳－内耳から構成されており中耳は耳管で鼻腔(びくう)と連絡しています。子牛の中耳炎は中耳がマイコプラズマ(*Mycoplasma bovis*)に耳管を介して感染して発病するものです(マイコ中耳炎)。子牛のマイコ中耳炎は3～6週齢(平均45日齢)で多発し、肺炎や関節炎、脳膜炎を併発している例が多く見られます。

1997年にアメリカでマイコプラズマ性乳房炎牛の廃棄乳を子牛に給与したことによる集団発生が報告され、近年わが国でも発病が増加しています。マイコプラズマは細菌より小さな微生物で、細胞壁がないため抗菌製剤による治療効果が低く、発病した子牛は難治性で予後不良になる例が多くなっています。

症状・特徴

臨床症状：マイコ中耳炎の初期は発熱、頭部振盪(しんとう)、神経(顔面神経、内耳神経)のまひによる耳介下垂（俗称「耳垂れ」）の症状が特徴です。病勢が進行すると耳根部の熱感、耳漏、舌咽(ぜついん)神経と迷走神経のまひに起因する斜傾、平衡失調、嘔吐(おうと)、第一胃鼓脹を呈し、関節炎を伴います。重症例の多くは、嘔吐や第一胃鼓脹、関節炎を呈して予後不良になります。

内視鏡像：内視鏡検査によって中耳炎の罹患(りかん)耳の病態を正確に診断できます。さらに治療法の選択、治療経過、予後を客観的に判定できます。健康子牛の耳道の内視鏡検査では、血管に富んだピンク色の外耳道の粘膜と透明感のある鼓膜の一部が観察されます。中耳炎子牛の罹患耳では臨床ステージの進行に伴い鼓膜病変と外耳道病変も進むことが内視鏡下で観察され、ヒト中耳炎より外耳道に膿汁(のうじゅう)が多く貯留します。

酪農家ができる手当て

マイコ中耳炎の特徴である頭部振盪や耳介下垂(耳垂れ)の症状が認められた際は、直ちに獣医師に受診を依頼してください。特に、素牛(もとうし)の導入牧場では導入後の注意深い観察が必要です。耳毛や個体管理耳標が本症の発病要因になるので、バリカンで耳毛を刈ると同時に個体管理耳標のサイズと装着部位、装着時期を検討します。本症が発生した牛群は既にマイコプラズマに汚染されているので、制圧するためには牛群と環境の予防対策を同時に行うことが重要です。

本症の予防には獣医師の指導によるワクチン接種と抗菌製剤の投与、環境面の対策にはグルタルアルデヒド(グルタプラス：1,000倍希釈)による最低週２回の細霧消毒・煙霧消毒が必要です。

獣医師による治療

初期の中耳炎には抗生物質の全身投与が有効であるとされていますが、重症例では大きな効果は期待できません。野外では、羊用経口投薬器やシース管を用いた耳道(中耳、耳管)洗浄が行われており、一定の効果が報告されています。非可視下の耳道洗浄は①鼓膜を破る際の子牛への疼痛(とうつう)ストレス②外耳内の汚れや炎症産物が中耳や耳管へ入る恐れ③炎症を波及させ中耳炎を悪化させる危険性(脳膜炎の恐れ)—があります。一方、内視鏡療法は非可視下に見られるリスクがなく、また非可視下に比べ廃用率の低下と治癒例における日増体量(DG)の増加が認められる上、疼痛ストレスもないことから家畜福祉の面からも推奨されます。

予防策として、鼻腔粘膜ワクチン(TSV2)接種と抗生物質(ツラスロマイシン：TM)投与の併用が有効です。マイコプラズマ感染牛群に対しては、予防プログラムの励行と鼻腔スワブ検査によるモニタリングを行って予防プログラムの検証を継続することが重要です。

【小岩　政照】

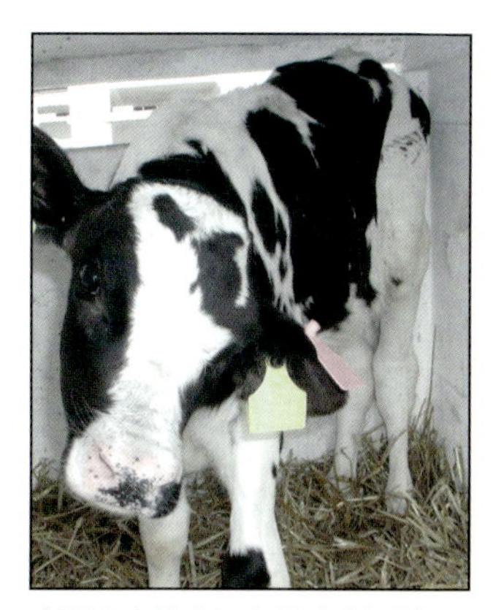

中耳炎を発病した子牛（左耳）

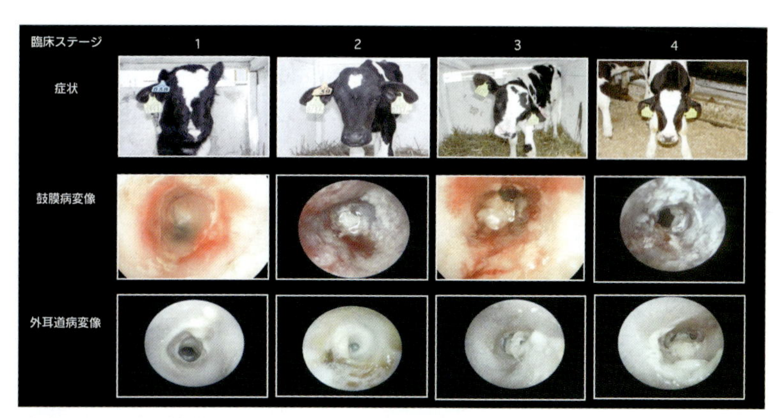

臨床ステージと鼓膜および外耳道の内視鏡病変像の比較

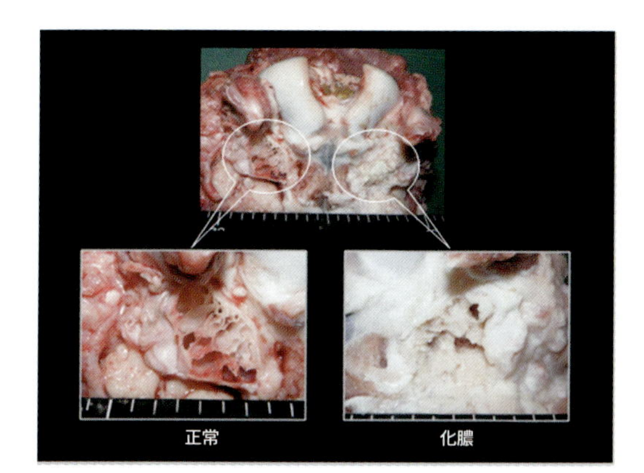

鼓室の病変（左耳：正常、右耳：中耳炎）

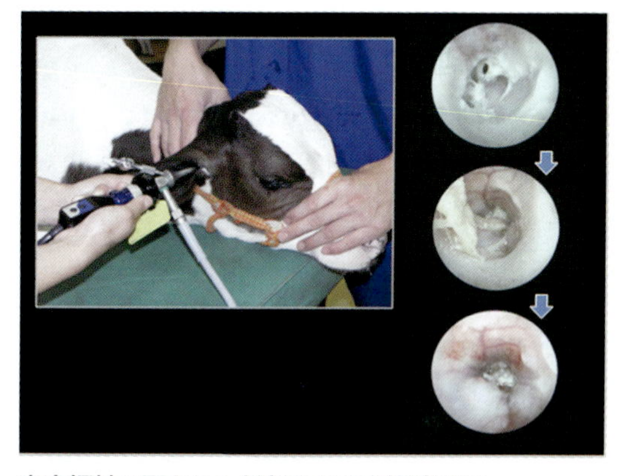

家畜福祉の面からも推奨される内視鏡療法

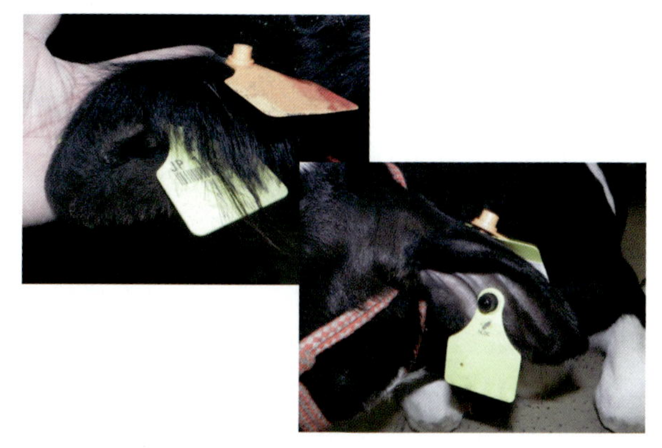

耳毛を刈る前（左）と刈った後（右）

予防策の１つである煙霧消毒

マンヘミア性肺炎

原因

マンヘミア性肺炎は、牛呼吸器病の原因菌の1つであるマンヘミア・ヘモリチカが感染することにより発症します。他の呼吸器病と同様に、哺育期の子牛や育成牛で多発しますが、一般の肺炎と区別する理由は、この細菌が特別に強い病原性を持っているからです。この菌はロイコトキシンという毒素を産生し、その毒素は牛が持つ好中球などの免疫細胞を破壊します。その結果、免疫細胞の中にある、本来病原体を攻撃するための酵素が放出され、自分の肺組織を傷付けてしまいます。

従って、罹患（りかん）牛の症状は重症であることが多く、死亡する例も少なくありません。日本は12種類の血清型のうち1型の割合が高いといわれていましたが、2000年を過ぎてから6型が増えてきました。6型は複数の種類の薬剤に耐性を持つものが多く、このことが治療の難しさにつながっています。

症状・特徴

ほとんどの牛呼吸器病はさまざまな病原体の混合感染が原因になるため、初期症状はマンヘミア性かどうか区別できません。他の呼吸器病と同様に活力と食欲の低下や発熱の他、呼吸数の増加、鼻汁、せきなどが見られます。症状が進行し開口呼吸など呼吸困難を呈した症例では、眼結膜が血液中の酸素不足によるチアノーゼ（暗い色調の紫色）を示します。

重症例は急死することもまれではなく、慢性化した場合には次第に削痩、衰弱し、最期は起立不能となることもしばしばです。死亡牛を解剖すると、胸腔（きょうくう）内には胸水が増量し、肺と胸膜の癒着（胸膜炎）が認められる他、肺全体が空気を含まない状態になっていることがほとんどです。このような肺では空気の通りもなくなり、聴診しても呼吸音が聞き取れない場合があります。

酪農家ができる手当て

導入牛にとっては、移動に加え、環境や飼料の変化もストレスとなります。導入後数日は群に入れずに個別に飼うなど、ストレスを緩和することに努めましょう。万が一、導入後間もなく風邪の症状が見られたときにはできるだけ早く獣医師の診察を受けてください。もちろん導入牛だけでなく、他の呼吸器病同様に主に若齢牛も罹患します。症状がいつもより重いなどの場合は、マンヘミア感染を疑うことが必要でしょう。

予防策としては、不活化ワクチン（単味と混合）が市販されているので、後継牛を中心にした積極的な接種を推奨します。

獣医師による治療

マンヘミアに効果を発揮する抗菌剤は数多くありますが、薬剤感受性が農場によって異なる可能性があるので注意が必要です。検査が不可能であれば、過去の治療歴と効果を考慮した上で薬剤を選択します。通常、合成ペニシリン系を第一に選択しますが、6型を中心に耐性化が進行しているので、セファロスポリン系が有効である症例も少なくありません。

混合感染を考えれば、フェニコール系などが効果的でしょう。抗菌剤以外の治療については、肺炎に準じることになります。もしも、若齢牛が呼吸器症状を示して、次々死亡するなどという状況が見られたときは、必ず解剖して胸腔内を確認すべきです。マンヘミア感染に特徴的な所見が見られたときには、ワクチン接種が不可欠です。ワクチンは血清型1型が対象ですが、主成分の1つであるロイコトキソイドは異なる血清型との間に交差反応を示すといわれていることから、6型にも効果が期待されます。

【加藤　敏英】

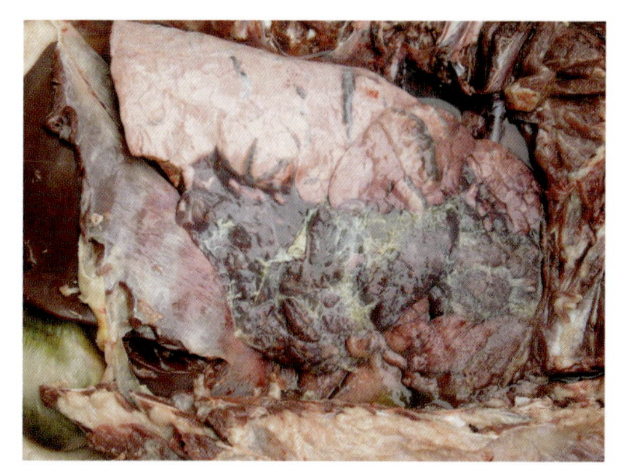

肺の半分以上が暗赤褐色になり、肺表面にはフィブリンが付着

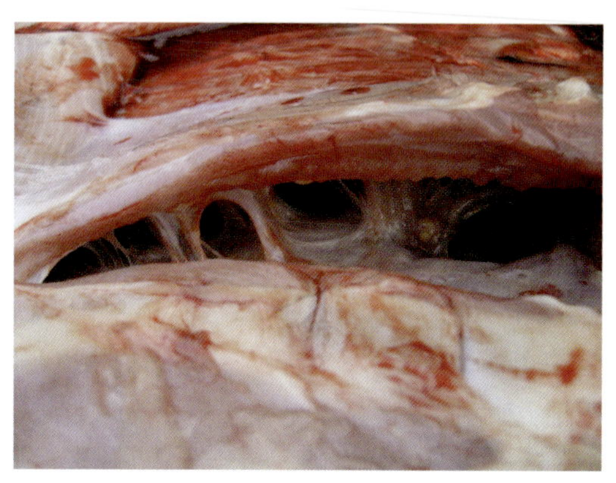

肺の表面と胸膜が癒着（胸膜肺炎）

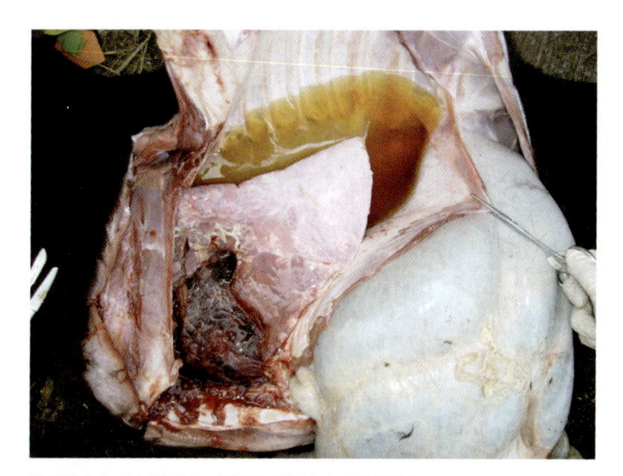

胸腔内には黄色い液体（胸水）が貯留

病変部の小片を水に入れると、空気を含んでいないため底に沈下する

重症で呼吸困難になると、開口呼吸や泡を吹く（泡沫性流涎＝ほうまつせいりゅうぜん）

長距離輸送や環境の急変はストレスになるので、導入牛は一時的な隔離と観察が必要

第四胃鼓脹症

原因

子牛の第四胃鼓脹症は比較的長期間(2カ月以上)、全乳あるいは代用乳を給与している5～11週齢の子牛での発生が多く、ミルクを給与した数時間以内に、第四胃内容の発酵異常により突発的に発生します。原因は給与したミルクの発酵異常で、それはミルクの1回給与量と温度が発生誘因となります。発病した子牛は、第四胃の膨脹による胸腔(きょうくう)と腹腔内臓器への強い圧迫による呼吸不全と重度の脱水、腎前性腎不全、体液異常を引き起こして重篤な症状を示します。

症状・特徴

［臨床症状］

主な臨床症状は、第四胃鼓脹に伴う著しい腹囲膨満と右側下腹部における第四胃拍水音、疝痛(せんつう)症状、食欲廃絶、眼球陥没、心拍数の増数、黄土色泥状便の排せつあるいは排便停止です。

［血液変化］

特徴的な血液変化は、血液濃縮に伴うHt(ヘマトクリット)値の増加、高窒素血症および低カルシウム血症と低ナトリウム血症、低カリウム血症、低クロール血症の電解質異常です。特にHt値の増加と高窒素血症、血清AST活性値の上昇、低クロール血症が著しく、病勢と一致します。

酪農家ができる手当て

哺乳後に、著しい腹囲の膨満が認められた際には、左右の下腹部を強く圧診して、拍水音(ジャブジャブ音)の聴こえる部位を確認してください。本症では右の下腹部で拍水音が聴こえます。第四胃鼓脹症と判断したときは、複合整腸剤10gと生菌製剤10g、木酢炭素末剤(NR製剤：ネッカリッチ)10gをペースト(団子)状に混合して経口投与します。1時間経過しても症状の改善が認めれられない場合は、獣医師の診察を受けてください。

予防対策としては、1回のミルク給与量を2.5ℓ以下に制限し、成長に伴うタンパク質の必要量は人工乳から摂取することが推奨されています。また、ミルクに0.1%の割合でホルマリン液を添加すると予防効果があるとの報告もあります。

獣医師による治療

［軽症例］

BUN(尿素窒素)が30mg／100mℓ以下の軽症例に対しては、哺乳を中止し、複合整腸剤10gと生菌製剤10g、NR製剤10g、胃潰瘍治療薬(塩酸セトラキサート：1～2g／日／体重50kg)2gをペースト(団子)状に混合して、経口投与します。内科療法としては、血液濃縮と電解質異常の補正を目的とした等張リンゲル液にビタミンB_1剤を加えた輸液を行います。穿胃(せんい、18G針)による第四胃内ガスの除去は、腹膜炎を伴う危険性があるので避けるべきです。緊急処置として第四胃の穿胃を行うときには、第四胃内ガスを除去した後に、抗生物質(ゲンタマイシン120mg)を第四胃内に注入します。

［重症例］

臨床症状が重篤で、内科療法を行ってもBUNが30mg／100mℓ以下に改善しない場合は、異常発酵を起こしている第四胃内容を除去する目的で、右下腹部領域で外科手術を行います。本症の外科手術後の経過は比較的良好で、高い治癒率が得られます。本症は第四胃炎や第四胃潰瘍を併発している例が多いので、手術後7日～14日間は胃潰瘍治療薬(塩酸セトラキサート)を経口投与すべきです。

【小岩　政照】

黄土色泥状便

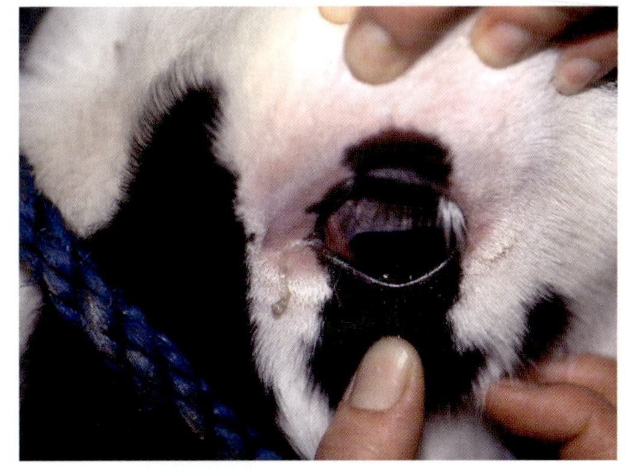

眼球血管の充血と眼球陥没

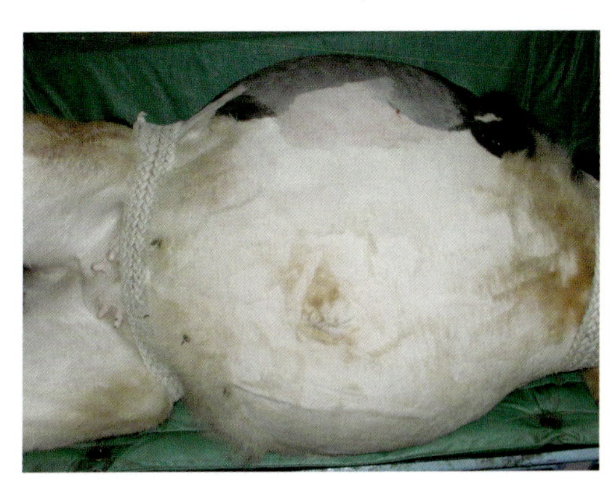

腹囲膨満を示した症例牛

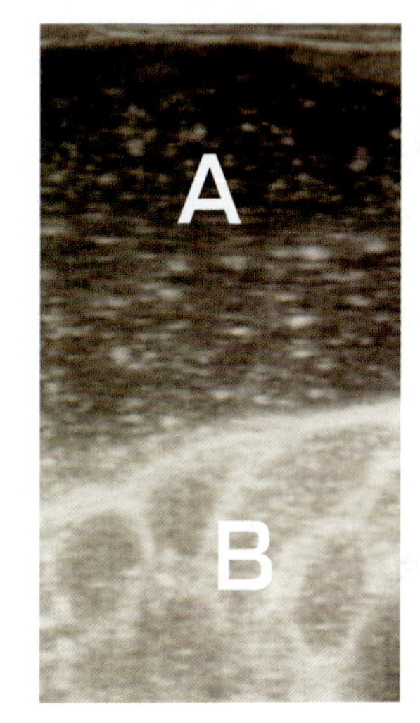

拡張した第四胃（A）と腸管（B）の超音波画像

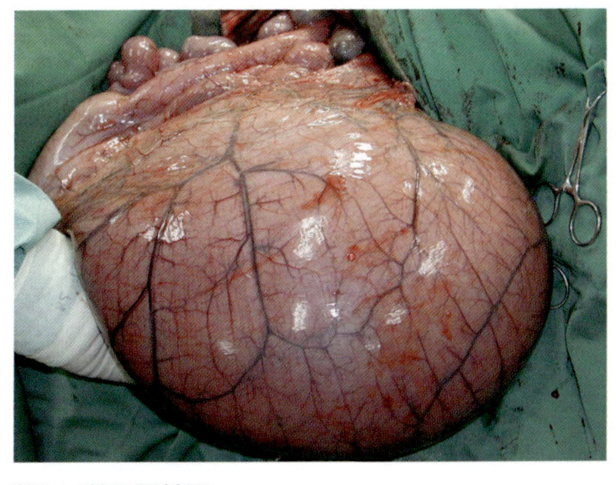

著しい第四胃拡張

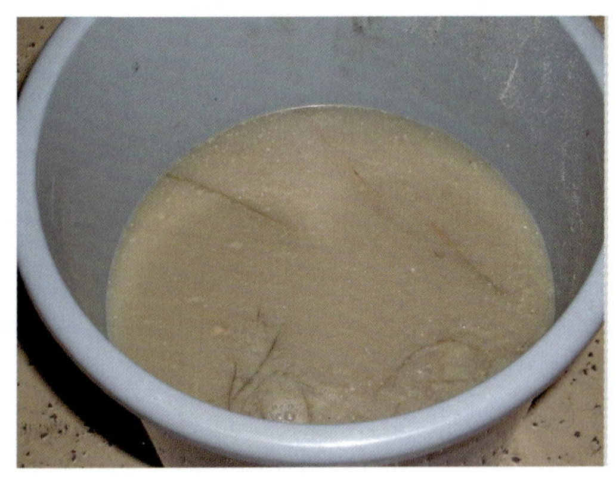

外科手術で排せつした第四胃内容液

水中毒（みずちゅうどく）

原因

子牛が一時に大量の水（体重の約８％以上）を飲むと水中毒を発症します。長時間飲水できない状態が続いた後に飲み水を得ると、牛は一気に水を飲みます。長時間の絶水で脱水状態にある牛は、飲んだ水が腸管から急激に吸収され、腸管毛細血管内の血漿（けっしょう）浸透圧が著しく低下します。このため赤血球が破裂（溶血）して、赤血球内容物が血管内へ漏出します。その内容物の１つである血色素（ヘモグロビン）が腎臓から排せつされるため、血色素尿となり、赤ワイン様の尿が排出されます。

長時間水を与えない飼い主はいませんが、偶発的に牛が飲水できない状況に置かれる場合があります。放牧地の飲水場の給水が絶たれていた、給水器が凍結して飲水不可能だった、子牛が飲水場までたどり着けない何らかの事情があった、などが考えられます。

ネギ科の植物（タマネギやニンニクの葉の部分も）には、赤血球を破壊する成分が含まれています。動物の中にはこれに対応できない赤血球を持つ種類があり、牛も含まれます。子牛の水中毒と同様に血色素尿が排出されていきますが、発症機序（仕組み）が異なり対処法も異なりますので、区別しなければなりません。

症状・特徴

飲水直後から血色素尿が排出されます。血色素尿の色調は、溶血の程度によって変化します。溶血が軽度であれば、透明感のあるピンク色ですが、重度の溶血時には透明感のある赤ワインあるいはアメリカンコーヒーの様な色調を呈します。排尿痛などによる排尿姿勢の異常が認められることはありません。

生体側は、血漿浸透圧を維持しようとするために、血中の過剰な水分を排せつしようとします。毛細血管から過剰な水分を管外へ排出しようとするので、毛細血管が集中している肺では肺水腫を起こし、ひどい場合には斃死（へいし）します。呼吸速拍、努力性呼吸、空ぜきなどの症状が認められる場合には、肺水腫を起こしている可能性があります。過剰な水分は腸管からも排せつされるので、一時的に下痢を呈することもあります。

赤血球が壊されているため、貧血の症状（可視粘膜蒼白＝そうはく、元気消失、運動不耐性など）が認められますが、造血機能が傷害されるわけではないので、徐々に復活してきます。

酪農家ができる手当て

飲水場の枯渇や給水器の故障あるいは凍結に気付いたときは、牛に水を与えるのも少量ずつ何回にも分けて行います。大きなオケやバケツで一度に与えると、水中毒を起こす危険性が高まります。血色素尿を排せつする牛には、５％食塩水を500㎖ペットボトル半分～１本分を与えて様子を見ます。

獣医師による治療

肺水腫にならないよう、フロセミド（ラシックス）を投与して利尿を促します。絶水状態が起因となって発症する病態なので、脱水状態の程度を見極め、利尿しながら水電解質の補給も必要に応じて行います。

【田島　誉士】

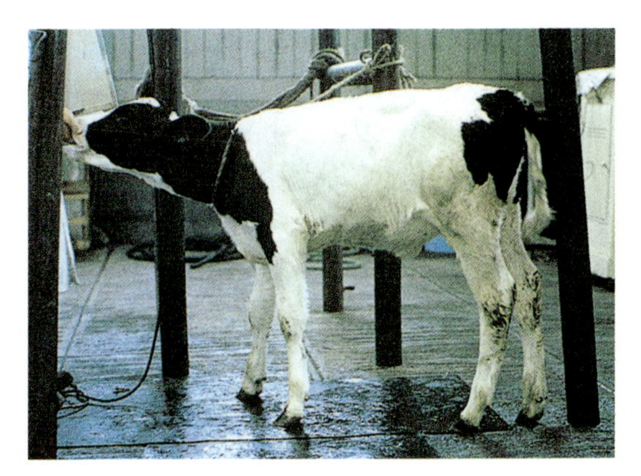

大量飲水後に見られた呼吸困難の症状（其田原図）

体重の10％以上の水を飲ませたときに排せつした血色素尿（其田原図）

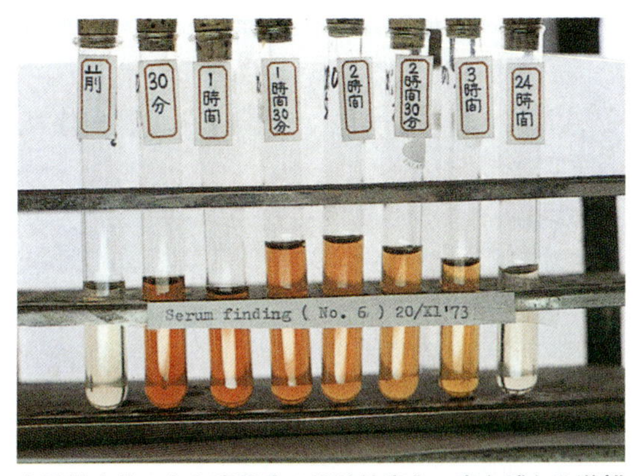

大量飲水後の血色素尿症の経時的変化。赤血球から遊離した血色素が血漿を赤く着色している状態（其田原図）

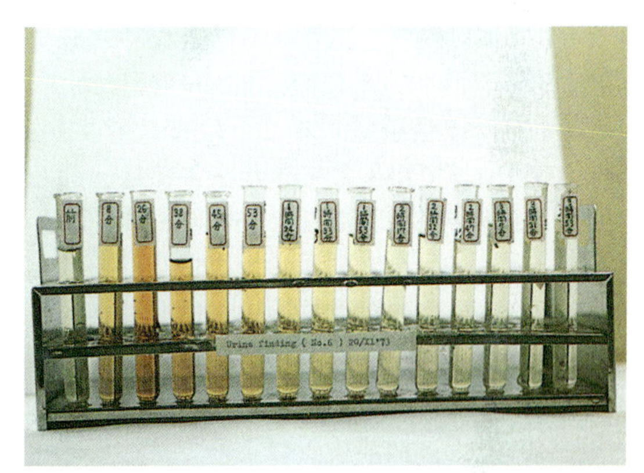

血色素尿症の経時的変化。血中に遊離した血色素が一定濃度以上に達すると尿中に排せつされる（其田原図）

ネオスポーラ症

原因

ネオスポーラ症は牛がネオスポーラ（*Neospora caninum*）という犬などに寄生する原虫に感染することによって発症します。ネオスポーラに感染した犬やキツネなどの犬科動物の糞便中に発育初期段階の原虫（オーシスト）が排出され、牛がそれを口から摂取することによって感染します。原虫は母牛から胎盤を介して子牛へと移るものの、感染成牛から同居牛に原虫が移ることはないとされています。感染牛の胎盤や胎子を犬科動物が摂食することによって、その動物が新たな感染源となります。

原虫は牛に症状を出させることなく、脳や脊髄など中枢神経系に長期間潜み続けます。成牛で神経症状を呈することはまれですが、子宮内感染して出生してきた子牛では、激しい神経症状が見られることがあります。成牛同様、感染子牛から同居牛に原虫が移ることはなく、感染牛の糞便に原虫が排せつされてくることもありません。牛が生きている状態で得られる材料から、原虫を検出することはできないので、血清検査によって抗体価の上昇を確認することが診断の根拠になります。

症状・特徴

妊娠牛が感染すると、あるいは感染している牛が妊娠すると、流産します。流産時期は妊娠初期から後期までさまざまです。同じ牛に繰り返し流産を生じさせることもあり、同居する複数の牛に連続して集団で流産が生じることもあります。元気や食欲に変化はなく、発熱することもありません。糞便の状態にも変化がなく、発情周期の大きな乱れもありません。受胎成績が悪くなるという報告もありません。すなわち、何の異常な前兆を示すこともなく突然流産する、というのが成牛に見られる本症の特徴です。

感染牛から流産せずに生まれてきたものの、子宮内感染を受けた子牛には起立不能、運動失調、視力障害、吸乳力微弱、難聴などの神経症状が発現します。これらの症状を呈した牛は、回復することなく斃死（へいし）します。子宮内感染をしながらも、出生後発症しない牛がいるかどうかは不明です。

妊娠牛が感染し、流産することなく分娩しても、子宮内で感染した出生子牛が発症することなく成長し妊娠して流産する、という二世代目にして初めて流産の症状が発現する場合も可能性としてはあります。

酪農家ができる手当て

犬やキツネなどが自由に出入りできるような牛舎で、飼槽や水飲み、牛床がそれら犬科動物の糞便で汚染されてしまえば、感染の機会が生じてしまいます。環境衛生に注意を払いましょう。

獣医師による治療

ネオスポーラに対する抗原虫薬はありません。抗体測定以外に確定診断の方法はなく、流産の原因を究明するときには、本症も検査対象とする必要があります。子牛に本症が疑われた場合は、母牛の抗体検査を行い確認します。

【田島　誉士】

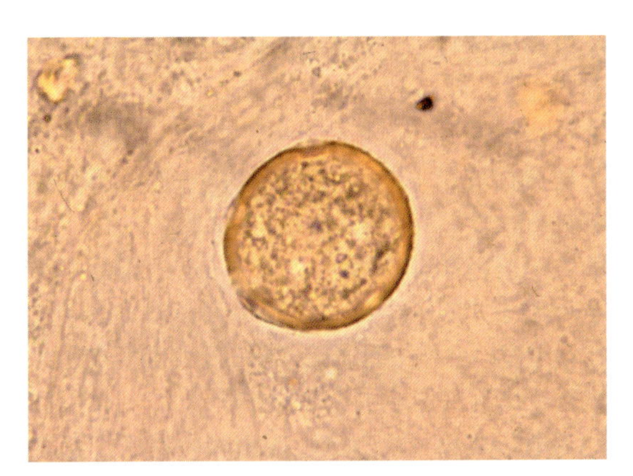
脳の圧ぺん標本で確認された原虫

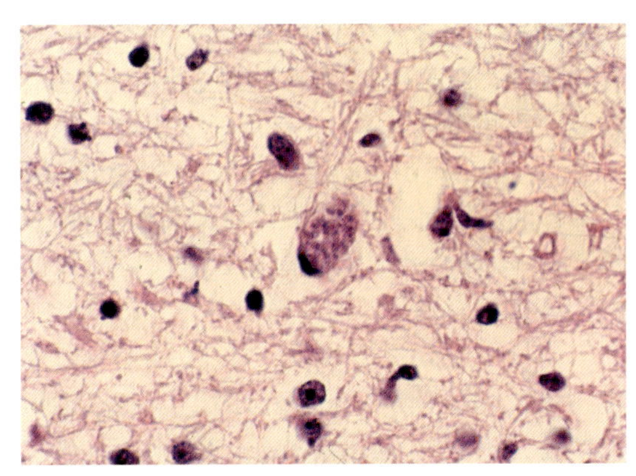
小脳の組織標本で確認された原虫

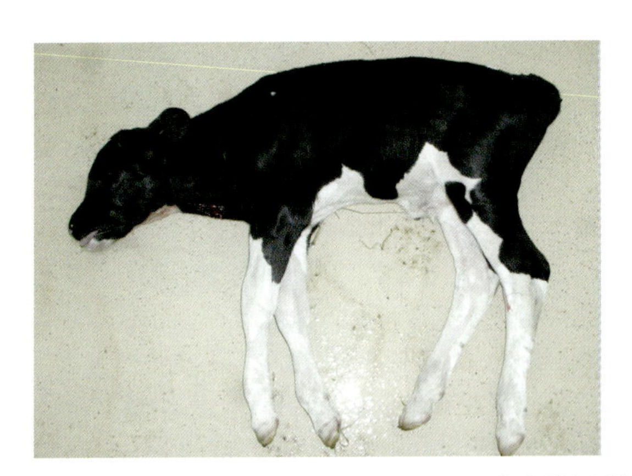

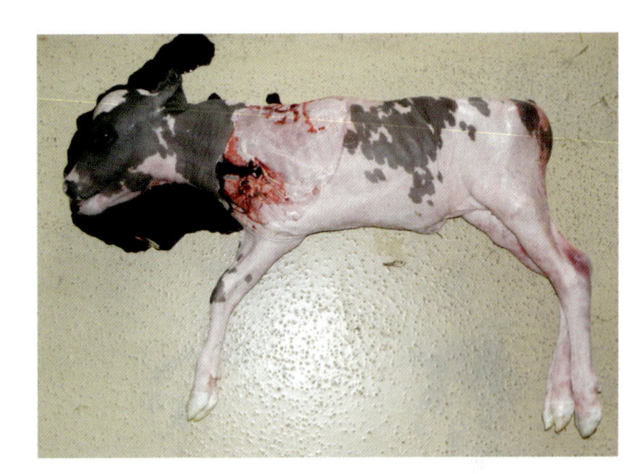
さまざまな胎齢の流産胎子

先天性心奇形

原因

先天性心奇形とは、胎生期から出生するまでの間に心臓や血管系に生じた形成異常の総称です。心臓に穴が空いていることで血液が心臓と肺の間を空回りして心臓に負担がかかる「非チアノーゼ性心奇形」と、酸素が少ない静脈血が心臓の穴を通して大動脈から全身に流れる「チアノーゼ性心疾患」の2タイプに分けられます。心臓の先天異常が生じる原因としては、遺伝的要因、胎子期の感染症などが疑われていますが、原因の特定については証明されていません。

症状・特徴

牛で発生が多く認められるものとして心房中隔欠損（ASD）、動脈管開存（PDA）、心室中隔欠損（VSD）があります。疾病の種類や、異常の重篤度(穴の大きさなど）により症状は異なり、軽症では外見上異常は認められないことがあります。しかし、月齢が進むにつれて次のような症状が現れてくることがあります。

心臓の異常：心奇形があると、血液を送り出す効率が悪くなり、心臓の拍動回数が増加するため脈数が多くなり強く収縮します。重度では、頸静脈に拍動が見られ、胸部（肘の周囲）に手を触れると拍動を指に感じることがあります。聴診では、心音を聴取するときに雑音が聞こえ、通常は1度の心臓の拍動で2回の音（Ⅰ音とⅡ音）が聞こえますが、心雑音が重度だと「ズズー、ズズー」とつながって聞こえます。心雑音の大きさは、心奇形の程度や発生場所により異なるため、必ず左右両方の胸の聴診を行う必要があります。また、心臓が拡大して通常の聴診範囲より広い範囲で心音が聞こえることがあります。しかし、心奇形の種類によっては心雑音が聞こえにくいこともあります。

呼吸の異常：呼吸数が早くなることが多く、気管支炎や肺炎ではなくても、せきが見られることがあります。症状が重いとより深い呼吸となり、腹式呼吸を行うことがあります。しかし、心奇形の種類によっては酸素の取り込みには影響がなく、呼吸数に変化は認められないこともあります。

運動の異常：歩行や運動を嫌う運動不耐性が見られます。起立してもすぐに座り込んだり、哺乳が終わる前に中断したりするなど、他と異なる行動をする子牛は心奇形の可能性があります。重度の症例では、走り回るなど過度な運動の途中に倒れ失神することもあります。

外貌の異常：眼の結膜や歯肉の粘膜が暗紫色（チアノーゼ）に見えることがあります。通常の粘膜は心臓から全身に流れる血液(動脈血）によりピンク色ですが、心奇形は全身から心臓に戻ってくる酸素の少ない血液(静脈血）が動脈血に混ざるため、粘膜の色が静脈血の色＝紫色に変化します。

発育不良：心奇形による慢性的な酸素不足は発育を阻害し、同月齢の子牛に比べて増体が遅れることがあります。呼吸器病や消化器病など他の要因が見られない場合は、心奇形の可能性があるので検査をする必要があります。

酪農家ができる手当て

心奇形を疑う症状が1つでもある場合は、獣医師の診察を受けてください。心奇形のある牛でも、正常に発育して分娩、搾乳を行える牛は報告されています。しかし、心臓以外にも他の先天異常を併発している可能性があり、通常よりも注意深く飼養する必要があります。遺伝的な要因は明らかにはなっていませんが、心奇形の子を産んだ母牛に同じ種牛を組み合わせるのは避けた方がよいでしょう。

獣医師による治療

心奇形が疑われる場合には、早期に確定診断を行い、症状の重篤度を判断する必要があります。飼養を継続する場合でも、呼吸器病や消化器病に罹患（りかん）すると症状が重篤化しやすいため、既往歴として心奇形の有無を記録しておく必要があります。　**【安藤　貴朗】**

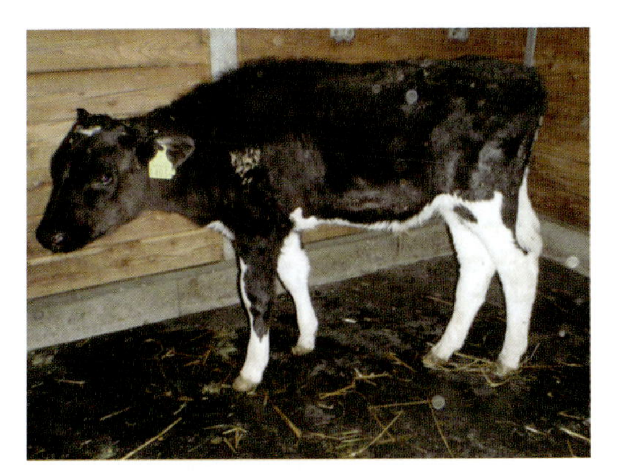

削痩して活気の減退した子牛

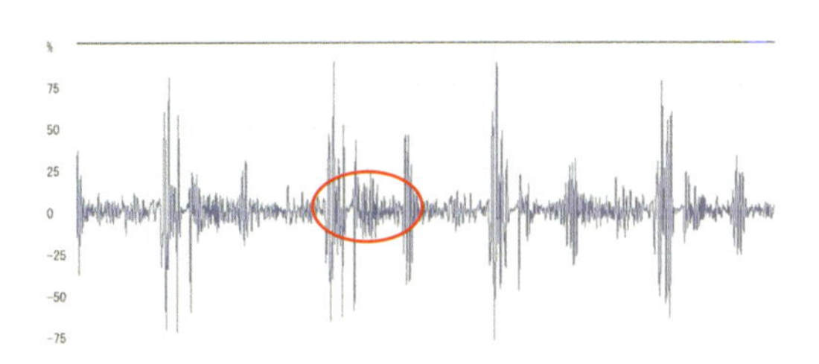

心室中隔欠損の牛に対する聴診で認められた心臓内の雑音（赤丸）。心臓の収縮時に左右の心臓の壁にできた穴から血液が漏れるので雑音が聞こえる

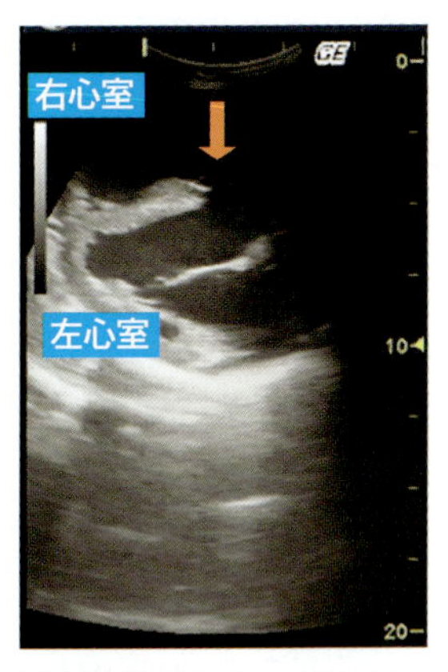

超音波画像検査で確認された心室中隔の穴（矢印）

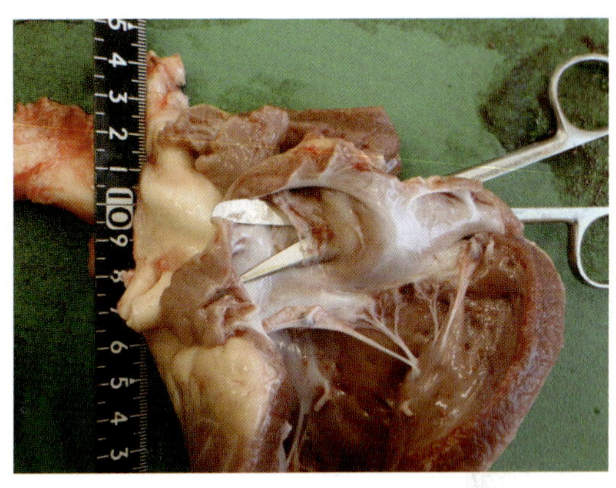

胎子期に左右の心臓の上半分（心房）をつないでいた卵円孔（こう）が、出生後も塞がらずに開いたままの状態であるため、酸素の少ない血液と多い血液が混じり合う

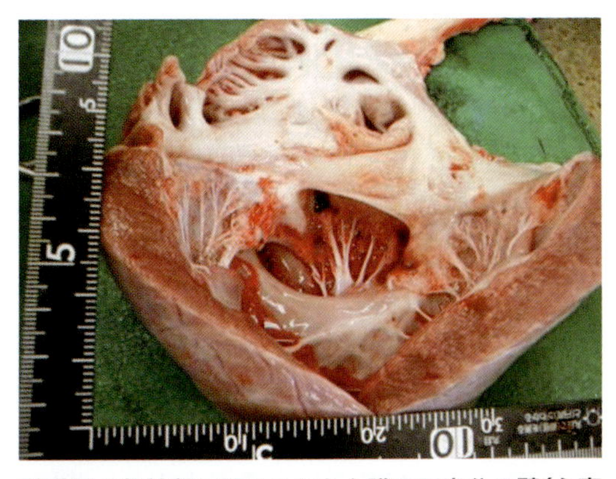

肺動脈の起始部に認められた心臓の下半分の壁（心室中隔）の欠損。酸素の少ない血液と多い血液が混じり合うため、運動を行うと牛は酸素不足により苦しくなる

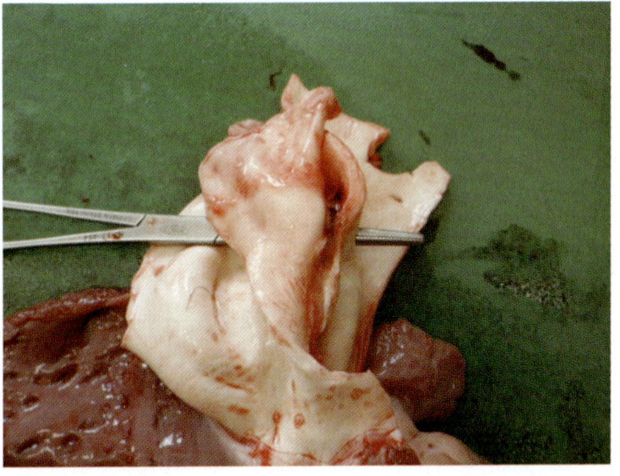

胎子期に大動脈と肺動脈をつないでいた動脈管が出生後も開いたままになっている

腸形成不全（アトレジア）

原因

腸形成不全は生まれた時から肛門や腸の一部が形成されていない、子牛の先天性疾患です。閉鎖している部位により分類され、肛門が完全に閉じている鎖肛と、直腸、結腸、盲腸などが欠損している腸閉鎖があります。直腸と泌尿生殖器がつながっている直腸膣瘻（ちつろう）や、直腸尿道瘻などが認められます。尾の欠損、骨格の形成不全、腎臓の形成不全など他の先天異常を併発することも多い。原因は現在も明らかになっていませんが、胎生期には１つになっている肛門、泌尿器、生殖器がそれぞれ直腸、肛門、膀胱（ぼうこう）、尿道などに分かれる際の発生異常によるものと考えられています。

症状・特徴

鎖肛：鎖肛の子牛では、胎便を排出しようといきむため、持続した背湾姿勢や尾の拳上が見られます。直腸が肛門付近まで形成されている場合は、肛門部分に直腸が突出してくるのが確認できます。肛門の外観は、全く形成されていない場合、生後すぐに気付くことが多い。痕跡があるものや肛門括約筋が存在する場合は、見た目では気付きにくい。出生後の初乳を摂取することはできるが、経過とともに腸内容とガスの貯留により腹部の膨満が見られるようになります。

腸閉鎖：腸の一部が欠損した状態で、肛門も同時に欠損している場合には早期に気付かれるが、肛門が正常に形成されている場合は気付きにくい。便意はあるが排便は見られず、肛門から粘液状の分泌物を出すのみです。出生後は活気も哺乳欲もあるが、次第に沈鬱（ちんうつ）、背湾姿勢、腹部の拡張が見られるようになり、哺乳欲も減退します。腸閉塞を起こす他の疾病（腸捻転、腸重積など）との鑑別は必要ですが、出生後に１度も排便が見られないことから推測することができます。

直腸尿生殖器瘻：鎖肛により排出することができない便を、雌では膣に、雄では尿道に排出するための瘻管が形成されます。便が排せつされるため、元気や哺乳欲はありますが、瘻管が細い場合などは排便に伴ういきみが長く続くことがあります。尿に混じって便が排出されるため、雌では外陰部が、雄では包皮が便で汚れていることで気付くことがあります。

酪農家ができる手当て

鎖肛や腸閉鎖では出生直後から排便を行うことができないため、新生子牛については必ず胎便の排出を確認することが重要です。出生後24時間が経過しても胎便の排出が認められない場合には、獣医師の診療を受ける必要があります。

獣医師による治療

鎖肛ついては直腸の端がどこまで形成されているかにより治療法が異なります。いきみにより直腸が突出するような子牛では、肛門付近まで直腸が形成されていることから遺残した肛門膜を切開することで排便させることが可能です。肛門括約筋が認められる場合には、括約筋を傷つけないように皮膚を切開して、直腸を皮膚に縫合する肛門形成術を施します。発育に伴い肛門括約筋も成長して排便が順調であれば予後も良好です。

腸閉鎖の症例では、閉塞している部位（盲端）を特定して、下腹部へと開口する人工肛門形成術を実施します。しかし、発見が遅れて腸の炎症により腹膜炎や腸管の壊死（えし）が進行している場合には、開腹手術を行っても予後は不良です。また、人工肛門を形成した後も、術部の感染の予防を継続的に行う必要があり、開口部が成長に伴い閉塞した場合には再度の手術が必要になることから、経済的価値は低くなります。　**【安藤　貴朗】**

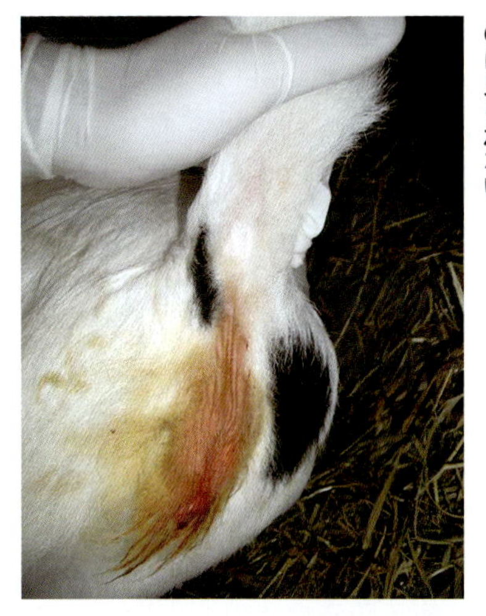
鎖肛の子牛。外陰部は認められるが肛門らしきものは見られない

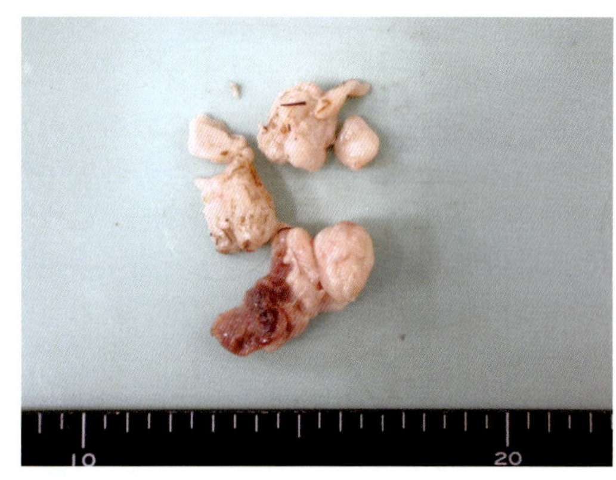
腸閉塞の子牛から排出された腸粘膜の断片。排便のためにいきみはあるが胎便は排出されず、粘液や組織片のみが排出される

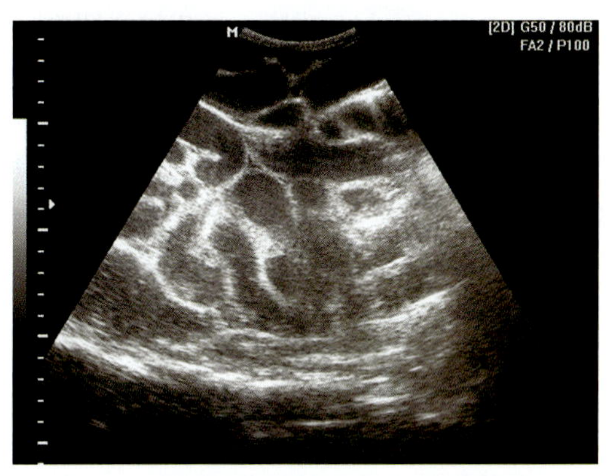
鎖肛の子牛の腹部超音波検査画像。腸内容物が排出されないため、腸管内は液状の内容物で充満している

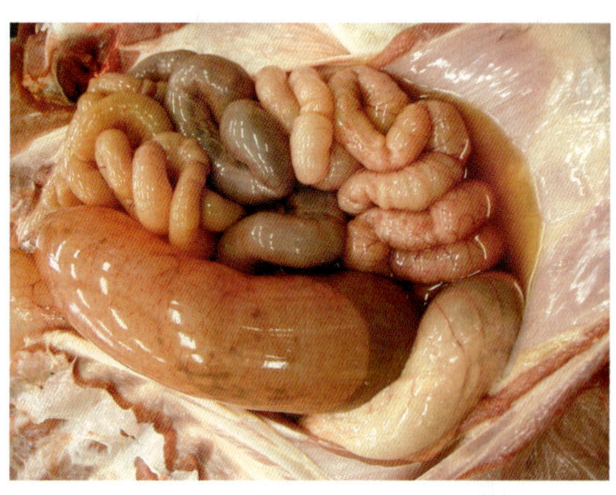
直腸閉塞の子牛では、腸管内が内容物とガスで充満する

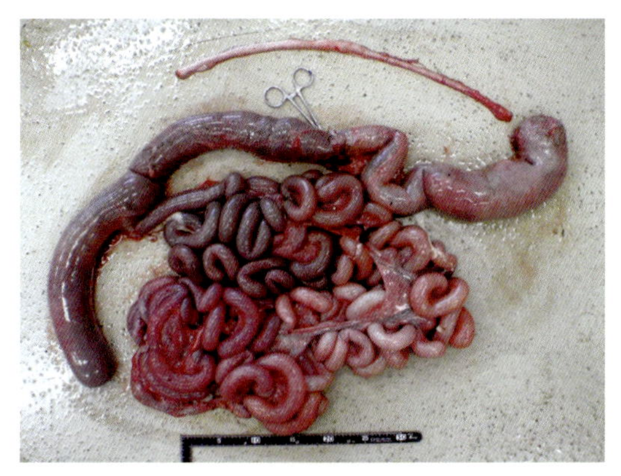
結腸閉塞。盲腸の先の円盤結腸部分が直腸の部分まで欠損している

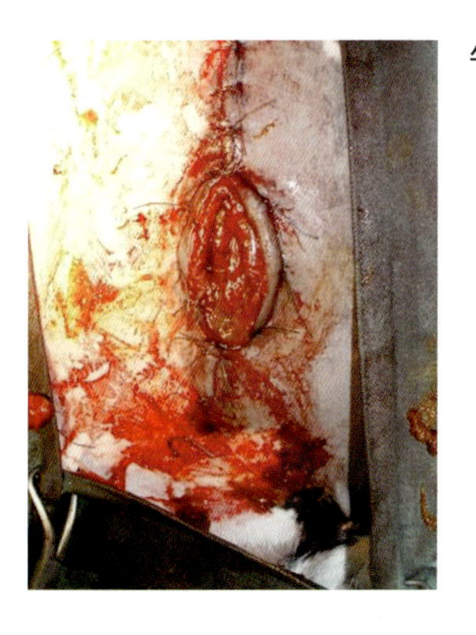
右けん部に人工肛門として結腸を開口した子牛

アカバネ病

原因

この疾患は、アカバネウイルスによる牛の流行性異常産です。日本で最初に分離された地名がそのまま病名となりました。妊娠牛が感染すると、血流により胎盤から胎子にウイルスが感染します。これにより、流産や早死産、奇形などの先天異常子牛が見られるようになります。

主に吸血昆虫のウシヌカカによって媒介されると考えられており、蚊の活動期間である初夏から秋が感染時期となります。このため、季節性（夏から翌年春にかけて）の発生が見られます。かつては、温暖な地域の病気という認識でしたが、近年は北海道でも発生が見られるようになりました。数年おきに、広範囲な地域で大規模発生が繰り返されており、そのたびに膨大な被害が生じています。このようにアカバネ病は、牛の異常産を引き起こす同じようなウイルス病（チュウザンウイルス、アイノウイルスなどが原因）の中で、最も注意すべき疾患といえるでしょう。

症状・特徴

子牛の先天的異常として、最も特徴的な所見は関節の湾曲と大脳形成不全（水頭症または水無脳症）です。関節は曲がったまま（または伸びたまま）で固まっていることが多く、ほとんど起立不能です。関節異常によって、出生時に難産になることもあります。

一見正常に生まれた子牛でも、虚弱、神経症状や運動障害を示すことが多く、哺乳不能、盲目などの症状が見られることも少なくありません。妊娠初期（２～４カ月）でウイルスに感染すると胎子感染が起こりやすいといわれていますが、死流産を免れて生まれてきた子牛には、しばしば大脳形成不全あるいは欠損が見られます。胎子感染とは別に、子牛や育成牛への生後感染も確認されており、脳脊髄炎に伴う運動障害や起立不能などの症状が認められています。

酪農家ができる手当て

先天異常を示した子牛に対する手当てはありません。それを産んだ母牛に対する処置も通常は必要ありませんが、難産などがあった場合には看護が必要です。もちろん、分娩介助において胎子の関節に異常が確認されたときには、獣医師に連絡してください。異常産子牛については獣医師の診断が必要です。単発ではなく続けて起こった場合は、家畜保健衛生所に報告し、ウイルス感染を特定するための検査を依頼しなければなりません。この病気が家畜伝染病予防法により「届出伝染病」に指定されているからです。子牛は大切な財産です。ぜひ、ワクチンを接種してください。

獣医師による治療

治療法はなく、唯一、ワクチンによる予防が有効です。アカバネウイルス単味の生ワクチンの他、異常産（アカバネ病、チュウザン病、アイノウイルス感染症）ウイルス３種の混合不活化ワクチンが市販されています。

接種適期は媒介昆虫であるウシヌカカが活動する前、すなわち春季で、生ワクチンは年１回、不活化ワクチンは初年度２回、次年度から年１回の接種が必要です。いずれにせよ接種後、血中の抗体が上昇するまでに３週間ほどかかることを考慮しなければなりません。地域の飼養牛のウイルス抗体保有率が30％以下になると多発する傾向があるといわれています。広域の大発生を防ぐには、定期的な抗体検査を行うとともに、適期のワクチン接種を励行することが重要です。

【加藤　敏英】

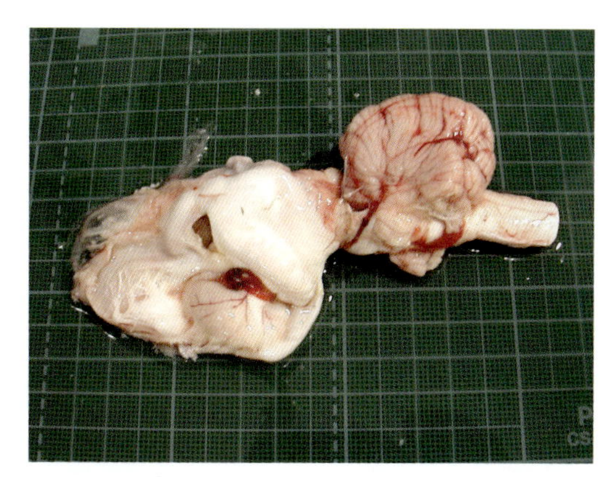

大脳外套（がいとう）を欠き、脳幹が露出（岩手県中央家畜保健衛生所提供）

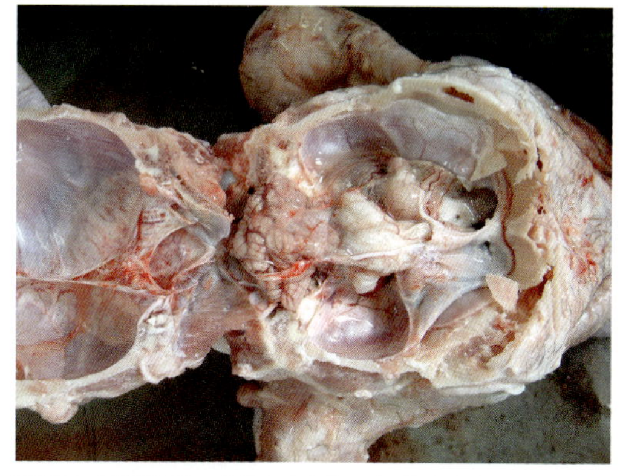

膜状の大脳半球。大脳の形成不全（欠損）（山形県中央家畜保健衛生所提供）

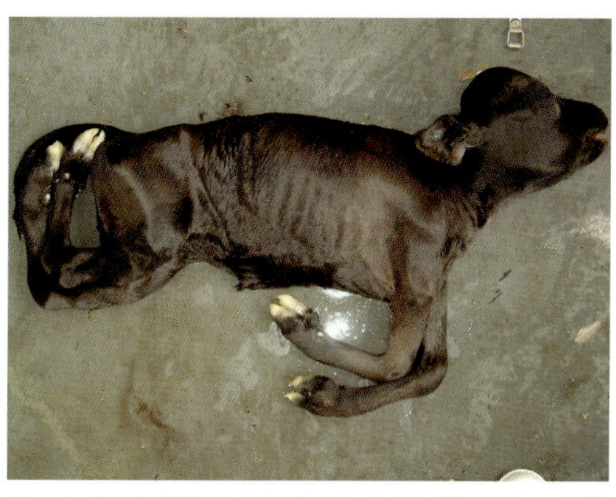

ドーム状の頭頂部と後肢関節の変形が著明な死産子牛（山形県中央家畜保健衛生所提供）

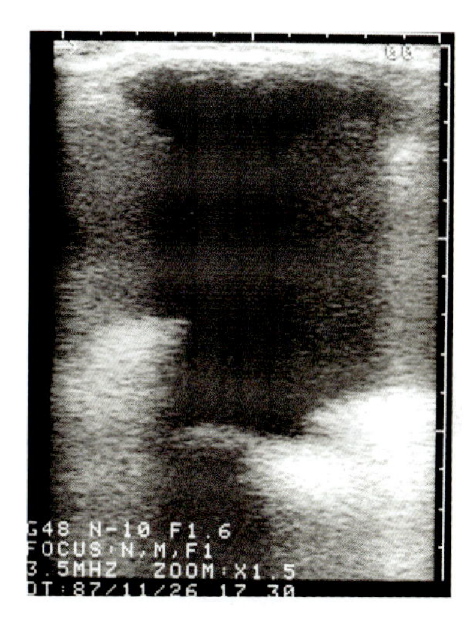

超音波画像検査において、水頭症で認められた液体が充満した頭蓋骨内部と、その底の方に確認された膜状の大脳

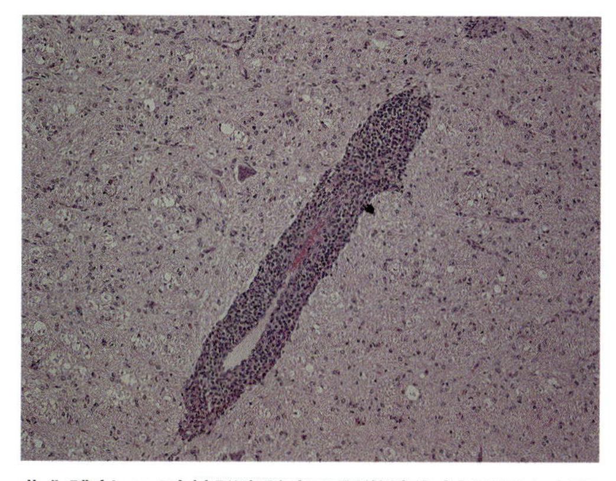

非化膿（かのう）性脳脊髄炎の顕微鏡像（山形県中央家畜保健衛生所提供）

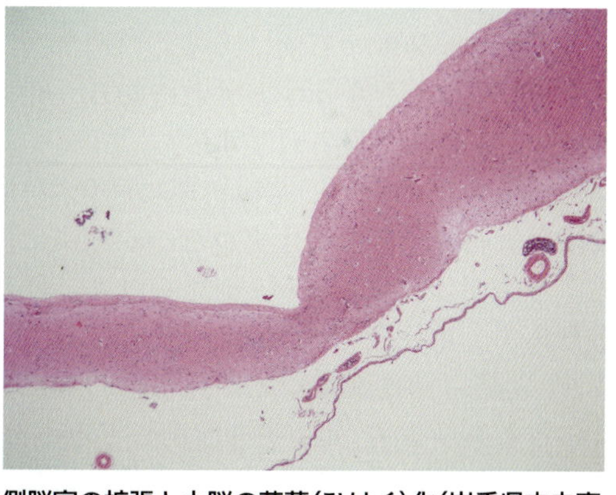

側脳室の拡張と大脳の菲薄（ひはく）化（岩手県中央家畜保健衛生所提供）

白筋症（はっきんしょう）

原因

白筋症は子牛に見られる疾患で、セレンおよびビタミンEの欠乏が原因で発症します。セレンとビタミンEは共に細胞膜を保護する抗酸化作用を持っていますが、これらの欠乏は生体内で発生する有害な活性酸素の働きを助長し、結果的に過酸化脂質が筋肉組織などを傷害することになります。元来、日本の土壌は酸性で、セレン含量が低いことが知られており、国内で生産された牧草のセレン含量は低いといわれています。

また輸入乾草であっても、保存状態が悪ければ品質低下を招き、ビタミンE含量は低下します。セレンあるいはビタミンEを補給できず欠乏状態になったところに、長距離輸送や急激な運動（例えば放牧）などによって筋肉への負荷が高まれば、発症が助長されることがあります。

症状・特徴

症状として甚急性型（心筋型）、急性型（骨格筋型）、慢性型（遅延型）の３タイプがあり、牛は前者２タイプがほとんどです。

このうち、心筋型は心筋が変性することによって起こり、突然死亡しますが、牛での発生はまれです。

一方、骨格筋型は最も多いタイプで、歩行障害や起立困難・不能が主な症状です。このような症状が発現する前に、多くの場合、下痢や呼吸異常などを示すとされており、発育不良や虚弱もよく見られます。

骨格筋変性に伴い、発症初期に赤色尿（筋肉に含まれる色素、ミオグロビンが尿中に出てくる＝ミオグロビン尿）が見られることがあります。重症例では筋肉の腫脹（しゅちょう）や硬結、採食困難などが見られ、死亡することもあります。死亡牛を解剖してみると、病変部の程度はさまざまであり、筋肉の色が白っぽくなっている（退色性変化）のが確認できます。

酪農家ができる手当て

できるだけ安静を保ち、栄養補給に心掛けてください。発症したら、ほとんど予後は不良なので、まずは予防が大原則です。具体的には、分娩前１～２カ月の母牛に対しビタミンEとセレンを給与することです。最も手軽な方法は、両者を含んだ固形塩（製品名：鉱塩Ｅ100とＥ250、日本全薬工業㈱など）を常時なめさせます。セレンは胎盤を通過するので、母牛から胎子へと移行します。

ビタミンEは、ビタミンＡとＤ$_3$と同じ脂溶性ビタミンで、飼料添加剤として３種合剤の形で市販されて、これでも補給は可能です。ただし、子牛へのビタミンＡ過剰投与はハイエナ病（150㌻）の原因となる（ビタミンＤ$_3$はＡ過剰症を助長する）危険性があるので、十分注意が必要です。

獣医師による治療

予防薬として動物用医薬品（劇薬指定）のセレンおよびビタミンＥ合剤（製品名：イーエスイー、共立製薬㈱）の注射剤が市販されています。これは亜セレン酸ナトリウム（セレンとして2.5mg／mℓ含有）と酢酸ｄ－α－トコフェロール（同50mg／mℓ含有）を有効成分とするものです。母牛に対しては分娩予定３～４週前ごろに５～10mℓ、新生子牛に対しては出生日または翌日に１～２mℓを注射する予防プログラムが広く行われています。母子共に、注射部位は臀部（でんぶ）の厚い筋肉の深部が望ましいとされています。

この注射剤は治療にも使用されます（投与量は予防の場合と同じ）が、前述した通り、予防が大前提です。過去に発生事例がある農場では特に予防に努める必要があります。

【加藤　敏英】

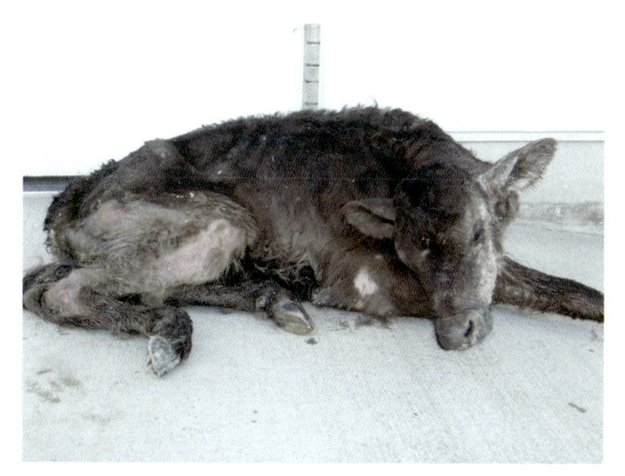

下痢と肺炎症状を呈した白筋症の子牛で、その後死亡

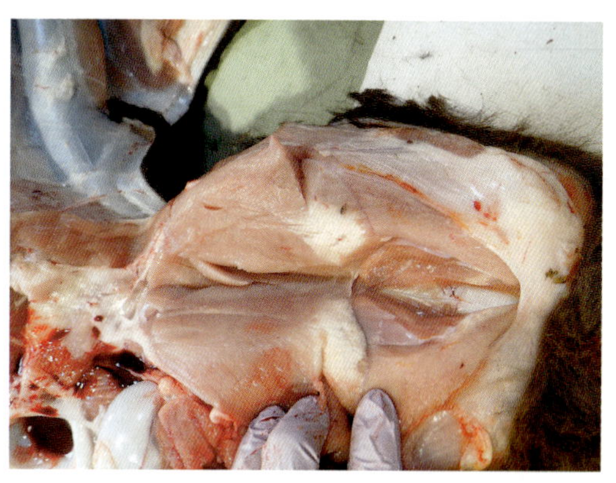

死亡子牛の後肢筋肉（大腿＝だいたい＝四頭筋）の割面。中央部が白く変色した限局的な病巣（山形県中央家畜衛生保健所提供）

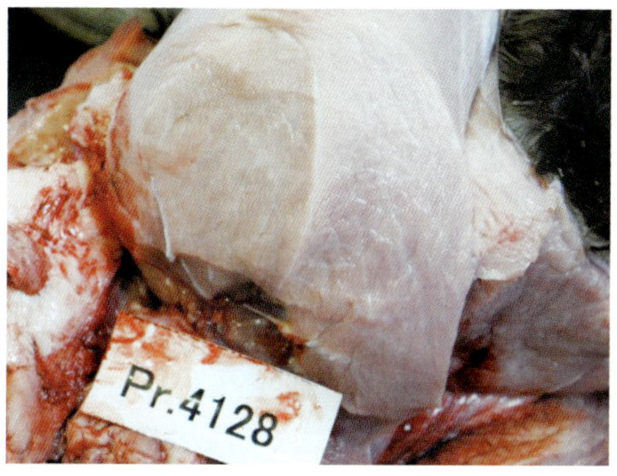

筋肉の広範囲（割面の左半分）な退色（山形県中央家畜衛生保健所提供）

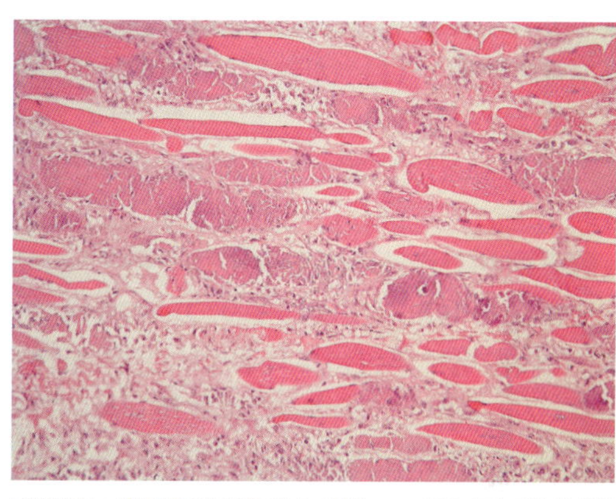

筋線維は横紋構造が消失し膨化、一部に石灰沈着（岩手県中央家畜衛生保健所提供）

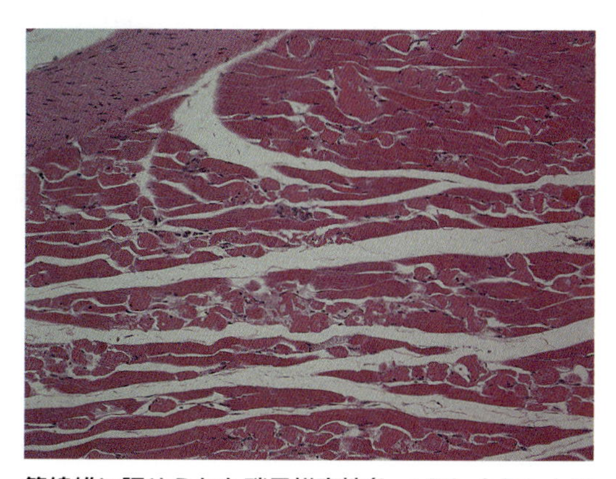

筋線維に認められた硝子様変性（しょうしようへんせい）と塊状崩壊（山形県中央家畜衛生保健所提供）

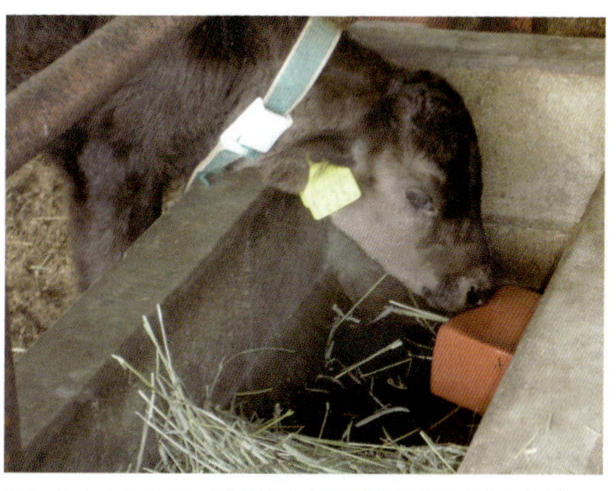

セレンとビタミンが配合された固形塩による予防策

趾皮膚炎

原因

趾皮膚炎（Digital Dermatitis＝DD）はトレポネーマという細菌により趾端の皮膚表面に起こる皮膚炎です。以前は病変の形状から、イボ状皮膚炎（PDD：Papillomatous Digital Dermatitis）と呼ぶ傾向にありましたが、最近は単に趾皮膚炎と呼ぶのが一般的になっています。DDは1974年イタリアで報告され、現在は世界中で発生しています。日本でもほとんどの酪農場で見られ、和牛農家でも散見されます。

症状・特徴

通常、罹患（りかん）牛の導入によって持ち込まれ、以後は牛から牛へ、群から群へと伝染します。DDに罹患した乳牛は分娩後100～200日の期間で1日当たり30～45％乳量が減少するといわれています。アメリカ・カリフォルニア州ではDD1例で、1乳期当たり80～128㌦の損失があると試算されています。

酪農家ができる手当て

原因菌を健康な皮膚に塗りつけても発症せず、湿潤環境で傷付いた皮膚などでは発症するようです。従って、できるだけ趾端を乾燥させることと、蹄浴を行い原因菌に有効な薬剤を塗布することがポイントになるでしょう。

蹄浴：蹄浴槽が2槽（初めは水、次に薬液）あるのが理想で、それぞれの槽に趾が2回ずつ入る長さと、副蹄が浸るほどの深さ（15㎝）が必要とされています。販売されている物は若干短く狭い場合が多く、通路に合わせオーダーメードする例も見られます。蹄浴を始めるに当たって、牛にスムーズに蹄浴槽を通過してもらうためには馴致（じゅんち）も必要です。

蹄浴の薬剤：薬剤は5％硫酸銅が一般的とはいえ、銅の排液が環境を汚染するので敬遠されがちです。銅欠乏地帯では硫酸銅の散布は通常行われています。いずれにせよ水源が近い所などでは、イオン化硫酸銅やハーブ系の他、有機物に対して効果が減じない混合剤薬を使うなど、環境への銅の廃棄を極力減らす工夫が見られます。

蹄浴は通常週に2、3回、通年行いましょう。削蹄師やパーラ担当者などの情報からDDが増えたと感じられたら、毎日行う必要があります。ただし蹄浴はあくまで予防策で、発症したものを治癒させるものと考えない方がよいでしょう。明確な症例は菌をまん延させないよう蹄浴槽を通さず治療すべきです。

獣医師による治療

現在は病変の切除は行わず、抗生物質の塗布など外用が主です。注意点は次の通り。

・洗浄水の中に多量の病原菌が存在するので、洗浄後はペーパータオルで拭く
・オキシテトラサイクリン（OTC）またはリンコマイシンを塗布する
・包帯はVetwrapなど自着性のある物を用い8の字を1周でよい（食い込み防止）

特に欧米では、包帯を2日以上付けない方が良いとされています。理由は、トレポネーマは嫌気性菌なので、できるだけ病変を空気に当てるためと、包帯が汚れて見えなくなり趾に食い込んでしまうことで起こる包帯病を防止するためです。しかし筆者は、取り忘れが防げるのであれば4、5日包帯を付けて薬効を持続させた方が良いと考えています。

最近では、獣医師でなくても使えるDDに有効な薬剤が輸入されています。軽度の例なら農家が局所治療すべきでしょう。その際、安楽に牛を保定するための枠場が必要不可欠です。牛をスタンチョンに入れておき、後ろからはめ込む脱着式の保定枠場も流通しています（「ころさく」など）。

【阿部　紀次】

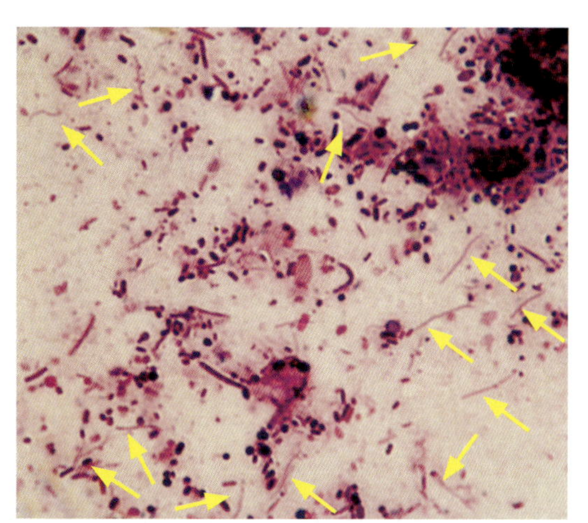
病変から採れたトレポネーマ（ギムザ染色）

１頭ずつ通過させるため、蹄浴槽のサイドにコンパネを立てかけた例。これにより、どうにかして蹄浴槽を行き過ぎようとする牛も、入らざるを得ない。右の板に設置された薬液の追加が容易なノズルにも注目してほしい

牛が必ず通る場所に既製品のフットバスを４台並べて設置した例。写真の手前側から牛が入る。薬液交換時は一番奥を捨て、手前の3つを奥にずらし、一番手前の槽に新しい最もきれいな薬液の入った物を配置する

薬液を泡状にする装置を使った泡の蹄浴。趾に十分な時間、薬液を塗布できる

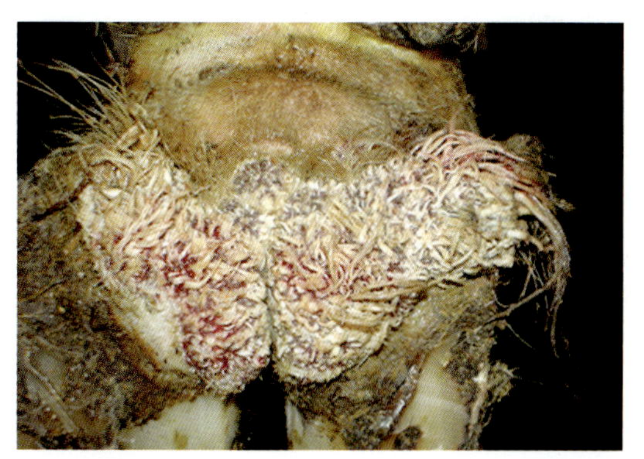
激しい痛みが生じている症例。リンコシンと亜鉛化軟こう（チンク油）を塗布して、14日間包帯し乾いた場所で飼養した

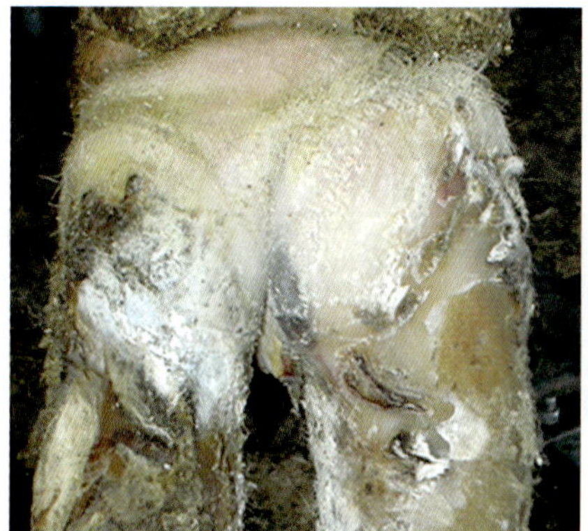
左の写真の症例牛の14日後。病変はすっかり消失しボロボロと取れ、むき卵のようなツルッとした健康な皮膚に再生した

趾間（しかん）フレグモーネ

原因

趾間フレグモーネは趾間壊死桿菌（えしかんきん）症、趾間フラン、またぐされとも呼ばれます。*Bacteroides melaninogenicus* や *Fusobacterium necrophorum* が趾間の皮膚の傷から入り込み、皮下組織に病変をつくります。皮膚の傷は目に見えるものから見えないものまでさまざまで、趾間過形成や趾間皮膚炎、趾皮膚炎などの病変からの侵入は容易に考えられます。

症状・特徴

後ろから見て、つなぎ（副蹄の下）が左右対称性に赤く腫れて熱感を伴い、跛行（はこう）が徐々に強まります。病状が進行すると、趾の疼痛（とうつう）が増し、食欲不振や発熱などの全身症状を示し、時には起立不能を呈することもあります。

筆者の経験では、起立不能で夜間診療を請われ、本病であったこと、骨折と診断された症例が本病であったことがあります。それほど疼痛がひどくなく、また見た目に傷がない症例もあります。

酪農家にできる手当て

挙肢検査して、まず維持の削蹄を行います（196㌻参照）。さらに、傷があれば傷の処置（表面的なもの）を行います。

本病は皮下の結合組織に細かな膿瘍（のうよう）広がっている（膿の小さいカプセルが散乱している）ため、その病変をえぐり取ることはできません。従って、局所の治療よりも、全身に投与する抗生物質の方が効果的です。ただし病態が進むと、壊死組織が塊となって趾間の傷口から〝ズルリ〟と取り出せることもあります。

獣医師による治療

前述した手当てを行ってください。

抗生物質については、初期であればセフチオフルナトリウム２g１回の投与で回復する例もあります。

筆者は通常、ペニシリンまたは合剤を全身投与します。重症例では数日間投与が必要な場合もあります。

【阿部　紀次】

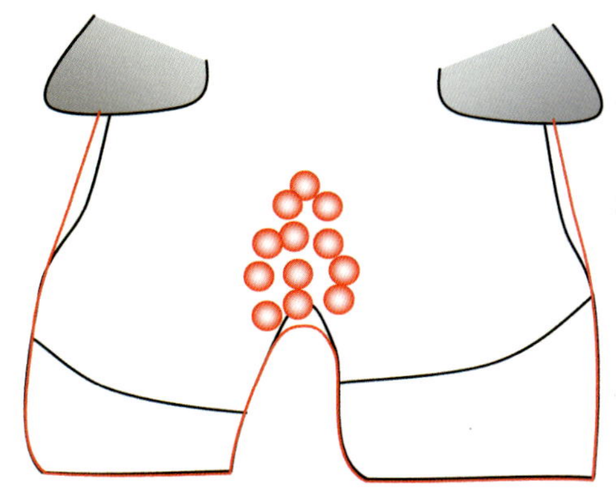

趾間フレグモーネの初期段階。局所の疼痛、腫脹（しゅちょう）、熱感を伴う

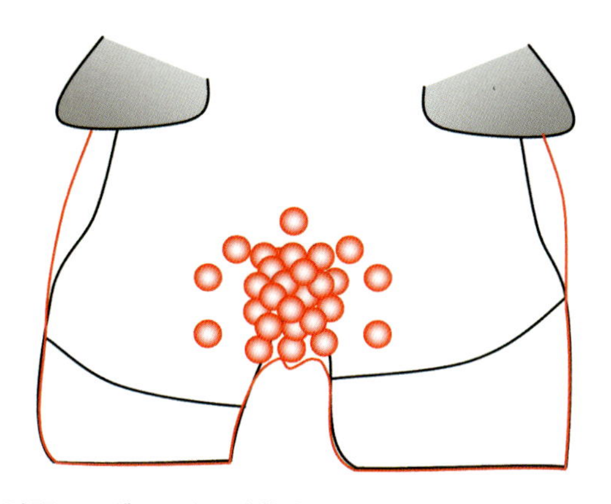

趾間フレグモーネの中期段階。局所の疼痛、腫脹、熱感が高度で、全身症状を伴うこともある。傷が認められない例もある

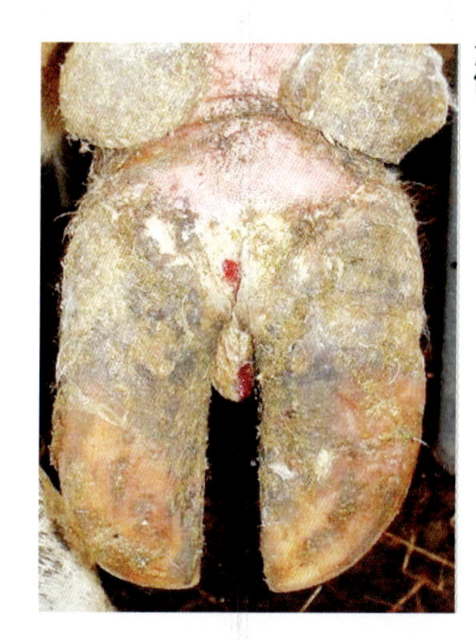

趾間フレグモーネの中期段階。つなぎが左右対称性に赤く腫脹している。趾間過形成を併発した例

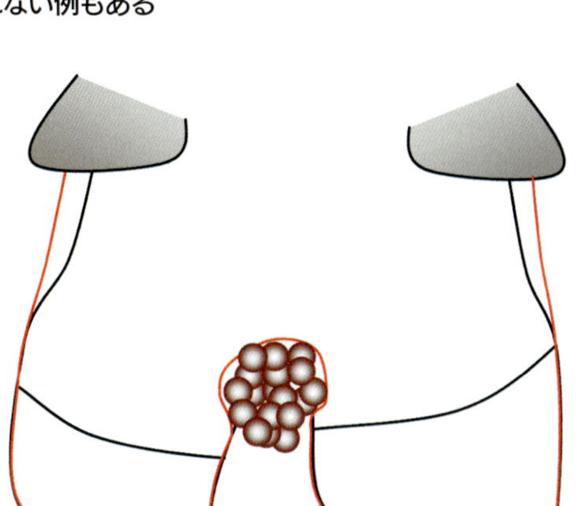

趾間フレグモーネの末期段階。局所の疼痛、腫脹、熱感は減少する

趾間フレグモーネの末期段階。局所にざくろのように割れた傷があり、〝ズルリ〟と壊死組織が摘出されることも

趾間過形成

（しかんかけいせい）

原因

趾間過形成は趾間結節、たことも呼ばれています。趾間の皮膚にある持続的な刺激が加わり、皮膚の過剰な増生が行われます。その結果、蹄壁に触ることも、また汚れが取れにくくなることも刺激となり、自家増殖的に過形成することになります。元凶となるある持続的な刺激としては、次のものが考えられます。

①遺伝的に趾間が開きやすいので、皮膚の付け根が緊張(刺激)を受ける。このような牛では、年齢を重ねるうちに両後肢で起こることが多く見られる

②内外蹄の高さのバランスが崩れた場合、片方の蹄の付け根に刺激が加わる。この場合、刺激が強かった側に過形成が片寄って認められる(多くは後肢外側蹄)

③趾間皮膚炎や、趾間フレグモーネ(188㌻)が刺激の元になるともいわれている

なお、ある地域では本病を慣例的に「イボ」と呼んでいるが、(獣)医学的にイボは別の病因(ウイルスなど)が隆起の下層に関与するものなので、本症には適しません。また「趾皮膚炎」(186㌻)をイボと呼ぶ地域もあります。混同しないように注意しましょう。

症状・特徴

徐々に跛行(はこう)が強まります。そのうちに過形成は大きくなり、前からもはっきり見えるようになります。ただし、小さいうちであっても、過形成の表面に趾皮膚炎が併発した場合には、跛行が強まります。

酪農家にできる手当て

挙肢検査して、まず維持の削蹄を行い、さらに、矯正的削蹄のうち、[ステップ6]を注意深く行います(196㌻参照)。すなわち趾間に蹄刀を差し込み、過形成に触れている角質を削切します。素手や薄いビニールグラブで触ってみて、なだらかに感じるまで行ってください。その後、両蹄尖(ていせん)を合わせて痛がらないようなら、取りあえず十分です。他方、以上の削蹄治療がなされていなければ、趾間過形成を切除しても再発するでしょう。また趾皮膚炎が併発している場合は、治療薬を塗布する必要があります。

獣医師による治療

前記の削蹄治療を行っても、両蹄尖を合わせた際に痛がるようなら、もはや過形成自体が大きくなり過ぎて趾間に収まらなくなっているか、表面に趾皮膚炎が発症しているかです。従って、過形成を切除することになります。一方で、さほど大きくなっていなくても、積極的に切除する方針もあります。この場合は、手術傷から二次的に起こる感染症などのリスクに注意する必要があります。

過形成の切除は、通常は麻酔(浸潤麻酔または趾の静脈内麻酔)下で行います。メスを左右からV字に進めると、意外に深く入ることがあるので要注意です。筆者はカミソリで右から入れて、そのまま左に抜き取るか、カミソリをU字に曲げ、後ろから前に過形成を切除しています。包帯は、2週間したら除去するようにしてください。

【阿部　紀次】

前からでもはっきり分かる
趾間過形成

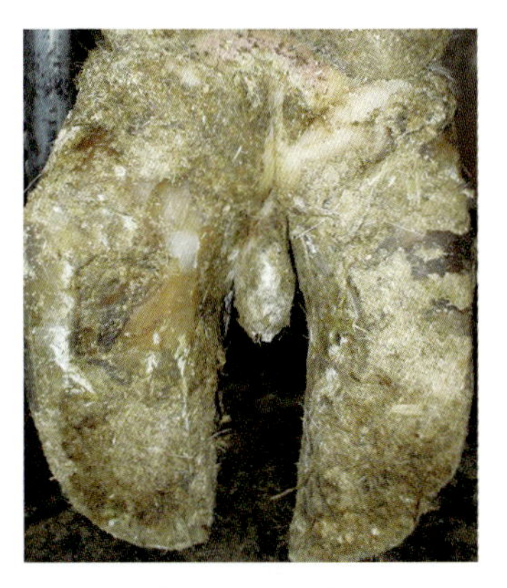

裏から見ると、過形成は大きく、
やや外側蹄側に偏って存在して
いる

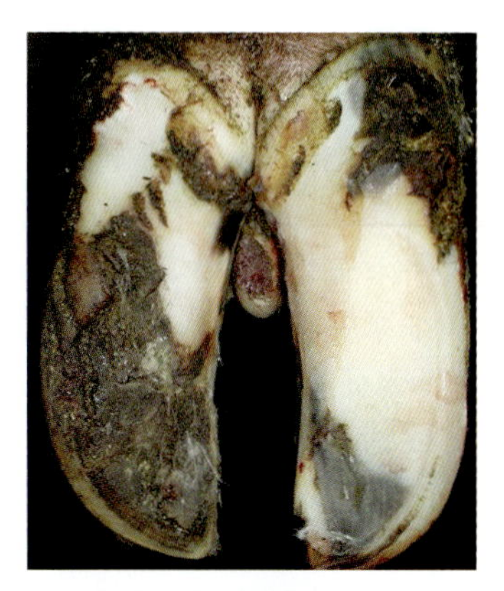

第１病日に矯正的削蹄（196㌻）
ステップ6と抗生物質軟こうの塗
布を行った

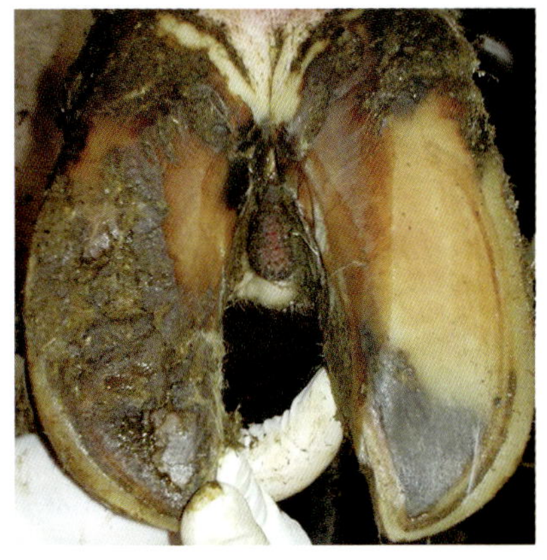

第５病日に跛行・疼痛（とうつう）が減少し、
過形成もやや縮小した

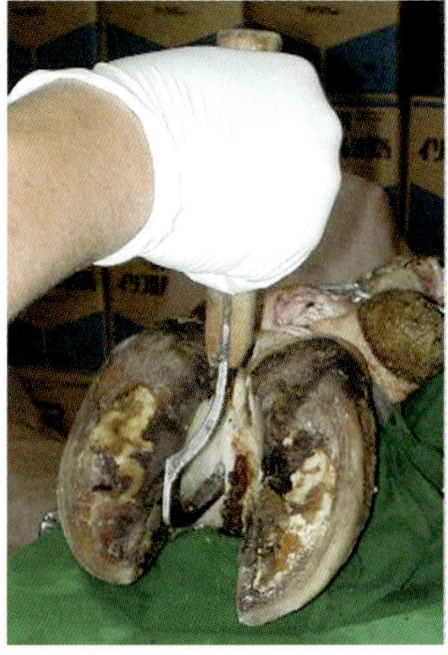

かまの進め方。軸側の蹄壁の出っ張りを滑らかになるまで削切する。
かま型蹄刀、刮削刀（かっさくとう）の先の丸みをうまく利用する。こ
の工程のポイントはダッチメソッド（196㌻）のステップ6をさらに
厳密に行うことである

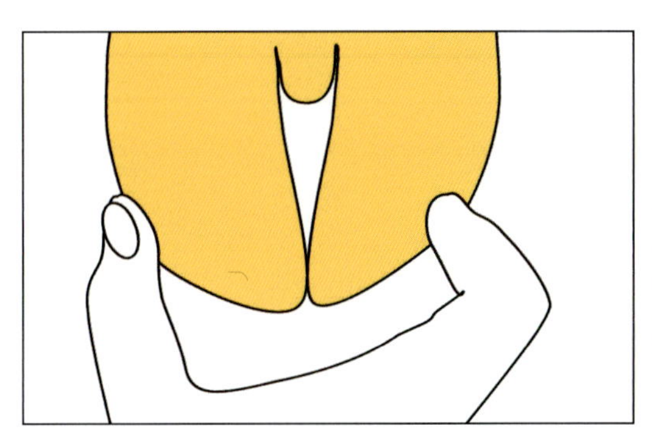

過形成切除の判定基準。軸側の蹄壁
の出っ張りを滑らかになるまで削切
した後、内外蹄尖を合わせた時に、過
形成の大きさによって閉じられない
場合、またはとても痛がる場合には、
過形成を切除する必要があると考え
られる

創傷性蹄皮炎

原因

創傷性蹄皮炎は針金、クギなど蹄角質そのものを損傷させる外力が原因となります。

まれにしか起こらないと考えがちです。しかし牛床構造によっては散発し、何らかの工事の後や家屋廃材から敷料に金属が混入する場合にも発症する可能性があります。

症状・特徴

突然、脱臼や骨折を疑うような明確に分かる支柱跛行(＝しちゅうはこう＝体重が加わる状態のときに痛がる異常な歩様)を示します。挙肢検査(特に検蹄)によって、スポット的に疼痛(とうつう)部位が認められます。まれに原因物が存在していることもありますが、通常、原因物はなく、薄く削蹄(196㌻)すると、疼痛部位に黒点が存在します。

他方、原因が外因性であるという意味では、「過削蹄(かさくてい)」もこの部類に含まれます。削蹄後、数日以内に跛行している牛が何頭もいた場合、または特にひどい跛行が見られる牛がいた場合は、削蹄師に相談すべきです。そして、何が原因だったのかを解明し、次につなげる関係を削蹄師と構築してほしいと思います。時に、農家の方から「もっと短くしてほしい」と過削蹄を誘発していることがあります。お互い率直に、牛のために良いと思われる、その牧場に合った削蹄のやり方について、技術を高め合ってほしいものです。

酪農家ができる手当て

突然発症した強い跛行については、半日置いても跛行が軽減しない場合、滑走や転倒による打撲・ねんざ以外が考えられるので、直ちに挙肢検査を受けるべきです。

局所の治療後は、地盤が軟らかく、餌・水が近くにあり、牛群の社会的な争いがない環境で養生すると治癒が早いと考えられます。

獣医師による治療

視診・触診で明らかな骨・関節異常を診断できない場合は、挙肢検査をするべきです。跛行の様式、黒点と疼痛部位が相関していれば、異物が存在していなくても本症と確定できます。

健康蹄を確認した後、蹄底ブロックを装着します。病変へのアプローチは、黒点に沿ってメスを進めますが、角質の除去については深度が増せば、裾野も広げていきます。真皮へのアプローチは、周囲から出血させると見えづらくなりますから、注意深く壊死(えし)組織を除去(デブリドマン)します。

蹄踵(ていしょう)や蹄球の膿瘍(のうよう)に対しては、矢状に切開すると排膿・洗浄・消毒しやすくなります。異物が蹄骨に到達し、損傷を加えた後に抜け落ちていることも推察されるので、前記の「酪農家ができる手当て」中の養生方法を参考にしてください。

痛みの状況によっては2、3日後に再診が必要かもしれません。その後、何回かの包帯交換の後に、骨片が摘出されることもあります。その場合、通常通りの包帯法で対処できるとはいえ、筆者は綿花をぶ厚く装着する綿花パック法で患部を保護しています。

【阿部　紀次】

①パドック飼養の育成牛が急にひどい跛行（蹄尖＝ていせん＝しか接地しない）を示した。傘クギが外側蹄踵に刺さっていた

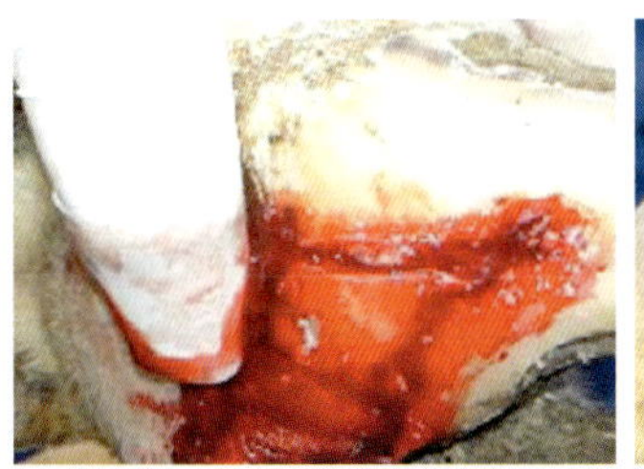

②蹄踵の深い膿瘍（膿のカプセル）に対しては、道筋を追いかけるよりも、外から大きく切開し、消毒する

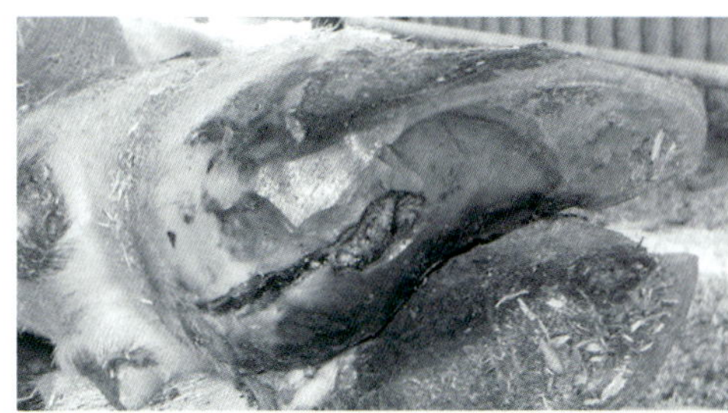

③3日後には蹄球の腫脹（しゅちょう）が軽減し、跛行も軽減していた

①蹄尖、軸側に黒点があり、その穴から膿瘍が排出した

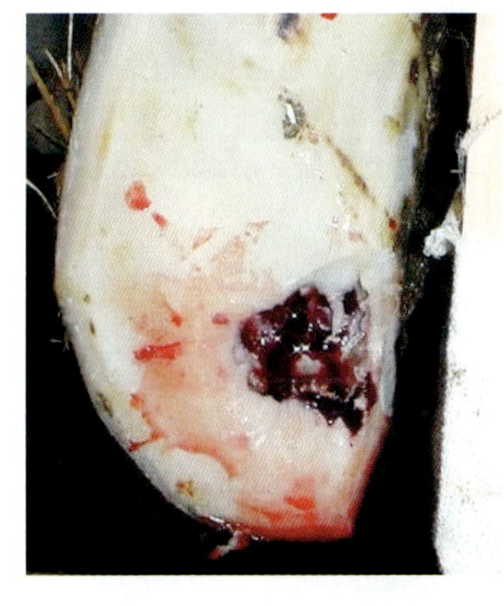

②黒点を頼りに注意深く開創した

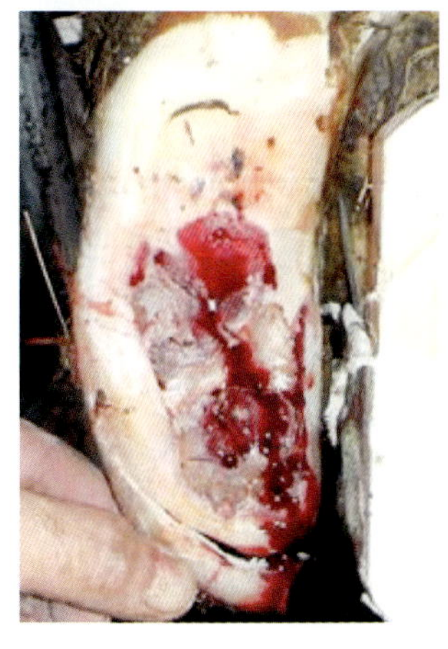

③角質下の膿瘍は広く、蹄底角質をほとんど除去する結果となった。蹄尖は引っかかりを少なくするため切り詰めた

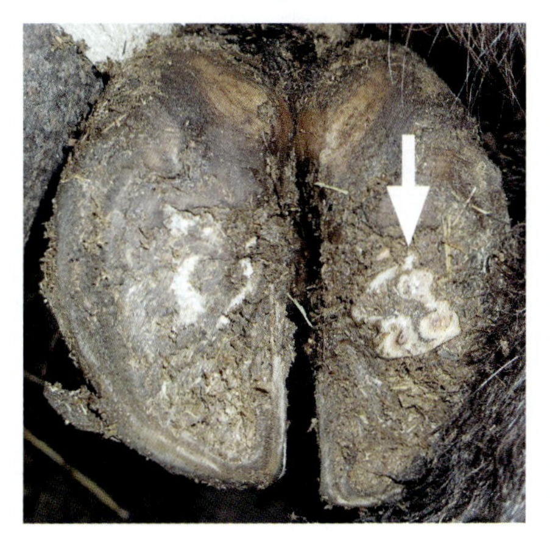

突然の跛行を見せたため、挙肢してみると、生え変わりの乳歯（奥歯）が刺さっていた症例

蹄底潰瘍・白帯病

(ていていかいよう・はくたいびょう)

原因

内力・外力により真皮(蹄角質を生産する組織)を損傷させるものが蹄葉炎(蹄の非感染性で広範囲の炎症)です。蹄葉炎の原因は、栄養(ルーメンアシドーシス)と負重(一方的な重みのかかり)です。どちらの場合も、蹄内部(真皮)の血液循環障害から簡単に説明できます。

蹄葉炎が慢性化すると、健康な蹄角質が生産されません。通常、クッションを補おうとして、もろい角質がたくさんできます。その結果、圧迫が増し、循環がさらに阻害されます(悪循環)。ついには限局的に角質生産が停止し、角質が抜け、穴が開くのが蹄底潰瘍です。

一方、蹄真皮の循環障害により角質同士の接着も弱くなります。特に蹄底真皮からできる蹄底角質と、蹄壁真皮からできる蹄壁角質との接合が開いた部位に糞汁が入り込むと、白帯病となります。例えば牛舎の構造上、日常の中で直角またはそれ以上回転する動きが多い(4カ所以上ある)所では、白帯病のリスクが高まるともいわれます。また牛の群れの変更が頻繁な農場では、牛群内の闘争もその原因となるでしょう。

症状・特徴

牛はもともと我慢強く、跛行(はこう)を表しません。これは捕食動物の本能といわれています。一方、はっきりとした跛行があったはずが、翌日消えることもあります。特に両後肢など複数の肢に問題があるとき、跛行が見えづらいことがあります。

また、走り出すと跛行が消えることもよく見られます。他方、つなぎ飼いでは牛床の端に蹄尖(ていせん)だけで立ち、蹄踵(ていしょう)を浮かしたり、尿溝に趾端を漬け冷やして痛みを緩和させようとしたりします。

酪農家ができる手当て

さまざまな障害で跛行が起こります。はっきり分かるほどの跛行牛は、その日のうちに挙肢検査をしてください。

検査は酪農家自身でも削蹄師・獣医師でも構いません。何かの都合でその日にできない場合でも、あるいは翌日軽減していたとしても、水面下で病状が進行していることがあります。ノーマークにせず、数日間観察してください。

獣医師による治療

全身症状(跛行のレベル)と、局所の状態で治療方針が決まります。

矯正的削蹄(蹄底ブロックの装着含め)、綿花パック、安静(個別飼い)、抗生物質、鎮痛・消炎剤、3～5日間隔の包帯交換などが適用されます。深部感染症では、畜主との了解の下、断蹄(趾)手術による早い回復が選択されることもあります。

蹄浴は蹄角質の強化に有効です。趾皮膚炎の予防と共に取り入れられることを勧めます。

【阿部　紀次】

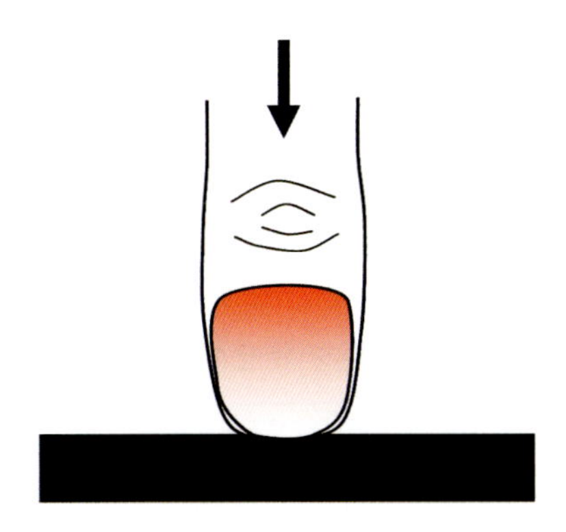

蹄真皮の血液循環障害のモデル。硬いテーブルに、指を軽く押し付けるだけで、爪の内部の色が変わる。炎症性物質により同様の状態になることもある

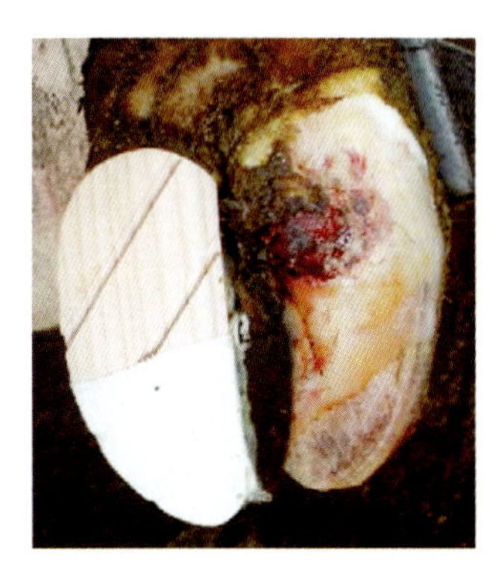

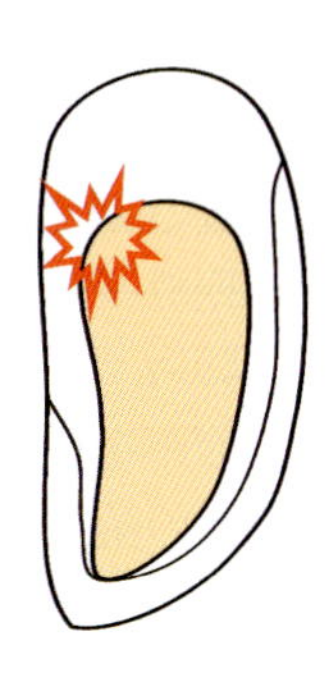

蹄底潰瘍の症例。軸側、蹄踵からのこの部位は蹄骨の角に当たる場所なので、蹄真皮が局所的に傷む場所といえる

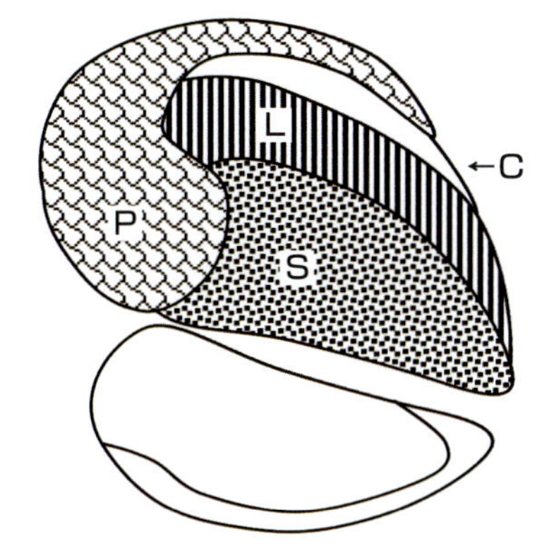

真皮の分布（斜め下から見た図）。蹄縁（P）、蹄冠（C）、蹄葉（L）、蹄底（S）の真皮から、それぞれ別質の角質が生成され、それが張り合わされて全体の蹄角質が形成されている

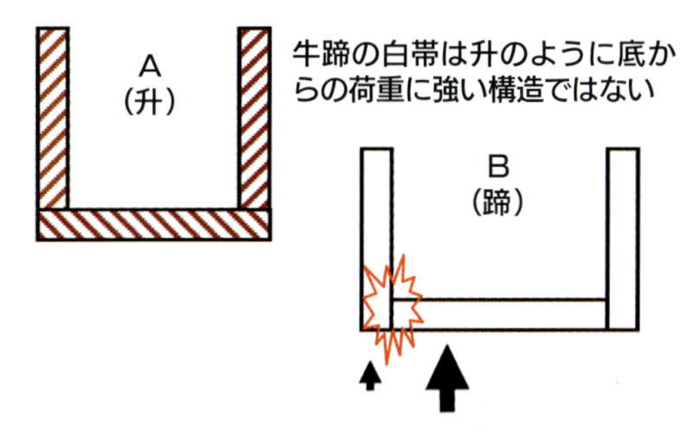

白帯病モデル。まず蹄底と蹄壁角質の接合が弱まり（蹄葉炎）、底からバランスの悪い荷重が加わることで発症する。接合部の過削蹄は白帯病の原因になる

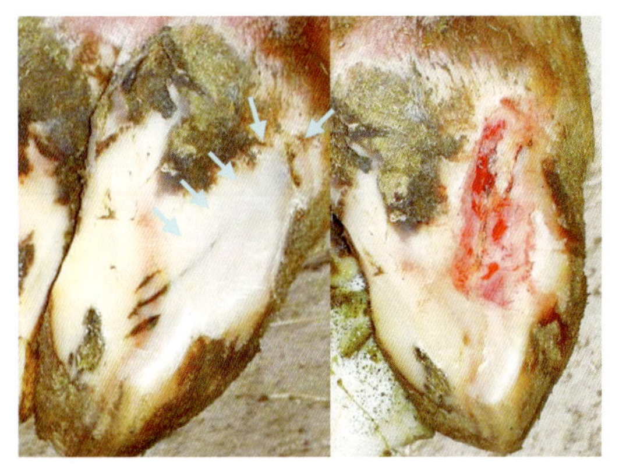

白帯病には蹄底に広がる例、蹄冠部に抜ける例が多い。蹄壁を削切、病変を透かし、しっかり取り、免重させる

削蹄(ダッチメソッド)

護蹄(ごてい)管理として、主に次の項目が挙げられます。

①定期的または計画的な削蹄

②伸び過ぎた蹄や跛行(はこう)牛に対する早期処置(個体治療)

③蹄浴

④護蹄を意識した栄養管理(ビオチン含有添加物の給与など)

⑤環境の整備(除糞、乾燥など)

ここでは、「酪農家ができる手当て」として、①②で行われる削蹄の基本となる、「ダッチメソッド(オランダ方式)」を紹介します。世界の学会が認め、多くの削蹄師、獣医師が模範とするダッチメソッドの他には、カンザスメソッドなどがあります。弱点も指摘されているとはいえ、ダッチメソッドが最も世界に通じたものであり、初心者にも理解されやすいことに異論はないでしょう。

では、ダッチメソッドのポイント「蹄真皮にかかる荷重を平均化する」ことも含め、削蹄の手順を解説していきます。なお、多くの解説書にならい、後肢について述べます。

[ステップ1−1]

内側蹄の長さを7.5cmに切ります(**図1、2**)。ただし、通常サイズの牛より大柄であればより長く残します。また、蹄背側(蹄底に対して蹄の表側)が凹湾(おうわん)=反り返り=している場合は、そこをまず修正しておきます。

[ステップ1−2]

内側蹄の蹄底負面(実際に地面に接地する部分)を、中足骨(ちゅうそくこつ)=飛節の下、管の部分=に対して垂直につくります(**図3**)。注意点としては、内側蹄の蹄踵(ていしょう)=厚い部分=をできるだけ削らないようにします。そして、蹄尖(ていせん)=つま先=は5〜7mmの厚さで切断面を残します(**図1**)。

[ステップ2−1]

内側蹄を基準にして、外側蹄負面をつくります。

[ステップ2−2]

各蹄の負面が蹄尖から蹄底にかけて平たんかどうかチェックします(**図4**)。

[ステップ3]

土抜き(土踏まずの部分)を形成します(**図5**)。

[ステップ4]

内外蹄に蹄刀の柄を乗せて、両蹄のバランスを取ります。

ここまでが、健康蹄でも異常蹄でも行われるべき維持削蹄といわれる方法です。次は、異常蹄に対して行われる矯正的削蹄です。いずれも、両肢とも行うべきです。

[ステップ5]

外側蹄踵に障害があり、内側蹄は健康である場合、病変部の荷重を少なくし、内側蹄に多くの荷重をかけさせ、回復を図ります(**図6**)。

[ステップ6]

飛び出したり、浮いたりしている角質を除去します。どのような病変でも、ただ穴を掘るだけでなく、病変周囲にかかる力を分散させるように裾野を広く取るようにしてください。白帯病では、蹄壁を積極的に除去します。蹄踵の浮いた角質も見逃さず除去します。趾間に指を沿わせて、出っ張りがなだらかになるまで注意深く切除します(**図6**)。

【阿部　紀次】

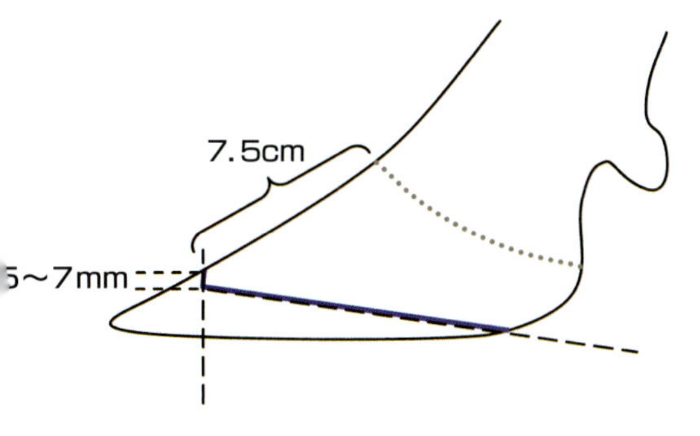

図1　ステップ1－1
・内側蹄の長さを7.5cmにする（7.5cmは通常サイズの牛の場合）
・蹄尖に5～7mmの厚みを残す

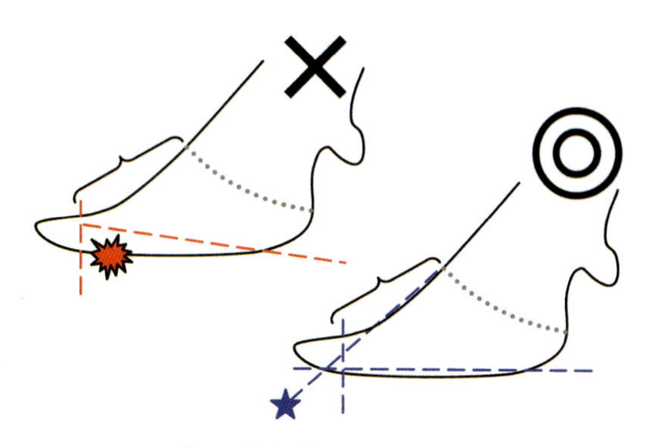

図2　ステップ1の前段階
・背側に凹湾が認められる場合、まずそれを修正する（◎）。いきなり切ると深爪する危険がある（×）

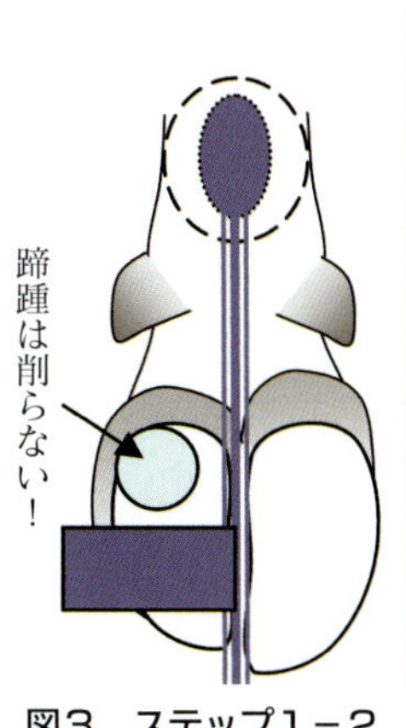

図3　ステップ1－2
・中足骨に対して垂直な（中足骨の断面を縦の面として考えて）負面をつくる
・右は模範的なチェック姿勢

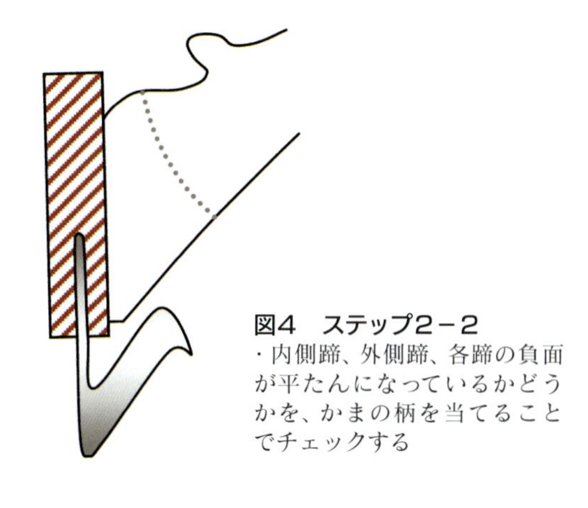

図4　ステップ2－2
・内側蹄、外側蹄、各蹄の負面が平たんになっているかどうかを、かまの柄を当てることでチェックする

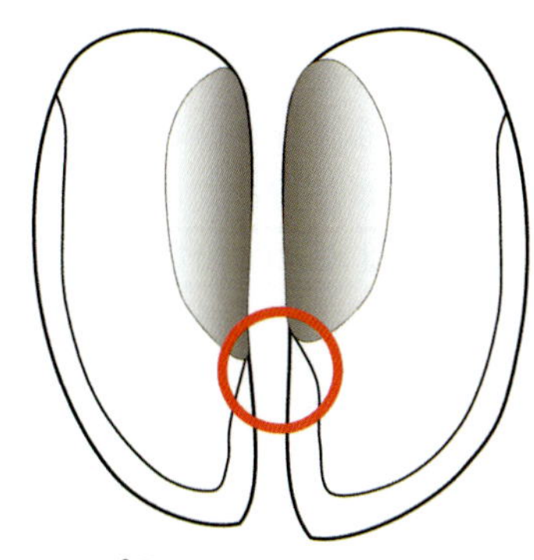

図5　ステップ3
・軸側（趾間より）の蹄底に傾斜（土抜き、土踏まず）を付ける。広くし過ぎないこと！　蹄尖寄りの白線を傷付けないこと！

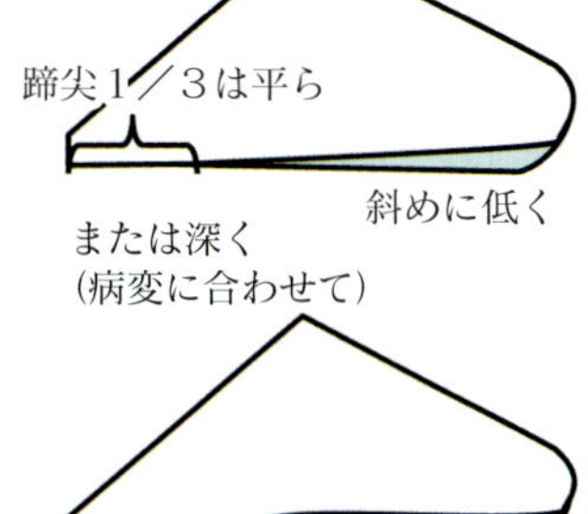

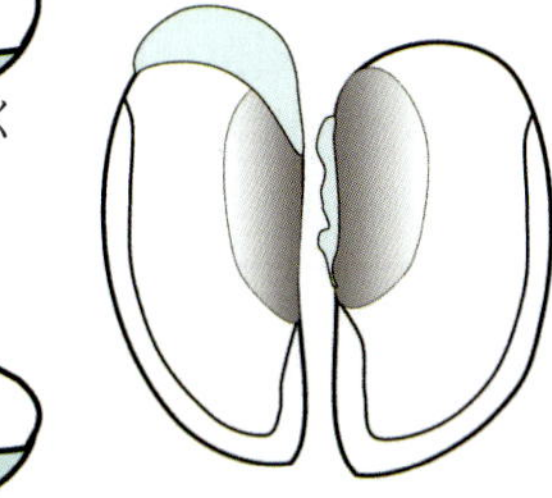

図6　ステップ5・6
・外側蹄踵に角質病変（白帯病・蹄底潰瘍）がある場合、病蹄の蹄踵を低くする
・浮いていたり、飛出していたりする角質を除去する

筋断裂（きんだんれつ）

原因

筋断裂の多くは、低カルシウム血症を主徴とする乳熱やダウナー症候群（起立不能症候群：DCS）の治療経過中に発生する筋損傷が原因です。筋断裂の好発部位は、後肢の下腿（かたい）筋（腓腹＝ひふく＝筋、浅趾＝せんし＝屈筋）、内転筋で、多くは廃用になります。起立不能牛が6時間以上、同じ姿勢で横臥（おうが）すると下部後肢の筋損傷と神経まひが現れ、産褥（さんじょく）期に発生する乳熱（低カルシウム血症）、死産、難産、胎盤停滞、難産と胎盤停滞がダウナー症候群の高い危険因子になります。

症状・特徴

後肢下腿筋の筋断裂の症状は、後肢の筋損傷に起因する後肢筋の腫脹（しゅちょう）と球節ナックルを伴う〝這（は）えずり〟あるいは〝翼を広げたワシの姿勢〟であり、起立不能に陥ると自力での寝返りはできません。起立不能時間の延長に伴って、筋組織の損傷以外にも挫傷や褥創からの常在菌の感染や、移動の際に生じる前膝（ぜんしつ）の挫傷からの感染によるフレグモーネによって、前肢の筋組織が重篤な損傷を受けて予後不良になります。さらに滑りやすい牛床での起立時や歩行中に、後肢がスリップして内転筋の筋断裂を発生すると〝翼を広げたワシの姿勢〟を呈します。

重度の筋損傷は肢勢と触診で診断可能ですが、超音波画像と筋生検による病理組織像で確定診断できます。腓腹筋の完全断裂では、踵骨（しょうこつ）後面が著しく沈下して断裂部の腫脹が触知され、不完全断裂では、飛節の軽度の沈下と球節ナックルが見られます。浅趾屈筋は腓腹筋の外側頭と内側頭の間に存在する脛骨（けいこつ）神経支配の極めて腱（けん）質に富んだ筋であり、飛節と趾部の進展と屈曲を確実にする働きがあり、浅趾屈筋の損傷が生じると球節ナックルが認められます。筋断裂の予後判定と病勢評価は、後肢筋の腫脹、球節ナックル、移動性（寝返り、後躯＝こうく＝挙上）の臨床症状、尿潜血反応、血清酵素（AST、CPK、LDH5）活性値の上昇が有用であり、CPK10万IU以上、AST１万IU以上は予後不良です。

酪農家ができる手当て

筋断裂の多くが、分娩後の乳熱やダウナー症候群の治療経過中に発生することから、罹患（りかん）牛の看護が重要です。可能であれば罹患牛を独房へ移し、開脚（股裂き）防止のためバンドを後肢中足部に装着し、床にはゴムマットの上に滑り止め剤を散布して麦稈を敷くか裏畳を敷いてスリップを防止します。寝返りは１日に最低４回以上行い、飲水用バケツは飲水時以外は独房外に置きます（独房で飲水バケツを転倒させないため）。

ダウナー症候群の場合、牛乳を搾り切り、搾乳後はポストディッピングやイソジンゲルを乳頭に塗布して乳房炎を防止します。

獣医師による治療

本症に対する治療としては、鎮痛と抗炎症を目的とした非ステロイド剤の投与と看護が重要で、筋断裂の病勢を畜主に伝えて、治療方針と予後について同意を得ておくことが大切です。

下腿筋の筋損傷に起因する球節ナックルに対しては、その改善を目的としたキャスト固定が確実です。球節ナックルの改善は損傷した下腿筋の負荷軽減が主な目的で、肢勢と歩様を検査しながら12～14日間で固定を脱却します。ナックルが完治するまで継続することが必要です。

看護には清潔、乾燥かつ滑にくく、安楽なベッドが重要で、注意深い牛体の観察（自力寝返りの有無、挫傷と褥創の有無、起立時における後肢スリップの有無）が必要です。

【小岩　政照】

腓腹筋断裂（左後肢）

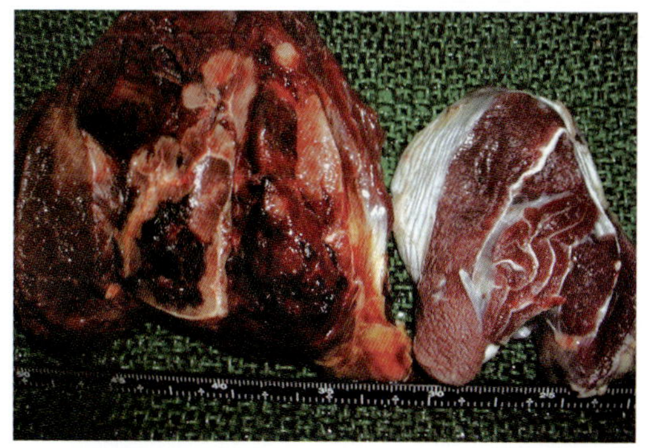

筋断裂（左下腿筋）　正常（右下腿筋）

下腿筋断裂

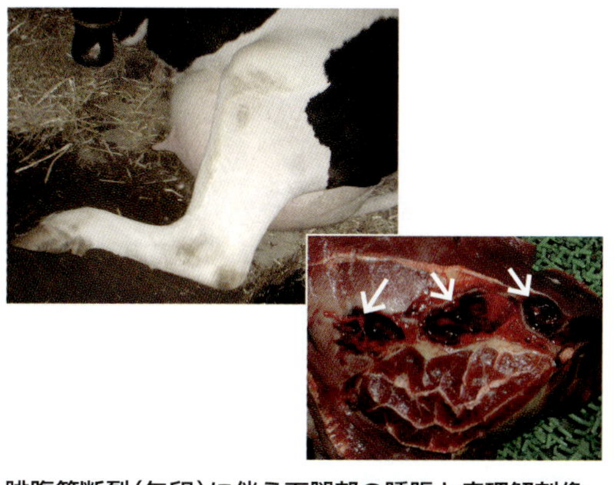

腓腹筋断裂（矢印）に伴う下腿部の腫脹と病理解剖像

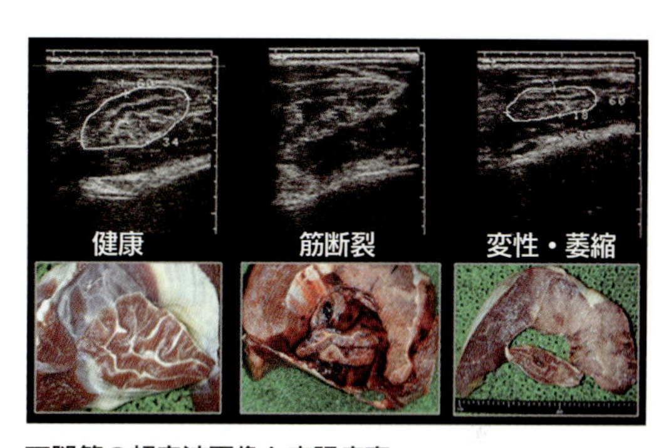

下腿筋の超音波画像と肉眼病変

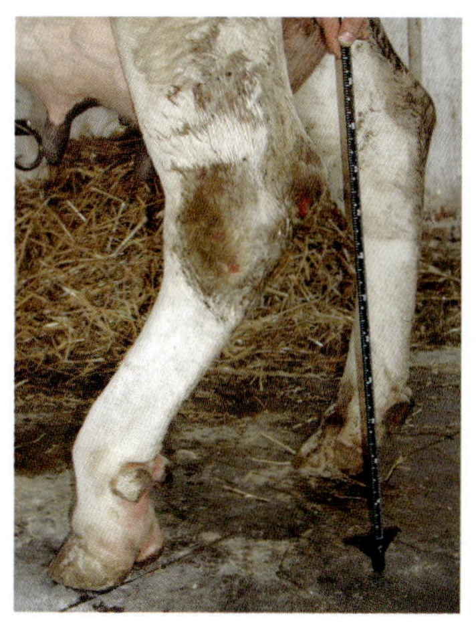

下腿筋損傷による球節ナックル

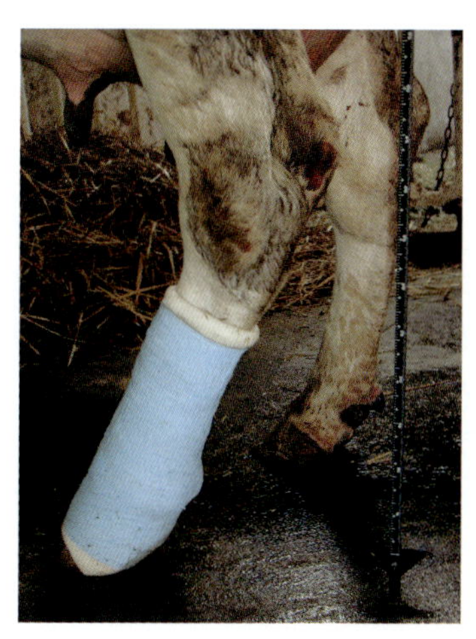

キャスト固定による球節ナックル治療

脱臼（だっきゅう）

原因

関節での骨同士の連結が正常な位置関係から外れた状態のことを脱臼と呼びます。脱臼の程度により、完全脱臼と不完全脱臼に分けられます。完全脱臼とは、関節から骨の関節面が完全に外れてしまった状態です。不完全脱臼は亜脱臼とも呼ばれ、骨同士の連結の位置関係は崩れても、骨の互いの関節面は一部で接しています。原因の多くは外傷によるもので、転倒、滑走、衝突、けん引などの衝撃や外力により、骨同士の連結が正常な可動範囲を超えて外れることで起こります。

症状・特徴

脱臼では、関節内の骨同士の正常な位置関係が失われ、異常な突出や陥没などの形状変化が生じます。通常、脱臼した関節は骨同士が固定され動かなくなります（不動性）。しかし関節を包む関節包が壊れたり、骨同士をつなぐ靭帯（じんたい）が断裂したりすると、骨が異常な方向に動くようになります。痛みも脱臼の特徴的な症状の１つです。痛みは骨折に比べ弱いものの、脱臼した関節の骨を強制的に動かすと、痛みが顕著に現れます。脱臼が起こると、皮下の出血や関節内の血腫（出血によって組織の中に血液がたまった状態）が生じるため、腫脹（しゅちょう）も明らかになります。一般に、完全脱臼では患肢は短縮したように、不完全脱臼では患肢が伸長したように見えることがあります。

股関節脱臼：股関節脱臼では前方・背側方向への脱臼が多く、大腿（だいたい）骨側の転位により臀部（でんぶ）が隆起します。罹患（りかん）牛は歩行時に患肢を上げられず後方へ肢全体を伸展させ、蹄尖（ていせん）を引きずるように歩きます。重さがかかるたびに、股関節から骨の擦れるような異常音が生じることもあります。

膝（しつ）関節部脱臼：膝関節は大腿骨、脛骨（けいこつ）、膝蓋（しつがい）骨で構成されます。牛では大腿脛骨脱臼と膝蓋骨脱臼が知られています。

大腿脛骨脱臼（前十字靭帯断裂）：大腿骨と脛骨をつなぐ靭帯のうち前十字靭帯が断裂し、脛骨が大腿骨に対して前方に移動（亜脱臼）することで起こります。フリーストール飼養の経産牛で発生が多く、発症初期では明らかな痛みがあり、患肢に重さをかけることは困難です。

膝蓋骨上方脱臼：膝蓋骨が大腿骨の溝（大腿骨滑車）から異常な位置に移動（脱臼）した状態のことで、牛では背側（上）方向（膝蓋骨上方脱臼）の脱臼が時折見られます。この症状では患肢が後方へ伸び、そのまま硬直します。股関節脱臼や痙攣（けいれん）性不全まひと類似の症状を示すため、鑑別が必要です。

酪農家ができる手当て

関節の腫脹、痛み、変形が発見されれば、速やかに獣医師の診察を受けます。牛が起立し歩行できるのであれば、滑りやすい牛床を避け、単房内で飼養して運動制限する（ストールレスト）などの対応を行います。

獣医師による治療

脱臼の治療は整復、固定、機能回復の段階に分けて行われます。一般に整復は発症後短時間のうちに行うことが重要で、時間が経過するほど難しくなります。多くは手術をせずに整復しますが、膝蓋骨上方脱臼では内側膝蓋靭帯の切断による整復が一般的です。整復後は再脱臼を防ぐため、４週間程度の固定を行います。しかし長期間の固定で関節は硬直するので、定期的に固定を外し、関節を手で可動させるなどの処置を行います。最終的な固定の除去後、軽い歩行などで関節機能の回復を図ります。なお、脱臼した関節の部位によっては固定が難しいので、その場合はストールレストで対応します。　**【山岸　則夫】**

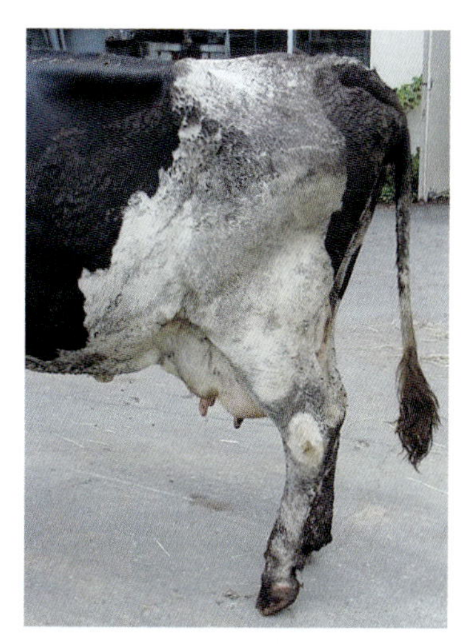

左後肢の大腿脛骨脱臼（前十字靭帯断裂）に重さがかかった様子

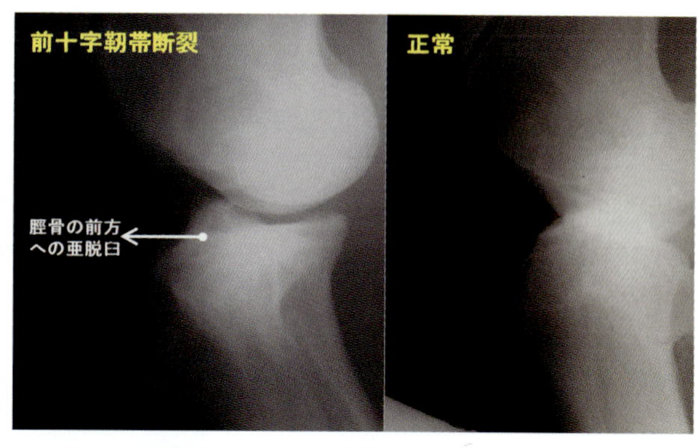

左後肢の大腿脛骨脱臼（前十字靭帯断裂）のエックス線写真（左の写真と同一症例）

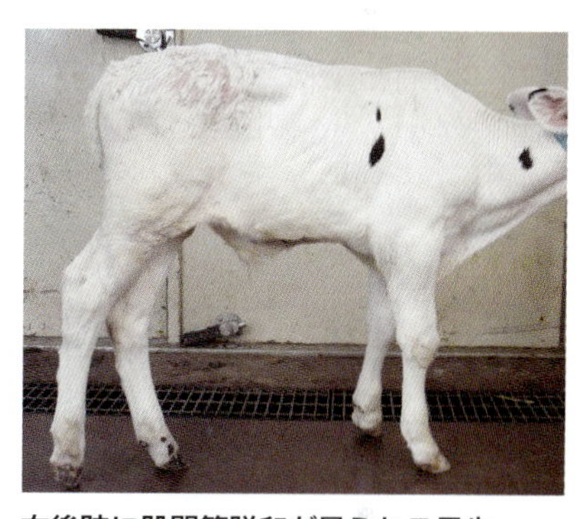

右後肢に股関節脱臼が見られる子牛

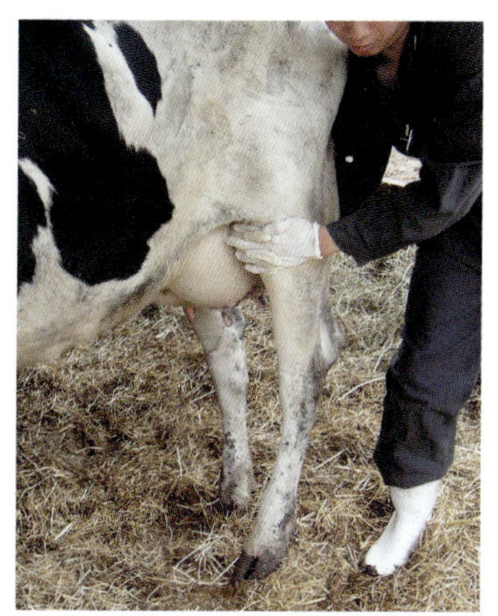

左後肢の大腿脛骨脱臼（前十字靭帯断裂）の身体検査。術者は右肩で罹患牛の大腿部を押し両手で脛骨の可動性を確認している

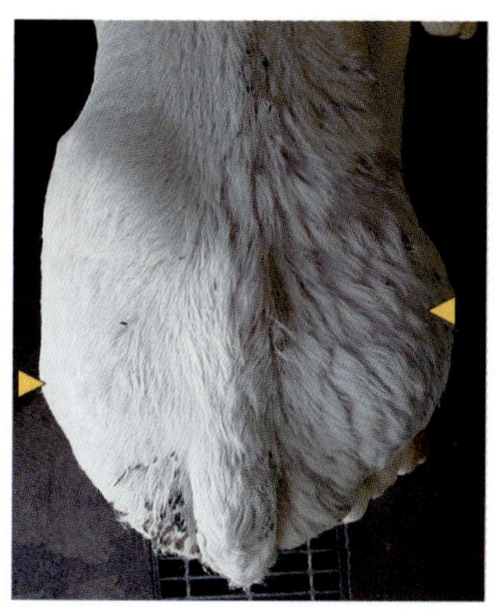

右後肢の股関節脱臼の子牛（中段右の写真と同一症例）。背中から見下ろすと大腿骨の位置が左右異なる（矢頭部分）

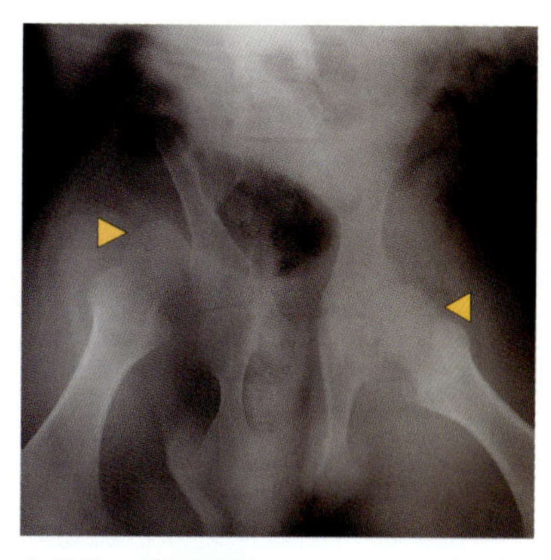

右後肢の股関節脱臼のエックス線写真。左後肢の大腿骨は骨盤の本来の位置（寛骨臼＝かんこつきゅう）に収まっている（写真右側の矢頭）が、右後肢の大腿骨は脱臼して前方に転移している（写真左側の矢頭部分）

関節炎

（かん せつ えん）

原因

関節炎とは関節を構成する関節包や滑液包、滑膜と関節面、付属する靱帯（じんたい）を含めた炎症のことを呼びます。原因は大きく感染性と非感染性に分かれ、さらに感染性の関節炎は血行性と、外傷性（非血行性）に分かれます。牛では一般に肺炎など呼吸器疾患による細菌感染、子牛では受動免疫の移行不全、乳房炎乳の摂取により発生することがあります。

また新生子牛や４週齢以下の子牛では、臍帯（さいたい）の感染性炎症（臍静脈炎）を原因として、細菌が血液を循環し複数の関節に付着して関節炎を起こすことも知られています。牛の関節炎の一般的な原因菌は *Escherichia coli*、*Staphylococcus aureus*、*Streptococcus spp*、*Arcanobacterium pyogenes* が知られています。一方、非感染性関節炎は発情時の乗駕（じょうが）や滑走などにより、関節に過剰な荷重がかかり、正常な可動範囲を超えた動きがあった場合に起こります。

症状・特徴

罹患（りかん）牛は突然、重度の跛行（はこう）を示します。発症当初は、関節に明らかな腫れはありませんが、丁寧な触診によって熱感や圧痛を確認することができます。感染性関節炎では、全身の症状として発熱や食欲不振が見られることがあり、さらに肺炎などの呼吸器疾患を示す例もあります。罹患した関節では関節液が増量し、関節周囲の組織の浮腫も明らかになります。

慢性化すると関節包は線維化のため硬くなり、関節の可動域が制限されるようになります。臍静脈炎を原因とする子牛の関節炎では、１カ所ないし複数の関節で腫脹（しゅちょう）が起こります（多発性関節炎）。重篤なものは起立困難または不能となり、発熱、哺乳欲不振、下痢、せきを示します。感染源となる臍部には熱感と腫脹があり、湿潤（滲出＝しんしゅつ＝物）が見られます。

酪農家ができる手当て

関節の腫脹や痛みが発見されれば、速やかに獣医師の診察を受けます。牛が跛行（はこう）によって転倒しないよう滑りやすい牛床を避け、単房内で飼養するなど運動制限（ストールレスト）の対応を行います。子牛の多発性関節炎はヘソの感染に起因するものがほとんどです。従って予防のためには、分娩環境を清潔にし、ヘソの消毒などの衛生管理が重要です。その他、受動免疫の移行不全や肺炎などの感染症の防除に努めることも大切です。

獣医師による治療

感染性関節炎では抗菌剤を全身投与（注射）します。抗菌剤の使用は原則として、関節液もしくは原発感染創からの細菌培養による分離菌の同定結果と薬剤感受性試験の成績に基づいて行います。長期にわたり抗生剤を投与する場合には、耐性菌の出現と副作用について十分に留意します。

また必要に応じて、関節腔内（くうない）の清浄化を目的として関節洗浄も行います。非感染性関節炎は安静と運動制限が第一であり、消炎鎮痛剤の投与（注射）や局所塗布も行います。

【山岸　則夫】

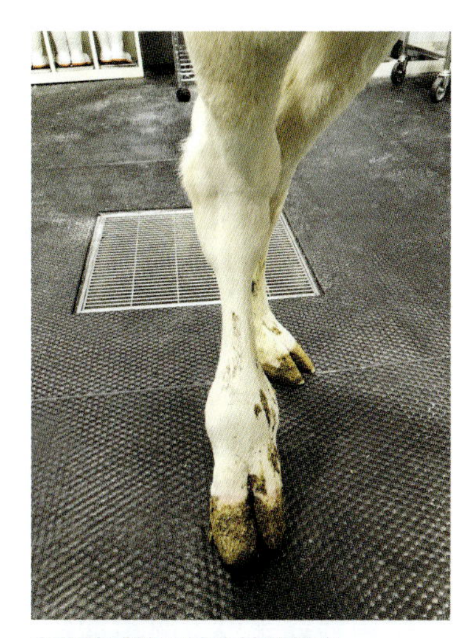

右後肢球節の感染性関節炎

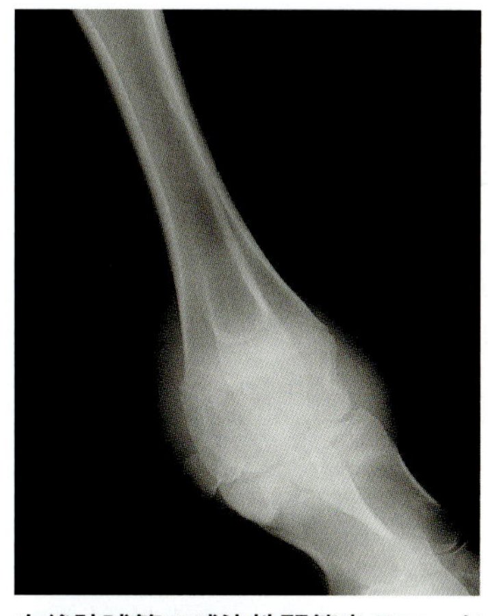

右後肢球節の感染性関節炎のエックス線画像。関節腔が拡大し、球節周囲組織の腫脹も明らかである（左の写真と同一症例。中段の写真も同様）

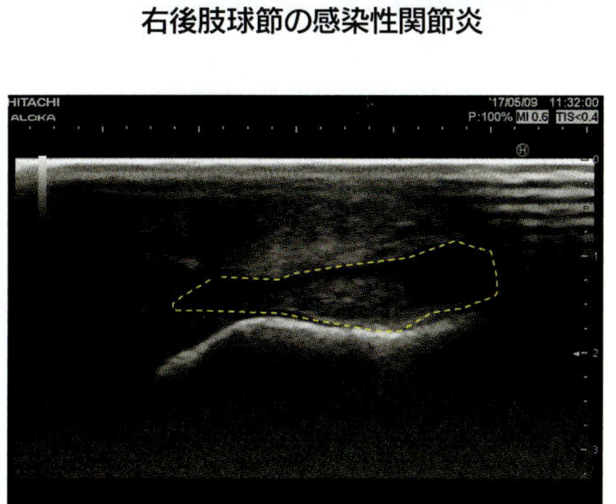

球節の感染性関節炎の超音波検査画像。点線で囲んだ領域が増量した関節液

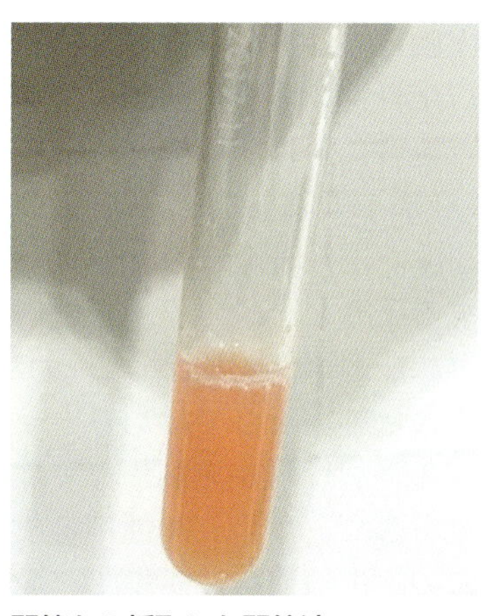

関節から採取した関節液

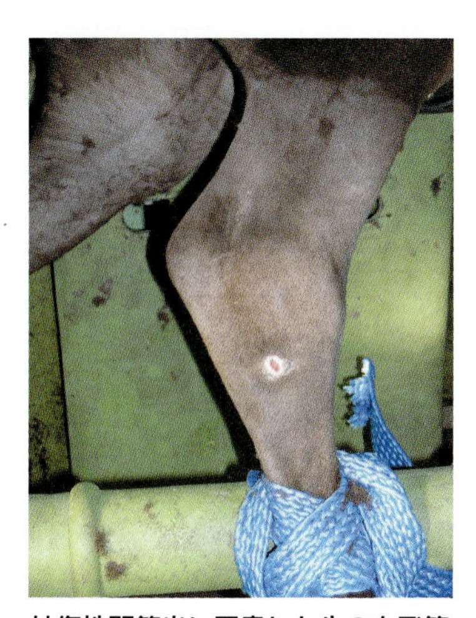

外傷性関節炎に罹患した牛の右飛節

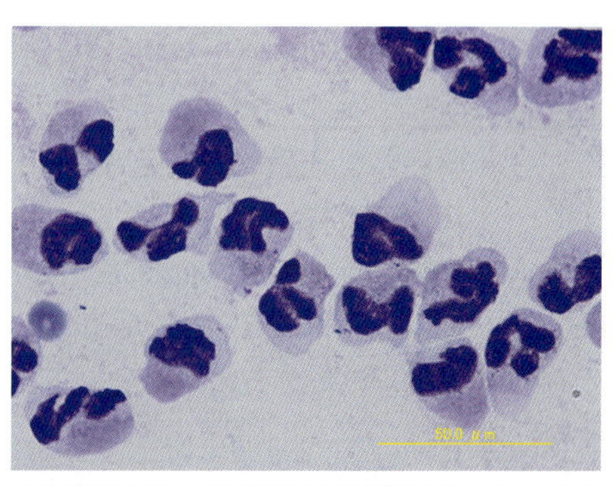

感染性関節炎の関節液の顕微鏡画像。白血球が多数認められる

神経(しんけい)まひ

原因

本項では、神経まひのうち四肢の末梢(まっしょう)神経に現れる異常を取り上げます。牛に多く見られる神経まひとして、前肢では肩甲上(けんこうじょう)神経まひや橈骨(とうこつ)神経まひ、後肢では坐骨(ざこつ)神経まひや閉鎖神経まひがあります。いずれの場合も転倒、衝突、圧迫、けん引などの外的傷害が原因で発生します。

肩甲上神経まひはフリーストールで狭い出入口に牛が殺到した際、肩の前方を強打することで起こることがあります。橈骨神経まひは硬い牛床で長時間横臥(おうが)を強いられた状態でいると、下になっていた前肢の上腕部の外側を通る橈骨神経が圧迫されることで発生します。上腕骨の骨折でも橈骨神経まひは発生します。坐骨神経まひは伏臥姿勢で起立不能に陥った場合に下になっていた後肢の大腿(だいたい)部を通る神経の圧迫損傷によって起こります。閉鎖神経まひは過大胎子が産道を通過するような分娩の際、骨盤内側を通る閉鎖神経に圧迫損傷が加わることで起こります。厳密には神経まひではありませんが、後肢の筋肉の伸展反射が過剰になり症状が発現する疾患として、けいれん性不全まひがあります。この疾患は遺伝性疾患で、発生率は0.05〜0.1%です。

症状・特徴

肩甲上神経まひ：転倒、衝突、滑走、急な回転運動などによって神経の激しいけん引や断裂が起こり、負重時に肩部の外転と肩甲骨に付着している筋肉の委縮が見られます。

橈骨神経まひ：橈骨神経は前肢の前腕、腕関節、趾関節の全ての伸筋を支配する神経です。この機能が障害を受けると、肘(ひじ)の関節の確保と保持が難しくなり、前肢の負重と挙上の両方ができなくなります。

坐骨神経まひ：坐骨神経は大腿部の筋肉(半腱＝けん＝様筋、半膜様筋、大腿二頭筋)の作用を支配します。この機能が障害されると、股関節、膝(しつ)関節、飛節が弛緩(しかん)し、球節は屈曲します。腰椎から出てきた坐骨神経は脛骨(けいこつ)の後ろで脛骨神経と腓骨(ひこつ)神経に分かれます。脛骨神経まひでは腓腹筋、浅趾(せんし)屈筋、深趾屈筋がまひし、飛節は伸張不能になって屈曲し、球節を前方に出す姿勢になります。腓骨神経麻痺では長趾伸筋、外側趾伸筋、脛骨筋の作用が障害されて、膝関節や飛節は伸張し、球節は屈曲します。

閉鎖神経まひ：閉鎖神経は骨盤の内側を通って大腿薄筋、恥骨筋、内転筋、外閉鎖筋といった大腿の内転作用を支配します。この機能が障害されると、後肢の内転動作ができず著しい外転姿勢を示します。

けいれん性不全まひ：2週齢から6カ月齢で症状を発する牛が多く、病状は進行性です。患肢の硬直性歩様や飛節の過伸展が見られます。

酪農家ができる手当て

四肢の末梢神経まひを疑う症状があれば、速やかに獣医師の診療を受けます。牛が跛行(はこう)によって転倒しないよう滑りやすい牛床を避け、単房内で飼養するなど運動制限(ストールレスト)の対応を行います。一方、けいれん性不全まひは遺伝性疾患なので、罹患(りかん)牛を繁殖に供さないようにしてください。

獣医師による治療

四肢の末梢神経まひに対して、初期であればステロイドの投与が効果を示します。起立不能牛は十分な看護が必要で、十分な敷料を入れ、定期的な寝返りを行います。けいれん性不全まひでは部分的脛骨神経切除術を行います。この治療の治癒率は8割程度とされています。

【山岸　則夫】

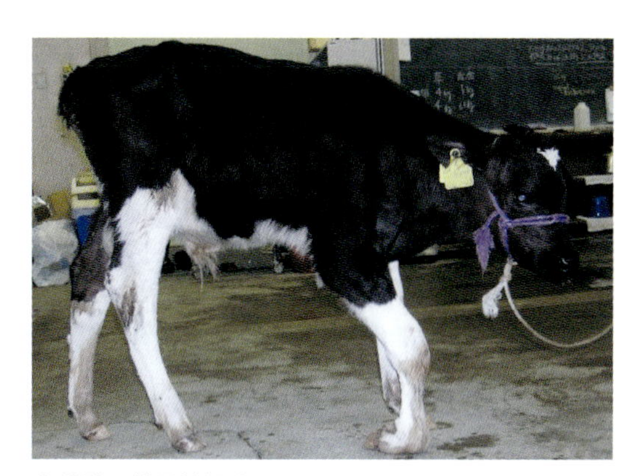

右前肢の橈骨神経まひ

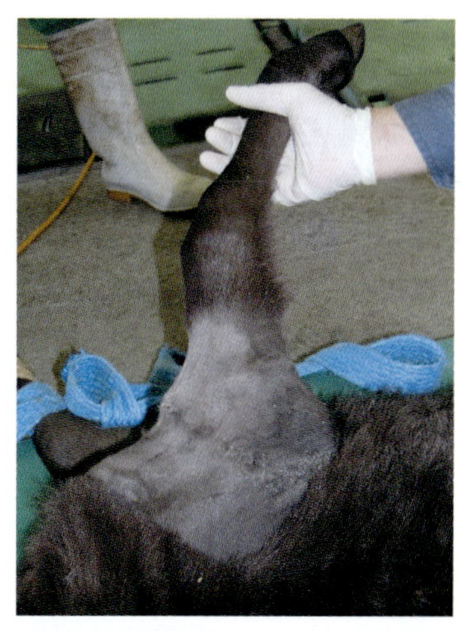

橈骨まひの原因になった右上腕部の縛創（ばくそう）

乳熱の発症後に左後肢の腓骨神経まひを呈した乳牛

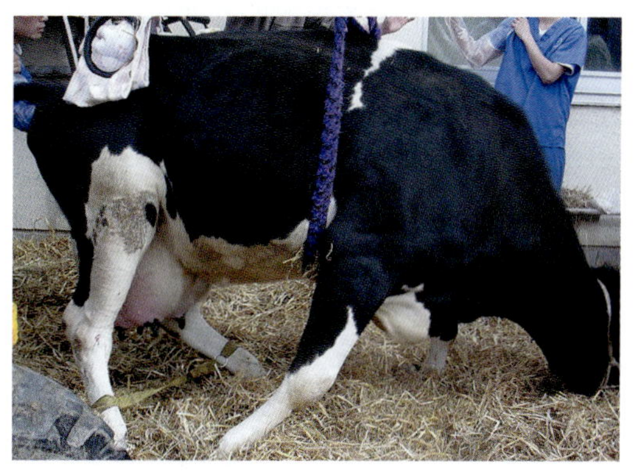

難産で閉鎖神経を発症した乳牛

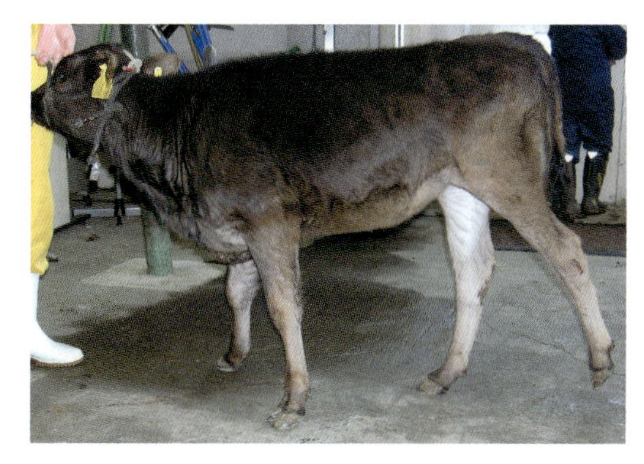

左後肢のけいれん性不全まひ

腸閉塞

原因

腸閉塞は、さまざまな原因によって腸管運動が静止し腸内容物の輸送が妨げられる病気の総称です。牛では腸管内容物による閉塞、腸捻転、腸重積（じゅうせき）が一般的な原因です。腸管内容物による閉塞では、硬い塊となった食渣（しょくさ）や血餅などが詰まることがあります。

腸捻転は腸管が走行方向に沿って雑巾を絞るようにねじれた状態で、小腸で多く見られます。また、腸を体腔（たいくう）内で吊（つ）るしている腸間膜全体がねじれてしまうこともあります（腸間膜の軸捻転）。腸重積は腸管の一部が遠位の腸管内に嵌入（かんにゅう）するもので、小腸によく起こります。このような腸閉塞が発生する根本的な要因はなかなか同定されませんが、飼料や環境の変化、腸疾患の存在、内部寄生虫症などが関係すると考えられます。

症状・特徴

腸閉塞はあらゆる年齢の牛で発症し、成牛よりも子牛でよく見られます。発症当初の症状は腹痛が特徴的で、その程度は閉塞の種類によって異なります。罹患（りかん）牛はしきりに横臥（おうが）と起立を繰り返し、痛みが強くなると自らの腹部を蹴り上げます。激しい痛みから、うなったり鳴いたりすることもあります。腹部は硬く緊張して背湾姿勢を示し、時間の経過とともに腹部の膨満が明らかになります。

当初は閉塞部よりも遠位に存在する腸管内容は糞便として排出されます。その後は、粘液や血液が混じったペースト状の便となり、最終的に直腸内にわずかに存在する乾燥した糞便のみとなり、排便は停止します。脱水のため眼球は眼窩（がんか）に陥没し、口腔は乾燥し、皮膚をつまむとテント状になったまま戻らなくなります。腸間膜の軸捻転は、発生直後から極めて激しい腹痛を示し、病状の進行も極めて迅速です。発見後、半日を待たず急死するものもあります。腸重積は腸捻転より、腹痛の症状が強くないのが特徴です。

酪農家ができる手当て

農家ができる手当てはありません。前述のような腹痛症状があり、腸閉塞が疑われれば、速やかに獣医師による診断と治療を受けてください。臨床症状と病状の進行速度は腸閉塞の診断と治療を進める上で極めて有益な情報になるので、必ず症状の移り変わりを記憶（できれば記録）し、獣医師に伝えてください。飼料や飼養環境などの変更、同居牛も含めて異常な出来事があった場合も、漏れなく伝えてください。救命には、獣医師による外科手術が必要な場合が多くあります。決して単純な手術ではないため、適切な手術環境が整っている診療所などに症例牛を搬送する必要があることも気に留めておいてください。

獣医師による治療

速やかに治療を行うためには、的確な診断が必要です。酪農家から得られる稟告（りんこく）を正確に聴取するとともに、迅速な身体検査によって病状を把握し、治療方針を決定します。通常、脱水と全身状態の改善のために、最初に輸液療法から開始します。

次いで、開腹手術によって閉塞、捻転あるいは重積を起こしている部分を特定し、整復あるいは切除します。腸管手術は決して簡単ではないため、理想的には、適切な手術環境が整っている診療所に搬送して手術を実施したいところです。また、十分な手術知識と技量を有した人員を交え複数人の獣医師で手術を行うことが望ましいといえます。

【山岸　則夫】

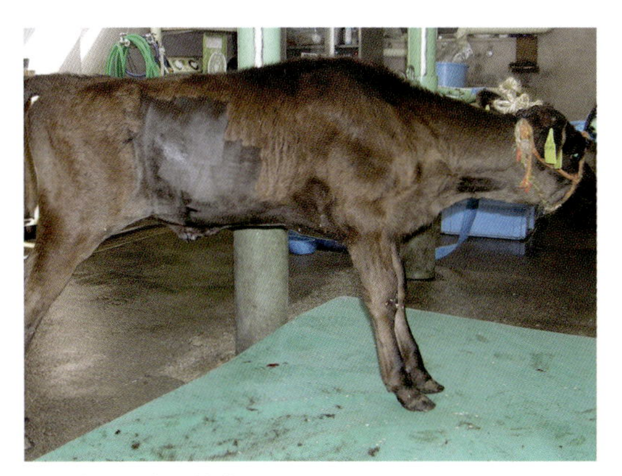
腸閉塞の子牛の外貌

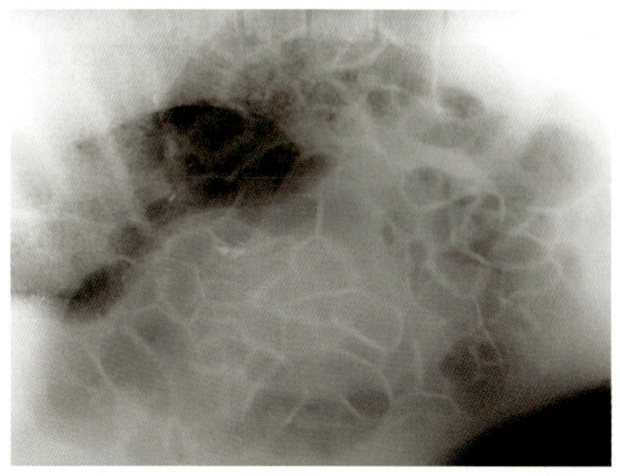
腸閉塞の腹部Ｘ線写真（左の写真と同じ症例）。腸管内容が貯留して膨らんだ腸管が見える

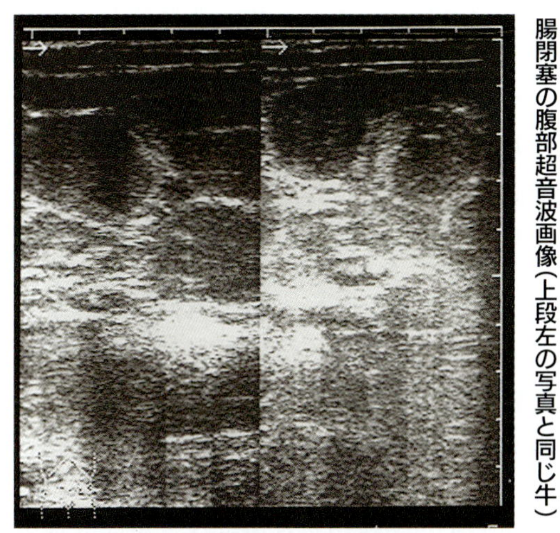
腸閉塞の腹部超音波画像（上段左の写真と同じ牛）

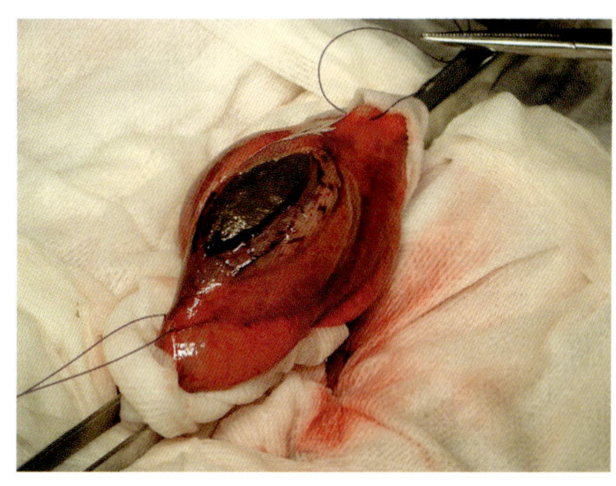
腸閉塞の手術。腸管を閉塞していた内容物を除去している

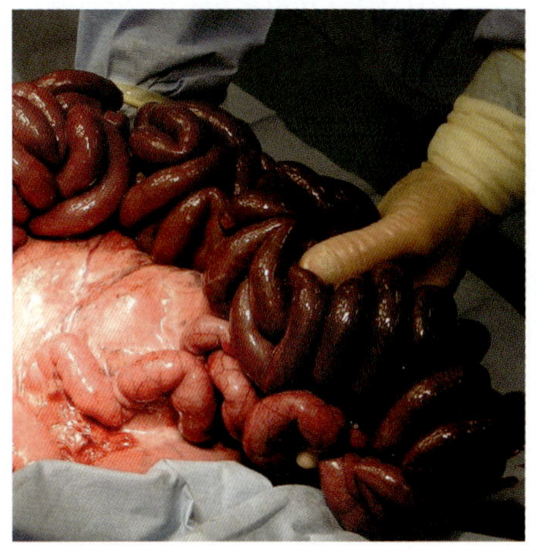
腸捻転の手術。広い範囲で暗赤色に変色（壊死＝えし）した腸管（小腸）が見える

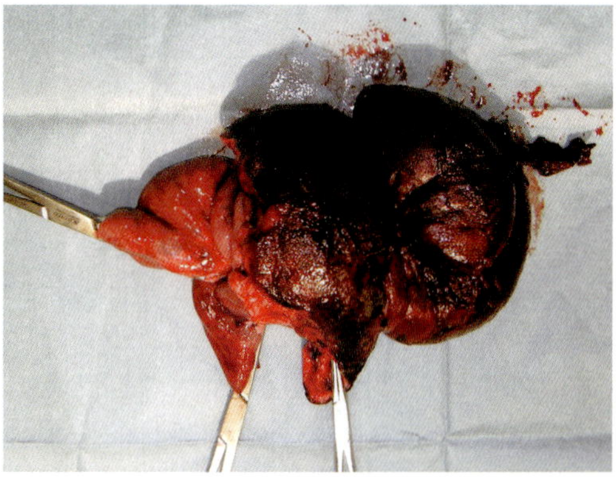

手術で切除した小腸の腸重積。腹壁の破裂部分から脱出した腸管が重積を起こしていた

分娩後の無発情

分娩後、一定の日数が過ぎ交配すべき時期になっても発情兆候が見られない状態を無発情といいます。乳牛の分娩後の無発情は卵巣・子宮の病気、急速な乳量増加と栄養状態の回復遅れに伴う卵巣機能回復の遅れ、発情見逃しなど多くの要因が考えられます。近年、高泌乳化、フリーストール牛舎での飼養増加に伴い発情行動が不明瞭な牛が増えています。

原因および症状・特徴

卵巣静止：分娩後、卵巣・子宮の機能的回復に要する生理的な期間を過ぎてかつ卵巣に異常がなく、卵胞の発育・排卵、黄体形成が認められず、発情兆候が発現しない状態が続いているものを卵巣静止といいます。原因は下垂体前葉から分泌され卵胞発育を促す卵胞刺激ホルモン（FSH）や排卵と黄体形成を促す黄体形成ホルモン（LH）などの分泌機能低下が考えられます。栄養、泌乳、環境など多くの要因の間接的な影響も考えられます。

卵胞嚢腫（のうしゅ）：成熟卵胞の大きさを超えても排卵しない状態が長引くものを卵胞嚢腫といいます。卵胞嚢腫牛の卵巣には異常な大きさの卵胞が1個あるいは複数個存在したり、片側卵巣あるいは両側卵巣に存在したりします。卵胞嚢腫牛は異常周期で持続的に発情兆候を示すタイプや、発情兆候を示さないタイプがあり、いずれも黄体形成が認められません。卵胞嚢腫の原因はFSHの分泌機能の亢進（こうしん）やLHの分泌機能低下で、一般に高泌乳牛に多く、濃厚飼料の多給、栄養不足などが影響すると考えられます。

黄体嚢腫・遺残：黄体嚢腫は卵胞が発育せず卵胞壁が黄体化し、内部に液が貯留したもので、卵胞嚢腫に伴い発症することが多い。黄体嚢腫牛は正常な卵胞の発育と排卵が起こらず無発情が続きます。原因はFSHの分泌亢進とLHの分泌低下です。黄体遺残は、長期間発情が見られず黄体が存在する場合をいいます。分娩後の妊娠黄体の退行の遅れや子宮内膜の損傷、子宮内の継続的な異物の貯留による場合があります。高泌乳牛に多く見られる傾向にあります。

酪農家ができる手当て

分娩後の栄養状態把握：ほとんどの牛は分娩前から採食量が低下し、分娩後はボディーコンディションスコア（BCS）が低下します。分娩後のBCS低下の大きい牛は卵巣機能の回復も遅く、発情回帰も遅くなります。泌乳期・乾乳期を通してBCSを適正に保つ栄養管理が正常な卵巣機能回復には大切です。

発情観察と無発情牛への早期対応：分娩後の発情観察が最も大切です。無発情と思われる牛の中には発情見逃しが含まれることも少なくありません。分娩後の初回排卵は早い牛で20日前後に起こり、遅い牛は60日を超えます。初回排卵時には発情兆候を示さない牛も多く、多くの牛で明瞭な初回発情は分娩後40日前後から見られます。分娩後40～60日を経過しても発情兆候が見られない牛は速やかに獣医師の診断を受けましょう。

獣医師による治療

無発情牛が多い牛群は、栄養管理に問題のある場合が多いため、最初に栄養状態の診断が大切です。問題がある場合は、短期的解決が難しいことから飼料分析を行いながら飼養者に指導する必要があります。無発情牛の治療はその原因に適応したホルモン剤の使用が必要であり、卵巣静止はFSHなどの投与による卵胞発育の誘起が必要です。卵巣嚢腫はGnRHなどを投与しての排卵誘起と黄体形成、黄体嚢腫・遺残は$PGF_{2\alpha}$の投与が必要です。単一のホルモン剤処置で効果が得られない場合は、留置型黄体ホルモン製剤を併用した処置も選択肢の1つです。さらに、卵巣を対象とした処置に加えて子宮の処置も考慮する必要があります。

【堂地　修】

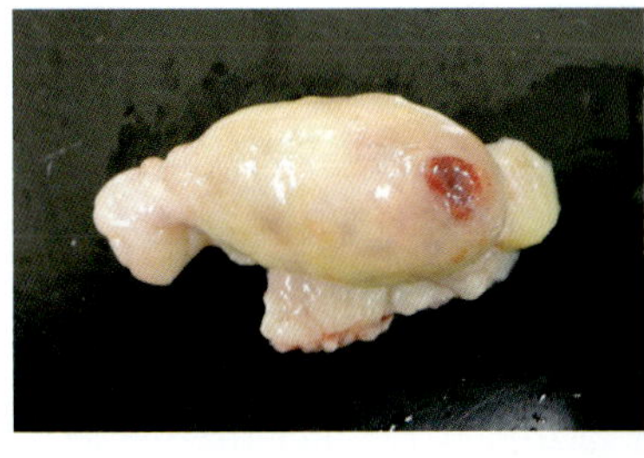
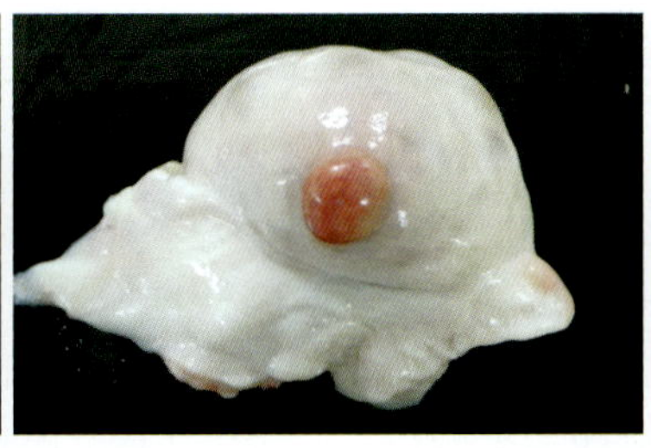
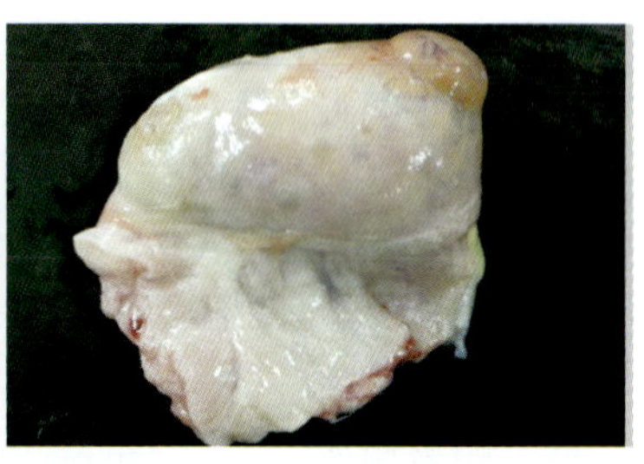

黄体の発育（左：排卵後間もない初期の黄体、中：排卵後3～5日程度の黄体、右：開花期の黄体）

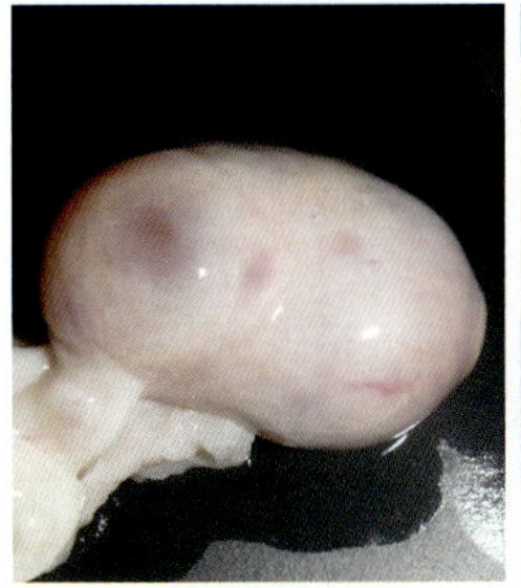
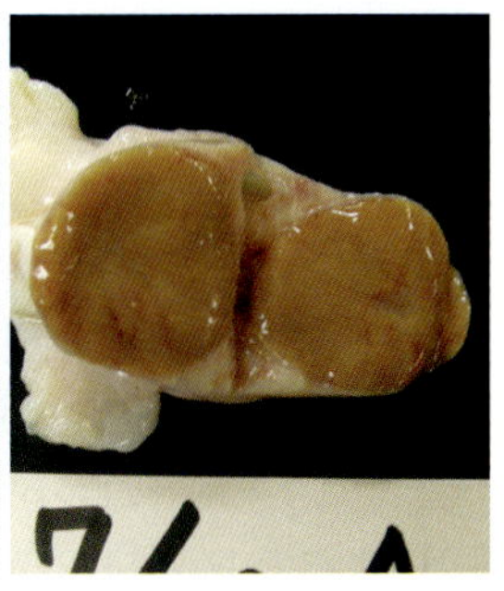

充実した黄体（左）と切開後の状態。卵巣全体に黄体組織の充実が認められる

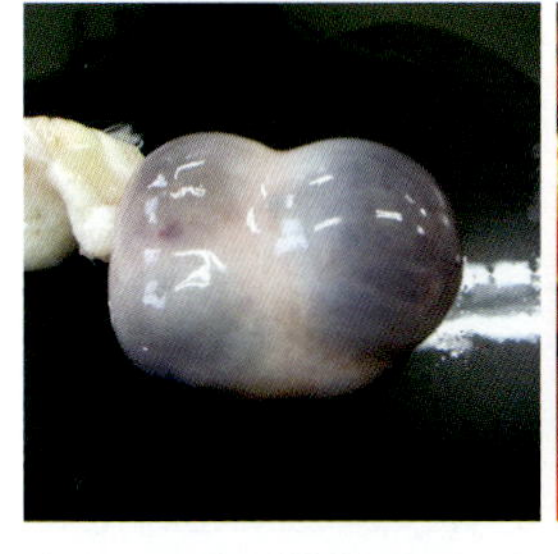
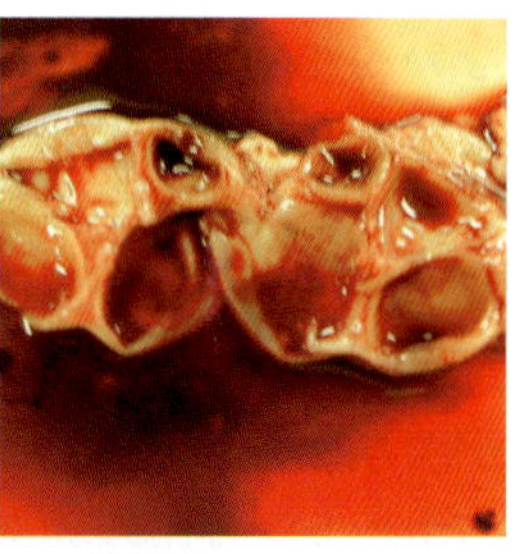

大きな卵胞が複数個見られる卵胞嚢腫。左には複数の卵胞が認められ内部に多量の卵胞液が貯留している。右は切開後の状態で、複数の卵胞が確認され血液混じりの卵胞液が認められる

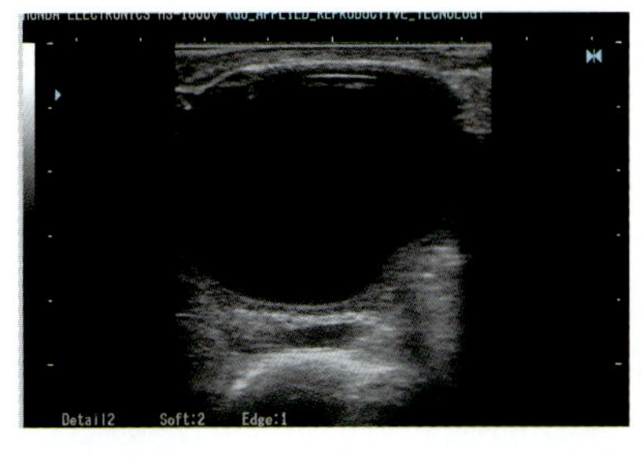

超音波画像診断による直径4.5cmの卵胞が認められる画像

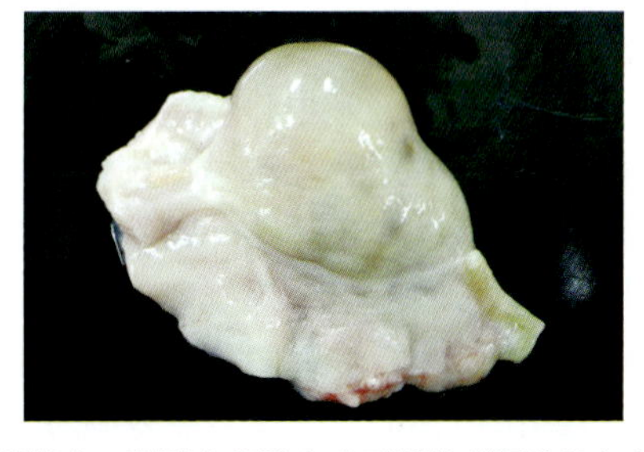

卵巣静止。明瞭な卵胞および黄体が認められない

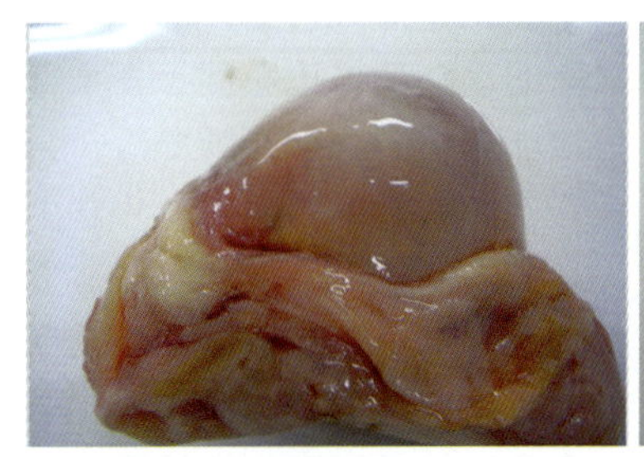
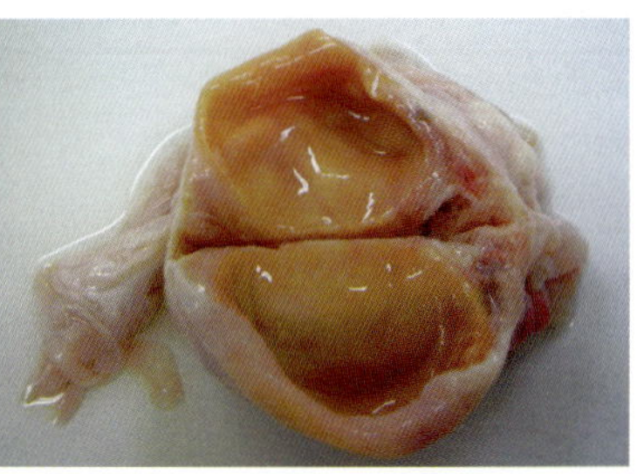

黄体嚢腫。左が卵巣の外観で大きな卵胞が見られる。右が切開後で内部に多くの液が貯留し卵胞壁には黄体組織が認められる

発情の持続と不規則な発情

（はつじょう　じぞく　ふきそく）

原因

牛の発情は妊娠しない限り平均21日(18～24日)間隔で繰り返し、その持続時間は1日以内(6～24時間)です。そのため、これら以外の発情周期および発情持続時間を示す場合は異常と見なします。これら発情の異常には、卵巣周期(卵胞の発育・排卵とその後の黄体形成)が正常に営まれずに発情を示さない無発情、卵巣周期はあるが発情が見られない鈍性発情、発情が長く続く持続性発情、排卵を伴わない無排卵発情があります。

卵巣発育障害、卵巣嚢腫(のうしゅ)、排卵障害、黄体遺残、黄体形成不全などの卵巣疾患や子宮内膜炎、子宮蓄膿症などの子宮疾患が関与しており、脳下垂体や卵巣、子宮からのホルモン分泌の異常を引き起こすことで発情周期を乱します。他の誘因には、飼養環境によるストレス(群編成、暑熱、湿度、敷料など)、泌乳に伴う栄養状態の変化、他の疾病(周産期疾患や肢蹄疾患など)があります。

症状・特徴

無発情では、未経産牛の春機発動後や経産牛の分娩後など生理的な卵巣休止期を過ぎても発情兆候が認めらません。鈍性発情は、卵巣周期は認められるものの排卵前に発情兆候が弱いまたは認められない状態で、発情が不明瞭なため、授精のタイミングを逃すことで不受胎期間が延長します。持続性発情は通常より長く発情兆候が続く状態で、卵胞の成熟が長く続く場合、排卵が認められずに嚢腫化します。発情後に授精しても排卵とのタイミングがずれるため、受胎率低下の原因になります。無排卵発情は、卵胞発育は正常で、発情持続時間も通常と変わらないものの、卵胞が排卵することなく閉鎖することで黄体が形成されない状態で、卵胞は嚢腫化します。排卵が認められないため不受胎の原因になります。

卵巣嚢腫は、卵胞が排卵することなく大型化する卵巣疾患で、発情が短い間隔で発現する思牡狂(しひんきょう)型、発情兆候を示さない無発情型、不規則な間隔で発情を示す不規則発情型があります。卵巣嚢腫の経過が長いと、広仙結節靭帯(じんたい)が弛緩(しかん)して尾根部が隆起し、肛門部が陥没するカモ牛または尾高といわれる特異的な体型になることがあります。子宮内膜炎や子宮蓄膿症などの子宮疾患になると、子宮からの黄体退行因子の産生が抑制されるため、黄体遺残となり無発情になることがあります。

酪農家ができる手当て

発情発見率が低く授精機会が少ない牛群では、給与飼料の確認が必要となります。卵巣嚢腫は濃厚飼料の多給や、エストロジェン様物質を含むマメ科牧草などが発症誘引になるとされています。また、無発情や鈍性発情は分娩後の乳量の多い牛で発生が多いため、泌乳前期の栄養状態や肢蹄管理を再確認する必要があります。子宮疾患は分娩時の細菌感染や胎盤停滞により発生率が上がるため、難産などの分娩介助時には衛生管理に気を付ける必要があります。

獣医師による治療

周期的な卵巣活動が見られない無発情では、正常な卵胞発育の促進のためにホルモン製剤を投与します。鈍性発情など発情行動が不明瞭な場合は、膣内留置型プロジェステロン製剤を挿入して、除去後に正常な卵胞の排卵および黄体化を促します。持続性発情や無排卵発情、卵胞嚢腫では、発情後の卵胞発育を確認し排卵誘起のためにホルモン製剤を投与します。子宮疾患の場合で、黄体形成があるときはホルモン製剤の投与により黄体を退行させ子宮収縮により内容物を排出させる、あるいは子宮内の洗浄や薬液注入で子宮内を清浄化します。

【安藤　貴朗】

発情が続く

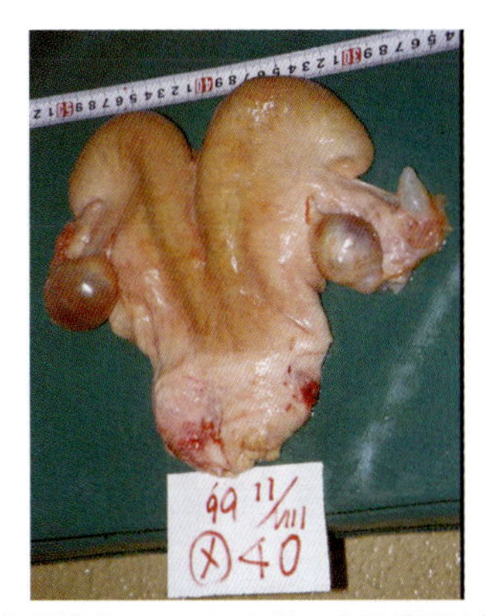

直腸検査では、両卵巣に卵胞嚢腫が触知された経産牛の生殖器（澤向原図）

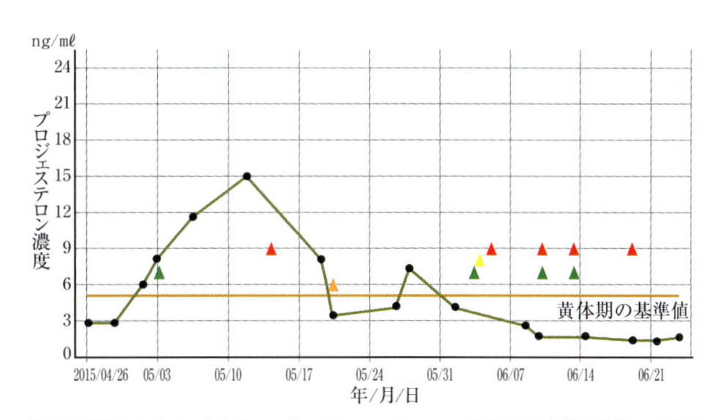

卵胞嚢腫の牛におけるプロジェステロン濃度と発情行動の関係。周期的な発情と卵巣活動が見られていたが、卵胞嚢腫になり黄体形成が見られないことからプロジェステロン濃度は低くなり、その後に繰り返す発情行動（三角）が現れるようになる

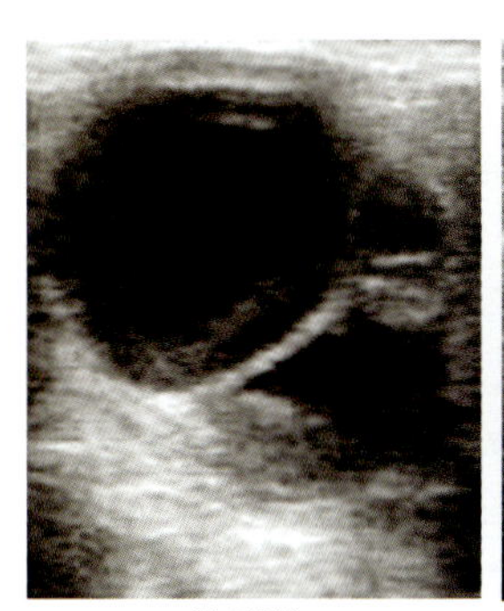

治療前

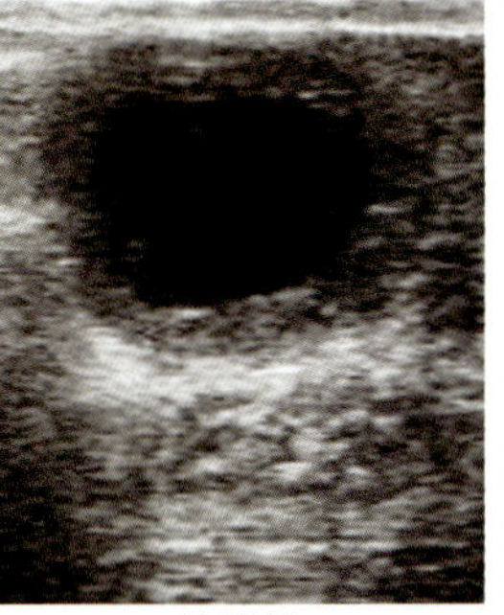

治療後

発情を繰り返すために超音波画像検査を実施した牛の卵巣。治療前は大型の卵胞を有する卵胞嚢腫が、ホルモン剤投与で卵胞壁が黄体化して黄体嚢腫となる

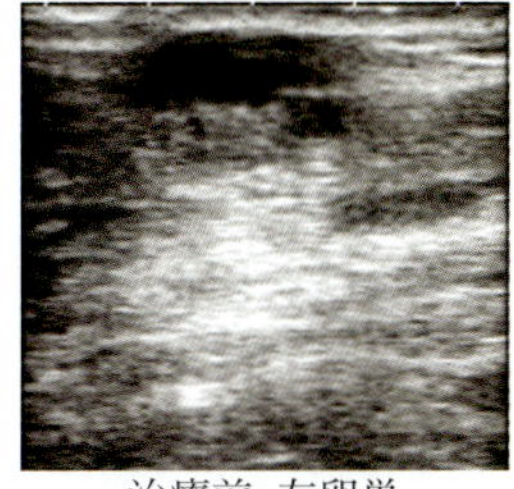

治療前：左卵巣

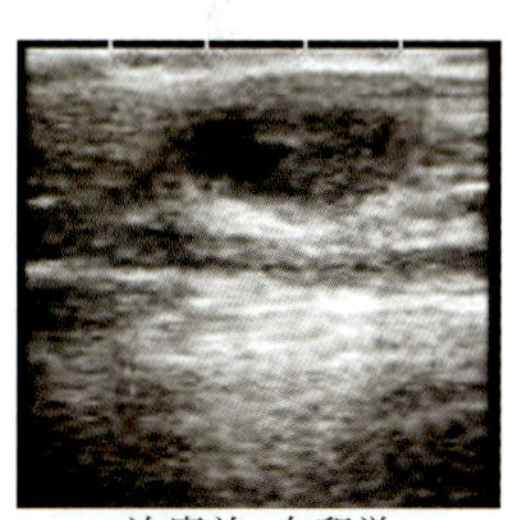

治療前：右卵巣

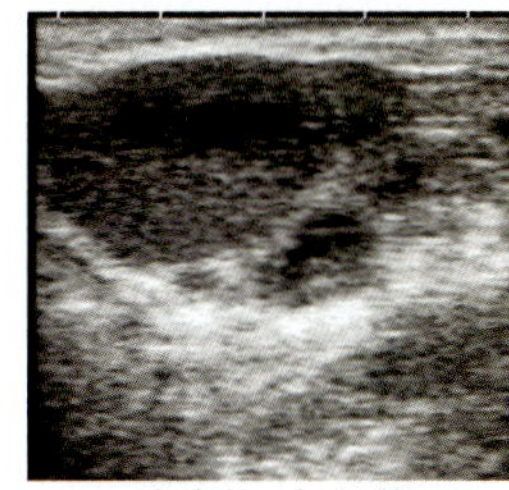

治療後：左卵巣

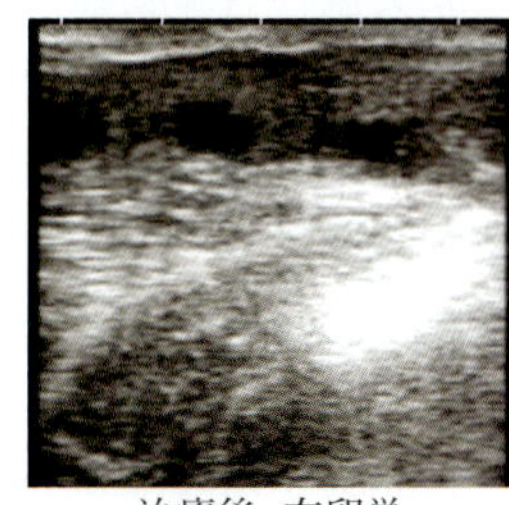

治療後：右卵巣

無発情のために超音波画像検査を実施した牛の卵巣。治療前は左右ともに大型の卵胞発育の見られない卵巣静止だったが、ホルモン剤投与による排卵誘起処置で左卵巣に黄体形成が見られ、その後は正常な発情が発現

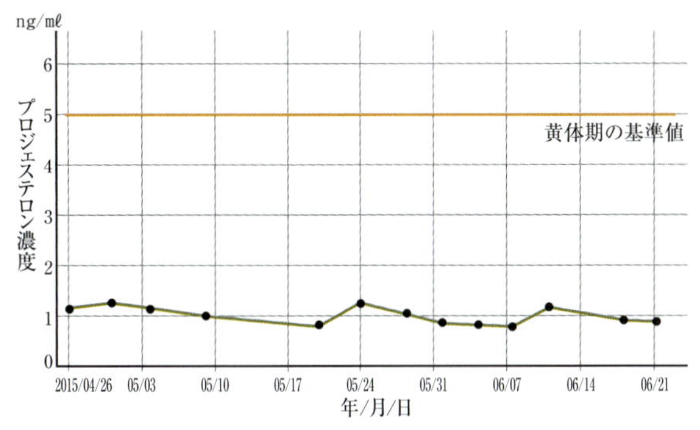

卵巣静止牛の乳汁中プロジェステロン濃度の推移。卵胞発育がないために発情行動がなく、排卵しないために黄体からのプロジェステロン産生が見られずに低い値で推移する

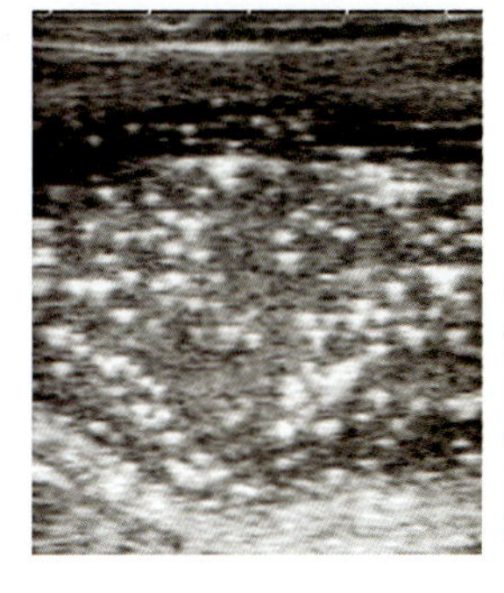

子宮蓄膿症の牛における超音波検査画像。子宮内に膿が貯留しているため子宮の拡張と肥厚が見られ、高エコー（白色）の内容物を確認

膣粘液の異常

原因

通常の発情周期における牛の膣粘液は、発情時に外子宮口から流出する子宮頸管粘液で、無色透明の粘調性です。従って、それ以外の時期に粘液が見られる、あるいは無色透明でない粘液が認められた場合は何らかの異常が疑われます。

産褥（さんじょく）期以外の発情時の粘液に膿（のう）の混入が認められるときは膣炎、子宮頸管炎、子宮内膜炎が疑われます。膣炎は分娩や交配時における創傷、膣脱、膣検査や人工授精時の不衛生な管理、刺激の強い消毒液の使用などで発生します。子宮頸管炎は人工授精、採卵、胚移植などの器具の挿入不良で起こる他、難産や分娩介助、胎盤停滞、膣炎に伴って起こります。子宮内膜炎は分娩時の細菌感染の他、精液や授精器具、検査・処置器具からの感染で発生することがあります。

発情時に通常より多く、持続的に粘液が流出する場合は、卵胞嚢腫（のうしゅ）、顆粒（かりゅう）膜細胞腫、排卵遅延などが疑われます。膣粘液の粘調性が失われている場合は、尿膣の罹患（りかん）が疑われます。尿膣は膣検査時に膣内に多量の尿が貯留しています。また直腸検査時に排尿とは別に尿の漏出があると発見されます。尿膣は栄養不良や老齢の牛で多く見られる他、高泌乳、長期間の繋留（けいりゅう）、肢蹄疾患、難産介助が原因となる他、遺伝的な要因も疑われています。

症状・特徴

膣炎、子宮頸管炎、子宮内膜炎に罹患した乳牛では炎症により白血球や剥離した粘膜の細胞が多数含まれるため、外陰部から白濁あるいは血液を含む粘液が流出します。繋留では粘液の確認は容易ですが、フリーストール飼養では尾や陰門に付着した粘液の色などで確認できます。膣粘液が多量に、また持続的に流出する牛では、発情の持続時間の延長が多く見られます。粘液が混入することで粘調度のある尿を排出することもあります。

尿膣の牛を外観から判別するのは難しく、膣検査時に膣深部に液体の貯留が見られる場合に色調、臭気、粘調性などから粘液と尿の鑑別を行うことが必要です。尿膣になると、子宮頸管を経由して子宮内膣へと尿が侵入するため、授精時の精子の死滅や子宮内での炎症により受胎率が低下します。

酪農家ができる手当て

分娩時に難産や分娩介助を要した牛は、分娩後に膣や子宮頸管に損傷がないか確認し、必要に応じ獣医師による治療を行う必要があります。産褥期を過ぎた場合は、卵巣機能だけでなく膣や子宮の確認も必要になります。

尿膣の牛には、臀部（でんぶ）が十分に下降していない体勢で排尿するものが見られます。排尿時に背湾姿勢を取り、尾根部や陰門が腹部側へ沈降していないかをチェックします。

獣医師による治療

粘液の白濁あるいは膿片が混入する牛は、膣検査および子宮内容物の有無を確認します。また粘液の細菌検査や顕微鏡検査を実施し、細菌感染や炎症の有無を確認します。膣が損傷している場合は、膣内の洗浄やヨード剤による消毒を行います。子宮頸管炎や子宮内膜炎の牛で、軽症の場合はホルモン剤で内容物を排出し、重度のものは子宮洗浄や抗生剤を投与する必要があります。粘液の流出が著しい場合、卵巣を確認し卵胞発育障害と卵巣腫瘍を鑑別します。卵胞発育が原因の場合はホルモン剤で排卵を促します。

尿膣の牛の受胎率低下を防ぐため、尿の排出と膣の洗浄を行います。尿が子宮内に侵入している牛は、子宮内膜炎に進行している可能性が高いため、受胎成績が思わしくなく、炎症が軽度であれば、子宮洗浄により受胎する可能性があります。　**【安藤　貴朗】**

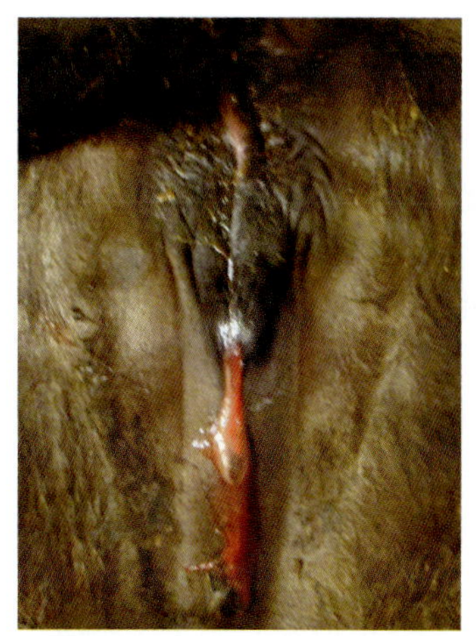
外陰部に付着した血液を含む粘液

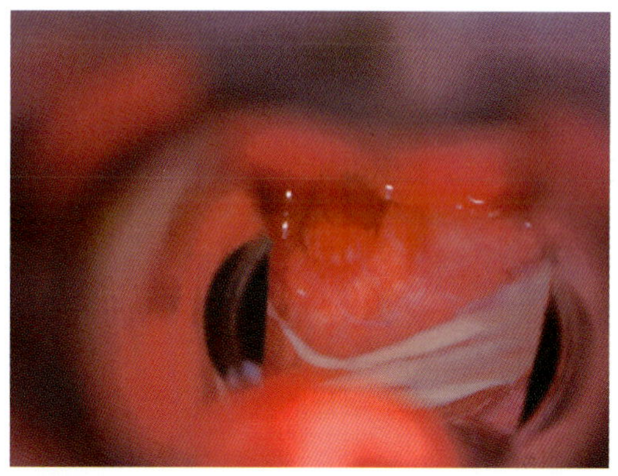
膣検査で見られた外子宮から流出する帯白色粘液（澤向原図）

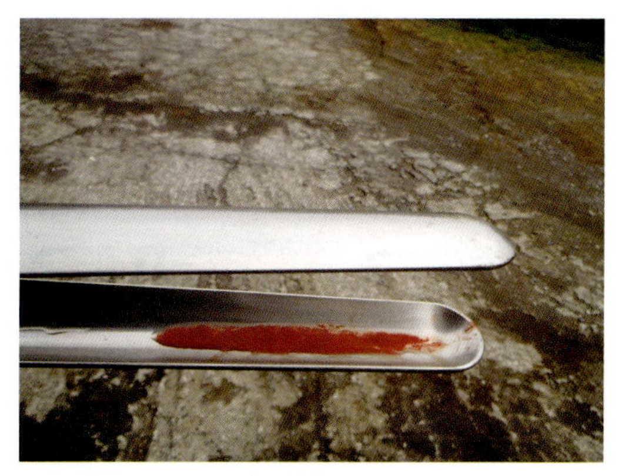
膣鏡観察時に付着した血液を含んだ粘液

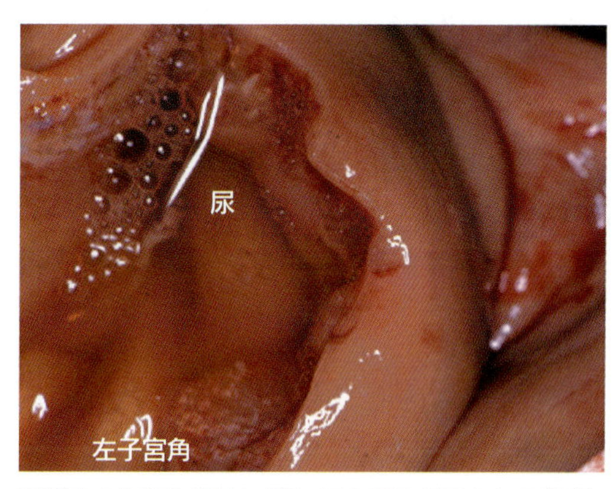

尿膣牛の子宮の割面。膣に尿の侵入が見られる（澤向原図）

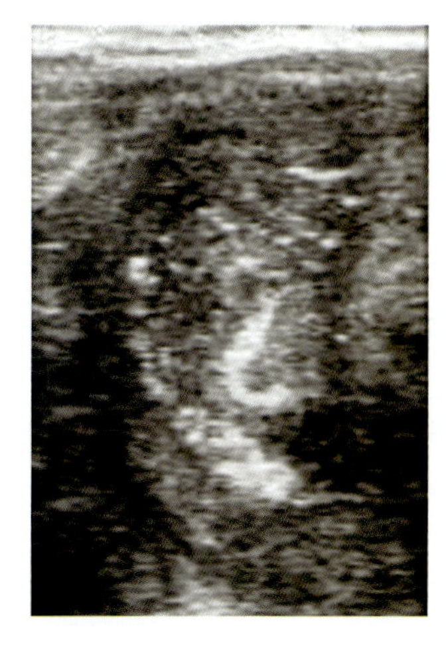
子宮内膜炎牛における超音波検査画像。子宮内膜の炎症に起因する高エコー（白色に描写）

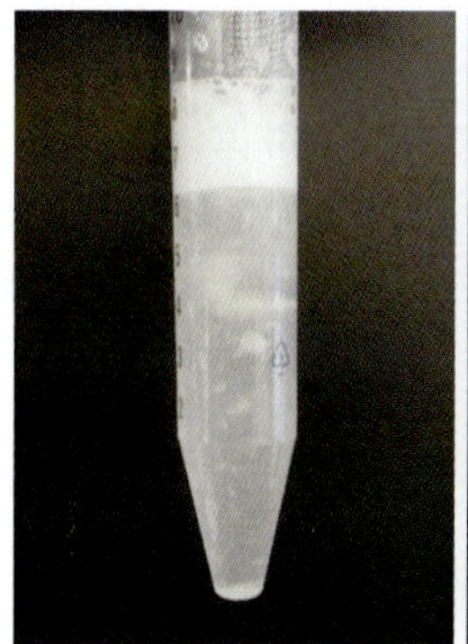
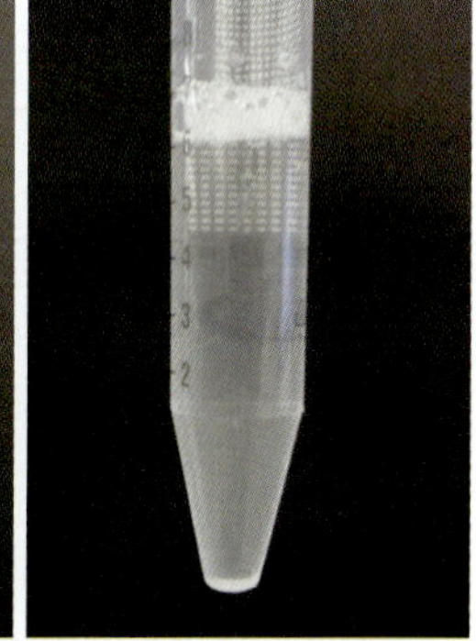
子宮内膜炎牛に対する子宮洗浄前後の洗浄液。洗浄開始時（左）には膿や組織片が混入するが、数回の洗浄を行うと洗浄液はきれいになる（右）

流産(りゅうざん)と早産(そうざん)

　流産とは、胎子が母体外において生存、生活できる能力を備える以前に生存ないし死亡の状態で排せつされることをいいます。早産とは、胎子が生存可能な状態で正常妊娠期間前に娩出される場合をいいます。分娩期以外の全ての時期および分娩の経過中に胎子が死亡して排出される場合の死産とは区別しなければなりません。なお、飼い主によって発見される流産の発生率は約5％と推察されています。

原因

　流産は病原体の感染によって起こる感染性流産と、それ以外の非感染性要因によって起こる流産に区分されます。

　感染性流産：牛の不妊症や流産の原因になる、細菌が関与する流産としてブルセラ病、カンピロバクター症などがあります。ウイルス感染による流産としてはアカバネ病（182㌻）、チュウザン病、アイノウイルス感染症、牛ウイルス性下痢粘膜病（BVD‐MD）＝22㌻＝などが注目されています。原虫と真菌感染による流産には、牛ネオスポーラ症（176㌻）、牛トリコモナス症、真菌性流産などがあります。

　非感染性流産：微生物感染以外の原因により引き起こされる流産です。原因は多岐にわたります。多くは飼養管理の問題から生じる母体側の異常、母体が受ける物理的なストレスによるものです。すなわち母体の低栄養、ビタミンやミネラルの欠乏、異常発酵・カビの発生した飼料の給与、有害物質・植物の摂取による中毒、転倒や腹部の打撲、闘争、運搬などです。

症状・特徴

　母体の流産兆候は、ほとんど気付かれず、むしろ流産後に乳房の腫脹（しゅちょう）、外陰部の汚れなどから異常が発見されます。妊娠期の前半であれば大半が見逃され、非妊娠と思い込むことがよくあります。人と異なり、牛の場合は飼い主がその異常を見付けるので手遅れの場合が多く、治療効果はありません。

酪農家ができる手当て

　流産の兆候が認められてからでは既に手遅れで、流産を阻止する方法はありません。

　感染性流産：日常、散発的に発見される流産と比べ、明らかに同一農場での発生率が高く、原因微生物によって流産の発生する妊娠月齢、母牛の症状および流産胎子に特徴が出ます。異常と感じたならば、速やかに獣医師に相談してください。その際、胎子、胎膜などは獣医師の指示に従い、犬や野生動物などに食べられないよう離れた所に保管しておいてください。また妊娠産物の処理、畜舎消毒なども獣医師と相談してください。家畜保健衛生所において、感染性流産の原因が特定され、防除対策が示されたら、それに従い、流産予防を心掛けることが大切です。

　非感染性流産：流産が発見されたら、まず獣医師に相談してください。日常の不適切な飼養管理に起因することが多いため、妊娠牛の状態を定期的に観察し予防に努めます。原因の特定を獣医師に依頼しましょう。

獣医師による治療

　感染性流産：感染性流産が疑われる場合には、速やかに家畜保健衛生所に連絡をして、胎子、胎膜と母牛の血清を提供し、病原体の検査を依頼します。原因が確定されるまで、飼い主に個体の移動は行わないよう指導します。

　非感染性流産：非感染性流産の場合、原因が特定できれば予防は可能になります。給与飼料の保管場所、給与飼料、放牧場、居住環境、群の上下関係などの詳細なチェックを行います。また全身性疾患、低栄養の有無を検査しましょう。

【中田　健】

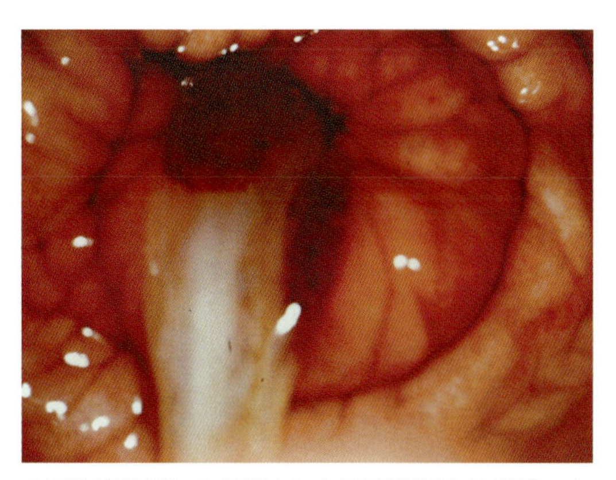

人工流産処置により開大した子宮頸管から排せつされている胎膜の一部

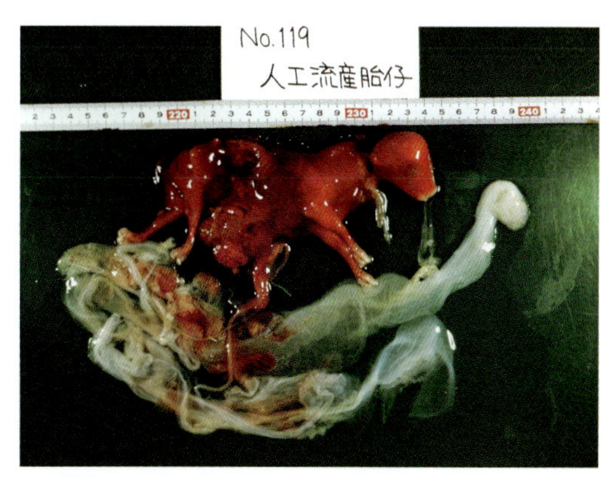

左の写真の人工流産処置により排せつされた3カ月齢の胎子と胎膜

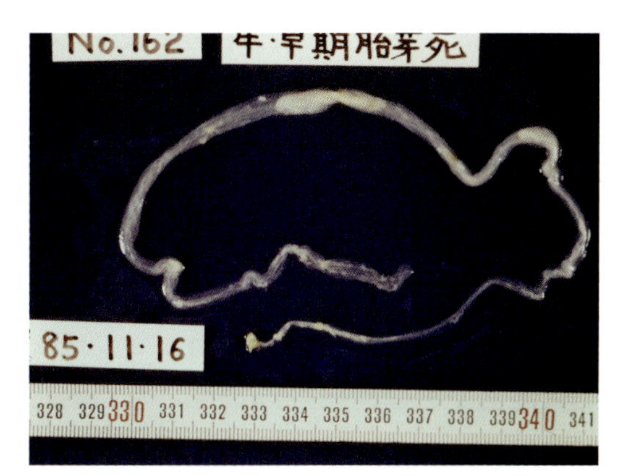

早期の胎子死により排せつされた胎膜と胎膜中に含まれる変性した胎子

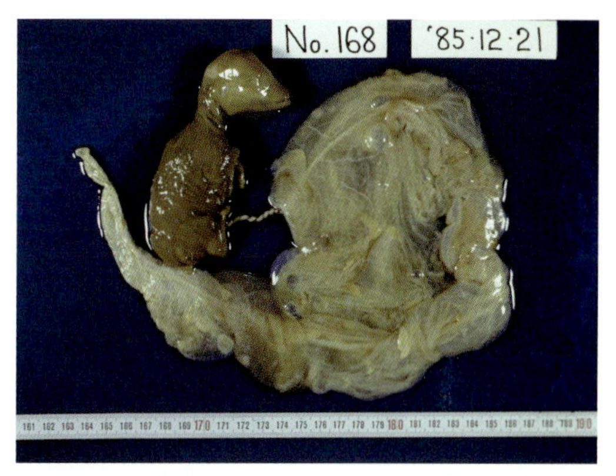

臍帯（さいたい）のねじれにより胎子が死亡し排せつされた胎子と胎膜

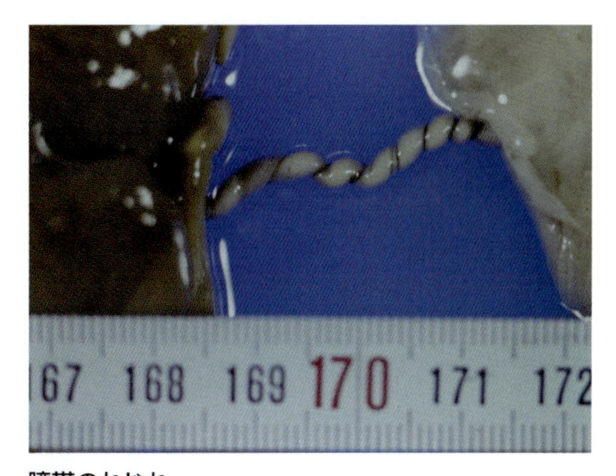

臍帯のねじれ

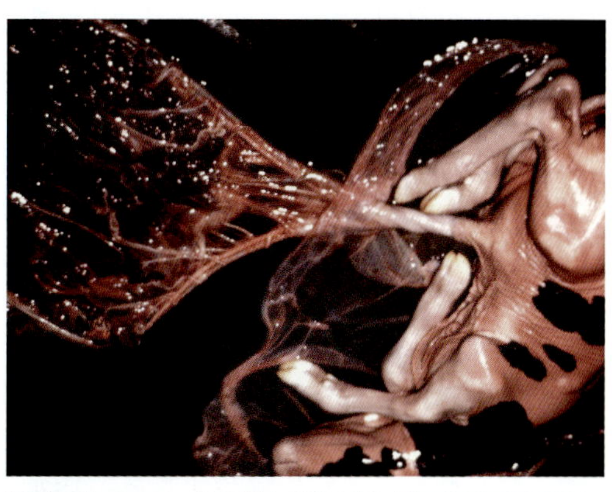

臍帯のねじれにより胎子が死亡し流産したと思われる胎子と胎膜

胎子浸漬と胎子ミイラ変性

原因

妊娠中途で胎子が死亡すると、ほとんどの場合、妊娠黄体の退行、子宮頸の弛緩（しかん）が起こり、子宮収縮によって胎子は子宮外に排出されます。しかし、まれに死亡胎子が子宮外に排出されないことがあります。この場合、子宮内で死胎子が融解し、骨や毛だけが残ります。また黄体が退行せず、死亡胎子が子宮内に残存すると胎子の体液や胎水は吸収され、胎子と胎膜が委縮し硬くなりミイラ化します。妊娠期に胎子が死亡する原因は複雑であり、特定できないことが多く、遺伝的要因や染色体異常の関与、感染症などが考えられます。

症状・特徴

［胎子浸漬］

死亡した胎子が無菌的に自己融解または子宮頸管を介して侵入した微生物により、軟部と胎膜が融解され、最後にはクリーム様液と骨格が残存します。母牛は黄体が遺残しているため無発情となり、陰門からの持続的な膿様（のうよう）粘液の排出や直腸検査で発見されます。直腸検査で子宮を触診すると胎水や胎膜は触診されず骨格だけが感じられるので、子宮蓄膿症と間違うことはありません。

［胎子ミイラ変性］

妊娠３～８カ月（４～６カ月に多発）に死亡した胎子が流産されずに子宮内にとどまり、無菌的に体液が吸収されて萎縮硬化し、チョコレート色になります。胎子に加え胎膜や胎盤も萎縮降下しています。妊娠維持に役割を果たした黄体が退行せずに機能しているため、子宮頸管が閉じており、異常な粘液の漏出はありません。分娩予定日が近付いても腹部の膨満や乳房の腫大が見られないため、異常に気付き、診療を依頼することが多いようです。直腸検査で子宮を触診すると、胎水や胎膜は触診されず、子宮全体が硬いデコボコした塊のようになっているのが感じられます。

酪農家ができる手当て

悪臭のある粘液に気付いたら、速やかに獣医師に診療を依頼します。妊娠日数が経過しているにもかかわらず、腹部の膨満がなく、乳房の腫大も見られない場合は早めに診療を依頼します。感染性流産でミイラ胎子が生じたことがある農場では、妊娠牛を継続的に観察します。

獣医師による治療

膣鏡による膣検査および外子宮口からの排せつ物の観察、直腸検査による子宮内の妊娠産物の触診および超音波画像装置による妊娠産物の形態の確認を行い、容易に診断できます。

［胎子浸漬］

子宮内で浸漬状態になった胎子の骨片が散在しています。人工流産法（分娩誘起処置）や子宮洗浄法で摘出されますが、子宮壁に食い込んでいる場合は、完全に摘出することは容易ではありません。子宮を切開し、外科的に摘出を試みることもできますが、子宮内膜に刺さった小骨片を見逃すことがあるので、慎重な確認を要します。いずれかの方法である程度骨片を除去しても、その後、子宮内膜炎に移行し、受胎する可能性は低いようです。

［胎子ミイラ変性］

ホルモン製剤を用いた分娩誘起処置によって、比較的容易にミイラ変性胎子を排出できます。排出後の受胎成績も良好です。一般的な方法である$PGF_{2\alpha}$製剤の投与で、大半は２～４日後に排出されます。子宮から排出されたミイラ変性胎子は膣腔（ちつくう）にとどまることがあるので、その場合は膣に手を入れて取り出す必要があります。

【中田　健】

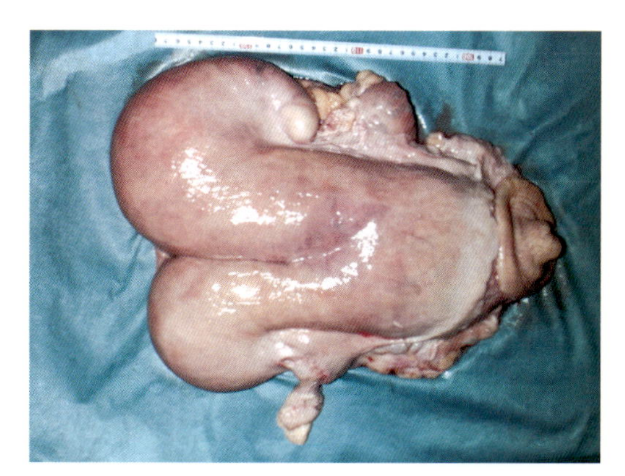
胎子浸漬によりデコボコした右子宮角の表面

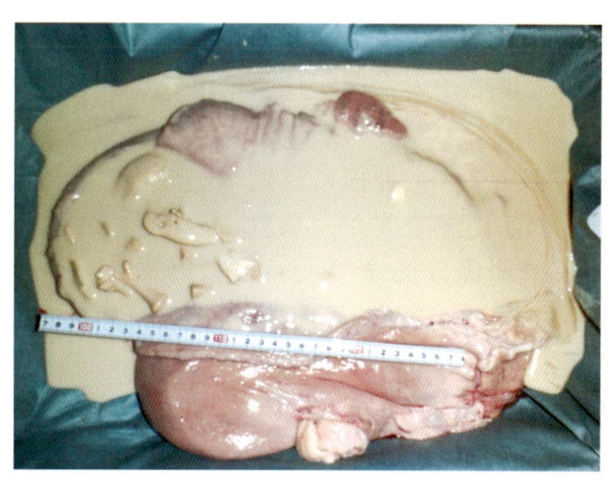
左写真の胎子浸漬の右子宮角を開いた状態。クリーム様の液体と融解した胎子の骨が存在

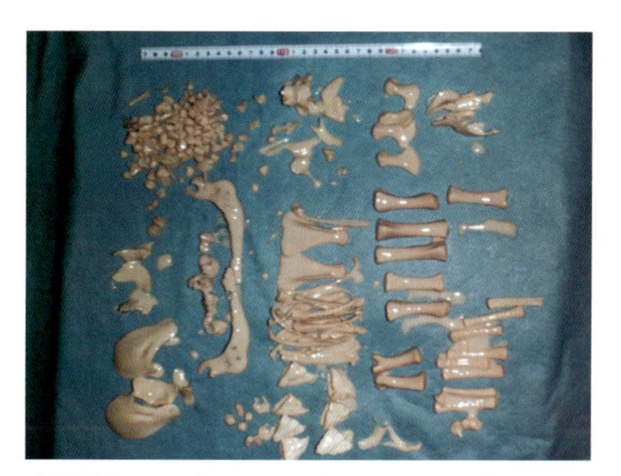
胎子浸漬から回収された骨片。骨以外は完全に融解

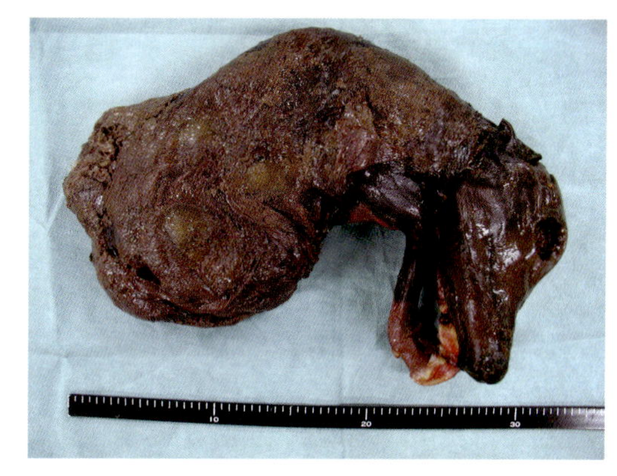

胎子ミイラ変性。胎膜と胎盤に包まれ、頭部と前肢が露出

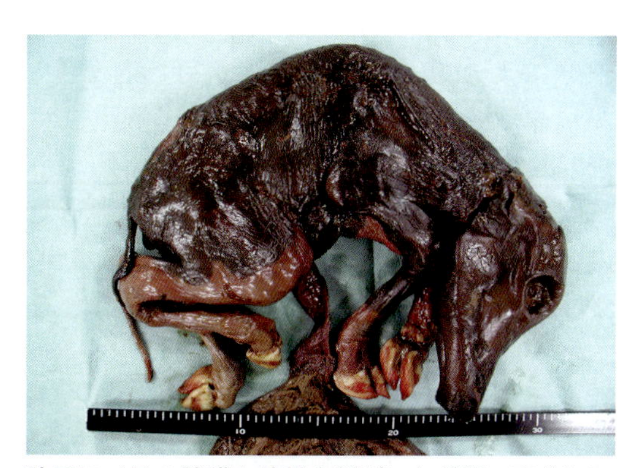

胎子ミイラの胎膜と胎盤を剥がした状態。完全にミイラ化しており、頭尾長35㎝からおよそ5カ月齢で胎子が死亡したと推察

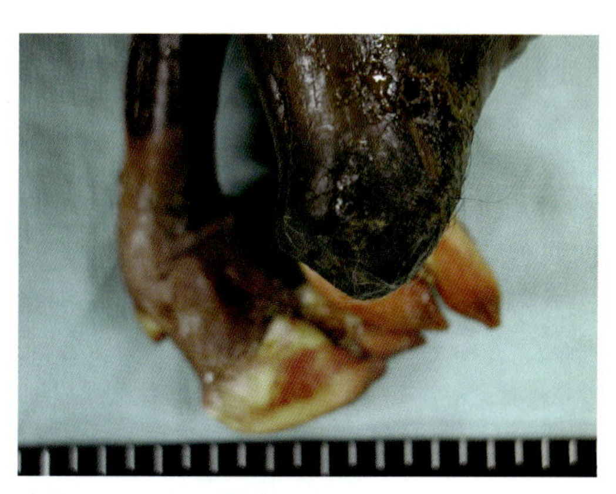
胎子ミイラの口の周辺に毛が見られることからも胎子の死亡時期は5カ月齢と推察

胎子の奇形

原因

牛では胎子の奇形が比較的多く、一般に整復は困難で重度な奇形は難産の原因になることがあります。原因には遺伝的要因と非遺伝的要因がありますが、これらの要因と奇形との因果関係はあまり明らかにされていません。奇形は大きく単胎奇形、重複奇形、分離双胎に分類されます。ここではこれらの代表として、牛で発生が多い反転性裂体、重複奇形、無形無心体を紹介します。

症状・特徴

［反転性裂体］

激しい腹壁破裂が、時に胸壁破裂を伴い、同時に脊柱（せきちゅう）の激しい側湾または背湾、四肢の関節湾曲症を伴う状態で、腹部臓器や胸部臓器が体外に脱出したものをいいます。通常、四肢が頭部と同じ方向に位置する結果、そのままでは経腟での分娩が困難となります。難産のため、分娩介助を行う際に胎子の臓器が先に引き出される場合、前後肢が同時に触れる場合など胎子の産道へ向かう胎位により状況が異なります。

［重複奇形］

二卵性双胎に発生する他、一卵性双胎において両胎原基の分離が完全でないために起こる奇形で、身体の一部が癒着し、連結しているものをいいます。

［無形無心体］

難産の原因にはなりませんが、非対称性双子として発見されます。無形無心体は正常に発育した胎子が娩出された後、胎膜に付着して排出されます。球状または卵形を示し構成器官の識別が不可能で、被毛で覆われているもの、被毛が一部に付着しているものなどがあります。内部は結合組織、脂肪および他の軟部組織からなり、まれに軟骨や骨を含みます。口腔（こうくう）や舌、歯牙、消化器が認められることもあります。まれに性腺の一部が形成されている場合もあり、雌の個体が娩出されて、雄の性腺を持つ無形無心体が排出された場合に雌個体がフリーマーチンと診断された例もあります。

酪農家ができる手当て

［反転性裂体］

双胎との区別が付かないこともあるので、ある程度けん引して胎子が産道から移動しない場合は、速やかに獣医師に診療を依頼しましょう。

［重複奇形］

軽度のけん引を５～10分試みて、娩出が困難と判断されたら、速やかに獣医師の診療を依頼しましょう。

［無形無心体］

正常胎子が娩出した後、球形の被毛物が排出されたら、獣医師に相談しましょう。

獣医師による治療

［反転性裂体］

切胎術が基本です。まず内臓を分離して摘出し、次に胎子を切断します。帝王切開術を行う場合は腹壁、子宮とも通常より相当大きく切開しなければなりません。手術に時間を要することから、母体の衰弱に注意します。予後は良くないことがあります。

［重複奇形］

処置法は切胎が基本で、奇形の程度や母牛の状態によって、帝王切開術が行われます。しかし通常の帝王切開に比べ、胎子摘出に時間を要し容易ではありません。分娩開始から長時間経過していたり、長時間助産を行った後に帝王切開術を行ったりする場合は、母牛が衰弱しているので、予後は良くないことを畜主に説明する必要があります。

［無形無心体］

無形無心体の確認と、新生子の外貌、外部生殖器の形状などをチェックしましょう。

【中田　健】

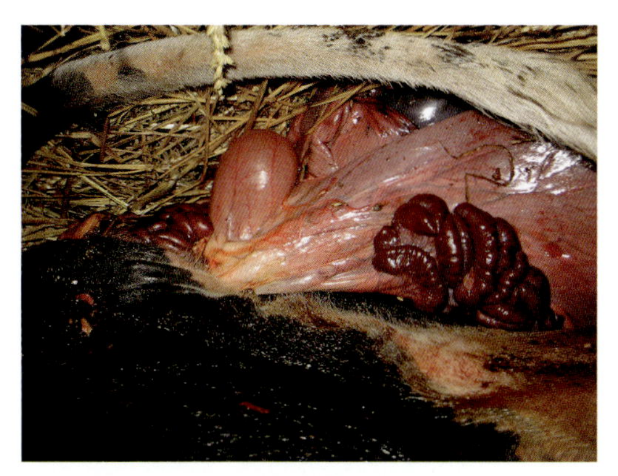

反転性裂体の胎子の腹腔内臓器が母牛の産道から出ている状態。臓器の大きさから胎子の物と判別がつく

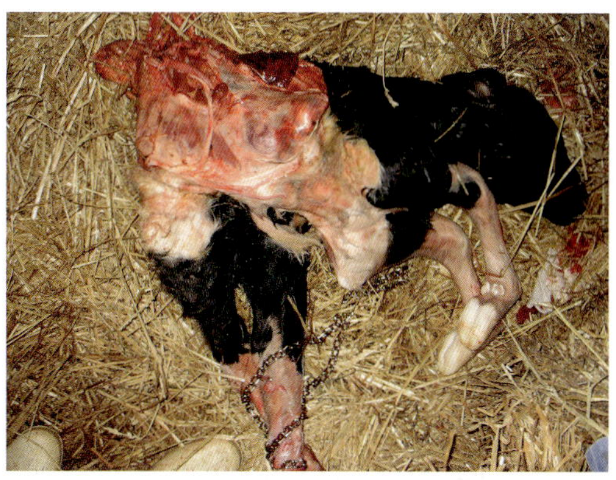

反転性裂体の胎子を帝王切開で摘出。脊柱が腰椎（ようつい）から側方に湾曲し、前肢の関節の湾曲も認める

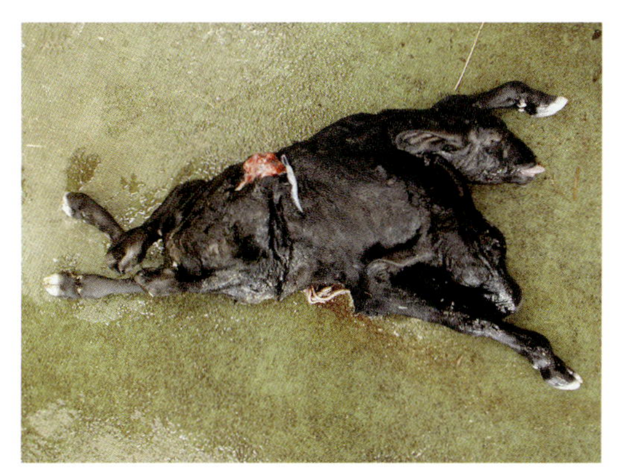

胸腹臀部（でんぶ）の結合した重複奇形。頭は2セットある

頭部二重体の重複奇形。目、顎（あご）などは2セットで、頸部からは1セットになっている

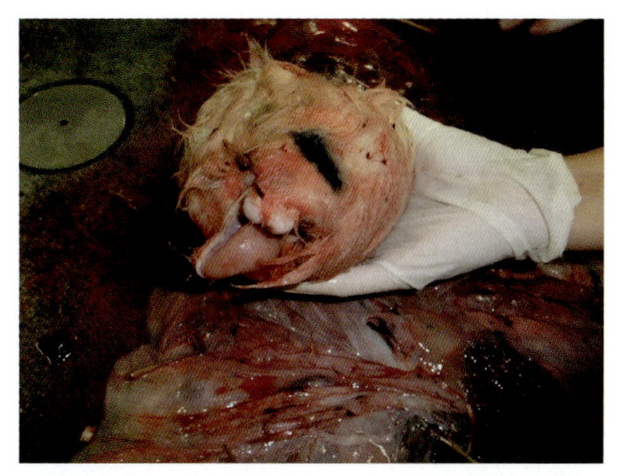

被毛で覆われた無形無心体。舌、口蓋（こうがい）の一部が形成されている。骨や軟骨の形成も認められる

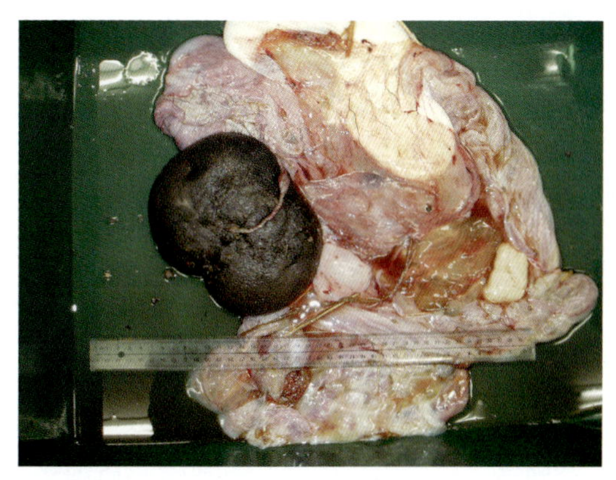

無形無心体。15㎝大の球形で皮膚で覆われており軟部組織で形成されている

子宮捻転

原因

牛は他の動物よりも、子宮捻転が多く発症します。牛の妊娠した子宮の状態が不安定で動きやすいことが要因で、つなぎ飼いの経産牛や肢が悪いなどの理由により同一方向に寝起きする牛に多く発症します。パドックや通路あるいは削蹄中の転倒に加え、エネルギーやカルシウム不足による子宮筋力の低下、分娩前の第一胃容積の減少なども要因として考えられています。

症状・特徴

［妊娠時における捻転］

捻転の度合いがひどい場合のみ症状を現します。重度の場合は、食欲不振となり、寝起きを繰り返し、長期にわたると、疲労やまひのため、疝痛（せんつう）症状が消失することもあります。捻転が腸管を巻き込むような場合は腸閉塞により死亡する牛もいます。

［分娩時における捻転］

捻転の度合いが軽度の場合、妊娠中は無症状で経過し、分娩が始まると症状を現します。最初は通常の分娩と同様に陣痛があり、尾を上げて軽く踏ん張ろうとします。しかし時間が経過しても胎子が現れないまま、次第に疲労から陣痛や踏ん張りもなくなります。重度な捻転では陰部がねじれるように変形したり、片側的に腫れたりすることもあります。この時期はほとんどが子宮の頸部で発症します。

腟検査により、ねじれの方向に向かう縦方向のしわを触り、奥に手を進めると狭い子宮頸の中に、胎子を触ることもできます。捻転の重度な例や子宮外口が開いていない例では、手の挿入が困難で、胎子に触れないこともあります。直腸検査によって子宮捻転の方向や度合いは確認することができます。

［分娩後における捻転］

分娩後、子宮内に貯留した悪露が原因で子宮捻転が起こる例があります。

酪農家ができる手当て

捻転が生じてから整復までの時間が早いほど母牛や子牛を助けられる可能性は高くなります。子宮捻転が疑われる場合は、外陰部の消毒後に腟から手を入れて異常の有無を確認し、できる限り早く往診を依頼します。

獣医師による治療

［腟から胎子を回転させる整復法］

用手回転法：腟から胎子を回転させることで整復します。押し込む力を加えることにより、より整復しやすくなります。

子宮捻転整復棒による胎子回転法：整復棒に胎子の足を縛り、押しながら回転させて整復します。

［母体を回転させる整復法］

母体回転法：牛を倒した後に、術者が陰門から手を入れ、胎子の足を把握しながら母体を捻転方向と反対にゆっくり回転させます。傾斜地を利用し、頭部を低くすると整復しやすくなります。

急速母体回転法：牛を倒した後に捻転の方向に反動をつけて回転させます。

［後肢吊（つ）り上げ法］

捻転方向を上にして牛を寝かせた後、トラクタで後ろ足を吊り上げた後に、静かに下ろすことで捻転を整復します。捻転整復後の胎子のけん引は、子宮頸が十分に拡張していないことが多く、子宮破裂につながるので極力避けます。子宮頸の拡張が不十分な場合、時間を置き自然な拡張を待つ必要があります。

［外科手術による整復］

開腹術：腹壁を切開し子宮の捻転を整復します。妊娠期間中の例に有効です。

帝王切開術：捻転を整復すると同時に胎子も摘出します。

子宮摘出術：捻転の度合いがひどいまま時間が経過し子宮壊死（えし）が重度のときには子宮全体を摘出する必要があります。**【石井　三都夫】**

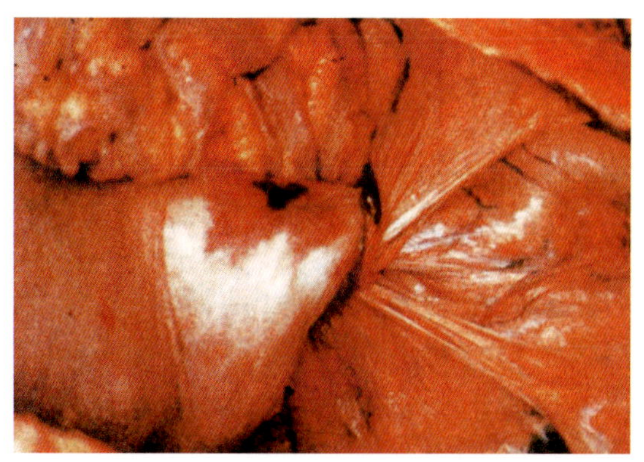

重度の子宮捻転。子宮広間膜を巻き込み子宮壊死を起こしている

ロープにより牛を倒す。ロープで腹を締められるため牛はゆっくりと座り込むように倒れる

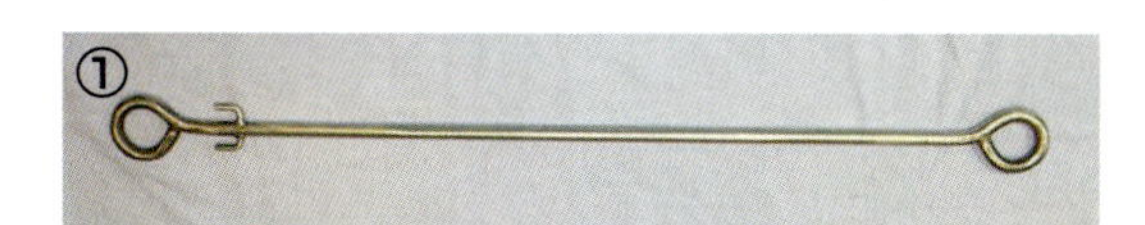

急速牛体回転法を行っているところ。捻転方向を下にして寝かせた後、ロープを引いて一気に回転させる

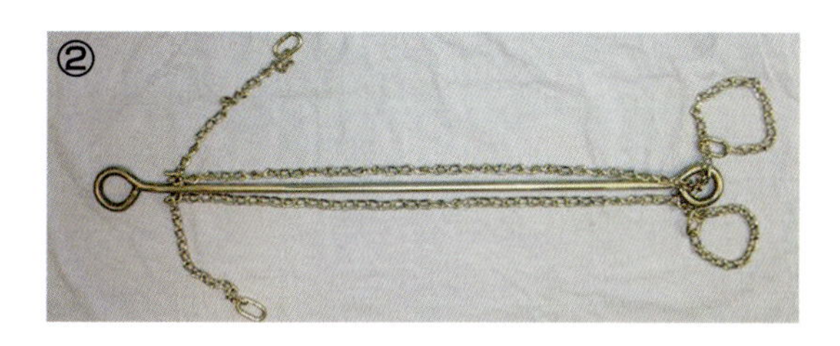

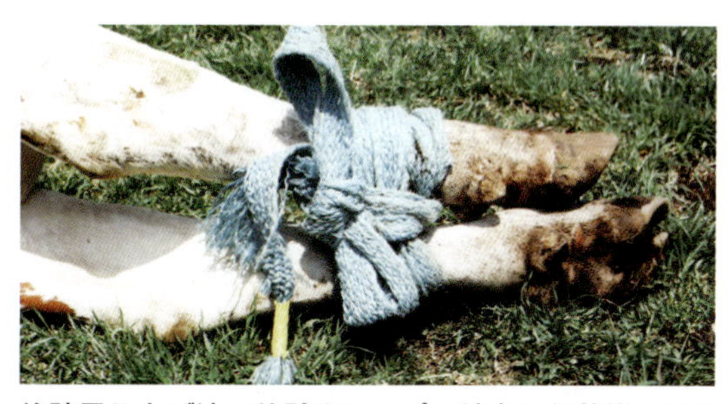

後肢吊り上げ法で後肢をロープで結束した状態。できるだけ柔らかいロープを使用する

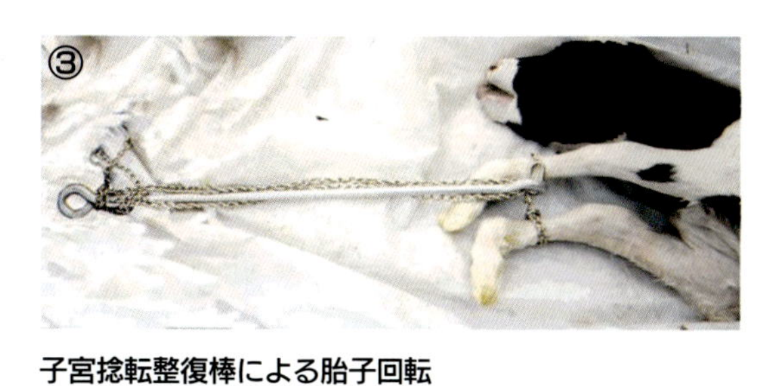

子宮捻転整復棒による胎子回転
①子宮捻転整復棒
②産科チェーン２本を胎子側の輪の中に交差させるように通し、もう一端のフックにそれぞれを固定する
③胎子の肢をしっかりと引き寄せ固定する。もう一方の輪に棒を通し、押し込みながら捻転方向と逆に回転する

後肢吊り上げ法（右方捻転）。捻転方向を上にして、トラクタで吊り上げた状態。この後、胎子を把握しながら徐々に元の位置まで下ろす

分娩遅延（ぶんべんちえん）

原因

通常、ホルスタイン種の平均妊娠期間は280日ですが、300日以上を超えて出産される場合は分娩遅延となり、分娩誘起処置が必要とされています。

分娩が遅延するのには胎子側の要因と母体側の要因があり、胎子側から見ると分娩遅延は長期在胎となります。長期在胎は胎子の下垂体や副腎の機能不全により起こると考えられます。胎子のホルモン分泌の不足や欠如により分娩が開始されません。

また胎子が死亡している場合（ミイラ胎子、胎子浸漬、気腫胎など）にも、ホルモン分泌が欠如して分娩が遅延することがあります。母体側の要因としては、分娩前の栄養状態や遺伝的要因の関与が疑われていますが、明らかではありません。

症状・特徴

妊娠のために腹囲は大きくなっていますが、分娩予定日を10日以上経過しても、乳房の張りや外陰部の弛緩（しかん）が見られず、通常は分娩前に見られる外貌上の変化は認められません。活気や食欲はあり、健康状態も異常は認められません。

酪農家ができる手当て

分娩予定日が１週間過ぎても、分娩の兆候が見られない場合は、獣医師に相談しましょう。分娩遅延では胎子の過大から難産となることが多いので、分娩房に移動させて、いつでも分娩介助ができる準備をしておく必要があります。

獣医師による治療

分娩遅延で診療依頼があったときには、胎子の生存の有無を確認する必要があります。胎子の生存が確認できない場合は、すぐに分娩誘起処置を開始します。胎子の生存が確認された場合には、胎子の大きさと乳房の張りなど搾乳のことも考慮に入れて、分娩誘起の日程について、酪農家の希望を考慮に入れて検討します。

分娩時には胎子過大により難産となることが予想されるため、分娩介助と出生子牛の蘇生などの準備をしておく必要があります。

分娩誘起では、次のような薬剤を単独あるいは組み合わせた処置が行われます。

プロスタグランジン$F_{2\alpha}$（$PGF_{2\alpha}$）：投与後１～３日で分娩が誘起されます。胎盤停滞の発生が高くなります。

デキサメサゾン：投与後１～３日で分娩が誘起され、胎盤停滞の発生が高くなります。$PGF_{2\alpha}$の投与と同時あるいは１日前投与により併用します。

エストリオール：子宮頸管を開大させる効果があります。

【安藤　貴朗】

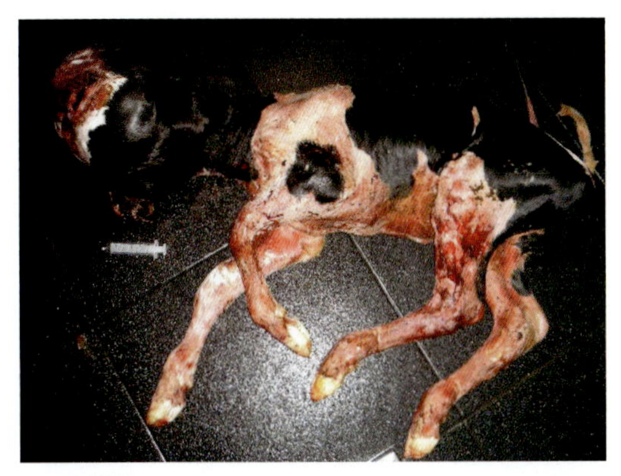

分娩が遅延し、胎子の娩出が困難であったため、帝王切開術により摘出された頭蓋（がい）裂・水頭症胎子。四肢、胴体に比べ、頭部が異常に大きい（澤向原図）

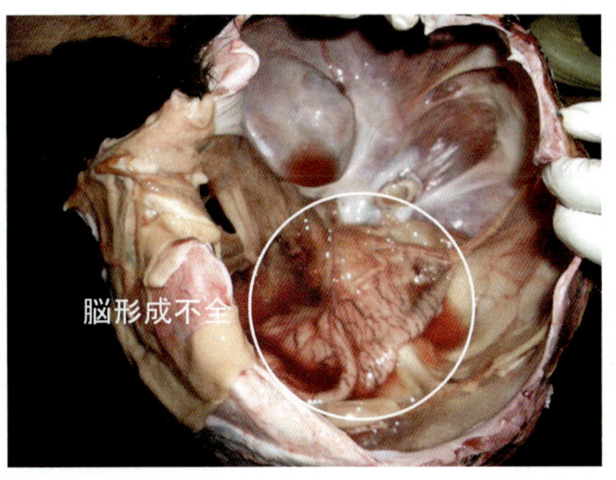

遺伝的要因により、脳と硬膜の間に液が大量に貯留し、脳の発達が阻害された頭蓋の割面（澤向原図）

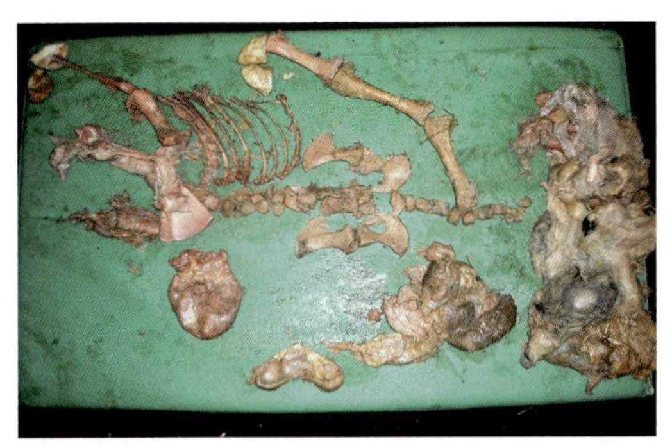

胎子浸漬の牛から排出された胎子の断片。分娩予定日を７日過ぎた後に悪臭のある暗赤色の粘液が認められ、２日かけて排出された

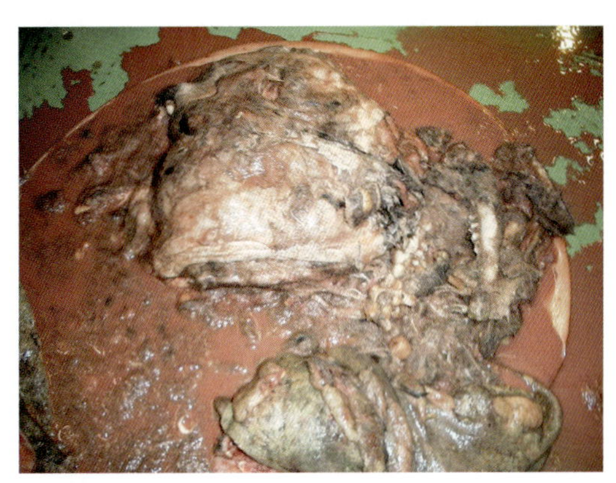

胎子浸漬で死亡した母牛の子宮。子宮に胎子の骨片が刺さって排出できなくなっている

難産

原因

難産の胎子側の原因は胎子の過大、失位、奇形、双胎妊娠などがあります。母体側の原因では骨盤狭窄（きょうさく）、陣痛微弱、子宮捻転などです。管理者側の原因として、頸をつながれた寝起きしづらい分娩房での分娩、分娩監視の不備、早過ぎる助産などが考えられます。

症状・特徴

牛が自力で胎子を娩出できず、助産を必要とするものを難産といいます。正常な分娩では、胎子の頭部が産道に進入すると強い陣痛が始まり、やがて一次破水（尿膜絨毛＝じゅうもう＝膜の破裂）が起こります。間もなく外陰部から白い羊膜に覆われた胎子の前肢の先端が出現します。これを足胞と呼びます。やがて足胞が破れ（二次破水）、足胞が出現してから１、２時間で胎子は娩出されます。

このような正常な分娩の経過と比較して、①陣痛の開始から２、３時間たっても破水しない②一次破水から１時間たっても足胞が出現しない③足胞出現から経産で１時間、初産で２時間たっても胎子が娩出されない④30分以上、分娩が進行しない⑤陣痛の間隔が5分以上に延びた―場合は分娩の異常が疑われます。

酪農家ができる手当て

分娩が始まったら分娩の経過をチェックする必要があります。分娩が正常に進行している場合は、助産の必要はありません。足胞が出現した時点で、外陰部や手を十分消毒した後、産道内に手を入れて胎子の姿勢や大きさ、失位・双子の有無などを確認します。

「早過ぎる助産」は産道が十分緩まない状態で胎子をけん引することになり、母子ともに衰弱させる結果となります。③の状態になった場合は、助産の必要があります。両方の肢にロープをかけ、まっすぐ後方に向かってけん引します。胎子が胸部まで出てきたら、徐々に母牛の飛節方向にけん引する必要があります（まっすぐけん引し続けると、胎子の腰部が母牛の骨盤に引っかかるヒップロックを引き起こすため）。過度のけん引は胎子死につながり、産道を傷付け産褥熱（さんじょく）やその他の疾病を引き起こします。胎子の失位あるいは軽いけん引で胎子の摘出が不可能と判断した場合は、けん引を行う前に獣医師に診療を依頼すべきです。

難産後の母牛は衰弱している場合が多く、下になっていた肢は神経まひを引き起こす可能性があるため、起立が困難な牛は早めに寝返りさせます。難産の子牛は衰弱し免疫移行不全に陥ることが多いため、注意深く看護する必要があります。体温低下を防ぐため身体をよく拭いて乾燥させ、呼吸が落ち着いてから初乳を十分に飲ませましょう。

獣医師による治療

胎子の失位整復は母牛を立たせた状態または前低後高の状態（カウハンガーによる吊起＝ちょうき＝、または後肢吊＝つり上げ法）で行うと子宮内のスペースが広がり、比較的容易に行えます。

胎子が大きくても摘出可能と判断する場合は、産道粘滑剤を使用し、産道を傷付けないよう左右の肢を交互にゆっくりけん引します。助産器を使用する場合、けん引する力が強過ぎないように作業人数は１人に限定するべきです。胎子過大あるいは骨盤狭窄（きょうさく）などで経膣分娩が不可能と判断した場合は帝王切開を行います。胎子が既に死亡している場合は切胎を行うこともあります。

【石井　三都夫】

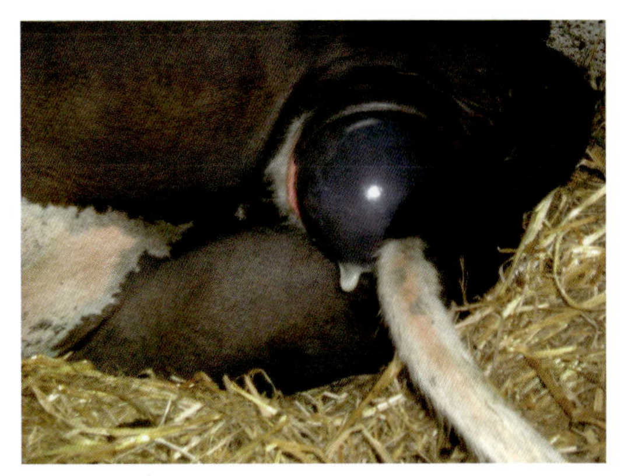

一次破水の直前の露出した尿膜絨毛膜（褐色の尿水を含む）

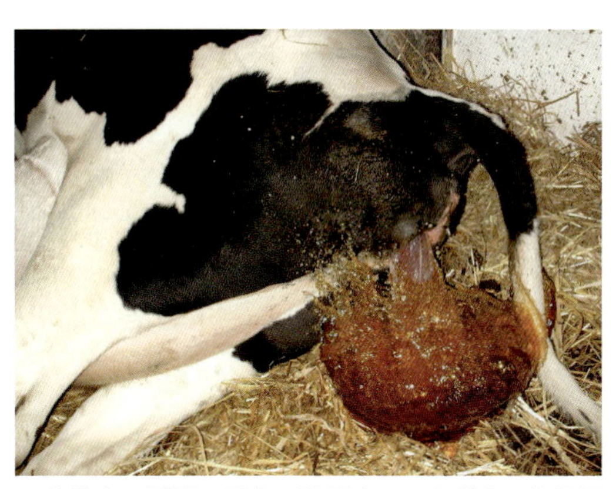

一次破水の瞬間。膣内で破裂することが多いため見逃しやすい

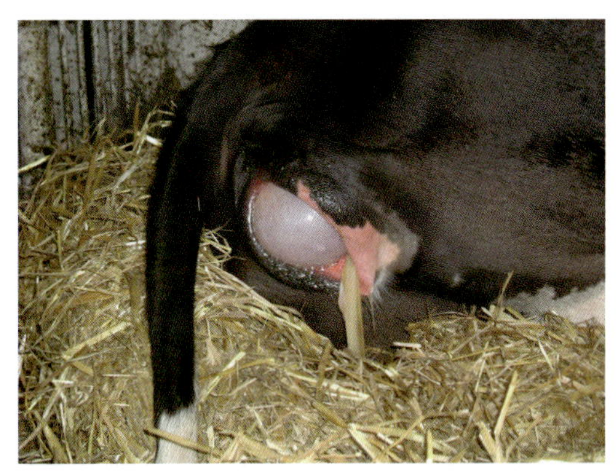

足胞の出現。胎子の肢先を入れた袋状の羊膜を足胞と呼ぶ

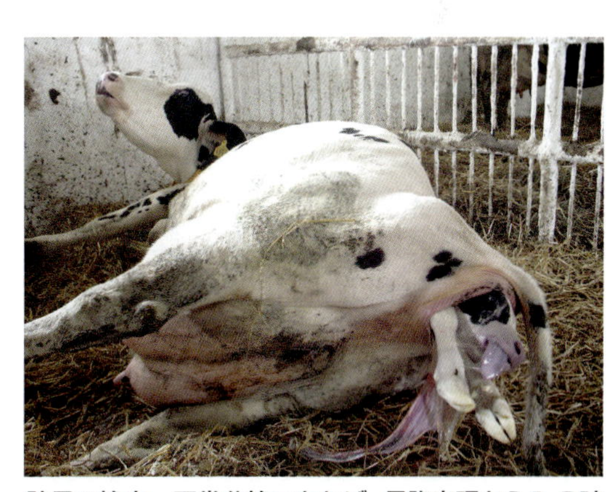

胎子の娩出。正常分娩であれば、足胞出現から1、2時間で完了する

後肢吊り上げによる失位整復。トラクタやチェーンブロックなどで実施可能

助産器の種類。けん引する力が大きいため産道を傷付けないように注意する

子宮脱

原因

子宮脱とは分娩後に子宮の一部あるいは全部が反転し陰門外に脱出することをいいます。分娩後の強度の努責（いきみ）が直接的な原因で、子宮筋無力症、難産による産道の損傷、乳熱などの低カルシウム血症、分娩後に尿溝に後躯（こうく）を落下させるなどの姿勢異常も原因として考えられます。

症状・特徴

子宮脱するタイミングは分娩直後から数時間が多く、まれに翌日に発症します。分娩直後の子宮はピンク色ですが、時間が経過すると暗赤色化し、うっ血と浮腫で腫脹（しゅちょう）します。子宮にはイボ状の宮阜（きゅうふ：胎盤）が多数認められ、胎膜に覆われていることもあります。子宮脱を発症すると、努責、呼吸不全、体力の消耗が起こり、起立不能となり死亡する場合もあります。経産牛の子宮は大きく、起立できない牛も多く、初産牛より予後が悪い傾向にあります。

酪農家ができる手当て

時間の経過とともに症状は悪化し、治癒率も低下することから、できる限り早い処置が必要になります。背中が低い、あるいは尿溝に腰を落とすなどの姿勢異常がある場合は、直ちに姿勢を整え、子宮を陰部と同じ高さに保持します。子宮に付着した汚れを落とし、ビニール袋やシーツなどで包んで保護します。

獣医師による治療

往診時、既に出血、ショック、衰弱などの症状が出ている場合は、輸液を行います。経産牛で起立不能に陥っている場合は、カルシウム剤を点滴で投与します。整復する前に、子宮に損傷がないか確認し、損傷部位は先に縫合します。胎膜はできる限り剥がし、生理食塩水または刺激のない消毒剤で汚れを落とします。可能な場合は起立させ、立ち上がった状態で整復を試みます。整復中に寝ないよう吊起（ちょうき）道具を使い保持します。起立位で整復する際は、子宮をシーツやバスタオルで両側から陰門の高さに保持することで押し込みやすくなります。

推奨できる方法として後肢吊（つ）り上げ法があります。両後肢を柔らかいロープで結束し、梁（はり）に掛けたチェーンブロックやトラクタで後躯を地面から60～100cm吊り上げて整復します。努責による腹圧も少なく、吊り上げた状態で牛の陰部は上を向き、術者は下方向に押し込めることからより少ない力で短時間に整復することができます。本法は整復時に子宮へのダメージが少なく、予後も良好です。

術者は子宮を傷付けないよう（消毒済みの綿手袋を装着）注意しながら子宮の基部から徐々に手で押し込み、最後に子宮角の先端部分から中央に手を入れ少しずつ押し込むことで整復します。子宮をバスタオルでくるみタオルごと押し込むことで子宮を傷付けず整復できます。

子宮脱整復棒などを使い子宮の先端部まで反転なく完全に押し込み整復を完了します。整復後は生理食塩水10ℓ程度で子宮洗浄し抗菌薬を注入し、陰門を縫合し24時間後に抜糸します。50IUのオキシトシン、抗菌薬、抗炎症剤、止血剤の他、経産牛にはカルシウム剤を全身投与し、出血や脱水の程度により補液を行います。

子宮の損傷やうっ血、浮腫、壊死（えし）が著明で、整復困難と判断された場合は、子宮基部を太めのゴムできつく結紮（けっさつ）した後、子宮摘出するのも選択肢の1つです。

【石井　三都夫】

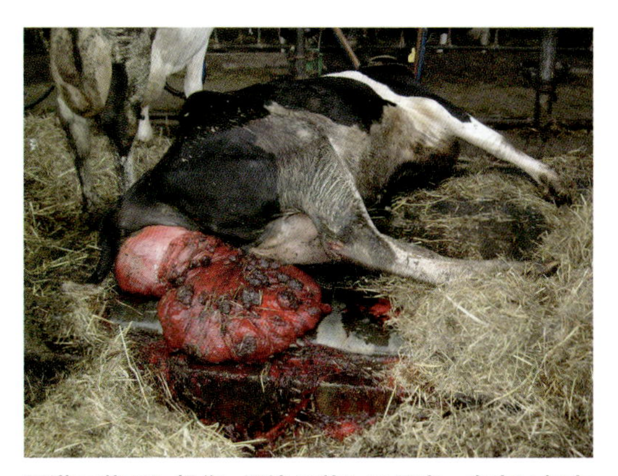

尿溝に落下し損傷、汚染の著しい子宮。患畜は起立不能に陥っている

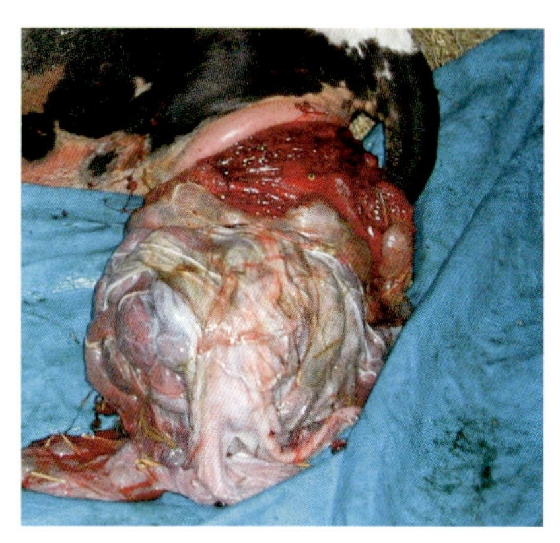

胎膜に覆われた子宮。ビニールシートを敷き汚染を防ぐ

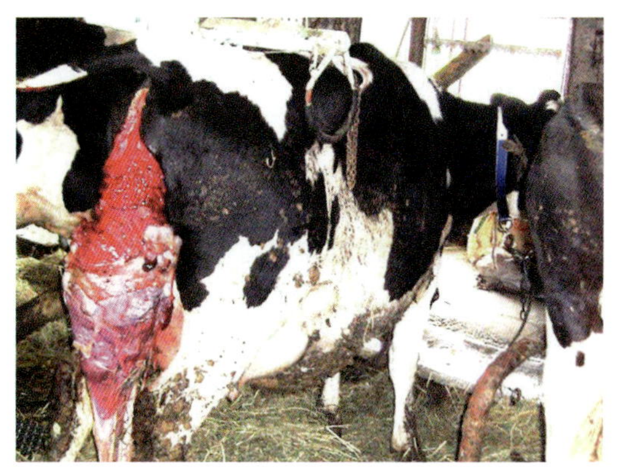

カウハンガーにより吊起された子宮脱牛

子宮脱整復棒により整復した直後。約１mの整復棒がほぼ子宮内に収まる

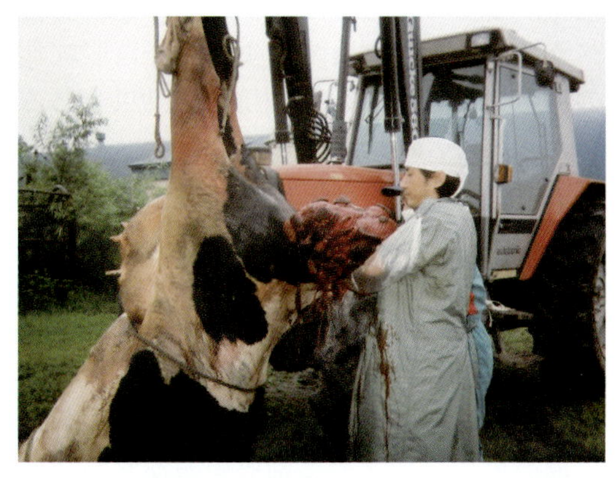

トラクタを利用した後肢吊り上げによる子宮脱整復

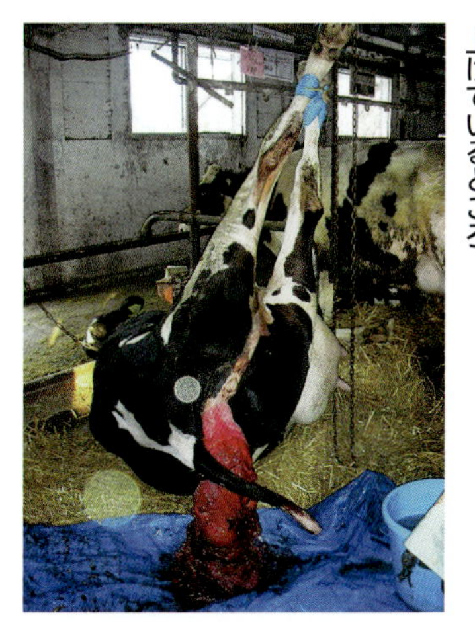

牛舎の梁からチェーンブロックで後肢を吊り上げているところ

胎盤停滞

原因

胎盤は、牛では分娩後6〜8時間で排出されますが、胎子娩出後に胎盤の剥離が十分に進まなかったり、後産陣痛が微弱であったりすると一定時間に胎盤が排出されず、胎盤停滞が起きます。

胎盤停滞の発生率は約10%と報告され原因ははっきりしていませんが、高泌乳牛や乾乳期の肥満、運動不足で発生率が高くなるとされています。また、胎盤の成熟が不十分なまま予定日より早く分娩する早産や分娩誘起の牛、予定日を過ぎた長期在胎の牛でも発生が見られます。ケトーシス、難産、子宮無力症、ビタミンE・セレン不足、低カルシウム血症も原因に挙げられ、近年は母体の免疫機能低下の影響も指摘されています。

症状・特徴

分娩後、12時間以上経過しても胎盤が排出されない場合は胎盤停滞と診断され、24時間以上経過しても排出しない場合、無処置であれば7日以上も子宮内に停滞します。停滞した胎盤は徐々に剥離し、一部は子宮頸管と膣を経て陰門から下垂します。腐敗により徐々に悪臭が認められるようになり、子宮内の回復を妨げて子宮内膜炎へと移行、その後の受胎率が低下します。子宮の炎症が強いと、発熱、元気消失、食欲低下、泌乳量増加、心拍数や呼吸数の増加、下痢、努責（いきみ）などの全身症状が見られ、子宮内には血液膿性（のうせい）の排出物が充満して、陰門から持続的に排せつされるようになります。

酪農家ができる手当て

胎盤停滞が生じた場合、停滞して下垂した胎盤の汚染による子宮内の細菌感染を防ぐ必要があります。胎盤の排出が確認できず胎盤停滞が疑われる場合には、陰門周囲を洗浄後に消毒します。垂れ下がっている胎膜（胎盤）を手で軽くけん引して、出てくるようならそのまま排出させます。強く引き過ぎると、胎盤が強制的に剥離して出血や感染の原因になるので、決して無理はしないようにします。排出できない場合は、胎膜をハサミなどで切り取り汚染を防ぎます。数日後に胎膜が再び陰門から出てきたら、同じ要領でけん引と切除を行います。発熱や食欲不振などの全身症状が見られたら、速やかに獣医師による診療を依頼しましょう。

胎盤停滞により繁殖成績が悪化するため、予防が重要です。ストレスによる胎盤の未成熟や免疫機能低下は胎盤停滞の主な誘因となるため、快適な分娩ができるよう分娩房に移動させる、ビタミンEやセレンを充足させる、低カルシウム血症の発生を予防する、胎盤の成熟が起こる前の早期の分娩誘起を避ける、などが大切です。

獣医師による治療

胎盤停滞の治療は胎盤の排出を促し、感染を予防することが重要です。胎盤を除去する方法の1つとして用手除去法があります。片手を十分に消毒した後、清拭した陰門から子宮内まで挿入し、もう片方の手で胎膜を軽く引きながら、子宮内の胎盤を1つずつ剥がします。胎盤の剥離が容易でない場合には、数日後に再度試みます。強制的な剥離で子宮炎を誘発することがあるため、近年はあまり行うべきではないとされています。子宮収縮作用のある薬剤は胎盤の早期排出に効果があるといわれ、$PGF_{2\alpha}$、オキシトシン、エストロジェンなどが用いられます。

子宮内の感染予防として、子宮内局所あるいは全身への薬剤投与が行われます。子宮内の感染を治療するには、オキシテトラサイクリンなどの抗生剤や、ポピドンヨードを子宮内に投与します。全身症状が見られる場合、抗生剤の投与に加え消炎剤や輸液などの対症療法を行う必要があります。　**【安藤　貴朗】**

分娩後、胎盤停滞を発症した乳牛（山田原図）

停滞した胎膜（胎盤）の一部が陰門から下がっている（山田原図）

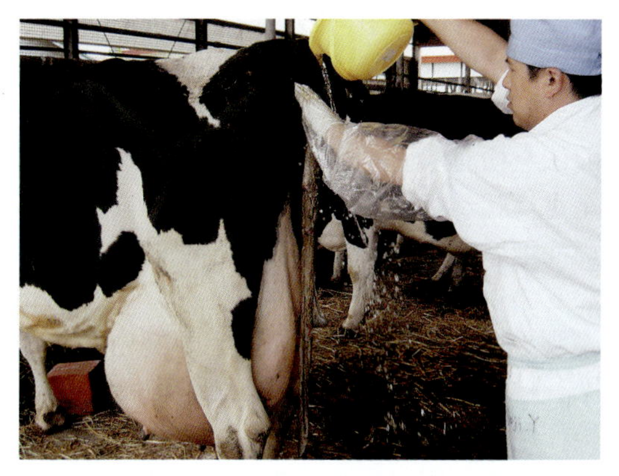

胎膜による汚染を防ぐため、陰門とその周囲を洗浄する（山田原図）

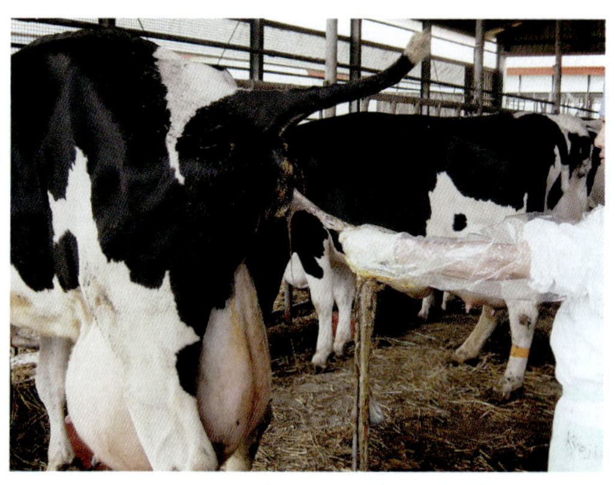

排出のため、停滞した胎膜を軽くけん引（山田原図）

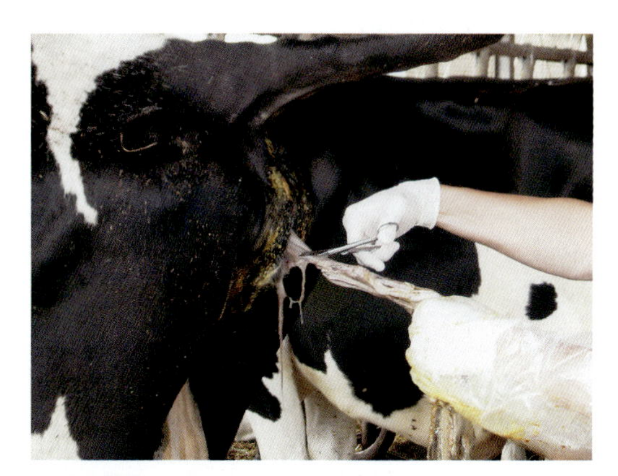

胎膜を排出できないときは陰門部位で、ハサミを用いて切除（山田原図）

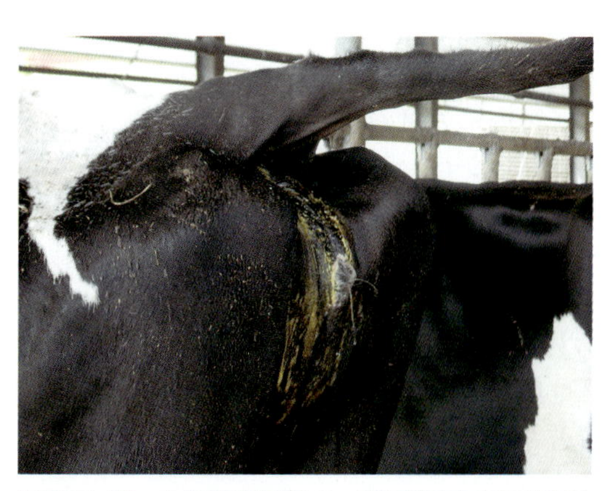

切除後、残った胎膜（胎盤）の一部は膣内に戻る（山田原図）

分娩後の悪露の異常

原因

牛は分娩後にオキシトシンとPGF$_{2\alpha}$の働きにより子宮の修復が行われ、分娩後５日程度で子宮の大きさは半減し、15日程度で妊角の長さが半減します。胎盤および胎膜を排出した後、液状の排出物である悪露を排出します。悪露は分娩２～３日後に最も多く見られ、14～18日後には消失します。正常な悪露は黄褐色または赤褐色で、悪臭はありません。悪露の排出が分娩後14日を経過しても続き、悪臭を帯びる、白濁して膿性（のうせい）となるなどの変化が見られると、悪露停滞が考えられます。

悪露の異常は難産（224ページ）、胎盤停滞（228ページ）、低カルシウム血症、卵巣機能の回復遅延などの牛で多く発生します。難産や胎盤停滞の牛は、産褥（さんじょく）性子宮炎を併発することが多くなります。低カルシウム血症の牛は子宮無力症により子宮筋の十分な収縮が認められないことから、悪露の排出が行われずに停滞します。

また、牛は分娩後２～３週ごろから卵胞発育が見られ、発情を繰り返しながら子宮内の清浄化が進みますが、卵巣機能の回復遅延が起こると、それが十分作用されないために悪露の停滞が起こります。いずれの原因も若齢牛よりも老齢の牛で発生が多くなります。

症状・特徴

子宮内に大量の悪露が貯留していると、子宮は修復が行われず膨大しています。牛は悪露を排出しようと尾を上げ、背湾姿勢を繰り返す様子を見せます。すると尾や陰門周囲に悪臭を伴う暗赤色の悪露が付着していることがあります。また、子宮頸管が弛緩（しかん）して膣内に悪露が貯留していたり、排尿時に尿とともに悪露を排出したりする牛も見られます。

産褥（さんじょく）性子宮炎に進行すると、全身症状として食欲不振、発熱、頻脈などを示すことがあります。

酪農家ができる手当て

難産や胎盤停滞、低カルシウム血症に罹患（りかん）した牛は、分娩後は全身症状（発熱、食欲、活気）の確認を行い、悪露の性状（色や臭い）に気を付けるようにし、異常が見られたらすぐに獣医師に相談しましょう。

分娩時の子宮内への細菌感染は、産褥性子宮炎の発生を増加させるので、分娩介助時の手指や器具の消毒、牛床の清浄化などには気を付ける必要があります。

獣医師による治療

直腸検査による子宮の触診、超音波画像検査による子宮内貯留物の有無、膣検査による悪露の確認を行う他、全身症状の有無により治療法を検討します。

全身症状が認められる場合には、抗生剤や抗炎症剤の全身投与を行い、必要に応じて輸液などの対症療法を行います。

子宮内に貯留した悪露の排出が優先されるため、PGF$_{2\alpha}$あるいはその類似物など子宮収縮作用のある薬剤を投与します。

子宮頸管が開口している場合には、生理食塩水などによる子宮内洗浄で悪露を排出させることも有効です。悪露の排出後も子宮内の炎症が治まらない場合には、オキシテトラサイクリンなどの抗生剤の子宮内投与を行うこともあります。

【安藤　貴朗】

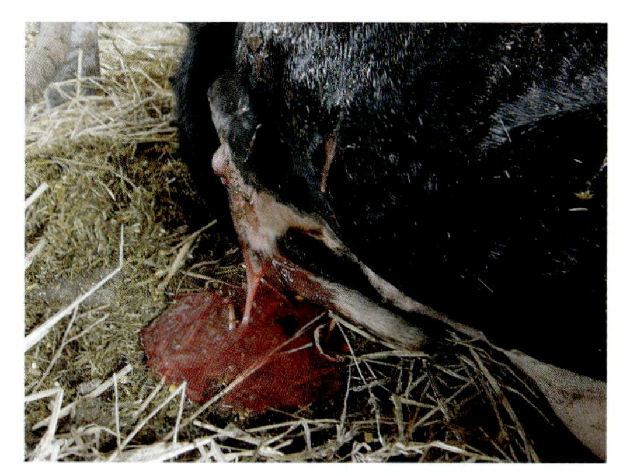

分娩後３日、大量の悪露が排出（山田原図）

分娩後１０日、半透明な粘稠（ねんちょう）性のある悪露が排出（山田原図）

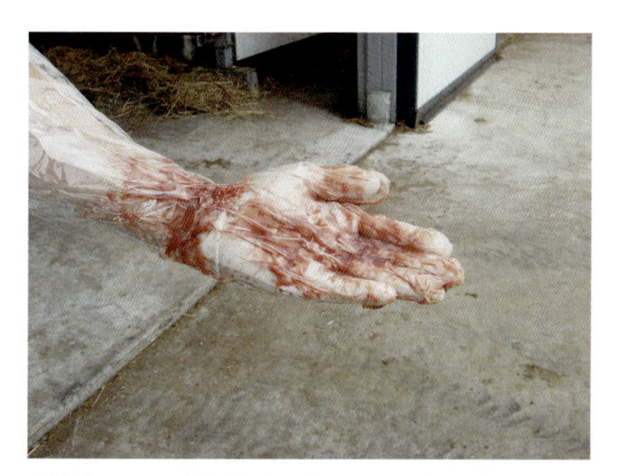

分娩後１０日、強烈な腐敗臭のある悪露を排出することがある（山田原図）

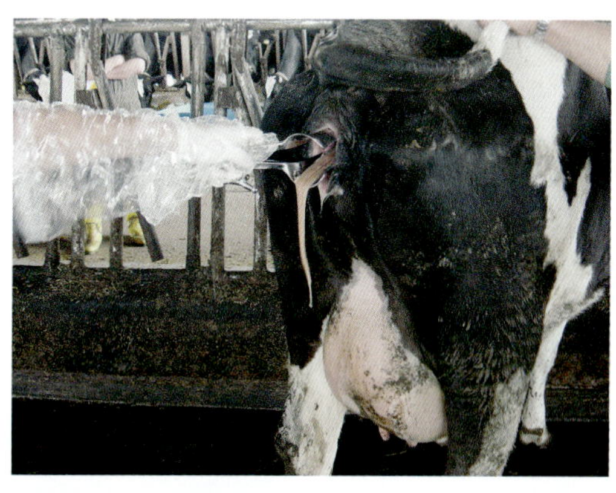

分娩後２１日を経過しても、悪臭のある膿様粘液を排出することがある（山田原図）

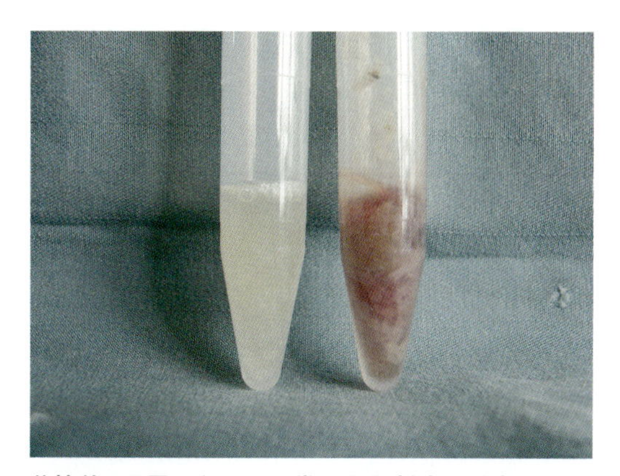

分娩後１０日における正常な悪露（左）と異常な悪露（右）（山田原図）

悪露を排出しようとして尾を上げる例がある（山田原図）

テレビ・ドクター4
よく分かる乳牛の病気 100 選

DAIRYMAN 秋季臨時増刊号

定 価 4,381 円＋税（送料 267 円＋税）

平成 29 年 9 月 25 日印刷
平成 29 年 10 月 1 日発行

発行人 新 井 敏 孝
編集人 星 野 晃 一
発行所 デーリィマン社

札幌本社 札幌市中央区北４条西 13 丁目
TEL (011)231 - 5261
FAX (011)209 - 0534

東京本社 東京都豊島区北大塚２丁目 15 - 9
ITY 大塚ビル３階
TEL (03)3915 - 0281
FAX (03)5394 - 7135

■乱丁・落丁はお取り換えします

ISBN978-4-86453-049-1C0461 ¥4381E

表紙デザイン 葉原 裕久 (vamos)
印刷所 大日本印刷㈱